高等职业教育机电类专业系列教材
机械工业出版社精品教材

机床夹具设计

第3版

主编　薛源顺
参编　刘福库
吴春华
主审　吴丙中

机械工业出版社

本书主要内容包括：机床夹具概论、工件的定位、工件的夹紧、分度装置、各类机床夹具、专用夹具的设计方法、现代机床夹具等。

本书在定位理论的阐述上较为全面，概念准确。图例选择上注重新颖和典型。书中着重介绍了各类机床夹具的设计特点和专用夹具的设计方法、步骤以及夹具精度的确定。在现代机床夹具一章中，介绍了成组夹具、通用可调夹具、组合夹具、拼装夹具、随行夹具、数控机床夹具等新技术内容，反映了先进制造技术的新成就。

本书可作为高职高专机械制造专业及相关专业教材，亦可供有关工程技术人员参考。

图书在版编目（CIP）数据

机床夹具设计/薛源顺主编．—3版．—北京：机械工业出版社，2011（2025.2重印）

高等职业教育机电类专业系列教材．机械工业出版社精品教材

ISBN 978-7-111-35158-0

Ⅰ.①机…　Ⅱ.①薛…　Ⅲ.①机床夹具-设计-高等职业教育-教材
Ⅳ.①TG750.2

中国版本图书馆CIP数据核字（2011）第124133号

机械工业出版社（北京市百万庄大街22号　邮政编码100037）
策划编辑：王海峰　责任编辑：王英杰　王丽滨
责任校对：李秋荣　责任印制：常天培
北京机工印刷厂有限公司印刷
2025年2月第3版第24次印刷
184mm×260mm · 18.5印张 · 454千字
标准书号：ISBN 978-7-111-35158-0
定价：49.80元

电话服务
客服电话：010-88361066
010-88379833
010-68326294

网络服务
机　工　官　网：www.cmpbook.com
机　工　官　博：weibo.com/cmp1952
金　　书　　网：www.golden-book.com
机工教育服务网：www.cmpedu.com

前　言

本书第 2 版自 2001 年出版以来，深受广大读者欢迎。本次修订，除保留了第 2 版的特点外，对原书的内容和插图进行了更新，采用了机床夹具零件及部件的国家机械行业标准（JB/T 8004. 1 ~ JB/T 10128—1999），插图和术语等也全部采用最新国家标准。按我国现代制造技术 CNC、MC 发展的新要求，本教材增加了数控机床夹具设计和夹具制造精度等相关内容。重点修订的内容是第三章、第五章中的夹具设计示例，突出结构的代表性、构思的启发性，能触类旁通；遵循教学规律，本书注重夹具结构设计的基本原理，把握设计能力教学之要点。特别是深入、全面地阐述了夹具柔性化设计，凸显了现代机床夹具的发展及其实际设计成果，以适应现代制造技术的发展，对掌握现代新型夹具的设计方法大有裨益。

本书由薛源顺任主编，由吴丙中任主审。全书共分七章，第一、二、四、六、七章由薛源顺编写，第三章由刘福库编写，第五章由吴春华编写。

限于编者的水平，对书中的不妥之处恳请读者不吝指正。

编　者

目　　录

第一章　机床夹具概论

第一节　机床夹具简介

一、机床夹具

1. 夹具

夹具是一种装夹工件的工艺装备，种类很多。夹具广泛地应用于机械制造的切削加工、焊接、装配、检测、热处理等工艺过程中，如机床夹具、焊接夹具、检测夹具等。

2. 机床夹具

在金属切削机床上使用的夹具统称为机床夹具。在现代生产中，机床夹具是一种不可缺少的工艺装备，它直接影响着机械制造加工工艺的精度、劳动生产率和产品的制造成本等，故机床夹具设计在企业的产品设计和制造以及生产技术准备中占有极其重要的地位。机床夹具设计是一项重要的技术工作。本课程以机床夹具为主要研究对象，阐述各类机床夹具的设计。

二、专用夹具简介

机床夹具的主要功能是使工件定位和夹紧。有些夹具还具有对刀（导向）功能等。机床夹具的种类繁多，现以下述的几种专用夹具为例来说明机床夹具的结构和作用。

第一个示例为车床夹具。图 1-1 所示为异形杠杆零件简图，在车床上加工 ϕ10H7 的孔，工件要控制的孔中心距尺寸为（50 ± 0.01）mm，孔的轴线对 ϕ20h7 外圆轴线的平行度公差为 0.02mm。加工异形杠杆零件的车床夹具结构如图 1-2 所示。工件以 ϕ20h7、ϕ24mm 外圆为定位基准面，分别在 V 形块 2、可调 V 形块 6 上定位，并用铰链螺旋压板 1 和两个螺钉 5 夹紧。工件的定位满足上述加工精度要求。

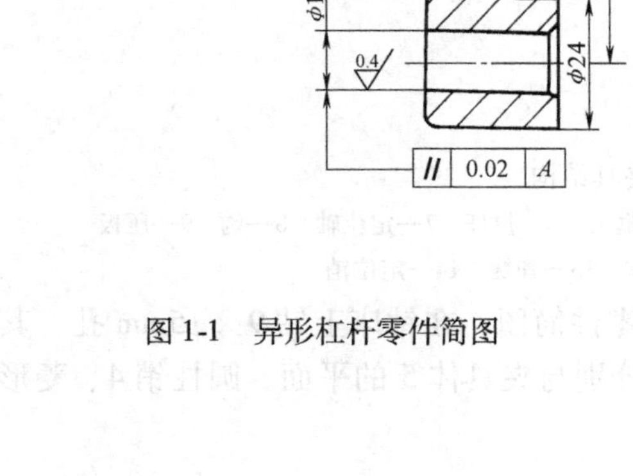

图 1-1　异形杠杆零件简图

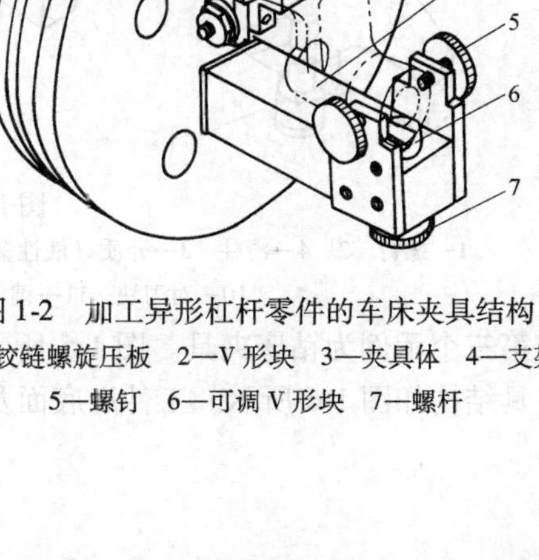

图 1-2　加工异形杠杆零件的车床夹具结构

1—铰链螺旋压板　2—V 形块　3—夹具体　4—支架　5—螺钉　6—可调 V 形块　7—螺杆

车床夹具连接在车床主轴上。

第二个示例为铣床夹具。图 1-3 所示为活塞套零件简图，在铣床上加工活塞套上端的 6mm 槽，其铣床夹具结构如图 1-4 所示。工件以 ϕ60H7 孔、端面 *A* 及下端已加工的 6mm 槽为定位基准，分别在定位轴 7、夹具体 12 的平面及键 11 上定位。夹紧由螺钉 1 推动滑柱 2，经介质（液性塑料）3、滑柱 4、框架 5、拉杆 6、钩 8、压板 9，将 6 个工件联动夹紧。铣刀的位置则可由对刀块 10 和塞尺调整。整个夹具是通过两个定位销及夹具体的基面与铣床工作台及 T 形槽相配合而确定其在机床上的位置。此夹具用于多件装夹，可获得较高的生产效率。

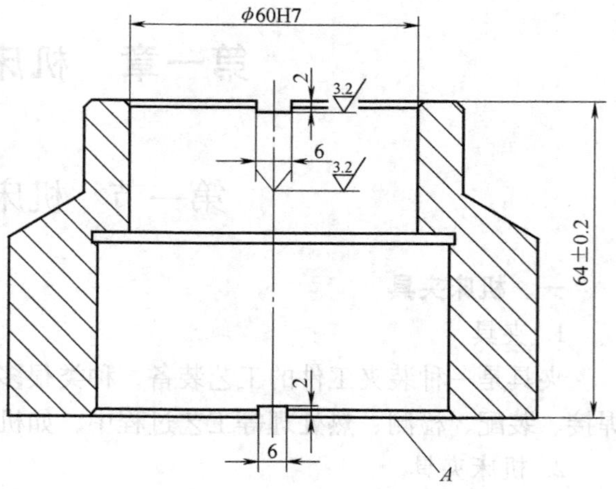

图 1-3　活塞套零件简图

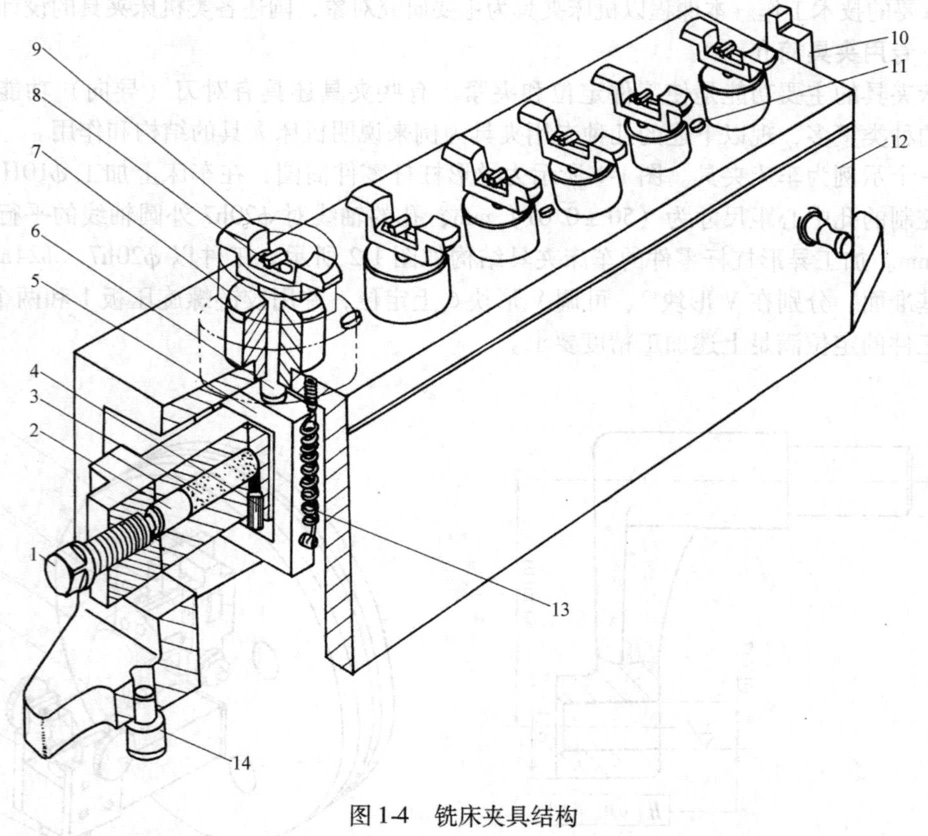

图 1-4　铣床夹具结构

1—螺钉　2、4—滑柱　3—介质（液性塑料）　5—框架　6—拉杆　7—定位轴　8—钩　9—压板

10—对刀块　11—键　12—夹具体　13—弹簧　14—定位销

第三个示例为钻床夹具。图 1-5 所示为盖板零件简图，在钻床上钻 9 × ϕ5mm 孔，其钻床夹具结构如图 1-6 所示。工件以底面及两侧面分别与夹具体 5 的平面、圆柱销 4、菱形销

7、挡销6接触定位。钻模板1由圆柱销和菱形销相对定位并盖在工件上，用螺旋压板3夹紧；钻模板上的钻套2可引导钻头钻孔，并控制孔的中心距尺寸。

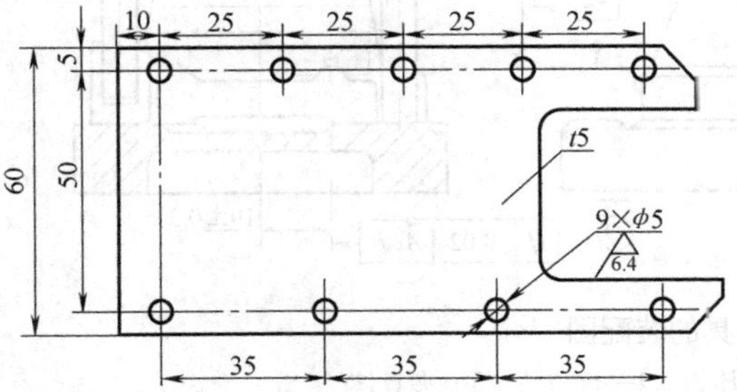

图1-5　盖板零件简图

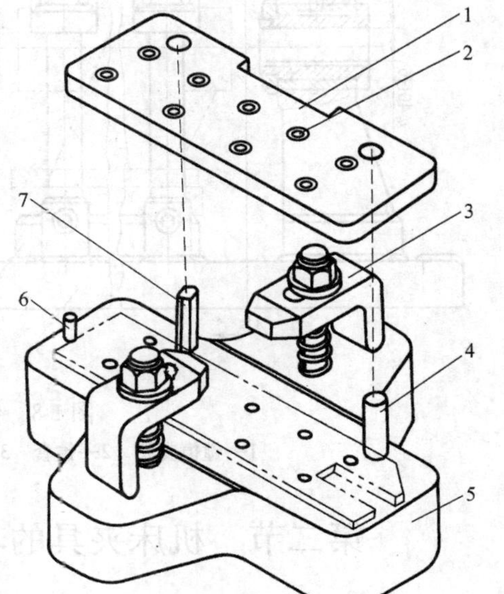

图1-6　钻床夹具结构

1—钻模板　2—钻套　3—螺旋压板　4—圆柱销

5—夹具体　6—挡销　7—菱形销

第四个示例为镗床夹具。图1-7所示为车床尾座零件简图。工艺要求是半精加工ϕ60H6孔，并用刮面刀加工端面。加工时尾座与底板装配成合件。其镗床夹具的装配图如图1-8所示，图中工件轮廓用双点画线表示。工件以底板的导轨面在定位块4上定位，用螺旋压板3夹紧。镗孔时在镗套中支撑一镗杆，镗杆由主轴传动进行镗削。使用镗床夹具可获得较精确的孔的中心距尺寸。

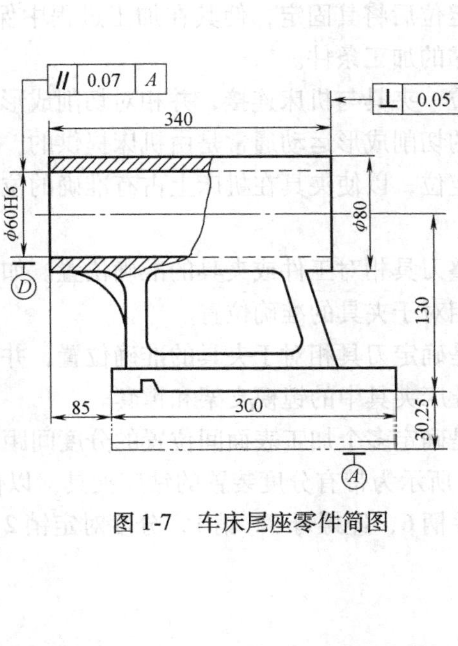

图1-7　车床尾座零件简图

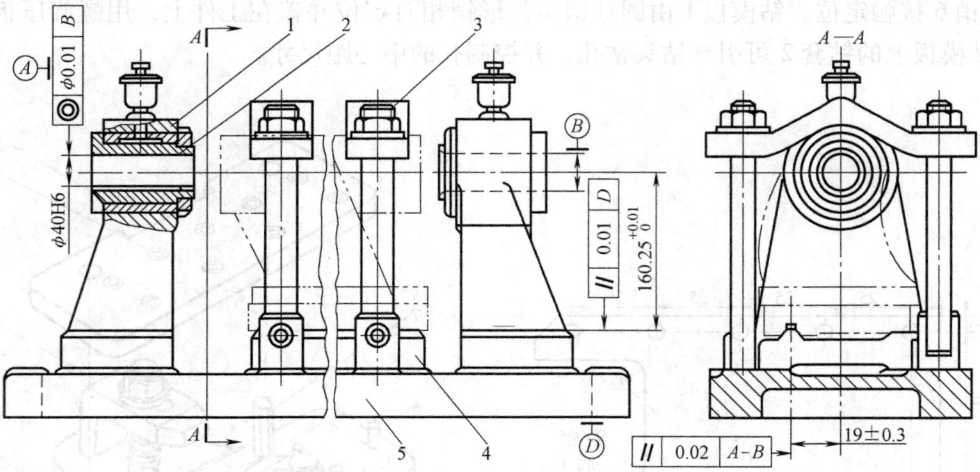

图 1-8　镗床夹具的装配图

1—镗模支架　2—镗套　3—螺旋压板　4—定位块　5—夹具体

第二节　机床夹具的功能和在机械加工中的作用

一、机床夹具的功能

1. 概述

机床夹具的主要功能是装夹工件，使工件在夹具中定位和夹紧。夹具还要与机床连接，并在机床上相对定位，以完成切削成形的加工过程。除上述功能外，根据工艺要求，夹具还可具备对刀、导向、分度等功能。

2. 功能

（1）定位　确定工件在夹具中占有准确位置的过程称为定位。定位是通过工件的定位基准面与夹具定位元件的定位面接触或相配合实现的。准确地定位可以保证加工面的尺寸和表面之间的位置精度要求。

（2）夹紧　夹紧是工件定位后将其固定，使其在加工过程中保持定位位置不变的操作。夹紧为工件提供了安全、可靠的加工条件。

（3）夹具在机床上的定位　夹具与机床连接，并相对切削成形运动定位，以确定夹具位置。由于刀具相对工件所作的切削成形运动通常是由机床提供的，所以，夹具在机床上的定位，即为对切削成形运动的定位，以使夹具在机床上占有准确的位置，完成对工件被加工表面的切削成形。

（4）对刀　对刀就是调整刀具相对工件或夹具的准确位置。如铣床夹具中的对刀块和塞尺，它们能迅速地确定铣刀相对于夹具的准确位置。

（5）导向　导向的作用是确定刀具相对于夹具的准确位置，并引导刀具进行切削。如钻床夹具中的钻模板和钻套；镗床夹具中的镗模支架和镗套。

（6）分度　分度的作用是确定多个加工表面间位置的分度间距或角度，分度分为圆周分度和直线分度两大类。图 1-9 所示为带有分度装置的钻床夹具，以保证在工件圆周上钻 4 个均布的孔。分度时，先转动手柄 6，经螺母 4、销 1，分度对定销 2 退出分度套 5；然后将转盘7分度转位；第三步，使分度对定销2再复位，即完成分度过程。

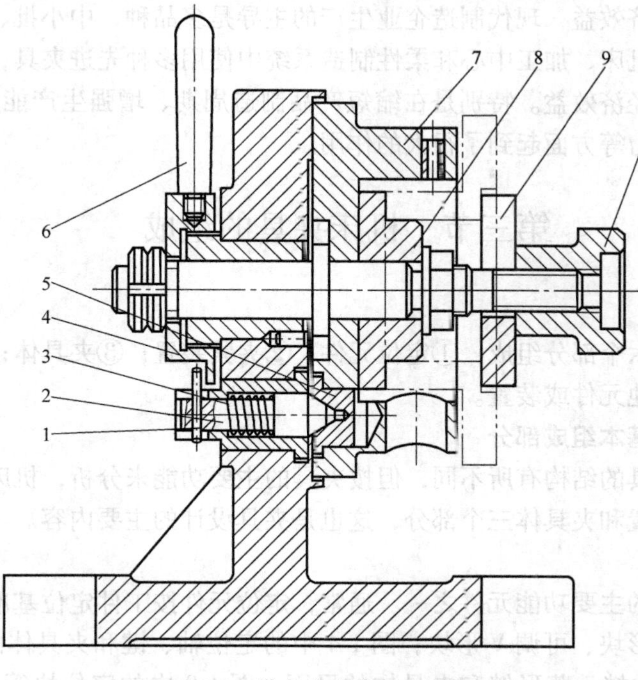

图1-9 带有分度装置的钻床夹具

1—销 2—分度对定销 3—弹簧 4—螺母 5—分度套 6—手柄

7—转盘 8—定位销 9—快卸垫圈 10—夹紧螺母

二、机床夹具在机械加工中的作用

1. 概述

在机械加工中，使用机床夹具的目的主要有以下六个方面：保证加工精度；提高劳动生产率；改善工人的劳动条件；降低生产成本；保证工艺纪律；获得良好经济效益。然而，在不同的生产条件下，应该有不同的侧重点。夹具设计时应该综合考虑加工的技术要求、生产成本和工人操作方便等方面的要求，以达到预期的效果。

2. 作用

（1）保证加工精度　用夹具装夹工件，能稳定地保证加工精度，减少操作误差；还可以减少对其他生产条件的依赖性，满足加工的技术要求。特别是在精密零件的加工中，广泛地使用夹具以保证加工精度。作为重要的工艺装备，夹具还是实现全面质量管理的一个重要手段。

（2）提高劳动生产率　使用夹具后，能使工件迅速地定位和夹紧，能够显著地缩短辅助时间和基本时间，提高劳动生产率。

（3）改善工人的劳动条件　用夹具装夹工件方便、省力、安全。当采用气压、液压、电动等夹紧动力装置时，可减轻工人的劳动强度，改善劳动条件，保证安全生产。

（4）降低生产成本　在批量生产中使用夹具，由于劳动生产率的提高和允许技术等级较低的工人参与操作，故可明显地降低生产成本。

（5）保证工艺纪律　在生产加工过程中使用夹具，可以确保产品制造过程顺畅。例如，夹具设计往往是工程技术人员解决高难度零件加工精度的主要工艺手段之一。使用夹具，可以满足对高难度零件的生产计划、调度等工艺秩序的要求。

（6）获得良好经济效益　现代制造企业生产的主导是多品种、中小批、高品质、低成本生产。目前，在数控机床、加工中心和柔性制造系统中使用多种先进夹具，已在激烈的市场竞争中获得了良好的经济效益。特别是在缩短产品制造周期、增强生产能力、缩短交货期、提高企业的市场竞争力等方面起到了很大的作用。

第三节　机床夹具的组成

一、概述

机床夹具由以下六个部分组成：①定位元件；②夹紧装置；③夹具体；④连接元件；⑤对刀导向元件；⑥其他元件或装置。

二、机床夹具的基本组成部分

虽然各类机床夹具的结构有所不同，但按夹具的主要功能来分析，机床夹具的基本组成为定位元件、夹紧装置和夹具体三个部分，这也是夹具设计的主要内容。

1. 定位元件

定位元件是夹具的主要功能元件之一。通常，定位元件按工件定位基准面的形状设计。

如图 1-2 中的 V 形块、可调 V 形块；图 1-4 中的定位轴、键和夹具体的（定位）平面；图 1-6 中的挡销、圆柱销、菱形销和夹具体的平面；图 1-8 中的定位块等，都是定位元件。当工件的定位基准面与定位元件的工作面接触或配合时，就实现了工件的定位。定位元件的定位精度直接影响工件的加工精度。

2. 夹紧装置

夹紧装置也是夹具的主要功能元件之一。如图 1-2 中的铰链螺旋压板夹紧机构、螺钉；图 1-4 中的由螺钉、滑柱、介质（液性塑料）、框架、拉杆、钩、压板组成的联动夹紧机构；图 1-6 中的螺旋压板夹紧机构；图 1-8 中的螺旋压板夹紧，都是夹紧装置。

夹紧装置按需要设计，分下列两个部分：

（1）夹紧机构　如螺旋夹紧机构、偏心夹紧机构等。

（2）夹紧动力装置　如液压动力装置、气压动力装置、电动装置等。使用夹紧动力装置可实现工件的自动夹紧，达到较高的劳动生产率。

在第一节所述的四个示例中，都采用了手动夹紧机构夹紧工件。夹紧机构的结构类型很多，设计时应注意选择。

通常，夹紧装置的结构会影响夹具的复杂程度和性能。特别是在采用夹紧动力装置时，应该多考虑该设计的经济效益和企业的制造环境。

3. 夹具体

夹具体是夹具的基体、骨架，通过它将夹具所有元件装配成一个整体。如图 1-2 中的件 3；图 1-4 中的件 12；图 1-6 中的件 5；图 1-8 中的件 5 等，都是夹具体。常用的夹具体为铸造结构、锻造结构，形状有回转体形和底座形等多种。定位元件、夹紧装置等分布在夹具体不同的位置上。

夹具体上的基面作为与机床的连接表面，使夹具连接在机床适当的位置上。

三、机床夹具的其他组成部分

为满足夹具的其他功能要求，各种夹具还要设计其他的元件或装置。

1. 连接元件

根据机床的工作特点，夹具在机床上的连接通常有下列两种形式：一种是连接在机床工作台上；另一种是连接在机床主轴上。连接元件用以确定夹具本身在机床上的工作位置，如车床夹具所使用的过渡盘，把夹具连接表面与机床主轴连接起来。铣床夹具除夹具体的连接表面外，还要使用连接元件，即定位键或定位销。钻床夹具不使用连接元件，以夹具体的连接表面直接与钻床工作台表面连接。

2. 对刀导向元件

对刀导向元件的功能是确定刀具的位置。在铣床夹具中常见对刀元件。用对刀块可调整铣刀加工前的位置。对刀时，铣刀不能与对刀块直接接触，以免碰伤铣刀的切削刃和对刀块的工作表面。通常，在铣刀与对刀块的对刀面间留有间隙，并用塞尺检查距离尺寸，以调整刀具，使其保持准确的位置。

在钻床夹具、镗床夹具中常见导向元件。它们能确定刀具的位置，并引导刀具进行切削。钻床夹具的导向元件是钻套、钻模板；镗床夹具的导向元件是镗套、镗模支架。

3. 其他元件或装置

根据需要，有些夹具还分别采用分度装置、靠模装置、上下料装置、工业机器人、顶出器、手柄和平衡块等。这些元件或装置也需要专门设计。

第四节　机床夹具保证加工精度的原理

一、机床夹具保证加工精度的工作原理

从本章第一节所分析的实例中，可归纳得到机床夹具保证加工精度的工作原理有以下三个方面。

(1) 工件在夹具中的准确定位　工件的定位使工件在夹具中占有准确的加工位置。

(2) 夹具在机床上的准确位置　夹具在机床上的相对定位，是使夹具体的连接表面与机床连接，以确定夹具在机床主轴或工作台上的准确位置，实现对机床切削成形运动的定位。影响夹具对切削成形运动的定位精度的环节较多，其中，有定位元件工作面对夹具体的连接表面间的位置误差，连接元件的连接误差等。夹具在机床上的准确位置，其本质是指定位元件的工作面对机床切削成形运动的定位，从而达到了工件被加工表面对定位基准的位置和尺寸精度的要求。

(3) 刀具的准确位置　使刀具相对有关的定位元件工作面之间保持准确的位置关系，这就保证了刀具在工件上加工出的表面对工件定位基准的位置尺寸，达到了加工精度要求。

在夹具设计时，把握以上三个原理，也就把握了夹具设计之精髓。满足加工精度要求，是检验夹具性能的第一标准。

二、使用夹具对工件进行加工时加工误差的组成

1. 加工误差的组成

使用夹具对工件进行加工时，在机械加工工艺系统中，有下列误差影响加工精度：

1) 定位误差。

2) 夹紧误差。

3）夹具体基面（连接表面）误差。

4）定位元件工作面对夹具体基面的位置误差。

5）夹具与机床的连接误差。

6）夹具磨损及刚度。

7）机床有关几何精度。

8）机床刚度。

9）机床热变形。

10）对刀导向面的位置误差。

11）对刀导向的调整误差。

12）刀具磨损及刀具刚度。

13）工件刚度。

14）工件热变形。

15）测量误差。

满足加工精度要求，有赖于对加工误差的分析，并达到一定的夹具制造精度。

上述影响加工精度的因素中，与夹具直接有关的因素用式（1-1）表示

$$\Delta = f(\Delta_D、\Delta_A、\Delta_T、\Delta_J、\Delta_E) \tag{1-1}$$

式中 Δ_D——定位误差；

Δ_A——夹具位置误差；

Δ_T——对刀导向误差；

Δ_J——夹紧误差；

Δ_E——夹具磨损及夹具刚度。

夹具的精度分析很重要。要善于作精度分析，以满足夹具加工精度的要求，这是夹具设计之本。设计时，要注意制造环境和被加工工件的特点，找出实际影响加工精度的因素，控制与夹具有关的误差（Δ_D、Δ_A、Δ_T、Δ_J、Δ_E），提高夹具的制造精度，满足加工精度要求。

2. 加工误差不等式

工件在夹具中被加工时，尽管影响加工精度的因素很多，但是为了得到合格的产品，就必须使各项加工误差的总和等于或小于规定的工件的工序尺寸公差，用加工误差不等式表示就是

$$\Delta_D + \Delta_A + \Delta_T + \Delta_G \leqslant \delta_k \tag{1-2}$$

式中 Δ_D——定位误差（见前述影响因素1）；

Δ_A——夹具位置误差（见前述影响因素3）4）5））；

Δ_T——对刀导向误差（见前述影响因素10）11））；

Δ_G——加工过程误差（见前述影响因素2）6）7）8）9）12）13）14）15））；

δ_k——工件的工序尺寸公差。

式（1-2）用于夹具的精度设计。夹具的误差主要计入Δ_D、Δ_A、Δ_T三项，随着加工精度要求的提高，必须将其数值控制在很小的范围内，以提高定位精度、夹具位置精度和对刀导向精度。

综上所述，夹具能保证工件加工精度的原因是，由于工件在夹具中的位置和夹具相对刀具、机床的位置被确定，因此，工件在加工中的准确位置得到保证，从而使夹具能满足工件

的加工精度要求。图 1-2 所示车床夹具能够保证工序尺寸的原理可用图 1-10 表示，图中 O 为夹具的中心。夹具使用过渡盘将连接表面与车床主轴连接，夹具在机床上相对定位，夹具所固定的工件的中心与机床主轴的轴线相重合。机床主轴的轴线是车床切削成形运动的旋转中心，故加工出的工件的孔的中心也在旋转中心上。三个中心重合。工件以 ϕ20h7（图 1-1）外圆为基准在 V 形块上定位，确定了工件在夹具中的位置。由于 V 形块至中心 O 的位置尺寸设计为（50 ± 0.005）mm，故所加工出的孔即可达到工序尺寸（50 ± 0.01）mm 的要求。

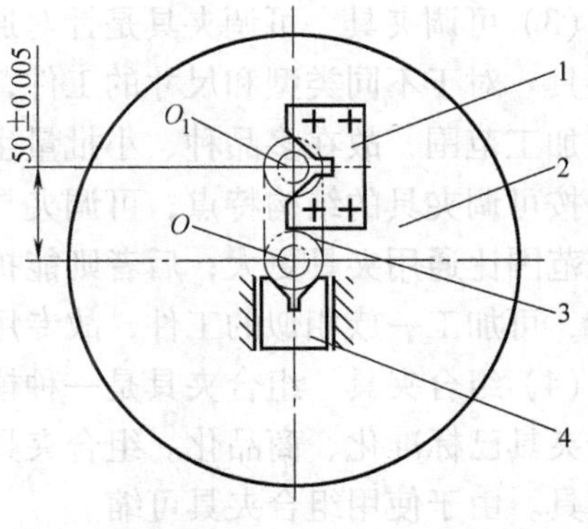

图 1-10　车床夹具保证加工精度的方法
1—V 形块　2—夹具体　3—工件　4—可调 V 形块

同理，也可用相同方法，分析其他夹具保证加工精度的原理。

夹具精度的分析计算及夹具的制造精度，将在第五章、第六章中详细讲解。夹具的制造精度不但影响加工表面与定位基准间的位置精度和尺寸精度，而且，夹具对工件的几何形状精度也有一定影响。

第五节　机床夹具的分类及设计要求

一、机床夹具的分类

1. 按夹具的通用特性分类

这是一种基本的分类方法，主要反映夹具在不同生产类型中的通用特性，故也是选择夹具的主要依据。目前，我国常用的夹具有通用夹具、专用夹具、可调夹具、组合夹具和自动化制造系统的夹具五大类，其中，组合夹具和自动化制造系统的夹具为特种夹具。

（1）通用夹具　通用夹具是指结构、尺寸已标准化、规格化，且具有一定通用性的夹具。这类夹具大部分已商品化，可作为机床附件使用。也有一部分非商品化的通用夹具，可由企业按产品特点自行设计、制造。

商品化的通用夹具种类繁多，有顶尖、中心架、花盘、三爪自定心卡盘、电动三爪自定心卡盘、四爪单动卡盘、回转盘、矩形电磁吸盘、圆形电磁吸盘、正弦电磁吸盘、万能分度头、平口钳、精密平口钳、精密角铁、光学旋转工作台、精密数控旋转工作台等。其特点是适应性强，不需调整或稍加调整即可装夹一定形状和尺寸范围内的各种工件。采用这类夹具可缩短生产准备周期，减少夹具品种，从而降低生产成本。其缺点是夹具的加工精度有限，生产率也较低，且较难装夹形状复杂的工件，适用于单件、小批量生产。

（2）专用夹具　专用夹具是针对某一工件、某一工序的加工要求而专门设计和制造的夹具。在产品相对稳定、批量较大的生产中，常采用专用夹具，可获得较高的生产率和加工精度。特别在批量生产的制造企业中，专用夹具对稳定地保证重要零件的加工精度，起到了至关重要的作用。专用夹具的特点是针对性强，没有通用性，其设计制造周期较长。随着现代多品种、小批量生产的发展，专用夹具在生产准备周期、适应性和经济性等方面已产生许多问题。在小批量生产中，采用专用夹具的工艺成本较高。

（3）可调夹具　可调夹具是针对通用夹具和专用夹具的缺陷而发展起来的一类新型柔性化夹具。对于不同类型和尺寸的工件，只需调整或更换原有夹具上的个别元件便可使用，扩大了加工范围，故在多品种、小批量生产中多使用这种夹具，具有较好的经济效果。

按可调夹具的结构特点，可调夹具又可分为通用可调夹具、专用可调夹具两种。前者的通用范围比通用夹具更大；后者则能扩大原专用夹具的加工范围。专用可调夹具按成组原理设计，可加工一族相似的工件，故专用可调夹具亦称成组夹具。

（4）组合夹具　组合夹具是一种模块化夹具。标准的模块元件有较高的精度和耐磨性。组合夹具已标准化、商品化。组合夹具可组装成各种夹具；夹具用毕即可拆卸，留待组装新的夹具。由于使用组合夹具可缩短生产准备周期，元件又能重复使用，并具有可减少专用夹具数量等特点，因此，组合夹具在单件、中小批、多品种生产和数控加工中，是一种较经济的柔性化万能夹具。

图 1-11 所示为用组合夹具的多个模块组装成的钻床夹具，用于钻削连杆上的孔。这些模块分别构成了夹具体、定位元件、夹紧机构和导向元件等，实现了机床夹具的功能要求。使用组合夹具可减少夹具制造时间 90%，缩短生产准备周期约 85%，减小夹具成本 80%，效果良好。

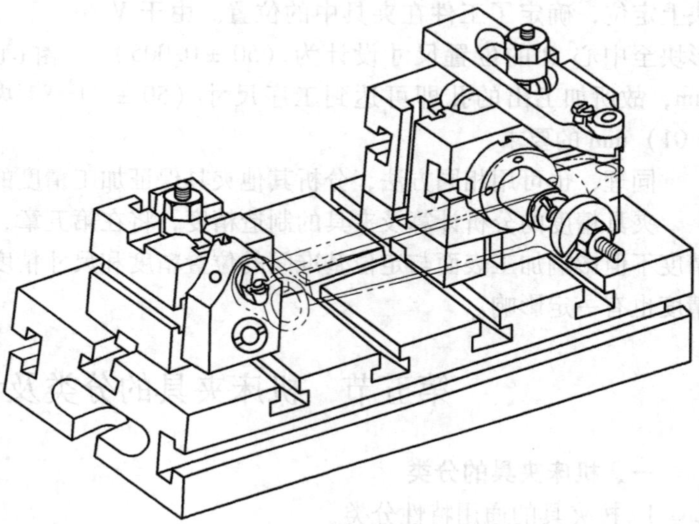

图 1-11　用组合夹具的多个模块组装成的钻床夹具

（5）自动化制造系统的夹具　自动化制造系统的夹具包括自动线夹具和数控机床夹具两种。自动线夹具有两种：①自动线固定式夹具；②自动线随行夹具。数控加工的机床夹具主要包括柔性制造系统（FMS）、加工中心（MC）和数控机床（CNC）等所使用的夹具。典型的柔性化夹具是拼装夹具和非标夹紧模块系统等。在现代机械制造中，夹具的低成本柔性化设计，可降低工艺成本，缩短在制品生产周期，故这类夹具的设计占有主导地位。

图 1-12 所示为用于卧式加工中心的一种拼装夹具。它类似于组合夹具，也由各种模块拼装成夹具，但模块的数量不多，功能较具针对性。图 1-12 所示的拼装夹具的主要功能模块是 V 形块等，用于装夹带有圆柱表面的箱体零件。通常，拼装夹具按企业产品的有关零件的加工要求进行设计。在数控机床上也可采用专用夹具。

2. 按夹具所属的机床分类

按夹具所属的机床分类是专用夹具设计所用的分类方法，如车床、铣床、刨床、钻床、镗床、磨床、齿轮加工机床、拉床等所用的夹具。设计专用夹具时，所用的机床型号和规格均已确定，不同的设备具有不同的特点。各种机床夹具具有以下不同点：

1）机床的切削成形运动不同。

2）夹具与机床的连接方式不同。

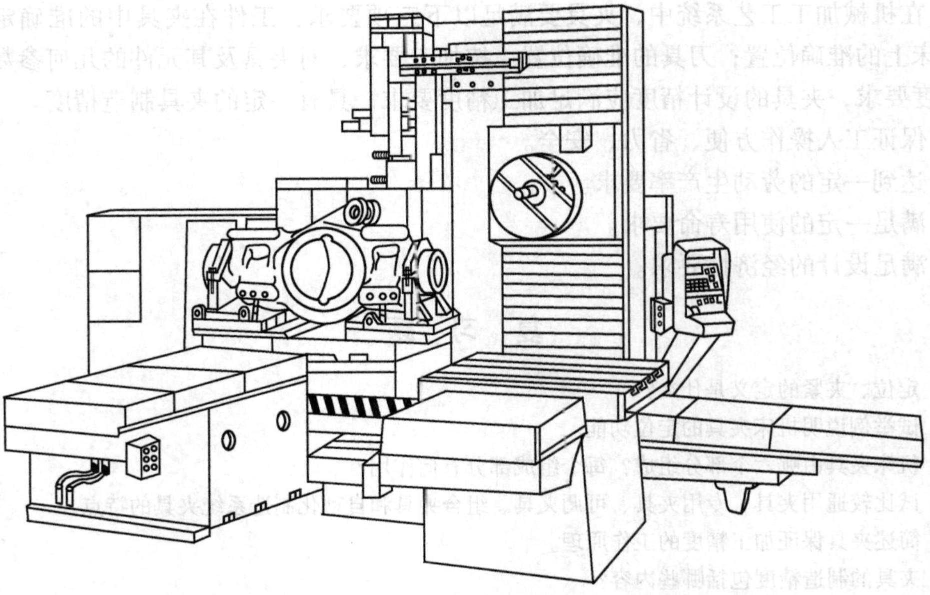

图 1-12　卧式加工中心使用的一种拼装夹具

3）夹具的其他功能元件不同。

4）机床的功率和规格不同。

5）机床的加工精度和加工表面粗糙度不同。

二、机床夹具的设计特点

机床夹具设计与其他装备的设计有较大的差别，主要表现在以下八个方面。

1）要有较短的设计和制造周期，以满足企业生产的要求。企业的市场环境使企业间竞争日益加剧，产品的更新换代加快；企业的产品设计环境提高了开发新产品的成功率，使产品设计周期更短；产品制造环境是多品种、中小批量生产。多品种的市场竞争，企业不得不改变产品品种及性能来满足客户要求。企业缩短制造周期很困难，然而只有这样，才能在市场竞争中获得较大的销售额。因此，夹具设计必须设法缩短生产准备周期。

2）夹具的低成本设计，以降低夹具成本。

3）夹具的柔性化设计，以提高夹具在现代机械制造（FMS、MC、CNC）中的适应性。

4）夹具的制造精度一般比工件的加工精度高 2 ~ 3 级。

5）夹具和操作工人的关系特别密切，要求夹具与生产条件和操作习惯密切结合。

6）在一般情况下，夹具是单件制造，没有重复制造的机会。一般没有条件对夹具进行原理性试验和复杂的计算工作。通常要求夹具在投产时一次成功。

7）夹具的社会协作制造条件较差，特别是商品化的元件较少。设计者要熟悉夹具结构和夹具的制造方法，以满足设计要求。

8）目前，专用夹具已形成系统的设计原理。设计时，务必多参考有关设计资料与经验，以把夹具设计得更好。

注意以上这些问题是很重要的，这将有利于保证夹具的设计、制造质量。

三、机床夹具的设计要求

设计机床夹具时，应满足下列五项基本要求。

1）在机械加工工艺系统中，夹具要满足以下三项要求：工件在夹具中的准确定位；夹具在机床上的准确位置；刀具的准确位置。按加工要求，对夹具及其元件的几何参数提出一定的精度要求，夹具的设计精度应满足加工精度要求，具有一定的夹具制造精度。

2）保证工人操作方便、省力、安全。

3）达到一定的劳动生产率要求。

4）满足一定的使用寿命要求。

5）满足设计的经济性要求。

复　习　题

1-1　定位、夹紧的定义是什么？

1-2　试举例说明机床夹具的定位功能。

1-3　机床夹具由哪六个部分组成？每个组成部分有何作用？

1-4　试比较通用夹具、专用夹具、可调夹具、组合夹具和自动化制造系统夹具的特点。

1-5　简述夹具保证加工精度的工作原理。

1-6　夹具的制造精度包括哪些内容？

1-7　简述夹具在机械加工中的作用。

1-8　何谓加工误差不等式？加工误差不等式在夹具设计中有何意义？哪些误差直接与夹具的制造精度有关？

1-9　简述机床夹具的设计特点。

第二章　工件的定位

第一节　工件定位的基本原理

一、概述

使用夹具加工工件有多种加工要求，其主要是满足工件被加工表面的工序尺寸和位置精度要求。为此，必须保证工件在加工过程中相对机床切削成形运动有准确的位置。从夹具保证加工精度的原理可知，工件的定位是其中极为重要的一个环节。

1. 工件在夹具中定位的任务

工件在夹具中定位的任务是使同一批工件都能在夹具中占据准确的位置。工件的定位是夹具设计中首先要解决的问题，所涉及的研究内容有：工件的定位原理、定位形式、定位元件设计、定位误差计算、定位设计的方法和步骤。

2. 定位与夹紧的关系

定位与夹紧是装夹工件的两个有联系的过程。在工件使用定位元件定位以后，工件在夹具中的位置即被确定。为了使工件在切削力、重力、离心力等外力作用下能保持既定的位置不变，通常需使用夹紧机构再妥善地夹紧工件，将工件固定。因此，定位与夹紧是两个不同的概念，但两者的功能又有一定的相互联系，即在工件定位后再夹紧，使工件在外力作用下保持定位不变。

此外，还有些夹具能使工件的定位与夹紧同时完成，例如三爪自定心卡盘等。

3. 定位基准

定位基准的选择是定位设计的一个很重要的因素。工件的定位基准一旦被确定，则其定位方案也就基本确定。通常，定位基准是在工艺规程中确定的，故定位设计时，应按工艺规程选择定位基准。

用作定位的基准称为定位基准，如图 2-1 所示。如图 2-1a 所示，工件以平面 A 和 B 为基准在定位元件上得到定位，以保证工序尺寸中心距 H、h 的要求。如图 2-1b 所示，工件以圆柱面的素线 C、F 为定位基准定位，加工尺寸为 h。定位基准除了可以是工件上的实际表面（轮廓要素，如面、线、点）外，也可以是中心要素，如几何中心、对称中心线或对称中心平面。如图 2-1c 所示，定位的接触点在 D、E 上，而定位基准则为几何中心 O。这种定位称为中心定位。中心定位在机械制造工艺中很常见，要注意中心定位与支承定位的区别。

设计夹具时，应遵循基准重合原则。即从减小加工误差考虑，应尽可能选用工序基准作为定位基准。因为，工序基准是工序尺寸的起始基准，若不重合，则会产生定位误差。

当用多个表面进行定位时，应选择其中一个较大的表面为主要定位基准，其他表面为第二定位基准、第三定位基准。

4. 工件的自由度

一个尚未定位的工件，其位置是不确定的。工件在空间坐标系中有六个自由度，如图 2-2 所示。在空间直角坐标系中，工件可在 x、y、z 轴直线方向有不同的位置，也可以在 x、

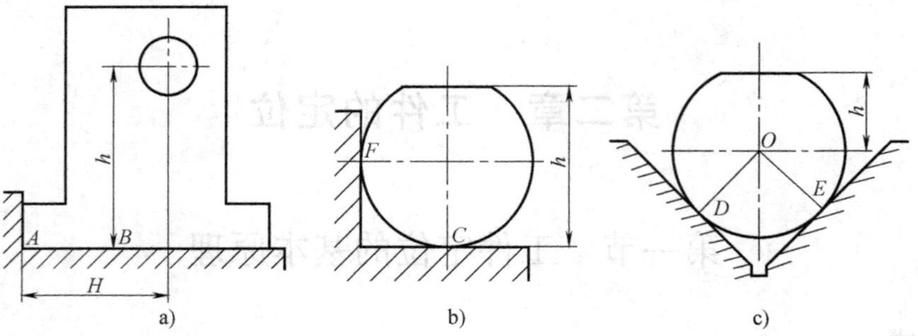

图 2-1　定位基准

a)、b) 定位基准为轮廓要素　c) 定位基准为表面的几何中心

y、z 轴的圆周方向有不同的位置，它们分别用$\overrightarrow{x}$、$\overrightarrow{y}$、$\overrightarrow{z}$和$\overset{\curvearrowright}{x}$、$\overset{\curvearrowright}{y}$、$\overset{\curvearrowright}{z}$表示。这种工件位置的不确定性，通常称为自由度。其中，$\overrightarrow{x}$、$\overrightarrow{y}$、$\overrightarrow{z}$称为在 x、y、z 轴直线方向的自由度；$\overset{\curvearrowright}{x}$、$\overset{\curvearrowright}{y}$、$\overset{\curvearrowright}{z}$称为在 x、y、z 轴的圆周方向的自由度。定位的任务，首先是消除工件的自由度。

二、六点定位规则

1. 定位规则

工件在空间直角坐标系中有六个自由度（$\overrightarrow{x}$、$\overrightarrow{y}$、$\overrightarrow{z}$、$\overset{\curvearrowright}{x}$、$\overset{\curvearrowright}{y}$、$\overset{\curvearrowright}{z}$），夹具用合理分布的六个定位点限制工件的六个自由度，使工件在夹具中的位置完全确定。

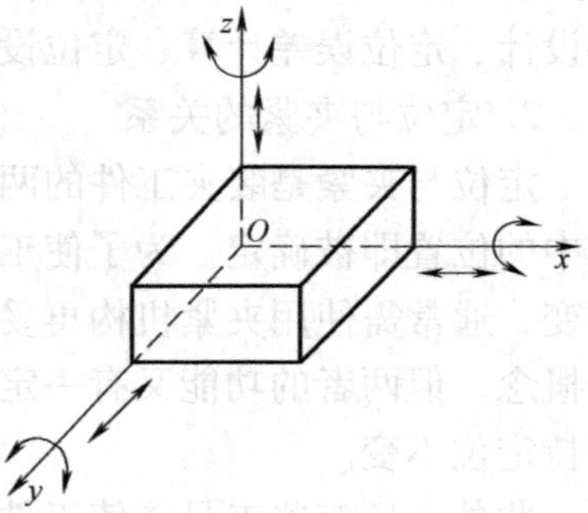

图 2-2　工件在空间坐标系中的六个自由度

2. 遵循六点定位规则的意义

上述六点定位规则是工程技术领域的重要规则之一。在机械制造工艺及夹具定位设计中都要遵循六点定位规则。工件的定位就是使一批工件放置到夹具中时，都能占据同一准确位置。定位点的特征符合几何定律；定位元件的一个定位点限制工件的一个自由度；定位点的分布则要符合六点定位规则，合理分布定位点，以实现工件的准确定位。

3. 定位点分布的规律

工件的定位基准是多种多样的，故各种形态的工件的定位点分布将会有所不同。下面分析完全定位时，几种典型工件的定位点合理分布的方法，以使定位符合六点定位规则。

（1）平面几何体的定位　如图 2-3a 所示，工件以 A、B、C 三个不同方向的平面为定位基准，其中 A 面最大，为主要定位基准。如图 2-3b 所示，在定位基准 A 面的定位点是设置成三角形分布的三个定位点 1、2、3，当工件的 A 面与该三点接触时，限制工件的$\overrightarrow{z}$、$\overset{\curvearrowright}{x}$、$\overset{\curvearrowright}{y}$三个自由度。若将三个支承点视为平面，则按几何定律是等效的，如图 2-3c 所示。B 面较狭长，作第二定位基准，在沿平行于 A 面方向设置两个定位点 4、5，当工件 B 面与该两点相接触时，限制工件$\overrightarrow{x}$、$\overset{\curvearrowright}{z}$两个自由度。同样，按几何定律将两个支承点视为线接触的状态，也是等效的，如图 2-3c 所示。余下的一个自由度$\overrightarrow{y}$，则由在另一定位基准 C 上的定位点 6 限制。

用图 2-3 中所示的六个定位点，便可使工件完全定位。由于定位是通过定位点与工件的定位基准面相接触来实现的，如果两者一旦互相脱离，定位作用也就随之消失。在实际生产

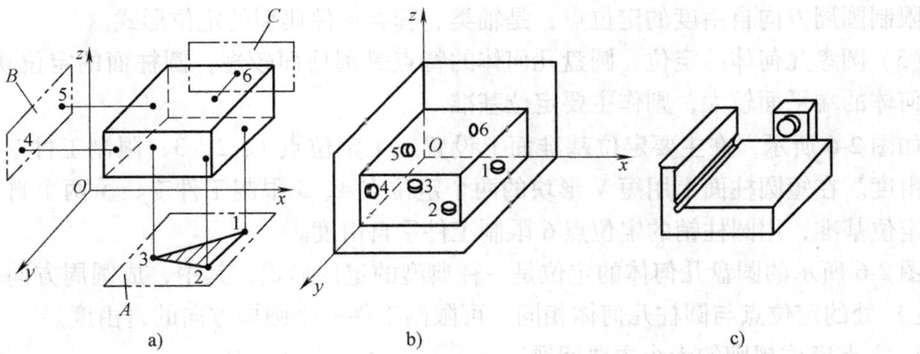

图 2-3 平面几何体的定位

a）三个平面定位基准 b）、c）定位点分布

定位中，定位点并不一定就是一个真正直观的点（见图 2-3c）。因为，从几何学的观点分析，成三角形分布的三个点即为一个平面；同样，成线接触的定位，则可认为是两点定位。进而，也可说明在这种情况下，“三点定位”或“两点定位”仅是指某种定位中数个定位点的综合结果，而不是指各定位点具体限制的自由度。

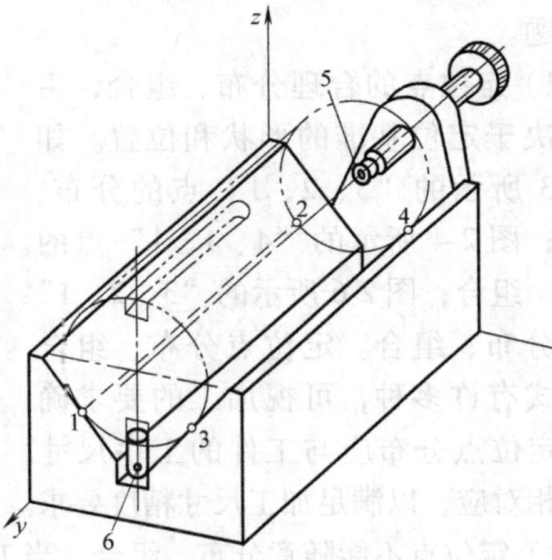

图 2-4 圆柱几何体的定位

（2）圆柱几何体的定位 如图 2-4 所示，工件的定位基准是长圆柱面的轴线、端平面和键槽侧面。主要定位基准为长圆柱面的中心，为中心定位；其圆柱面与 V 形块呈两直线接触（定位点 1、2，直线 1-2；定位点 3、4，直线 3-4），限制工件$\vec{x}$、$\vec{z}$、$\widehat{x}$、$\widehat{z}$四个自由度；端平面的定位点 5 限制工件$\vec{y}$一个自由度；键槽处的定位点 6 限制工件$\widehat{y}$一个自由度。

圆柱几何体的定位特点，如图 2-5 所示，以中心定位为主，其特征是定位接触点在圆柱面上，而定位基准则为中心轴线。如图 2-5a 所示，确定轴线 A 的位置所需限制的自由度为$\vec{x}$、$\vec{z}$、$\widehat{x}$、$\widehat{z}$；而其余两个自由度$\vec{y}$、$\widehat{y}$则与中心轴线的位置无关，这两个自由度与其他定位基准的定位有关。这类定位的另一个特点是成圆周方向分布的键槽（或孔）处的定位点与加工面间有一圆周方向的位置要求。如图 2-5b 所示，在键槽 A 处用一个定位键限制工件圆周方向的自由度，以保证键槽与加工面 B 间的 α 角。该定位点应布置在较大的圆周角半径 r 处。

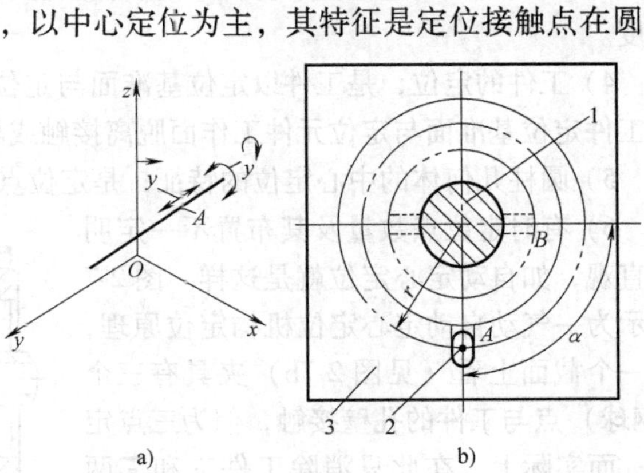

图 2-5 圆柱几何体的定位特点

a）与中心轴线位置无关的两个自由度 b）圆周方向分布的键槽处的定位点

1—定位轴 2—定位键 3—支承板

上述长圆柱面的四点定位及带有另

一个限制圆周方向自由度的定位点，是轴类、套类零件典型的定位形式。

（3）圆盘几何体的定位　圆盘几何体的特点是圆柱面较短，圆柱面的定位功能将降低；而几何体的端平面较大，则作主要定位基准。

如图 2-6 所示，在主要定位基准面上设置三个定位点 1、2、3，限制工件$\overrightarrow{z}$、$\overset{\frown}{x}$、$\overset{\frown}{y}$三个自由度。在短圆柱面上用短 V 形块的两个定位点 4、5 限制工件$\overrightarrow{x}$、$\overrightarrow{y}$两个自由度。槽为第三定位基准，用圆柱销的定位点 6 限制工件$\overset{\frown}{z}$自由度。

图 2-6 所示的圆盘几何体的定位是一种典型的定位形式，其中，成圆周方向分布的键槽（或孔）处的定位点与圆柱几何体相同，可限制工件一个圆周方向的自由度。

4. 六点定位规则的十个主要问题

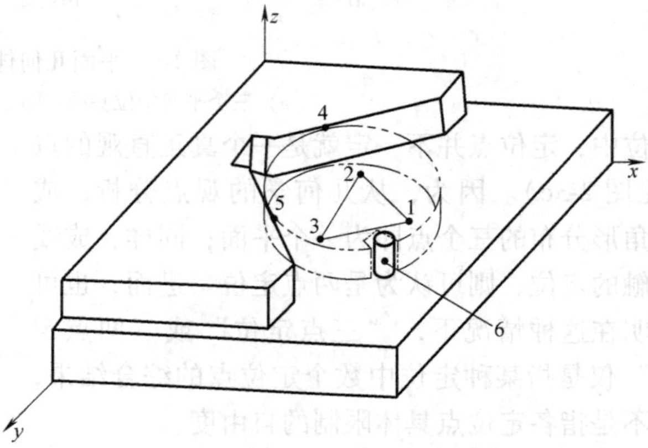

图 2-6　圆盘几何体的定位

通过上述三个典型定位示例的分析，说明下列六点定位规则的十个主要问题。

1）定位点的合理分布、组合，主要取决于定位基准的形状和位置。如图 2-3 所示的“3、2、1”点的分布、组合；图 2-4 所示的“4、1、1”点的分布、组合；图 2-6 所示的“3、2、1”点的分布、组合。定位点分布、组合的形式有许多种，可视加工的要求确定。定位点分布应与工件的工序尺寸方向相对应，以满足加工尺寸精度要求。

2）定位点不能随意分布、组合。当工件用多个定位基准定位时，应以其中一个作为主要定位基准，限制较多的自由度；而其他定位基准则分别作为第二定位基准、第三定位基准，限制工件余下的所需限制的自由度。

3）常用的主要定位基准有大平面、长圆柱表面、长圆锥面等。它们可以限制较多的自由度。

4）工件的定位，是工件以定位基准面与定位元件的工作面保持接触或配合实现的。一旦工件定位基准面与定位元件工作面脱离接触或配合，就丧失了定位作用。

5）圆柱几何体的中心定位的特征，是定位点在圆柱表面上，而定位基准则为中心线。

6）有时定位点数量及其布置不一定明显直观，如自动定心定位就是这样。图 2-7 所示为一气动自动定心定位机构定位原理，从一个截面上看（见图 2-7b）夹具有三个（钢球）点与工件的孔壁接触，似为三点定位；而实际上，在此只消除工件$\overrightarrow{x}$和$\overrightarrow{z}$两个自由度，是两点定位。由图 2-7a 所示可见，该夹具在全长上有六个接触点，实际上仅限制工件长圆柱面的$\overrightarrow{x}$、$\overrightarrow{z}$、$\overset{\frown}{x}$、$\overset{\frown}{z}$四个自由度。在自动定心定位中应注意定

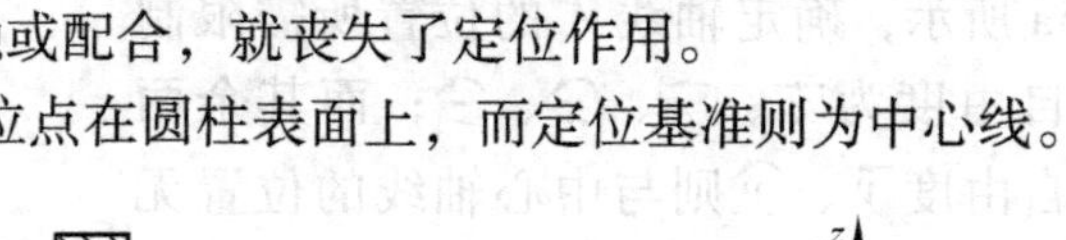

a)　　b)

图 2-7　气动自动定心定位机构定位原理

a）气动自动定心机构　b）截面图

位点数量及其布置方式。在本书第三章中将讲解自动定心夹紧机构的工作原理。

7）定位点的分布应该符合几何学的规则。

8）定位点所限制的自由度类别，通常可根据定位接触处的形态确定。常见的典型单一定位基准的定位接触形态所限制的自由度类别及定位特点见表2-1。定位设计时，要注意单一定位基准的定位特点。

表2-1　常见的典型单一定位基准的定位接触形态所限制的自由度类别及定位特点

定位接触形态	限制自由度数	自由度类别	特　点
长圆锥面接触	5	三个坐标轴方向的自由度 两个坐标轴圆周方向的自由度	可作为主要定位基准
长圆柱面接触	4	两个坐标轴方向的自由度 两个坐标轴圆周方向的自由度	
大平面接触	3	一个坐标轴方向的自由度 两个坐标轴圆周方向的自由度	
短圆柱面接触	2	两个坐标轴方向的自由度	不可作为主要定位基准，只能作为第二定位基准、第三定位基准
线接触	2	一个坐标轴方向的自由度 一个坐标轴圆周方向的自由度	
点接触	1	一个坐标轴方向的自由度或坐标轴圆周方向的自由度	

9）工件定位以后，还要用夹紧装置将工件紧固，因此，要区分定位与夹紧的不同概念。

10）定位元件不要重复限制工件相同的自由度。

三、完全定位与不完全定位

正确的定位形式有完全定位和不完全定位两种。这两种定位形式都能满足工件的加工精度要求。

1. 完全定位

完全定位即是限制工件的六个自由度，使工件在夹具上的位置完全确定。通常，这些工件在六个自由度方向上都有加工要求，如第一章所述的车床夹具、钻床夹具、铣床夹具，在其上定位的工件都是完全定位。完全定位是很常见的定位形式，完全定位的特点是工件的加工要求较高，且工件的定位基准也较多，定位设计较复杂。完全定位适用于较复杂工件的加工。

2. 不完全定位

不完全定位是工件在部分自由度方向上有加工要求，夹具只限制工件的部分相关的自由度，使工件不完全定位，以满足工件的加工精度要求。

不完全定位的特点是工件为部分定位，其定位设计较完全定位简单；同时，定位点与加工尺寸间的对应关系更为明显。不完全定位也是很常见的定位形式，如第一章所述的镗床夹具，其上的工件就是不完全定位。

图2-8所示为不完全定位的示例。图2-8a所示定位基准为内圆锥面的中心定位，限制工件的$\vec{x}$、$\vec{y}$、$\vec{z}$、$\widehat{x}$、$\widehat{z}$五个自由度。图2-8b所示的定位基准为两平面，限制了工件$\vec{x}$、$\vec{z}$、$\widehat{x}$、$\widehat{y}$、$\widehat{z}$五个自由度；因为所加工的槽在y方向上为贯穿的，故不限制$\vec{y}$自由度。图2-8c所示的定位基准为外圆柱面的中心及槽，限制了工件$\vec{x}$、$\vec{z}$、$\widehat{x}$、$\widehat{y}$、$\widehat{z}$五个自由度，

也不限制 y 轴方向上的自由度。图 2-8d 所示的定位基准为外圆柱面的中心，工件与图 2-8c 所示工件相比较，没有两条槽间在 y 轴圆周方向的加工要求，故不限制$\overset{\frown}{y}$自由度，为四点定位，限制的自由度为$\vec{x}$、$\vec{z}$、$\overset{\frown}{x}$、$\overset{\frown}{z}$。图 2-8e 所示的定位基准为平面，仅限制了平板状工件的$\vec{z}$、$\overset{\frown}{x}$、$\overset{\frown}{y}$三个自由度，以满足工件厚度尺寸及平行度的加工要求，它是常见的不完全定位中定位点较少的一种。

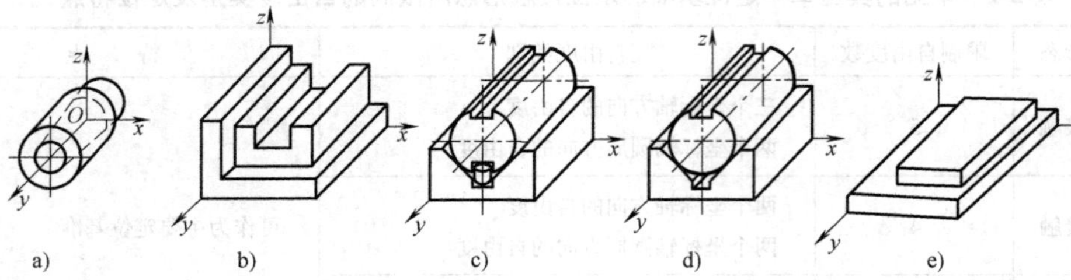

图 2-8　不完全定位的示例

a）定位基准为内圆锥面的中心定位　b）定位基准为两平面　c）定位基准为外圆柱面的中心及槽　d）定位基准为外圆柱面的中心　e）定位基准为平面

综上所述，在定位设计时，应按加工要求采用完全定位或不完全定位，以满足工件的加工精度要求。

四、欠定位与过定位

欠定位和过定位是不正确的定位形式。在定位设计时，应注意防止欠定位和过定位，避免其对加工精度的不良影响。

1. 欠定位

（1）欠定位产生的原因　欠定位是一种因定位不足而影响加工精度的现象。例如，图 2-8c 所示，若不设置定位销，缺少一个定位点，则工件的$\overset{\frown}{y}$自由度就不能得到限制，也就无法保证两槽间的位置精度要求。因此，加工时是不允许工件欠定位的。产生欠定位的主要原因是对定位点的作用不明确所致。

（2）防止欠定位的方法　在定位分析时，应注意下列问题，以防止产生欠定位。

1）限制工件自由度与加工技术要求的对应关系要明确。加工技术要求主要包括尺寸公差和位置公差要求两个方面，要一一对应，不要遗漏。

2）仔细分析定位点的作用，不要混淆不完全定位和欠定位的概念。虽然，表面上工件的定位点数量都不满六个，但是不完全定位的前提是满足了加工精度的要求，而欠定位则相反，故它们是不同的概念。仔细分析定位点的作用，欠定位是很容易避免的。

2. 过定位

过定位也是一种不正确的定位形式。过定位的情况比较复杂，且是夹具设计中常产生的一个问题。在定位设计时，注意防止产生过定位。

（1）过定位产生的原因　过定位是工件定位时，工件的同一自由度被数个定位元件重复限制所致。

图 2-9 所示为过定位及其消除的方法示例之一。如图 2-9a 所示的铣削加工，其要求加工平面对 A 基准平面的垂直度公差为 0.04mm。若采用夹具的两个大平面实现定位，即工件的 A 平面被限制$\vec{x}$、$\overset{\frown}{y}$、$\overset{\frown}{z}$三个自由度，B 平面被限制$\vec{z}$、$\overset{\frown}{x}$、$\overset{\frown}{y}$三个自由度，其中，$\overset{\frown}{y}$自由

度被 B 平面重复限制，这就产生了过定位。

（2）过定位对加工精度的影响　过定位会造成定位的不稳定，从而影响工件的加工精度；严重的过定位会引起过定位干涉现象，影响工件的装夹，并导致工件夹紧变形。

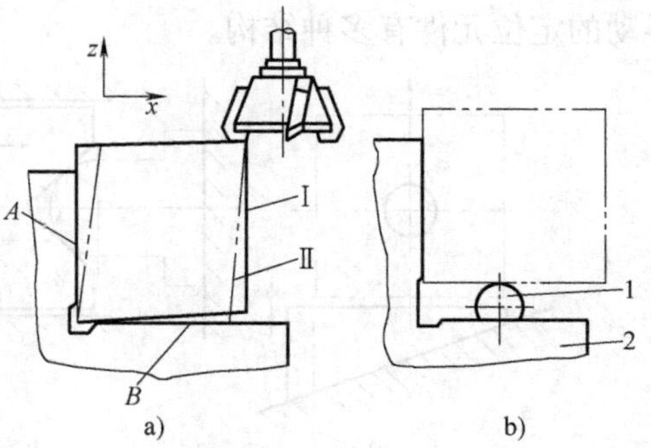

图 2-9　过定位及其消除的方法示例之一

a）过定位使定位不稳定　b）改进定位结构，消除过定位

1—半圆柱　2—定位块

由图 2-9a 可见定位的不稳定对加工精度的影响。当工件处于加工位置“Ⅰ”时，可满足垂直度的加工要求；而当工件处于加工位置“Ⅱ”与 B 平面接触时，定位基准改变，则产生定位误差，不能满足垂直度的加工要求。故在加工一批工件时，会有一些工件报废。这种随机的误差，会影响加工精度。由图 2-9a 也可见，造成加工误差的原因是定位基准的改变及两个定位基准之间的原有的位置误差所致。

（3）消除过定位的方法　通常可采取下列措施来消除过定位：

1）减小接触面积。如图 2-9b 所示，当 A 面作为主要定位基准三点定位时，改进定位结构，将第二定位基准 B 面的面接触改为线接触，减去了引起过定位的自由度 $\widehat{y}$，即可消除过定位。

2）修改定位元件的形状，以减少定位点。图 2-10 所示为过定位及其消除方法示例之二。如图 2-10a 所示，过定位发生在定位销 4 上，它重复限制了 $\vec{z}$ 自由度。如图 2-10b 所示，将圆柱定位销改为菱形销，使菱形销在干涉部位（z 方向）不接触，减去引起过定位的自由度 $\vec{z}$，即可消除过定位。图 2-10b 中，定位点分布是：支承板消除了 $\vec{z}$、$\widehat{x}$、$\widehat{y}$ 自由度，台阶平面消除了 $\vec{y}$、$\widehat{z}$ 自由度，菱形销消除了 $\vec{x}$ 自由度，所以为完全定位。

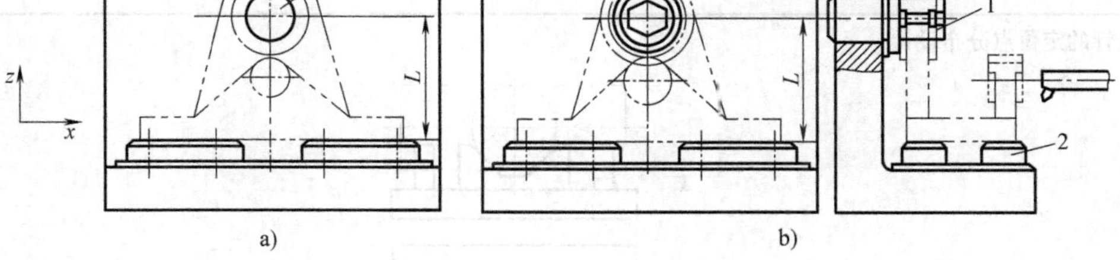

图 2-10　过定位及其消除方法示例之二

a）过定位　b）完全定位

1—菱形销　2—支承板　3—菱形销的台阶面　4—圆柱定位销

3）缩短圆柱面的接触长度。当工件的主要定位基准作三点定位时，第二定位基准的圆柱面只能作二点定位，不能作四点定位，以防止过定位。

4）设法使过定位的定位元件在干涉方向上浮动，以减少实际定位点的数量。如图 2-11

所示的三种可浮动的定位元件，其分别在$\vec{z}$、$\vec{x}$和$\overset{\frown}{y}$、$\overset{\frown}{z}$方向上浮动，从而消除了过定位。浮动的定位元件有多种结构。

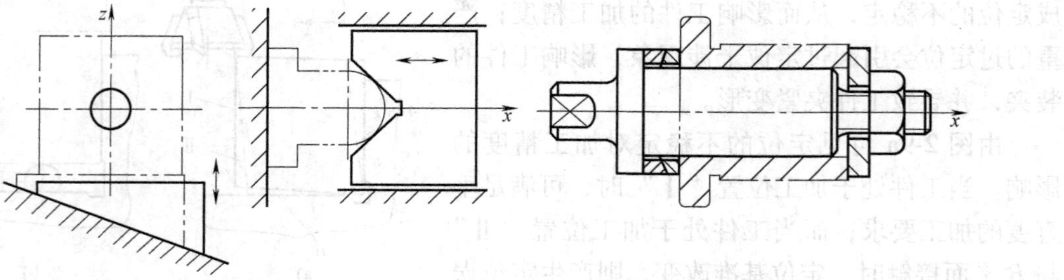

图 2-11　可浮动定位元件的浮动方向

a）可浮动的平面支承示意图（浮动方向$\vec{z}$）　b）可浮动的短 V 形块示意图（浮动方向$\vec{x}$）　c）球面垫圈（浮动方向$\overset{\frown}{y}$、$\overset{\frown}{z}$）

5）拆除多余的过定位元件。当过定位发生在单一定位元件上时，可采用此方法。

在一般情况下，采用上述方法即可避免产生过定位。这五种方法应根据具体情况具体分析，妥善地加以应用。注意正确判断过定位。

（4）正确判断过定位　正确判断过定位，主要是判别发生过定位的定位元件及其所重复限制的自由度。步骤是：首先分析各定位元件所限制的自由度，找出重复限制的自由度；然后判别过定位的定位元件；最后确定消除过定位的方案。要注意的问题是：在多个定位基准定位时，经常会引起的定位干涉现象中，有一些是较难判别的定位干涉现象。以表 2-2 图 a 所示夹具为例，三通管的定位点分布设计，是利用组合 V 形块限制$\vec{y}$、$\vec{z}$、$\overset{\frown}{y}$、$\overset{\frown}{z}$自由度，短 V 形块限制$\vec{x}$、$\overset{\frown}{x}$自由度。这样的设计通常认为没有问题，但是，由于定位基准之间的原有位置误差，使接触点偏移至 A 点（见表 2-2 图 b)，产生定位干涉现象，干涉的自由度方向为$\overset{\frown}{z}$。合理的定位设计是将短 V 形块改为可浮动 V 形块（见表 2-2 图 c)，使 V 形块在干涉的自由度方向$\overset{\frown}{z}$上可浮动，可消除定位干涉现象。本例诠释了多个定位基准定位时，发生的定位干涉现象，定位干涉与过定位的区别及关联性。

表 2-2　较难判别的定位干涉现象

1. 三通管的定位点分布设计

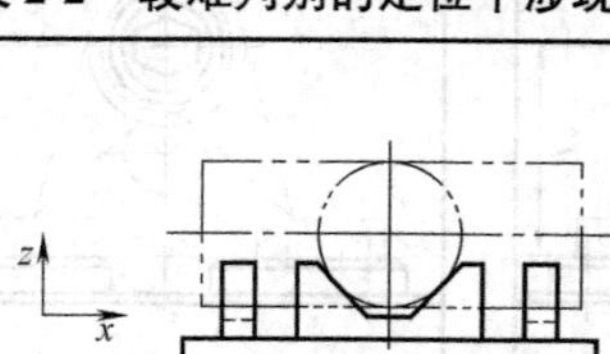

a)

（续）

2. 定位干涉现象

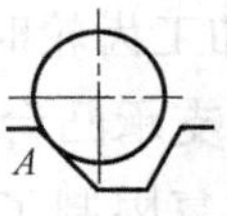

b)

由于定位基准间的原有位置误差 $\Delta\alpha$，使圆柱与 V 形块的接触点偏移至 A 点，干涉方向是 $\widehat{z}$ 自由度

3. 合理的定位元件设计

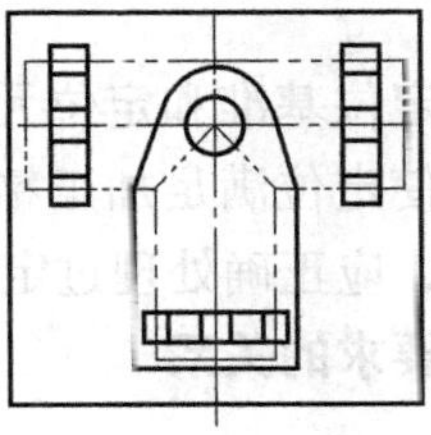

c)

将固定的 V 形块改为可在 z 坐标轴圆周方向浮动的 V 形块结构，可消除定位干涉

（5）正确处理过定位　在机械制造中，一些特殊结构的定位，其过定位是不可避免的。如图 2-12a、b 所示的导轨面定位，由于接触面较多，故都存在着过定位，其中，双 V 形导轨的过定位干涉就相当严重。

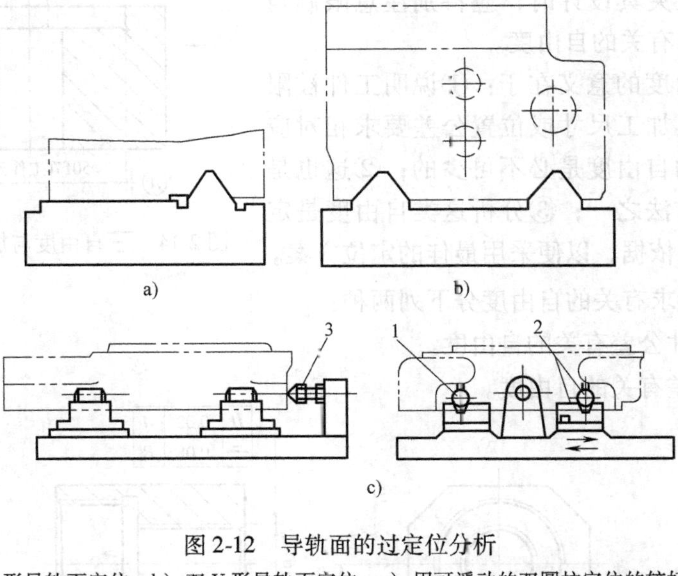

图 2-12　导轨面的过定位分析

a）V 形导轨面定位　b）双 V 形导轨面定位　c）用可浮动的双圆柱定位的较好结构

1—圆柱　2—浮动圆柱　3—可调支承

像这类特殊的定位，应设法减少过定位的有害影响。由于过定位是由相关的定位基准和定位元件工作面之间的位置误差所致，故当采取措施将它们的位置误差减小到一定程度时，即可把过定位的影响减小到最低限度。如果处理得当，反会增加定位的稳定性，提高定位刚度，确保定位精度。过定位之所以有时可保留，也在于此。图2-12a、b 所示的导轨面，在工

艺上都规定需经过配刮或磨削，使之具有较高的精度。其中，图 2-12c 所示的结构，已把过定位的影响减小到最小程度。上述方法在精密机械加工中有多种应用。如图 2-13 所示，在插齿机上加工齿轮时，心轴 2 限制了工件$\overrightarrow{x}$、$\overrightarrow{y}$、$\overset{\frown}{x}$、$\overset{\frown}{y}$四个自由度，支承凸台 1 限制了工件的$\overrightarrow{z}$、$\overset{\frown}{x}$、$\overset{\frown}{y}$三个自由度，其中，重复限制了$\overset{\frown}{x}$、$\overset{\frown}{y}$两个自由度。但是，由于已经在工艺上规定了齿坯圆柱孔与端平面的垂直度公差，提高了定位基准的位置精度，故虽保留过定位，但定位的干涉却很小。因此，这种过定位是可取的。

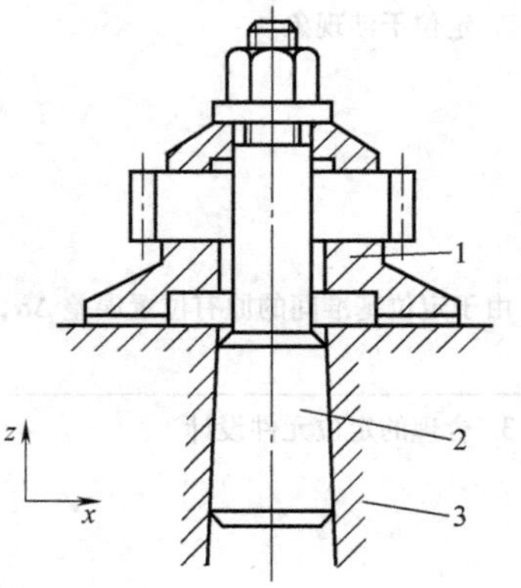

图 2-13　在插齿机上加工齿轮时减小过定位影响的方法
1—支承凸台　2—心轴　3—通用底盘

正确处理过定位的机理是，提高定位基准和定位元件工作面的精度，提高其形状的一致性，使定位满足加工精度要求。注意，这种过定位有一定的局限，应正确处理过定位。

五、限制工件自由度与加工技术要求的关系

1. 与加工技术要求有关的自由度

在实际定位中，大部分或全部限制的自由度是与加工技术要求相对应的。有时，其中会有与加工技术要求无关的自由度。

如图 2-14 所示，加工圆盘零件的 ϕ5H7 贯穿孔时，夹具的定位面限制了工件的$\overrightarrow{x}$、$\overrightarrow{y}$、$\overrightarrow{z}$、$\overset{\frown}{x}$、$\overset{\frown}{y}$自由度。从加工要求分析，其中$\overrightarrow{x}$、$\overrightarrow{y}$、$\overset{\frown}{x}$、$\overset{\frown}{y}$自由度与加工要求有关，而$\overrightarrow{z}$自由度与加工技术要求无关。在夹具设计时，应特别注意限制与工件加工技术要求有关的自由度。

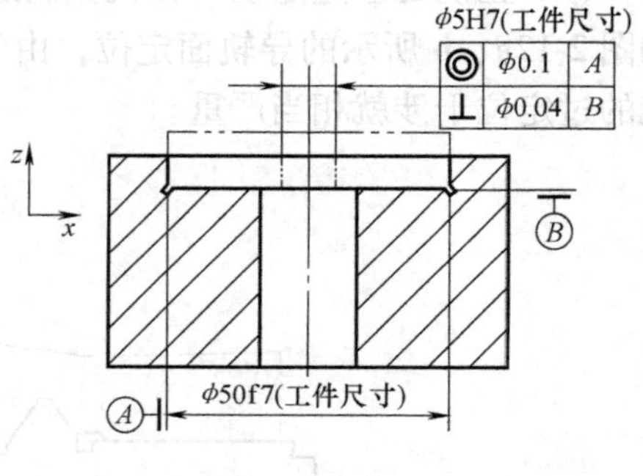

图 2-14　$\overrightarrow{z}$自由度与加工技术要求无关

分析这类自由度的意义在于：①说明工件被限制的自由度是与其加工尺寸或位置公差要求相对应的，这些被限制的自由度是必不可少的；②这也是分析加工精度的方法之一；③分析这类自由度是定位方案设计的重要依据，以便采用最佳的定位方案。

与加工技术要求有关的自由度分下列两种：

1）与加工尺寸公差有关的自由度。

2）与位置公差有关的自由度。

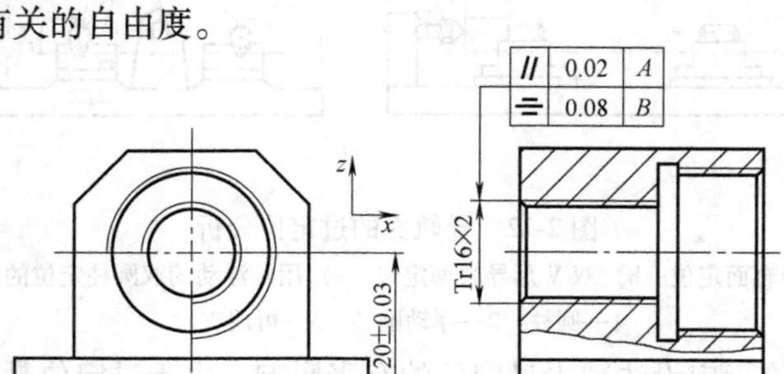

图 2-15　螺母零件简图

2. 与加工尺寸公差有关的自由度

（1）公差带图形分析法　有些自由度直接影响了工件加工面的位置尺寸，如被加工圆柱面轴线至定位平面的距离尺寸；被加工平面至定位圆柱面轴线的距离尺寸等。

如图 2-15 所示的螺母零件简图，车削内螺纹需控制的中心距尺寸为（20 ±0. 03）mm。定位基准面所需限制的$\overrightarrow{z}$、$\widehat{x}$、$\widehat{y}$三个自由度均与加工尺寸有关，可以利用图 2-16 所示的公差带图形分析法画出空间坐标、加工面的轴线和工序基准（定位基准）。工序尺寸（20 ±0. 03）mm 的公差带形状为两个平行平面之间的区域，公差 δ_k = 0. 06mm。由图 2-16 可见，$\overrightarrow{z}$、$\widehat{x}$ 和 $\widehat{y}$ 自由度影响加工尺寸（20 ±0. 03）mm。

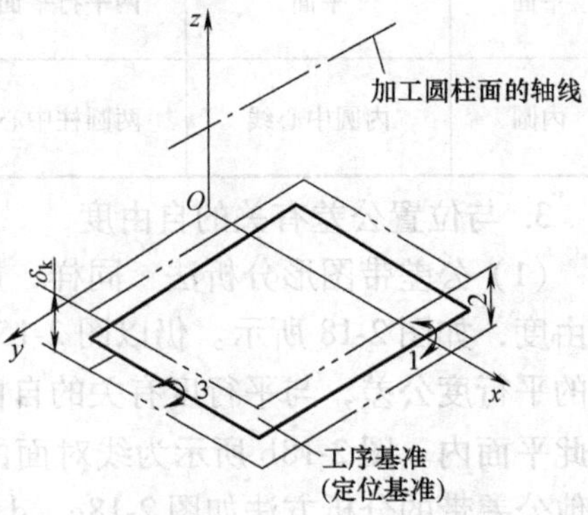

图 2-16　公差带图形分析法示例一

1—$\widehat{x}$自由度的作用　2—$\overrightarrow{z}$ 自由度的作用　3—$\widehat{y}$ 自由度的作用

又如图 2-17a 所示，工件在 V 形块上定位铣削平面，工序尺寸为 h。V 形块限制工件$\overrightarrow{x}$、$\overrightarrow{z}$、$\widehat{x}$、$\widehat{z}$四个自由度。公差带图形如图 2-17b 所示，公差带形状是同一平面的两直线之间的区域。与加工尺寸有关的自由度是$\overrightarrow{z}$、$\widehat{x}$，以控制加工尺寸 h 的公差 δ_k。分析时，经圆柱中心线作一个辅助平面，则有关的自由度就处在此平面内。

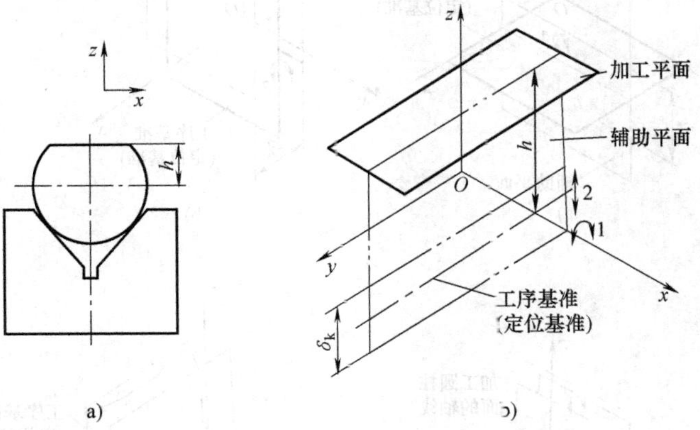

图 2-17　公差带图形分析法

a）工件的定位　b）公差带图形分析

1—$\widehat{x}$自由度的作用　2—$\overrightarrow{z}$ 自由度的作用

（2）公差带图形分析法的应用　表 2-3 所列为与加工尺寸公差有关的自由度，供定位分析时参考。

表 2-3　与加工尺寸公差有关的自由度

加工表面	定位基准	加工尺寸	与加工尺寸公差有关的自由度
内圆	平面	内圆的中心线至平面的距离	一个坐标轴方向自由度 两个坐标轴圆周方向自由度
平面	圆柱面中心线	平面至圆柱面中心线的距离	一个坐标轴方向自由度 一个坐标轴圆周方向自由度

（续）

加工表面	定位基准	加工尺寸	与加工尺寸公差有关的自由度
平面	平面	两平行平面的距离	一个坐标轴方向自由度 两个坐标轴圆周方向自由度
内圆	内圆中心线	两圆柱中心线的距离	两个坐标轴方向自由度 两个坐标轴圆周方向自由度

3. 与位置公差有关的自由度

（1）公差带图形分析法　同样，用公差带图形分析法也可以求出与位置公差 δ_k 有关的自由度，如图 2-18 所示。仍以图 2-15 所示的螺母零件为例进行分析。图 2-18a 所示为线对面的平行度公差，与平行度有关的自由度是 $\overset{\frown}{x}$。分析时作一辅助平面，则有关的自由度就处在此平面内。图 2-18b 所示为线对面的对称度公差，与对称度有关的自由度为 $\vec{x}$、$\overset{\frown}{y}$、$\overset{\frown}{z}$。其他公差带的分析方法如图 2-18c、d 所示。

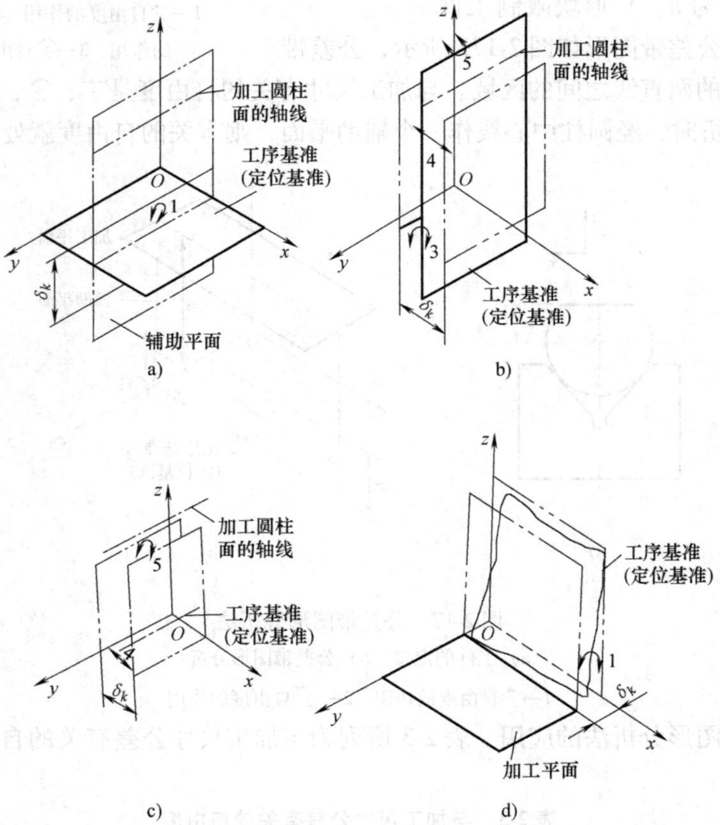

图 2-18　与位置公差有关的自由度分析

a）线对面的平行度公差　b）线对面的对称度公差　c）线对线的对称度公差　d）面对面的垂直度公差

1—$\overset{\frown}{x}$ 自由度的作用　3—$\overset{\frown}{y}$ 自由度的作用　4—$\vec{x}$ 自由度的作用　5—$\overset{\frown}{z}$ 自由度的作用

（2）公差带图形分析法的应用　表 2-4 所列为与位置公差有关的自由度，供定位分析时参考。

表 2-4　与位置公差有关的自由度

加工表面	定位基准	位置公差	与位置公差有关的自由度
内圆柱面	平面	圆柱面的中心线对平面的平行度	一个坐标轴圆周方向自由度
平面	内圆柱面的中心线	平面对内圆柱中心线的平行度	一个坐标轴圆周方向自由度
平面	平面	面对面的平行度	两个坐标轴圆周方向自由度
内圆柱面	内圆柱面的中心线	圆柱中心线对圆柱中心线的平行度	两个坐标轴圆周方向自由度
内圆柱面	平面	圆柱中心线对平面的垂直度	两个坐标轴圆周方向自由度
平面	平面	两平面的垂直度	一个坐标轴圆周方向自由度
内圆柱面	对称中心平面	圆柱面中心线对中心平面的对称度	一个坐标轴方向自由度 两个坐标轴圆周方向自由度

六、常用定位元件限制的自由度

在定位时，定位点的作用是由具有一定几何形状的定位元件的定位面实现的。表 2-5 所列为常用定位元件能限制工件的自由度，可与表 2-1 对照，以便正确选择定位元件。

表 2-1 和表 2-5 中列出了单一定位基准的定位点和多个定位基准的定位点分布。其中，应特别注意菱形销、圆柱定位销、活动式 V 形块、顶尖以及三爪自定心卡盘的定位方式。

表 2-5　常用定位元件能限制的工件的自由度

定位基准	定位简图	定位元件	限制的自由度
大平面	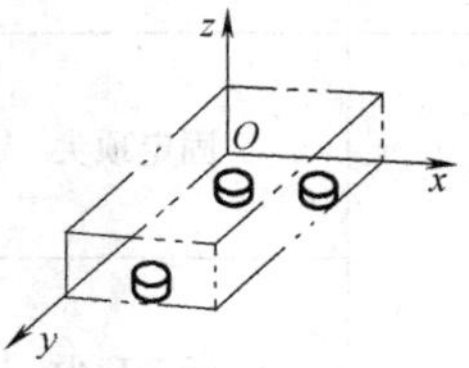	支承钉	$\vec{z}$、$\overset{\frown}{x}$、$\overset{\frown}{y}$
	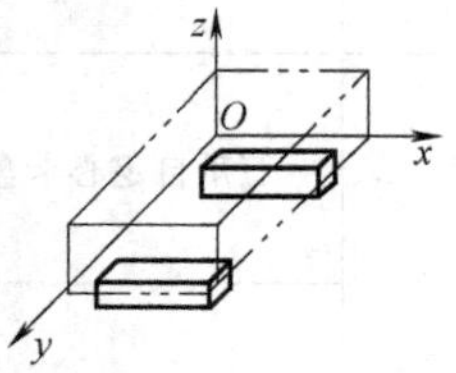	支承板	$\vec{z}$、$\overset{\frown}{x}$、$\overset{\frown}{y}$
长圆柱面	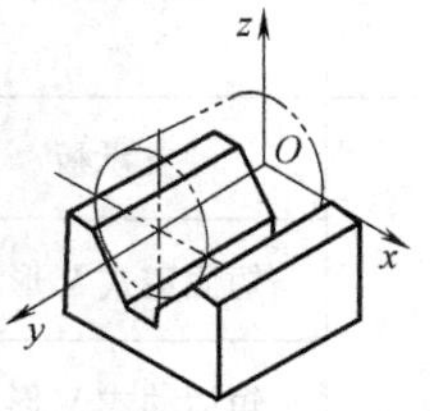	固定式 V 形块	$\vec{x}$、$\vec{z}$、$\overset{\frown}{x}$、$\overset{\frown}{z}$
	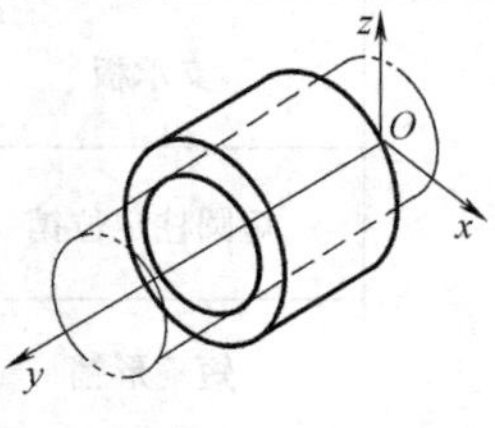	固定式长套	

（续）

定位基准	定位简图	定位元件	限制的自由度
长圆柱面	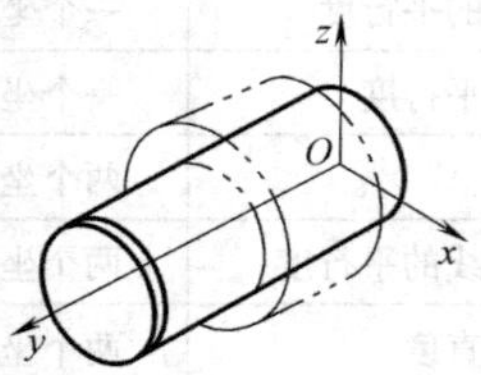	心轴	$\vec{x}$、$\vec{z}$、$\widehat{x}$、$\widehat{z}$
	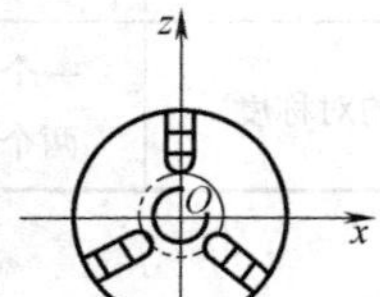	三爪自定心卡盘	
长圆锥面	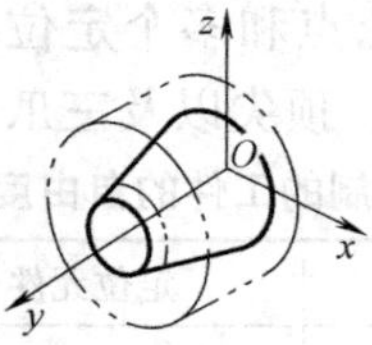	圆锥心轴	$\vec{x}$、$\vec{y}$、$\vec{z}$、$\widehat{x}$、$\widehat{z}$
两中心孔	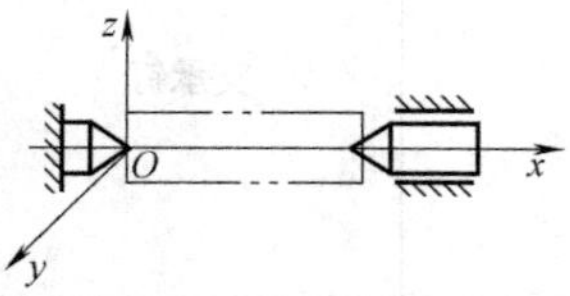	固定顶尖	$\vec{x}$、$\vec{y}$、$\vec{z}$
		活动顶尖	$\widehat{y}$、$\widehat{z}$
短外圆与中心孔	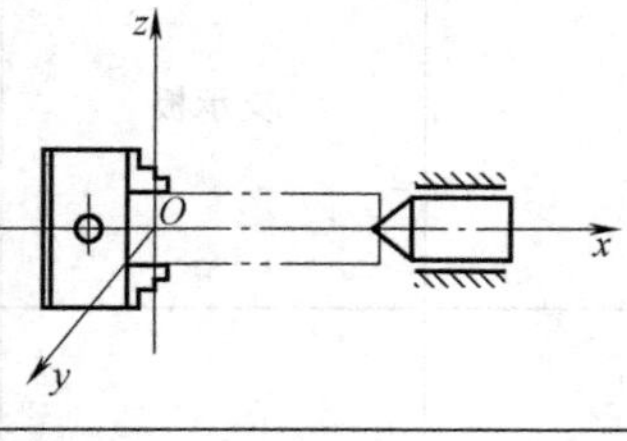	三爪自定心卡盘	$\vec{y}$、$\vec{z}$
		活动顶尖	$\widehat{y}$、$\widehat{z}$
大平面与两外圆弧面	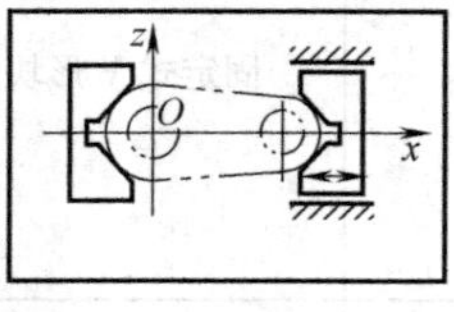	支承板	$\vec{y}$、$\widehat{x}$、$\widehat{z}$
		短固定式 V 形块	$\vec{x}$、$\vec{z}$
		短活动式 V 形块	$\widehat{y}$
大平面与两圆柱孔	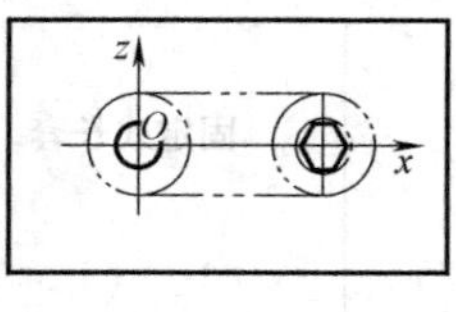	支承板	$\vec{y}$、$\widehat{x}$、$\widehat{z}$
		短圆柱定位销	$\vec{x}$、$\vec{z}$
		短菱形销	$\widehat{y}$

（续）

定位基准	定位简图	定位元件	限制的自由度
长圆柱孔与平面	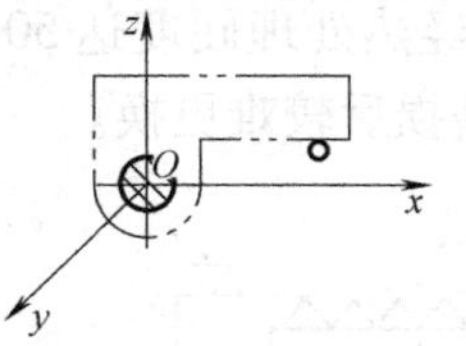	固定式心轴	$\overrightarrow{x}$、$\overrightarrow{z}$、$\overset{\frown}{x}$、$\overset{\frown}{z}$
		挡销	$\overset{\frown}{y}$
大平面与短锥孔	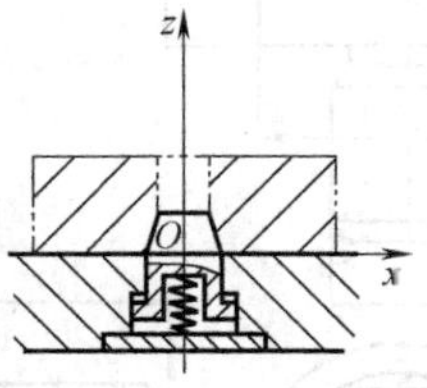	支承板	$\overrightarrow{z}$、$\overset{\frown}{x}$、$\overset{\frown}{y}$
		活动圆锥销	$\overrightarrow{x}$、$\overrightarrow{y}$

第二节　定位元件设计

定位元件设计包括定位元件的结构、形状、尺寸及布置形式等方面的内容。本节要阐明的是定位方式的选择、定位点的分布以及定位元件的设计方法。

定位元件的设计主要取决于定位基准的形态。

一、工件以平面定位

在机械加工中，有很多工件是以平面作为主要定位基准的，如箱体、机体、支架、圆盘、盖板等。工件在进入第一道加工工序时，通常是使用粗基准平面定位；在进入后续加工工序时，通常是使用精基准平面定位。

平面也可作第二定位基准、第三定位基准。

常用的定位元件有支承钉、可调支承、支承板、浮动支承等。

1. 工件以粗基准平面定位

粗基准平面通常是指经过清理的锻、铸毛坯工件的平面。其表面较粗糙，且有较大的平面度误差。

粗基准平面定位的特点如图 2-19 所示。图 2-19a 所示为粗基准平面定位点的随机性分布特点。一个较大的粗基准平面与定位支承平面接触时，必为随机分布的三个点，定位不稳定。为了控制这三个定位点的位置，通常要采用呈点接触的定位元件，如支承钉（见图 2-19b），以获得较满意的固定定位点。

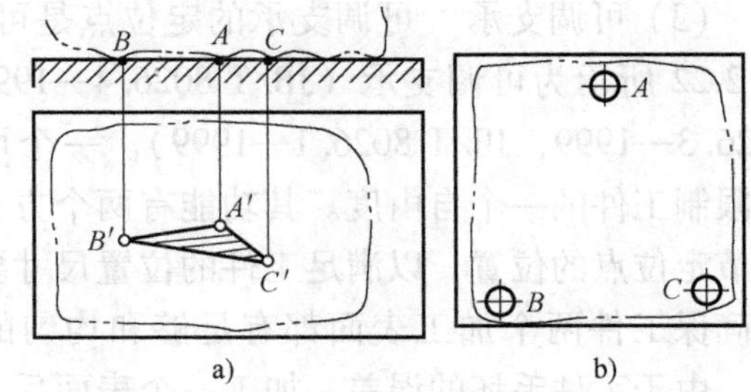

图 2-19　粗基准平面定位的特点

a）定位点的随机性分布特点

b）采用合理的方法使定位点固定

粗基准平面定位常用的定位元件有支承钉、可调支承和浮动支承。

（1）支承钉　图 2-20 所示为支承钉（JB/T 8029.2—1999）[㊀]的结构，分 A、B、C 型

㊀　为机床夹具零件及部件支承钉的国家机械行业标准，余类同。

三种。一个支承钉可限制工件的一个自由度。常用的是 B 型（球头）和 C 型（齿纹）支承钉（见图 2-20a、b）。其主要规格 D 为 5mm、6mm、8mm、12mm、16mm、20mm、25mm、30mm、40mm。支承钉用碳素工具钢 T8 制作，经热处理硬度达 50～60HRC。支承钉 d 处用 H7/r6 过盈配合压入夹具体的孔中。这类元件磨损后较难更换。

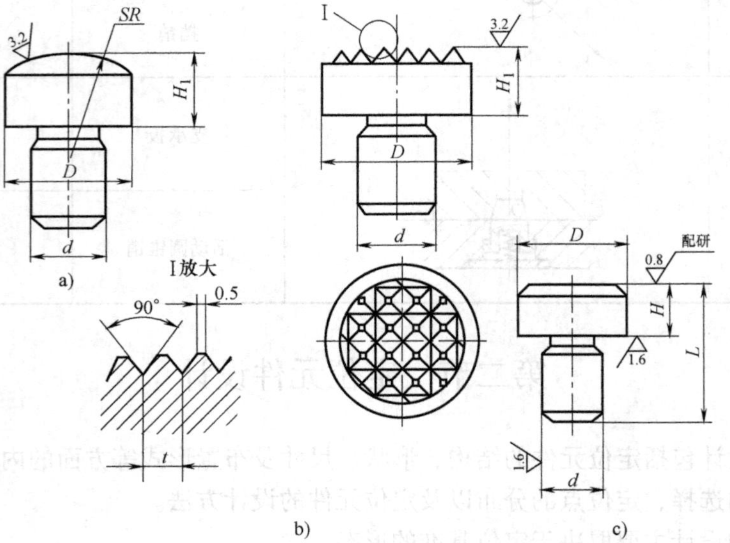

图 2-20　支承钉（JB/T 8029.2—1999）

a）B 型（球头）支承钉　b）C 型（齿纹）支承钉　c）A 型（平头）支承钉

（2）可换支承钉　图 2-21 所示为两种可换支承钉，用于批量较大的生产中，可以降低夹具成本。图 2-21a 所示的可换支承钉，具有齿纹、球头定位面，可分别用于不同的场合。图 2-21b 所示的可换支承钉，磨损后可更换。目前，我国尚无可换支承钉的国家标准或行业标准。

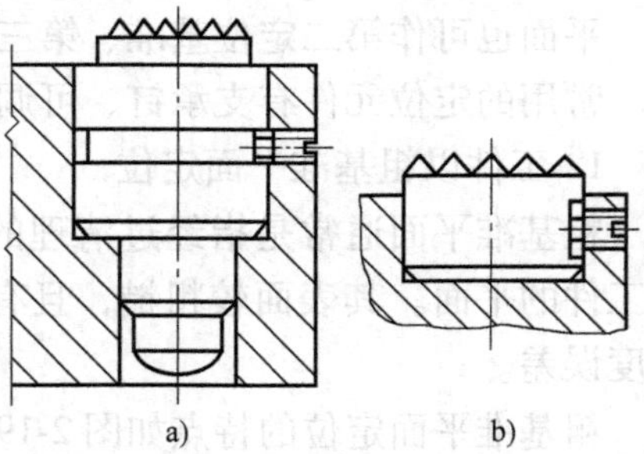

图 2-21　可换支承钉

a）具有两种定位面的可换支承钉

b）磨损后可更换支承钉

（3）可调支承　可调支承的定位点是可调整的。图 2-22 所示为可调支承（JB/T 8026.4—1999，JB/T 8026.3—1999，JB/T 8026.1—1999）。一个可调支承可限制工件的一个自由度。其功能有两个方面：一是调节定位点的位置，以满足工件的位置尺寸要求；二是确保工件两个加工表面都有足够和均匀的加工余量。由于工件毛坯的误差，加工一个表面后，会使另一加工面的余量偏向一边，甚至出现加工余量不够的现象。为此，定位时需按划线调节工件的定位位置。通常，需对同一批工件作一次调节，调节后可调支承用锁紧螺母锁紧。

可调支承用优质碳素结构钢的 45 钢制作，经热处理后硬度达 40～50HRC（长度 > 50mm，仅头部进行热处理）。

图 2-22a 所示为调节支承（JB/T 8026.4—1999），主要规格 d 为 M5、M6、M8、M10、M12、M20、M24、M30、M36；L 可按需要确定。

图 2-22b 所示为圆柱头调节支承（JB/T 8026.3—1999），主要规格 d 为 M5、M6、M8、

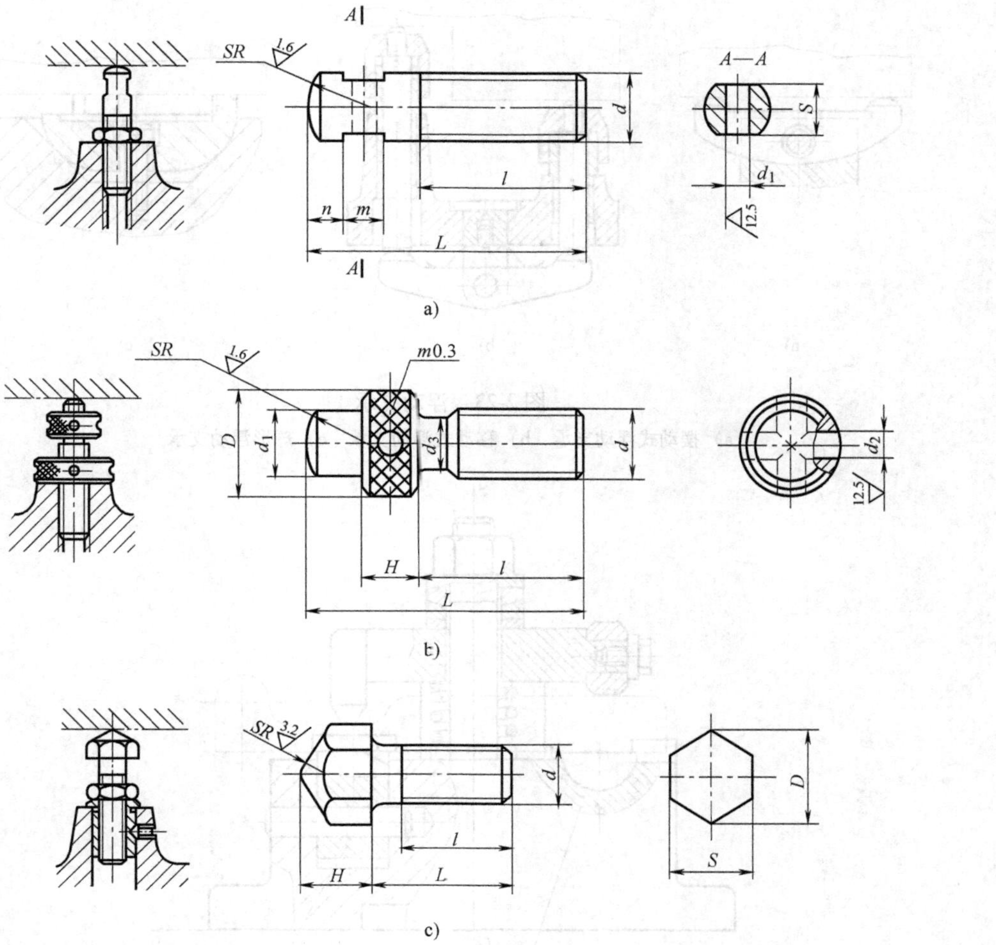

图 2-22　可调支承

a）调节支承（JB/T 8026.4—1999）　b）圆柱头调节支承（JB/T 8026.3—1999）

c）六角头支承（JB/T8026.1—1999）

M10、M12、M16、M20；L 为 25mm，30mm，…，120mm。球面半径 SR 的尺寸与 d_1 相等。

图 2-22c 所示为六角头支承（JB/T 8026.1—1999），主要规格 d 为 M5、M6、M8、M10、M12、M16、M20、M24、M30、M36；L 为 15mm，20mm，…，160mm。

（4）浮动支承　图 2-23 所示为几种浮动支承的结构。浮动支承的特点是增加与定位工件的接触点，而不发生过定位。使用浮动支承可提高工件的定位刚度。

浮动支承的工作原理，与本章第一节中所介绍的消除过定位的方法类同，即设法使过定位的定位元件在干涉方向上浮动（参见图 2-11）。图 2-23a、b 所示的浮动支承均可在一个方向浮动；图 2-23c 所示的浮动支承可在两个方向上浮动。它们都只限制工件一个自由度。浮动支承常用于易发生过定位的场合。

图 2-24 所示为浮动支承的应用实例。其中，浮动支承 1 在 $\widehat{y}$ 方向上浮动；浮动支承 2 则在 $\widehat{x}$ 方向上浮动，故实际限制工件的自由度为 $\vec{z}$、$\widehat{x}$、$\widehat{y}$。

2. 工件以精基准平面定位

工件的基准平面经切削加工后，可直接放在平面上定位。经过刮削、精铣、磨削的平面

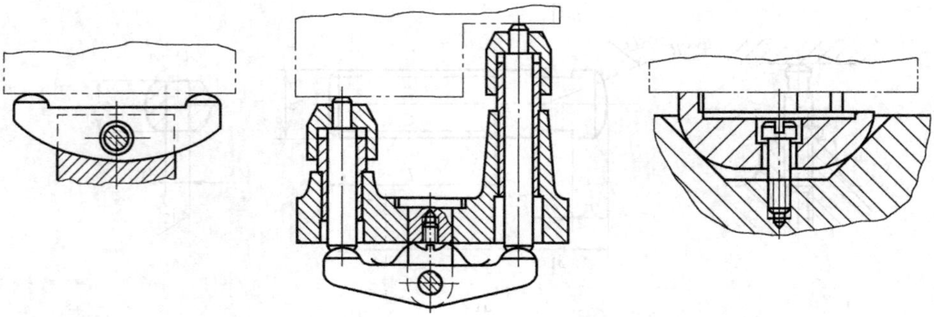

图 2-23　浮动支承

a）摆动式浮动支承　b）移动式浮动支承　c）球形浮动支承

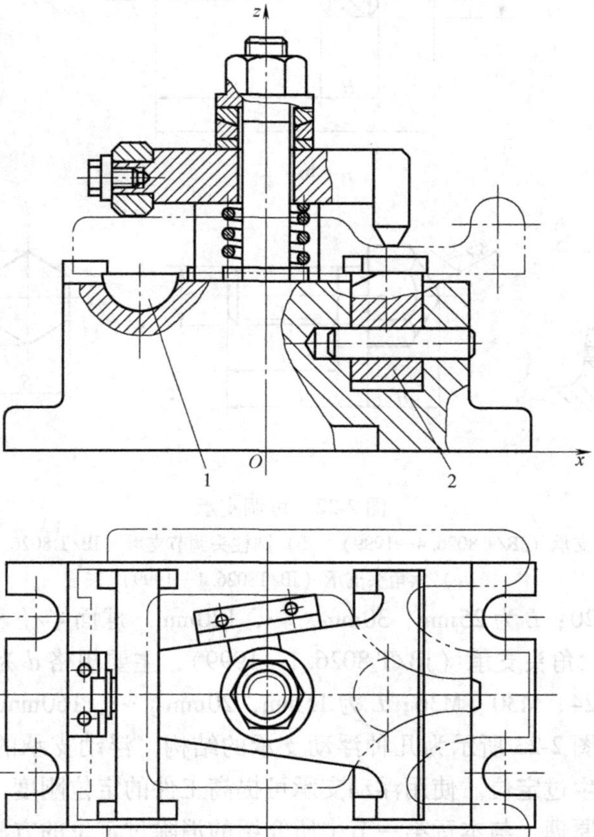

图 2-24　浮动支承的应用例子

1、2—浮动支承

具有较小的表面粗糙度值和平面度误差，可获得较精确的定位。常用的定位元件有支承板和平头支承钉等，这类是呈面接触的定位元件。

（1）支承板　图 2-25 所示为支承板（JB/T 8029. 1—1999）的结构。图 2-25a 所示为 A 型光面支承板，用于垂直布置的定位场合；图 2-25b 所示为 B 型带斜槽的支承板，用于水平布置的定位场合，其凹槽可防止细小切屑停留在定位面上。支承板的主要规格：厚度 H 为 6mm、8mm、10mm、12mm、16mm、20mm、25mm。支承板用碳素工具钢 T8 制作，经热处理后硬度达 55～60HRC。若同时使用多块支承板时，需设法使板的厚度 H 相等。支承板用螺钉紧固在夹具体上。大平面接触的支承板可限制工件的 3 个自由度。

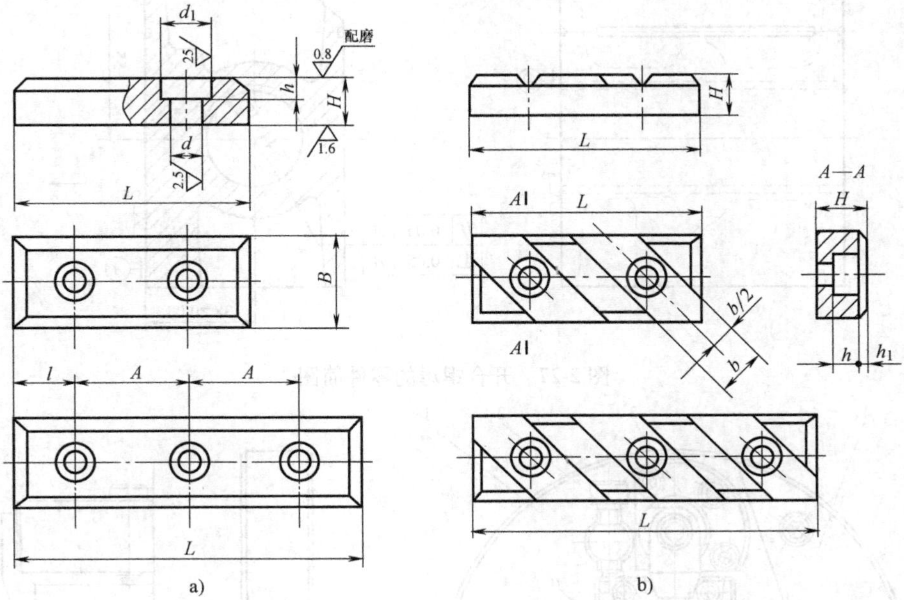

图 2-25　支承板（JB/T 8029.1—1999）

a）A 型光面支承板　b）B 型带斜槽支承板

（2）支承钉　图 2-20c 所示为平头（A 型）支承钉，其定位面经过磨削。A 型支承钉主要规格与 B 型、C 型支承钉相同。

（3）其他定位方法和元件　对于中、小型零件，有时可直接在夹具体的有关平面上定位（见图 2-26a），这样，可降低夹具制造成本。

有时也可采用非标准结构的支承板。图 2-26b 所示为一种环形支承板，用于盘形零件的定位。图 2-26c 所示的支承板则按工件定位基准面的形状设计。

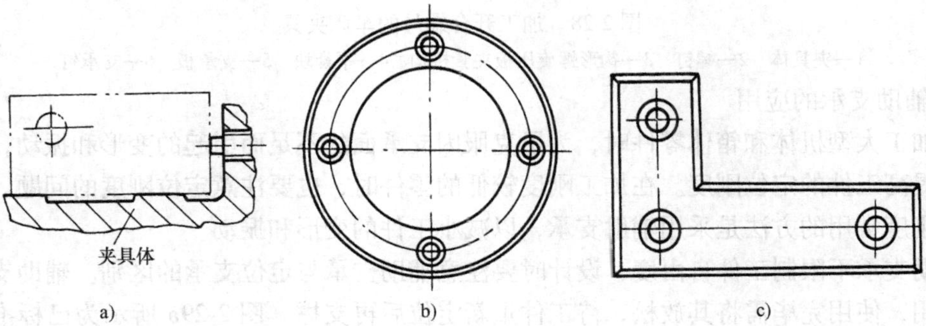

图 2-26　其他定位方法和元件

a）直接在夹具体的一个平面上定位　b）、c）非标准支承板

3. 设计示例

图 2-27 所示为开合螺母的零件简图，使用夹具加工螺纹 Tr44×12 至图样要求。工件的主

要定位基准为 B 平面，限制 $\overrightarrow{y}$、$\overset{\frown}{x}$、$\overset{\frown}{z}$ 自由度（图中定位符号见附表 1）；第二定位基准为 A 平面，限制 $\overrightarrow{x}$、$\overset{\frown}{y}$ 自由度；第三定位基准为 C 平面，限制 $\overrightarrow{z}$ 自由度。图 2-28 所示为加工开合螺母的车床夹具，工件采用支承板、支承钉定位，图中 a、b、c 为定位元件的定位面。

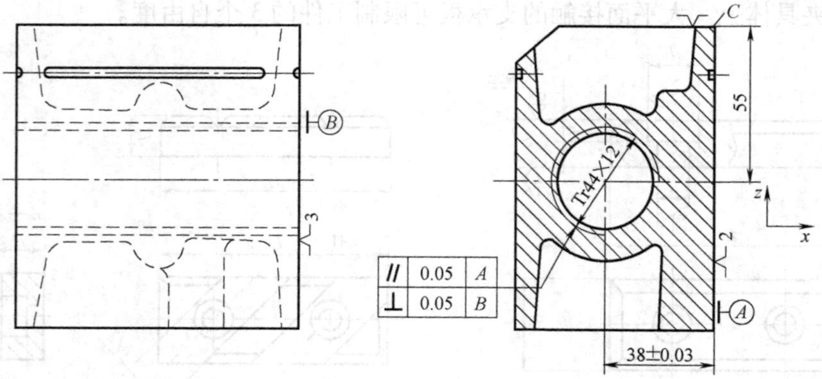

图 2-27　开合螺母的零件简图

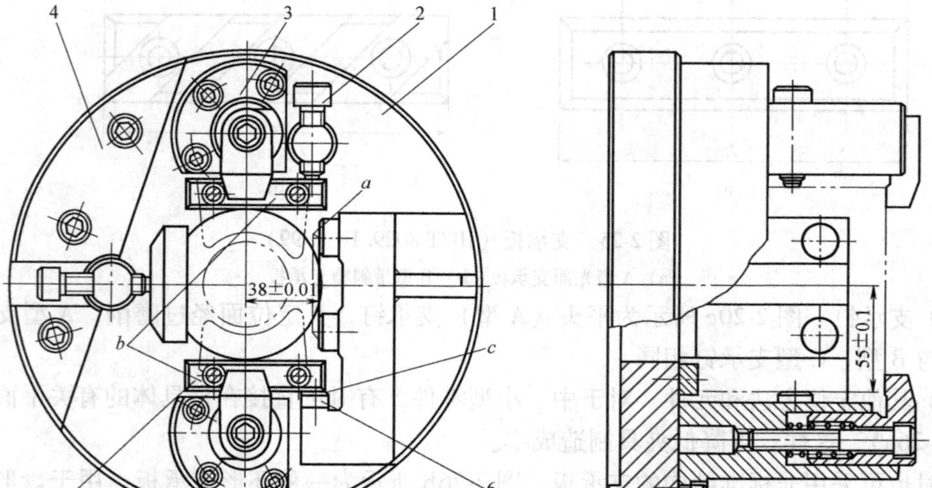

图 2-28　加工开合螺母的车床夹具

1—夹具体　2—螺钉　3—钩形螺旋压板夹紧机构　4—平衡块　5—支承板　6—支承钉

4. 辅助支承的应用

在加工大型机体和箱体零件时，为了克服因支承面的不足而引起的变形和振动，通常需要考虑提高工件的定位刚度。在加工刚度较低的零件时，也要注意定位刚度的问题。提高工件定位刚度常用的方法是采用辅助支承，以减小工件的变形和振动。

辅助支承不限制工件自由度，设计时要注意辅助支承与定位支承的区别。辅助支承只起支撑作用，使用完毕需将其放松，待工件重新定位后再支撑。图 2-29a 所示为已标准化的自动调节支承（JB/T 8026.7—1999）。工件定位后，支承 1 由弹簧 3 的作用自动与工件保持接触，锁紧顶销 2 即可起支撑作用。装夹工件时，要注意上述操作步骤。如图 2-29b 所示，工件在支承板、定位销、菱形销上定位、铣削 A 平面，其下端由辅助支承支撑。辅助支承由斜楔作用，保持自锁。

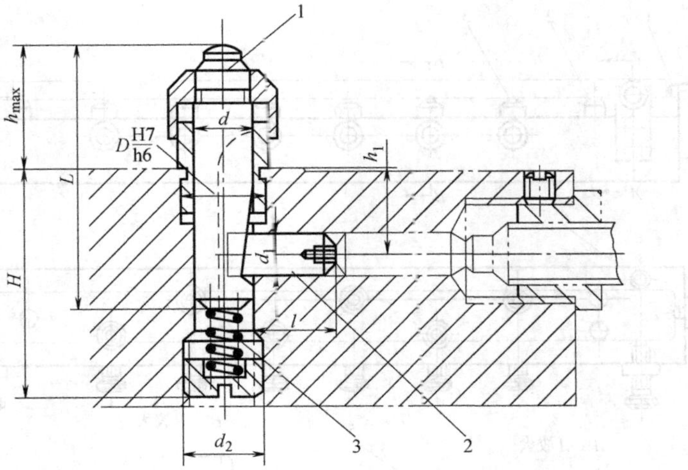

a)

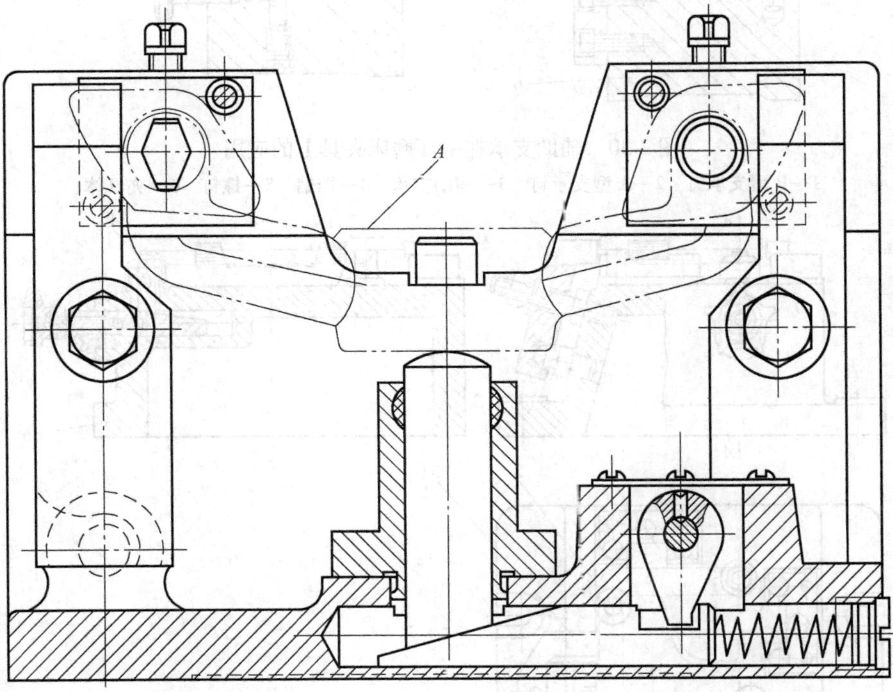

b)

图 2-29　辅助支承

a）自动调节支承（JB/T 8026.7—1999）　b）非标准的辅助支承

1—支承　2—顶销　3—弹簧

图 2-30 所示为辅助支承在平面磨床夹具上的应用。工件的主要定位基准面在三个 A 型支承钉上定位，再由六个辅助支承支撑，可提高工件刚度，减少薄片工件的变形，效果良好。

图 2-31 所示为一种手推式辅助支承在铣床夹具上的应用，经常用于加工薄片工件的铣床夹具中。工件在三个支承钉上定位后，即可推动手柄经斜楔使辅助支承上升与工件接触，

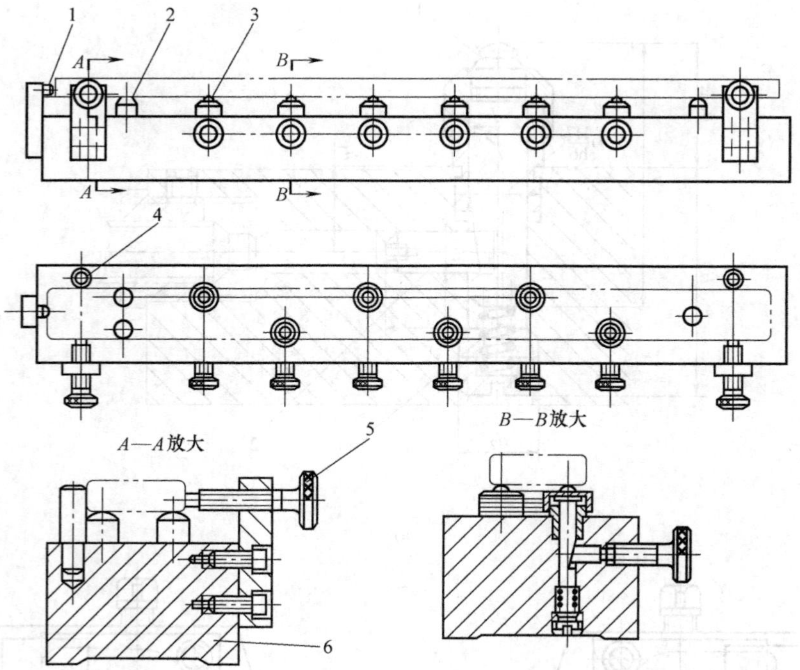

图 2-30　辅助支承在平面磨床夹具上的应用

1—B 型支承钉　2—A 型支承钉　3—辅助支承　4—挡销　5—螺钉　6—夹具体

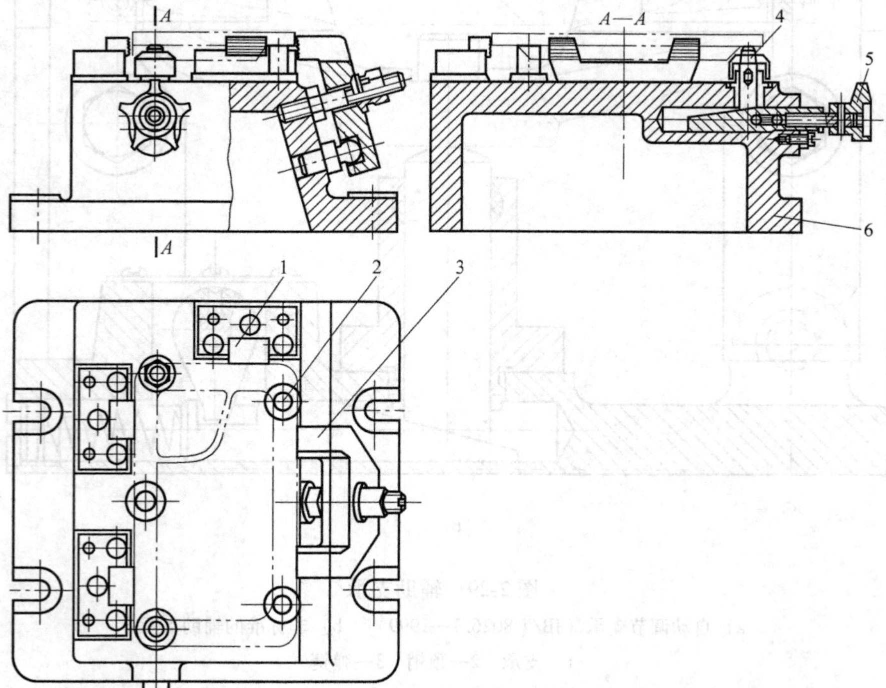

图 2-31　手推式辅助支承在铣床夹具上的应用

1—支承　2—支承钉　3—螺旋压板夹紧机构　4—辅助支承　5—手柄　6—夹具体

旋转手柄经钢球锁紧楔块，即可使辅助支承支撑工件。操作时，以手的感觉控制支撑的状态。

二、工件以圆柱孔定位

1. 工件以圆柱孔定位的特点

通常，工件以圆柱孔定位是一种中心定位，即定位面为圆柱孔表面，定位基准为圆柱中心轴线。工件中心定位的方法是用定位轴、定位销、定位插销和心轴等与孔的配合实现的（见图 2-32a），故通常要求内孔基准面有较高的精度。有时，采用自动定心定位。粗基准内孔的定位很少采用。图 2-32b 所示为铣削尾座底平面的定位方法，在毛坯孔的两端用顶尖支承，以保证镗孔工序的余量均匀。本书亘点介绍精基准孔的定位。

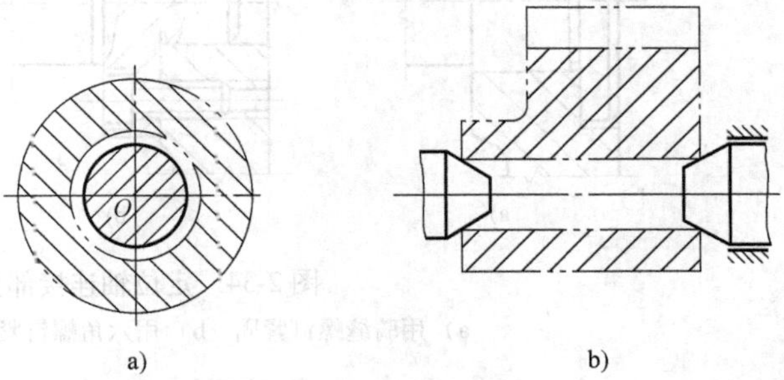

图 2-32　圆柱孔定位的特点

ε）精基准的中心定位示意图　b）粗基准的中心定位示意图

2. 工件以精基准孔定位

（1）定位轴　通常，定位轴为专用结构，其圆柱定位面可限制工件的四个自由度。图 2-33 所示为钻模所用定位轴的结构，图中 2 为中心定位部分，通常需最小间隙为 0.005mm，直径公差带按设计确定；引导部分的倒角为 15°；定位轴与夹具体连接，连接部分有多种结构。图 2-34a 所示为采用骑缝螺钉紧固联接。图 2-34b 所示为采用六角螺钉紧固联接，具有较高的强度。图 2-34c 所示为定位轴用圆柱销装配，可承受较大扭矩，且便于维修。

定位轴用碳素工具钢 T8 制作，经热处理至 55 ~ 60HRC；也可用优质碳素结构钢 20 钢制作，经渗碳淬硬至 55 ~ 60HRC。非标准的定位轴结构有多种，可参照有关资料设计。

（2）固定式定位销　定位销是多个定位基准定位中最常用的定位元件之一，在以孔作为第二定位基准、第三定位基准时使用。

图 2-35a 所示为圆形 A 型固定式定位销（JB/T 8014.2—1999），可限制工件的两个自由度。图 2-35b 所示为 B 型固定式菱形定位销，只能限制工件的一个自由度。

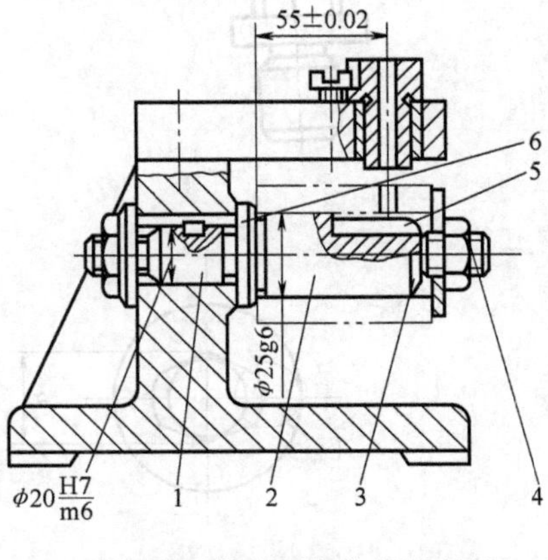

图 2-33　钻模所用定位轴的结构

1—与夹具体的连接部分　2—中心定位部分　3—引导部分　4—夹紧部分　5—排屑槽　6—台阶定位面

固定式定位销（JB/T 8014.2—1999）的主要规格 D 为 3 ~ 50mm（见附表 2）。定位销材料（$D \leqslant$ 18mm）用碳素工具钢 T8，经热处理硬度至 55 ~ 60HRC。$D > 18$mm 的定位销用优质碳素结构钢 20 钢制作，经渗碳淬硬至 55 ~ 60HRC。D 的公差带按设计要求确定。d 的公差带 r6。B 型菱形定位销的应用较特殊，如图 2-36a 所示，它是布置在会发生过定位的部位，作一点定位，以防止发生过定位。图中所示夹具体的定位面限制工件 $\vec{y}$、$\widehat{x}$、$\widehat{z}$ 自由度，夹具体的

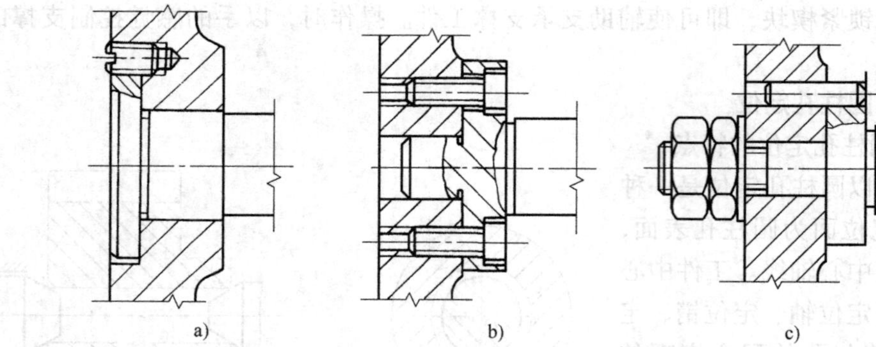

图 2-34 定位轴连接部分的设计

a）用骑缝螺钉紧固 b）用六角螺钉紧固 c）用圆柱销装配

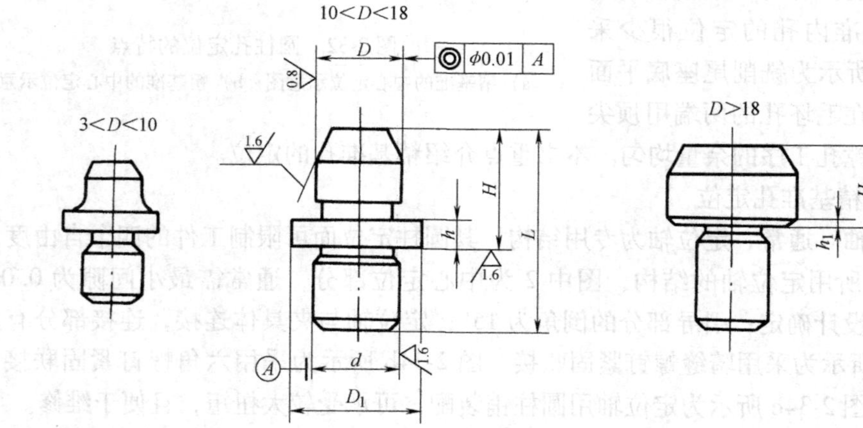

图 2-35 固定式定位销（JB/T 8014.2—1999）

a）圆形定位销 b）菱形定位销

短内圆柱面限制工件$\overrightarrow{x}$、$\overrightarrow{z}$自由度，菱形定位销限制工件$\widehat{y}$自由度。

有时可采用非标准的菱形定位销，其为长菱形定位销，限制工件两个自由度。如图 2-36b 所示，夹具体的定位平面限制工件$\overrightarrow{z}$、$\widehat{x}$、$\widehat{y}$自由度，长菱形定位销限制工件$\overrightarrow{y}$、$\widehat{z}$自由度，台阶平面限制工件$\overrightarrow{x}$自由度。

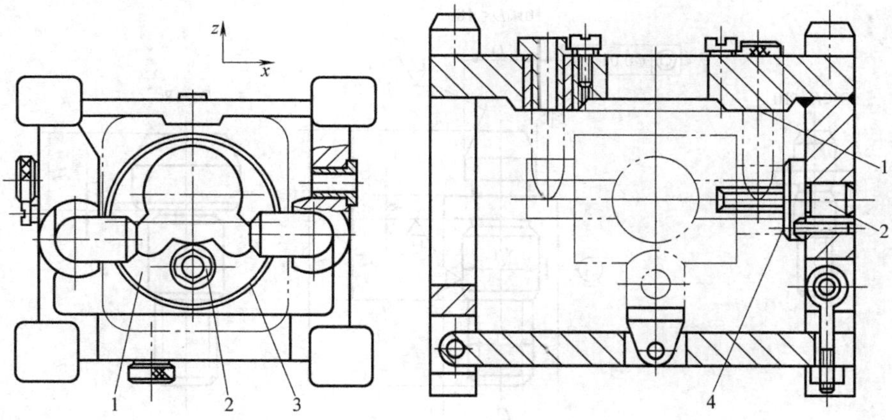

a)　　b)

图 2-36　菱形定位销的应用

a）短菱形定位销的应用　b）长菱形定位销的应用

1—夹具体的定位平面　2—菱形定位销　3—夹具体的定位内圆柱面　4—台阶定位面

固定式定位销的非标准设计有多种，可参照有关资料进行设计。

（3）小定位销　如图 2-37 所示，小定位销　（JB/T 8014. 1—1999）也分 A 型、B 型两种。主要参数 D 为 1 ~ 3mm，其功能与固定式定位销相同。

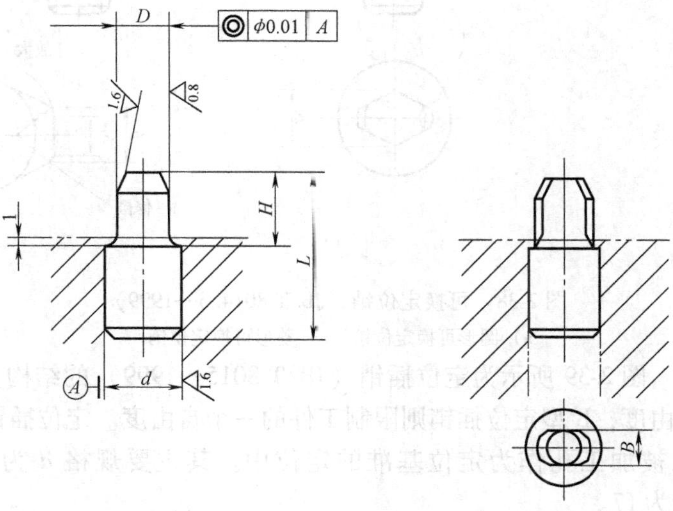

a)　　b)

图 2-37　小定位销（JB/T 8014. 1—1999）

a）圆形小定位销　b）菱形小定位销

（4）可换定位销　图 2-38 所示为可换定位销（JB/T 8014.3—1999）的结构，也分 A 型、B 型两种。其特点是当定位销磨损后可以更换，可满足加工精度要求，也可降低夹具的成本。这种可换定位销常用于生产负荷很高的夹具。可换定位销的主要规格 D 为 3 ~50mm。d 处公差带采用 H7/g6 基孔制间隙配合装配。

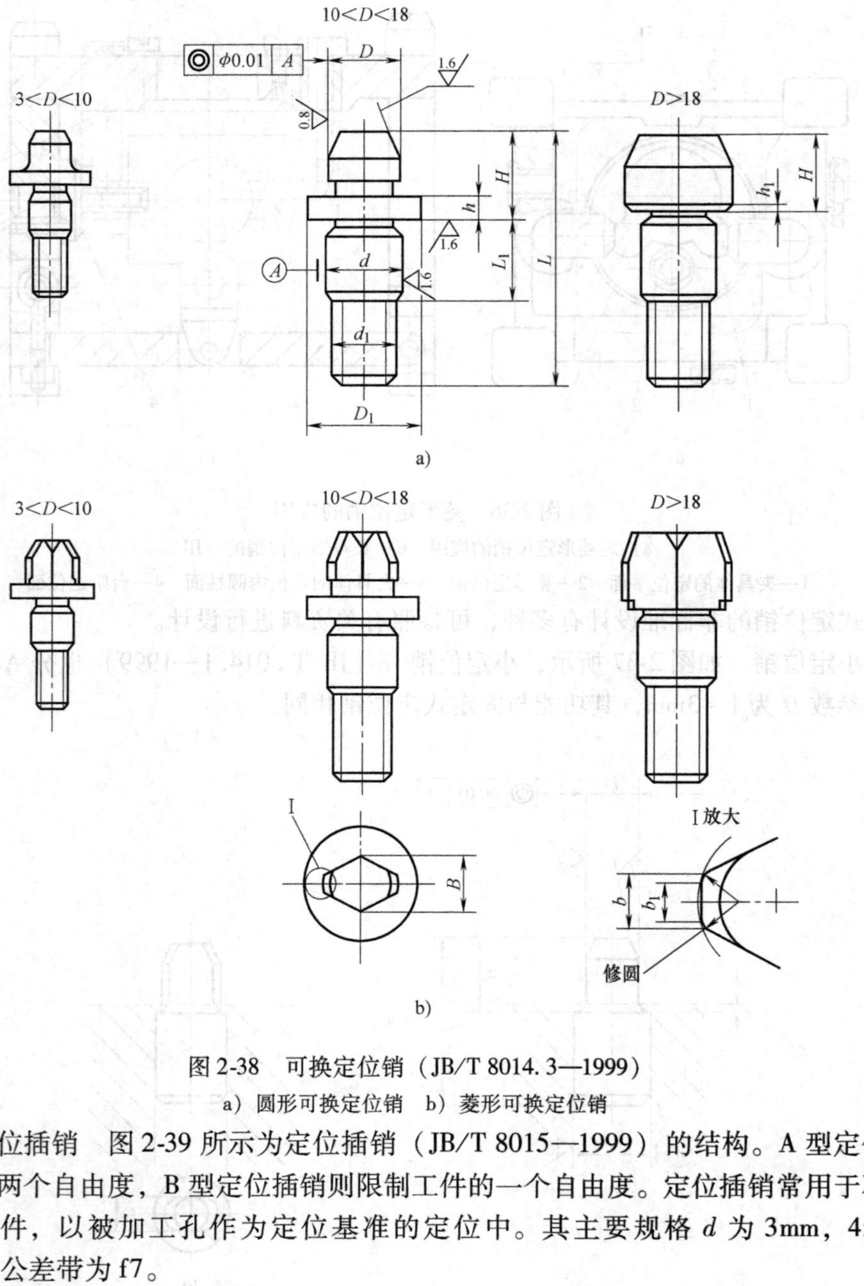

图 2-38　可换定位销（JB/T 8014.3—1999）

a）圆形可换定位销　b）菱形可换定位销

（5）定位插销　图 2-39 所示为定位插销（JB/T 8015—1999）的结构。A 型定位插销可限制工件的两个自由度，B 型定位插销则限制工件的一个自由度。定位插销常用于不便装卸的部位和工件，以被加工孔作为定位基准的定位中。其主要规格 d 为 3mm，4mm，…，78mm。d 的公差带为 f7。

下面列举一个在金刚镗床上加工连杆零件的示例，以熟悉上述定位元件的应用。

图 2-40 所示是金刚镗床夹具，工件以精基准 $\phi 102^{+0.021}_{0}$ mm 孔作为主要定位基准，用定位轴 4 定位，限制工件的 $\vec{x}$、$\vec{z}$、$\widehat{x}$、$\widehat{z}$ 四个自由度。工件的端面用挡销 5 定位，限制工件的 $\vec{y}$ 自由度。为了保证连杆小头孔 $\phi 48^{+0.050}_{+0.035}$ mm 的加工余量均匀，夹具还以已半精镗的小头

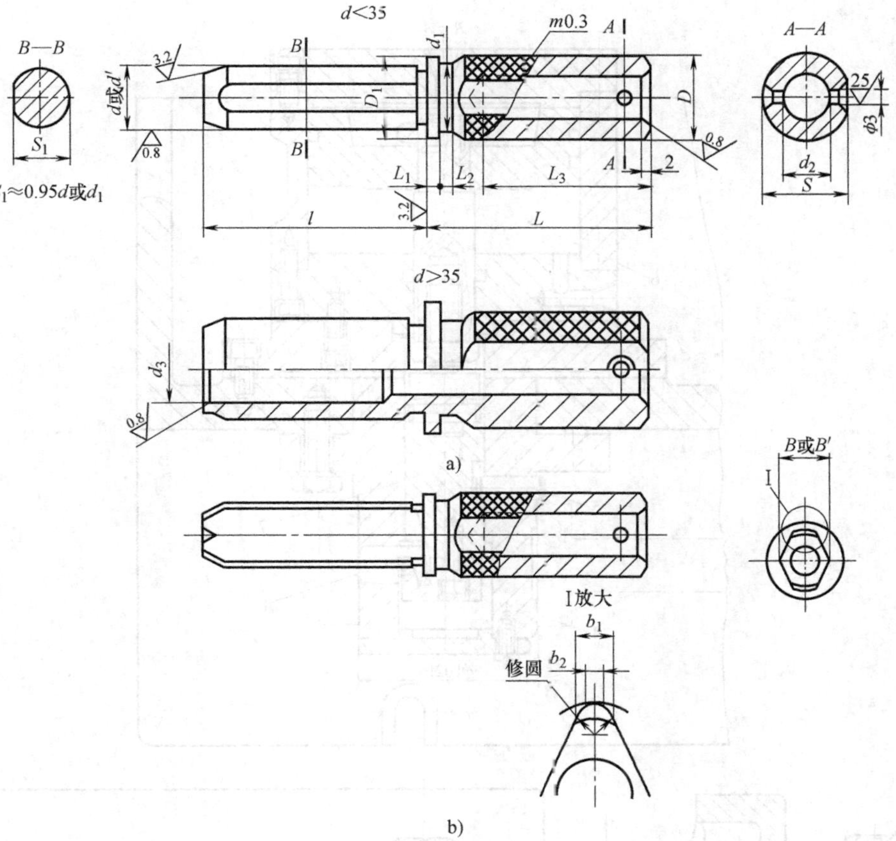

图 2-39　定位插销（JB/T 8015—1999）

a）圆形定位插销　b）菱形定位插销

孔为基准（定位孔尺寸为 ϕ47. 2mm），用定位插销 3 定位，限制工件 $\widehat{y}$ 自由度。定位以后，小头两侧用浮动夹紧装置 1、2 在原处夹紧，然后拔出插销即可进行加工。定位轴制成空心体，以便在气压传动时由楔槽杆 7 和压板 8 将工件在内孔中夹紧。定位插销用 B47. 2f7 ×70 JB/T 8015—1999 标准结构。

（6）心轴　心轴常用于套类、盘类零件的车削、铣削、磨削和齿轮的加工中，以保证加工面对内孔的同轴度公差等精度要求。心轴的结构较紧凑，心轴以柄部或中心孔作为连接表面与机床连接。心轴的专用化程度很高，故许多企业都制订了有关心轴的企业标准，如外圆磨床、车床、滚齿机、插齿机、刨齿机、磨齿机等机床心轴的标准。各类心轴示例如图 2-41 所示。心轴常用的定位方式有间隙配合定心（图 2-41a、c、d、e、f）和定心夹紧（图 2-41b）两种。间隙配合心轴的定位圆直径公差带一般为 h5、g6 或 f7。这种心轴装卸工件方便，但定位精度不高。定心夹紧心轴能达到较高的定位精度。图 2-41b 所示为定心夹紧的弹簧套心轴。关于定心夹紧心轴将在以后的章节中介绍。

下面介绍几种典型的心轴。

图 2-42 所示为滚齿心轴的通用结构，其柄部按滚齿机通用底盘设计，定位轴颈 D 的公差带为 h6。心轴用合金结构钢 20Cr 制作，经热处理渗碳淬硬至 50 ~ 55HRC。心轴的主要技术要求是对同轴度、垂直度等的要求。7∶24 圆锥及其中心孔作为夹具体的基面。

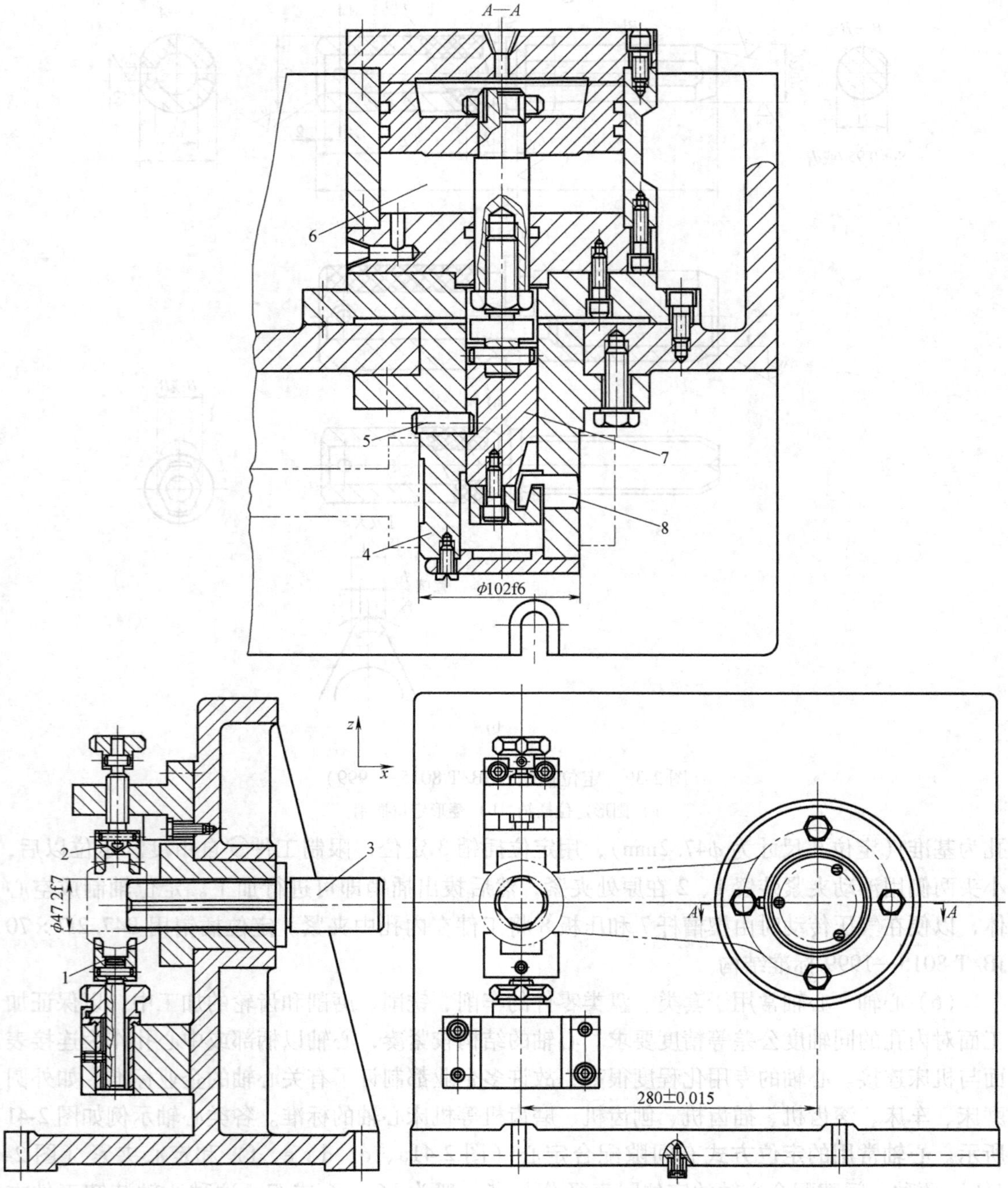

图 2-40　金刚镗床夹具

1、2—浮动夹紧装置　3—定位插销　4—定位轴　5—挡销

6—气缸　7—楔槽杆　8—压块

图 2-43 所示为锥度心轴（JB/T 10116—1999），用于套类零件的外圆磨削。标准锥度心轴的主要规格直径为 8～100mm，锥度为 1∶3000～1∶8000（见附表 3）。锥度心轴的定位精度较高。由于微锥心轴的锥面与孔壁之间有很大的接触面，故工件被锁紧，且不会产生较大

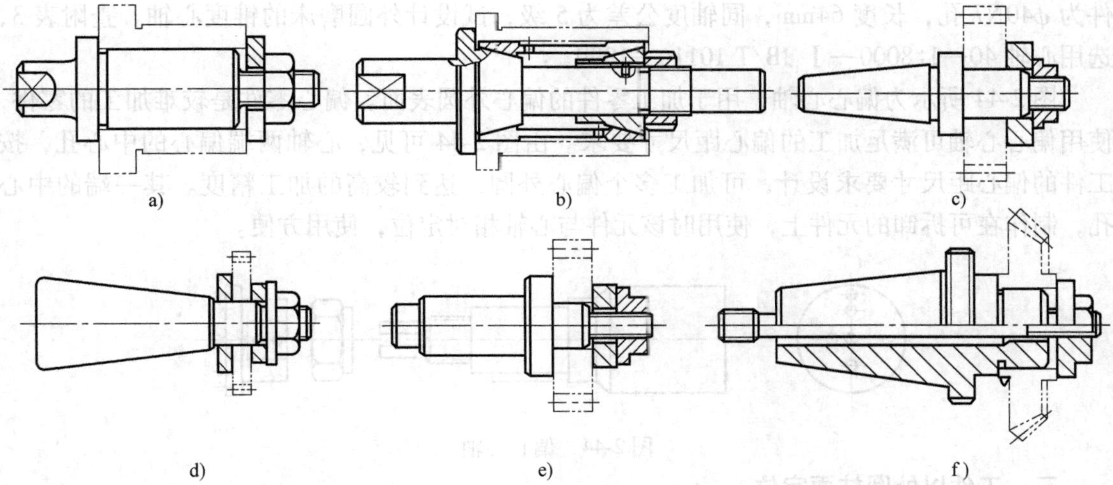

图 2-41　各类心轴示例

a)、c)、d)、e)、f) 间隙配合定心　b) 定心夹紧

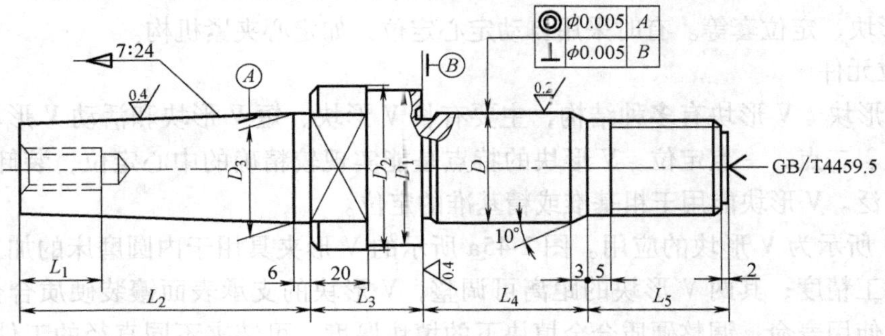

图 2-42　滚齿心轴的通用结构

的偏斜，通常，定位精度可达到 0.01mm 的同轴度公差。当锥度为 1∶10000 时，同轴度公差可达到 0.005mm，圆度可达到 0.002mm。锥度心轴对定位基准面有严格的要求，通常，贯穿孔的公差等级为 IT6、IT7，表面粗糙度 R_a 值应小于 0.8μm。心轴的连接表面为中心孔，亦为夹具的基面。中心孔的精度影响加工的圆度精度。锥度心轴用工具钢 T10A 制作，经热处理至 58～64HRC。大型尺寸的心轴可用优质碳素结构钢 20 钢的无缝钢管制造。例如，工

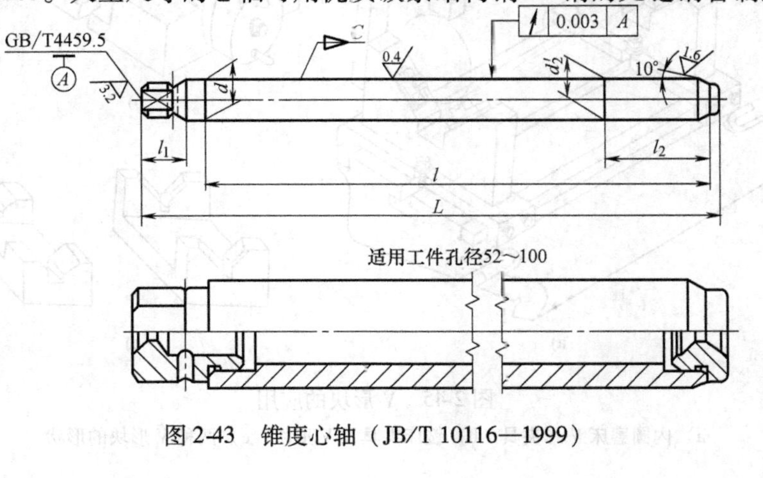

图 2-43　锥度心轴（JB/T 10116—1999）

件为 ϕ40N7 孔，长度 64mm，同轴度公差为 5 级，试设计外圆磨床的锥度心轴。查附表 3，选用心轴 40—1:8000—Ⅰ JB/T 10116—1999。

图 2-44 所示为偏心心轴，用于加工零件的偏心外圆表面。偏心零件是较难加工的零件，使用偏心心轴可满足加工的偏心距尺寸要求。由图 2-44 可见，心轴两端偏心的中心孔，按工件的偏心距尺寸要求设计，可加工多个偏心外圆，达到较高的加工精度。其一端的中心孔，制作在可拆卸的元件上，使用时该元件与心轴相对定位，使用方便。

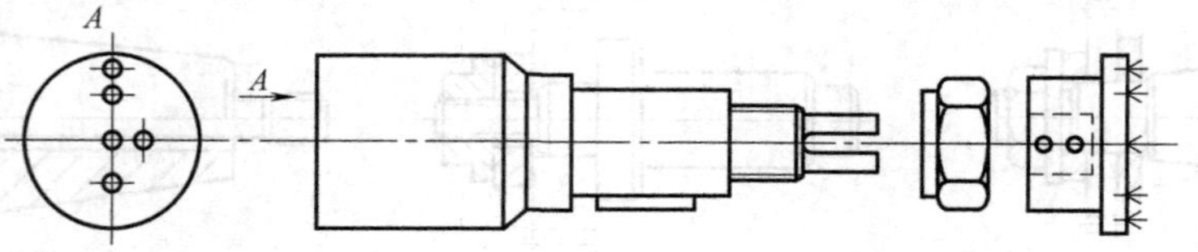

图 2-44 偏心心轴

三、工件以外圆柱面定位

1. 工件以外圆柱面定位的特点

通常，工件以外圆柱面定位是一种中心定位。工件的定位基准为中心要素。常用的定位元件有 V 形块、定位套等。有时采用自动定心定位，如定心夹紧机构。

2. 定位元件

（1）V 形块 V 形块有多种结构，主要有长 V 形块、短 V 形块和活动 V 形块等，分别可实现四点、二点、一点定位。V 形块的特点是能实现较精确的中心定位，装卸工件方便，应用也很广泛。V 形块能用于粗基准或精基准的定位。

图 2-45 所示为 V 形块的应用。图 2-45a 所示的 V 形夹具用于内圆磨床的加工中，可达到很高的加工精度；其两 V 形块的距离可调整，V 形块的支承表面镶装硬质合金填块，可延长夹具的使用寿命；调整硬质合金填块下的填块厚度，可装夹不同直径的工件。图 2-45b

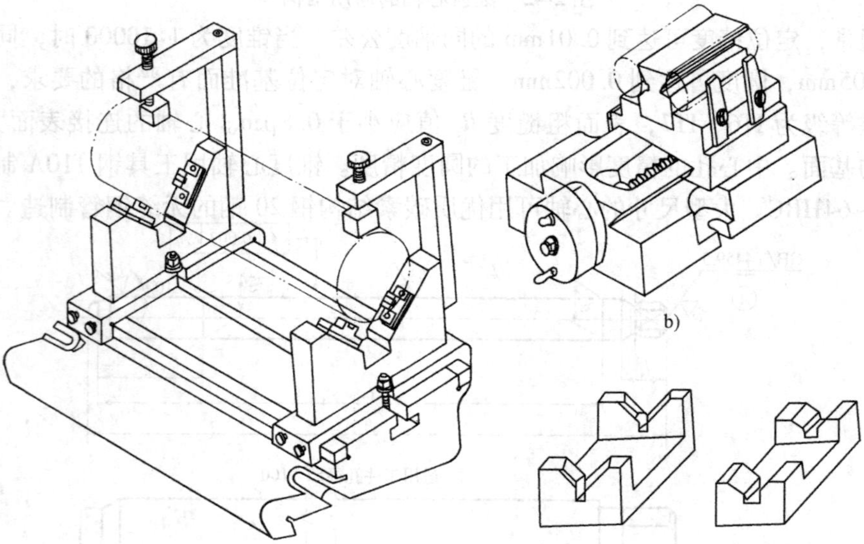

图 2-45 V 形块的应用

a）内圆磨床 V 形夹具 b）铣床夹具及 V 形块 c）两种 V 形块的形状

所示为铣床夹具的 V 形块，可装夹两个工件。图 2-45c 所示为两种 V 形块的形状。

V 形块两斜面间的夹角 α，可选用 60°、90°或 120°，其中，90°夹角的 V 形块应用最广。图 2-46 所示为标准化的 V 形块（JB/T 8018.1—1999）。V 形块的材料用 20 钢，渗碳淬硬至 58～64HRC。V 形块主要规格 N 为 9mm，14mm，18mm，…，85mm。V 形块的中心高度 T 可按下式计算（$\alpha=90°$）

$$T = H + 0.707D - 0.5N \tag{2-1}$$

式中　D——V 形块理论圆直径（mm）；

N——V 形块开口尺寸（mm）；

T——V 形块理论圆的中心高度（mm）。

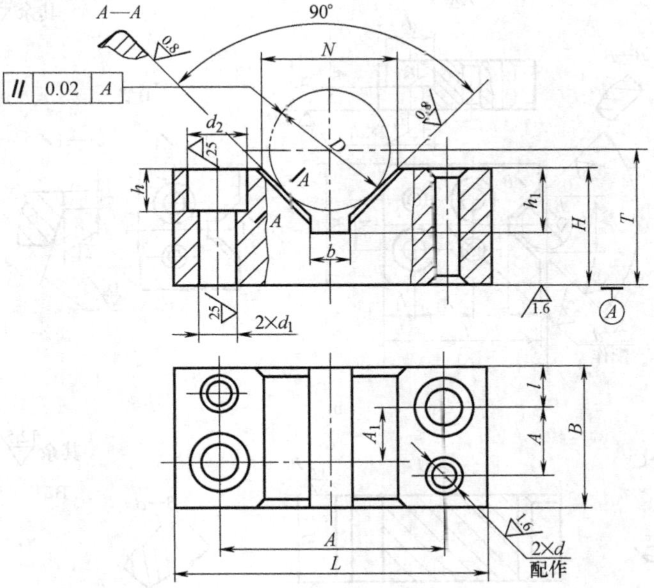

图 2-46　V 形块（JB/T 8018.1—1999）

图 2-47a 所示的夹具采用了固定 V 形块和活动 V 形块。固定 V 形块（见图 2-47b）作两点定位。固定活动 V 形块（见图 2-47c）的主要规格 N 为 9mm，14mm，…，70mm，可限制工件的一个自由度。与其相配的导板也已标准化（JB/T 8019—1999）。

（2）定位套　图 2-48 所示为几种常用的定位套。通常，定位套的圆柱面及端面为定位工作面。在限制工件的 $\vec{x}$、$\vec{y}$、$\vec{z}$、$\widehat{x}$、$\widehat{y}$ 五个自由度中，图 2-48a 所示为短定位套圆柱面，限制工件 $\vec{x}$、$\vec{y}$ 两个自由度；图 2-48b 所示的长定位套圆柱面，限制工件 $\vec{x}$、$\vec{y}$、$\widehat{x}$、$\widehat{y}$ 四个自由度。

主要参数 D 的公差带按设计要求确定，采用间隙配合。这种定位方式对基准面的精度也有严格要求，通常取轴径公差等级为 IT7、IT8，表面粗糙度 R_a 值小于 0.8μm。

四、工件以特殊表面定位

除了上述工件以平面和内、外圆柱表面定位外，有时还常遇到特殊表面的定位。

下面介绍几种典型的特殊表面定位。

1. 工件以内、外圆锥面定位

如图 2-49a 所示，外圆锥面可在 V 形块上定位，与挡销 E 一起限制工件 $\vec{x}$、$\vec{y}$、$\vec{z}$、

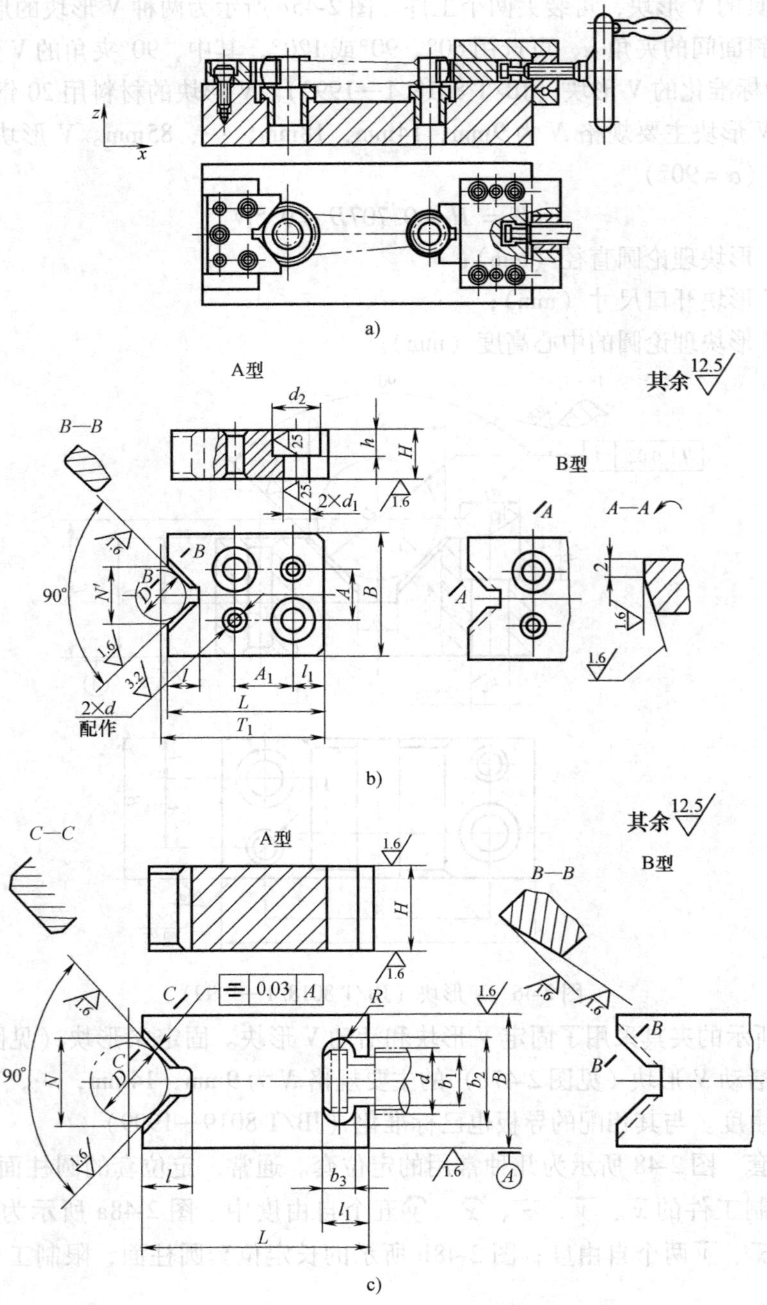

图 2-47 夹具所使用的固定 V 形块和活动 V 形块

（JB/T 8018.2—1999，JB/T 8018.4—1999）

a）夹具 b）固定 V 形块 c）活动 V 形块

$\widehat{y}$、$\widehat{z}$的五个自由度。图 2-49b、c 为圆锥的中心定位。当工件锥面用涂色法检验其接触面面积大于 85% 时，圆锥可获得很高的定位精度。

2. 工件以中心孔定位

中心孔是轴类零件的辅助基准，应用极为广泛。图 2-50a 所示为通用的顶尖，定心精度较高，两顶尖可限制工件的$\vec{x}$、$\vec{y}$、$\vec{z}$、$\overset{\frown}{y}$、$\overset{\frown}{z}$五个自由度。

图 2-50b 所示车床主轴箱的顶尖为特殊结构顶尖，浮动的顶尖限制工件$\vec{y}$、$\vec{z}$自由度。工件轴向以端面套E定位，限制$\vec{x}$自由度，以控制工件台阶轴的长度尺寸。

图 2-50c 所示为车床主轴箱的外拨顶尖，可带动工件回转进行车削，其功能与通用顶尖相同，结构也已标准化（JB/T 10117.3—1999）。

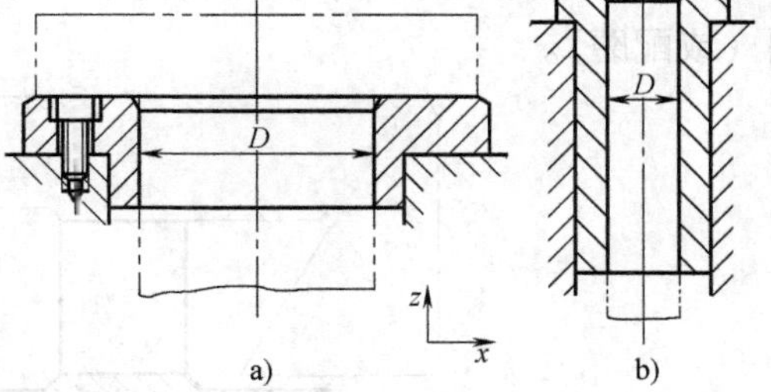

图 2-48　几种常用的定位套

a）短定位套　b）长定位套

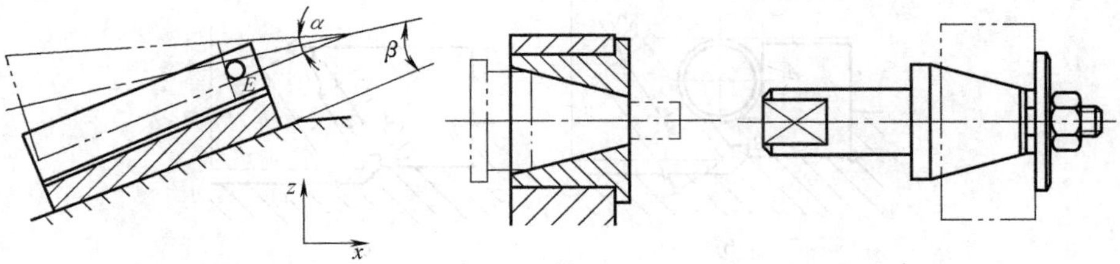

图 2-49　圆锥面的定位方法

a）外圆锥在 V 形块上定位　b）圆锥定位套　c）圆锥心轴

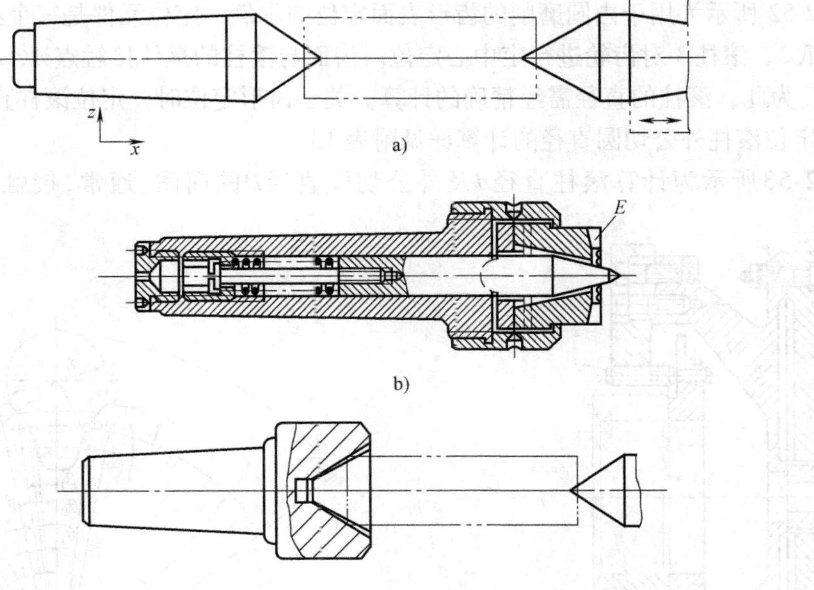

图 2-50　顶尖

a）通用顶尖　b）特殊结构顶尖　c）外拨顶尖（JB/T 10117.3—1999）

3. 工件以导轨面定位

本章第一节已讲述了对 V 形导轨过定位的处理问题。所以，对诸如 55°的燕尾形导轨的定位也要正确处理。图 2-51 所示是三种燕尾导轨定位的形式。图 2-51a 所示为镶有圆柱定位块的结构；图 2-51b 所示的圆柱定位块位置可以通过修配 A、B 平面达到较高的精度；图 2-51c 则采用小斜面定位块，其结构简单。为了减少过定位的影响，工件的定位基准面需经配制（或配磨）。

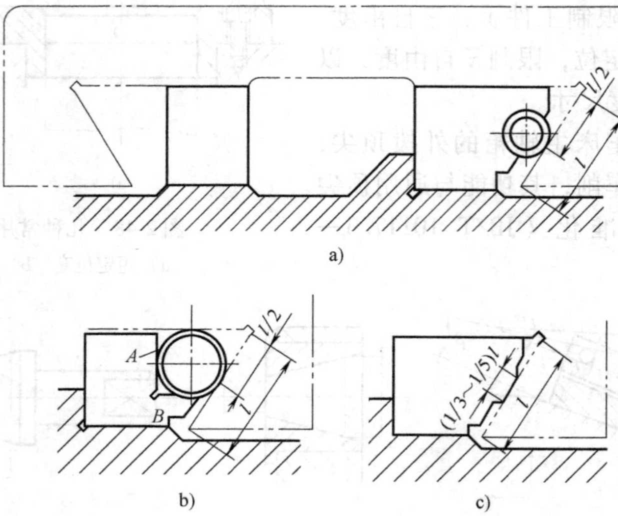

图 2-51　燕尾形导轨的定位

a）镶有圆柱定位块的结构　b）可修配的圆柱定位块　c）小斜面定位块

4. 工件以齿形表面定位

图 2-52 所示为用于内圆磨削的齿形表面定位的示例。定位元件是三个滚柱。弹性模片 1 通过卡爪 2、滚柱 3 对齿轮进行定中心定位。齿面与滚柱的最佳接触点 A、B……均应位于分度圆上。为此，滚柱的直径需经精确的计算。关于齿形定位时，定位滚柱直径的计算详见附表 12，定位滚柱外公切圆直径的计算详见附表 13。

图2-53所示为计算滚柱直径d及外公切圆直径D的简图。通常，接触点位置离分度圆

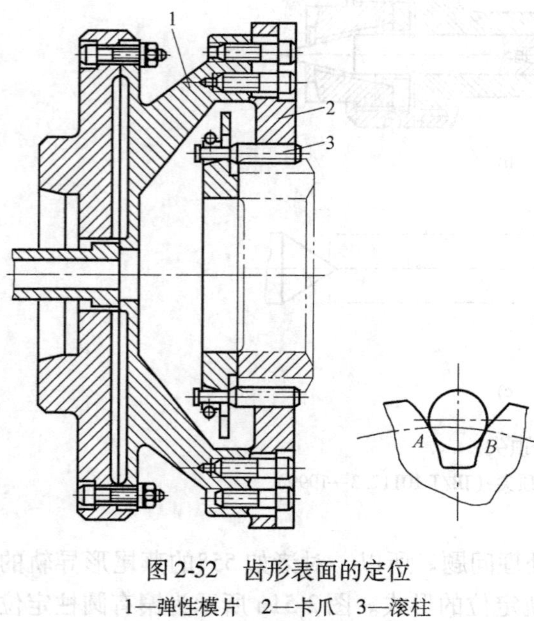

图 2-52　齿形表面的定位

1—弹性模片　2—卡爪　3—滚柱

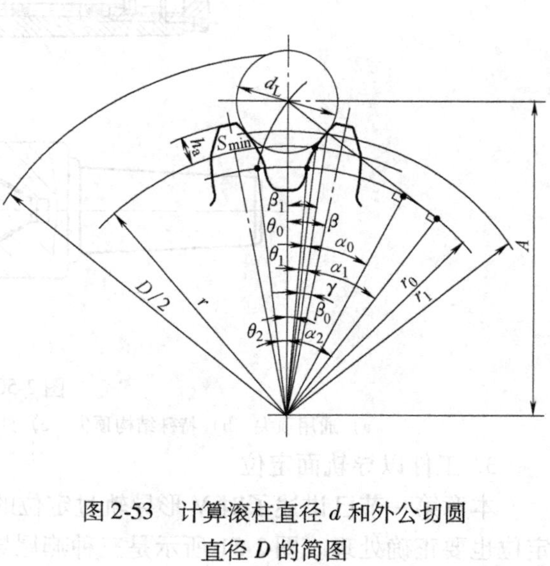

图 2-53　计算滚柱直径 d 和外公切圆直径 D 的简图

为（0.5～0.7）h_a。当已知齿数 z，模数 m，分度圆压力角 α_0，齿顶高 h_a，分度圆上最小齿厚 S_{min}，可以按附表 12 计算出定位滚柱的计算直径 d_L。由于滚柱直径已标准化，所以，设计时可选用邻近的较小标准直径的滚柱。外公切圆直径 D 可按附表 13 计算。

5. 工件以其他特殊表面定位

图 2-54a 所示为工件以键槽孔定位，其中，键限制工件一个坐标轴圆周方向的自由度。

图 2-54b 所示为工件以螺纹孔定位，心轴体上的螺纹限制工件四个自由度。

图 2-54c 所示为花键心轴，用于花键孔的定位。

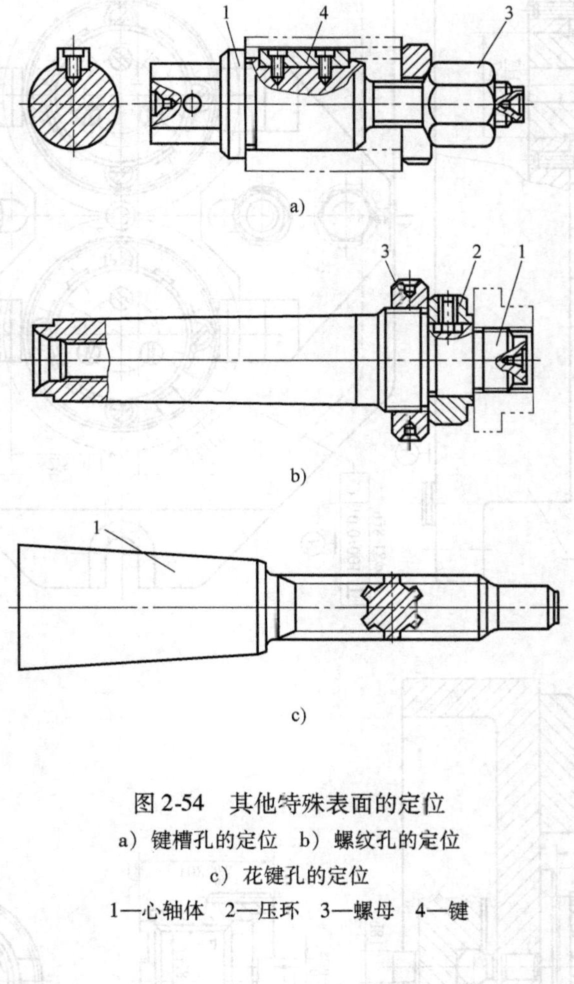

图 2-54　其他特殊表面的定位
a）键槽孔的定位　b）螺纹孔的定位
c）花键孔的定位
1—心轴体　2—压环　3—螺母　4—键

6. 设计示例

图 2-55 所示为铣床夹具及工件。

下面以一个在铣床上加工的齿轮零件（见图 2-55a）为示例，来说明上述定位元件的应用。

图 2-55b 所示为铣床夹具。工件以花键孔、端平面、齿面定位，加工 38mm × 14mm 的槽。定位元件是花键套 10、定位销 9 和定位齿块 5。夹具可装夹两个工件。采用联动螺旋压板夹紧机构，可获得较高的劳动生产率。使用对刀块和塞尺可以确定铣刀的工作装置。夹具体的连接表面及定位键，与铣床工作台连接，以使夹具在机床上相对定位。

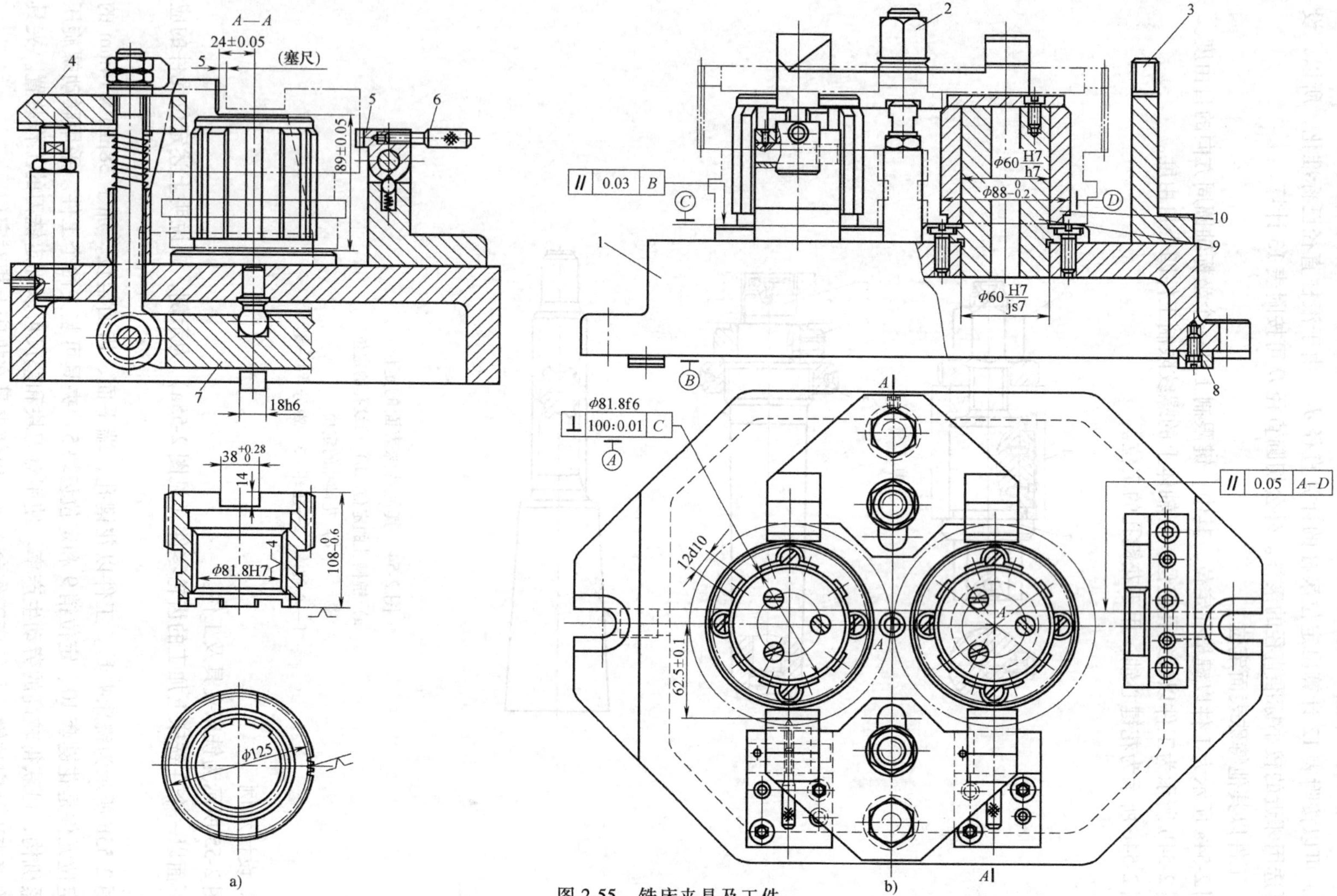

图 2-55　铣床夹具及工件

a）工作简图　b）铣床夹具

1—夹具体　2—六角螺母　3—对刀块　4—压板　5—定位齿块　6—手柄　7—杠杆　8—定位键　9—定位销　10—花键套

第三节 定位误差

一、定位误差

1. 定位误差的定义

由定位引起的同一批工件的工序基准在加工尺寸方向上的最大变动量，称为定位误差。本教材以 Δ_D 表示定位误差。定位误差是界限值。

2. 定位误差对加工精度的影响

由第一章第四节所述可知，使用夹具时，影响加工精度的因素包括四个方面（Δ_D、Δ_A、Δ_T、Δ_G），其中定位误差（Δ_D）是主要因素之一。故定位精度是夹具制造中的重要指标。满足加工精度要求，是检验夹具性能的第一标准。

定位误差影响加工的工序尺寸精度及位置精度。故定位误差计算值亦是评定夹具精度的极为重要的数值。为了保证工件的加工精度，在定位设计时要仔细分析和研究定位误差。通常认为，当 $\Delta_D \leqslant \delta_K/3$ 时（δ_K——工件的工序尺寸公差），定位误差是较合适的。

二、定位误差产生的原因及其计算

1. 定位误差产生的原因

造成定位误差的原因是定位基准与工序基准不重合以及定位基准的位移误差两个方面。

（1）基准不重合误差 Δ_B　由于定位基准与工序基准不重合而造成的定位误差，称为基准不重合误差，以 Δ_B 表示。

（2）基准位移误差 Δ_Y　由于定位基准的误差或定位支承点的误差而造成的定位基准位移，即工件实际位置对确定位置的理想要素的误差，这种定位误差称为基准位移误差，以 Δ_Y 表示。

2. 基准不重合误差的计算

基准不重合误差等于定位基准与工序基准间的尺寸（或位置）公差。基准不重合误差的计算，如图 2-56 所示。

图 2-56a 所示为一工件的铣削加工工序简图，图 2-56b 所示为其定位简图。加工尺寸 h_1 的工序基准是 E，定位基则是 A。这种定位基准与工序基准的不重合，将会使两个基准之间的尺寸公差，给工序尺寸 $h_1^{\delta_{h_1}}$ 造成定位误差，即由图 2-56 可知 $\Delta_B = h_{max} - h_{min} = \delta_{h_2}$。

Δ_B 仅与基准的选择有关，故通常在设计时遵循基准重合原则，就可防止产生 Δ_B。

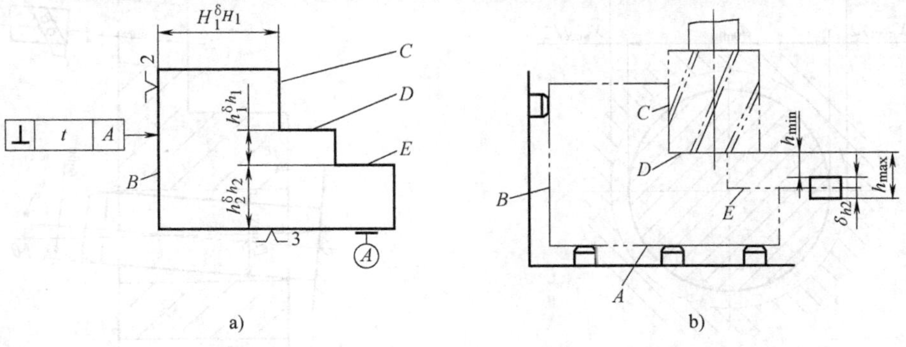

图 2-56　基准不重合误差的计算

a）铣削加工工序简图　b）定位简图

基准不重合误差计算公式为

$$\Delta_{B}=\delta \tag{2-2}$$

式中 Δ_B——基准不重合误差（mm）；

δ——定位基准与工序基准间的尺寸（或位置）公差（mm）。

如图 2-56 所示的工序尺寸 $H_1^{\delta_{H_1}}$，其工序基准和定位基准均为 B，即基准重合，基准不重合误差 $\Delta_B=0$。计算基准不重合误差时，应注意判别定位基准和工序基准。

当基准不重合误差由多个尺寸影响时，应将其在工序尺寸方向上合成。

基准不重合误差的一般计算公式为

$$\Delta_{B}=\sum_{i=1}^{n}\delta_{i}\cos\beta \tag{2-3}$$

式中 δ_i——定位基准与工序基准间的尺寸链组成环的公差（mm）；

β——误差方向与加工尺寸方向间的夹角（°）。

3. 基准位移误差的计算

不同的定位方式，其基准位移误差的计算方法不同。

（1）用圆柱定位销、圆柱心轴中心定位　这类定位中，由于定位配合间隙的影响，会使工件的中心发生偏移，产生基准位移误差。

如图 2-57 所示，工件中心的偏移量即为最大配合间隙，基准位移误差计算公式为

$$\Delta_{Y}=X_{max}=\delta_{D}+\delta_{d_0}+X_{min} \tag{2-4}$$

式中 X_{max}——定位最大配合间隙（mm）；

δ_D——工件定位基准孔的直径公差（mm）；

δ_{d_0}——圆柱定位销或圆柱心轴的直径公差（mm）；

X_{min}——定位所需最小间隙，由设计时确定（mm）。

基准位移误差的方向是任意的。减小定位配合间隙，即可减小 Δ_Y 值，以提高定位精度。

当工件用长定位轴定位时，定位的配合间隙还会使工件发生歪斜，并影响工件的平行度公差要求。如图 2-58 所示，工件除了孔距公差外，还有平行度公差要求，定位配合的最大间隙 X_{max} 同时会造成平行度误差，即

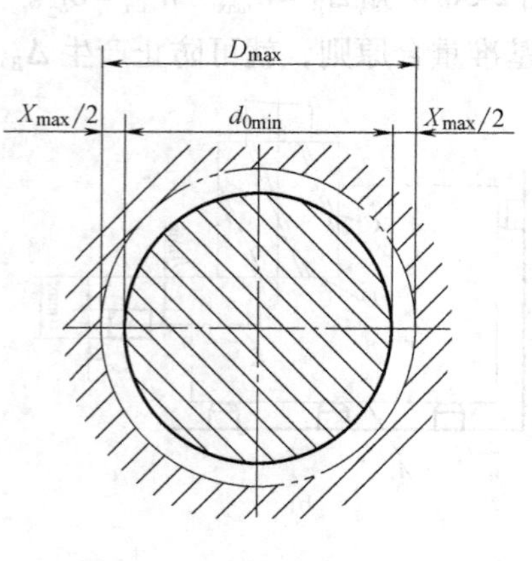

图 2-57　X_{max} 对工件位置公差的影响

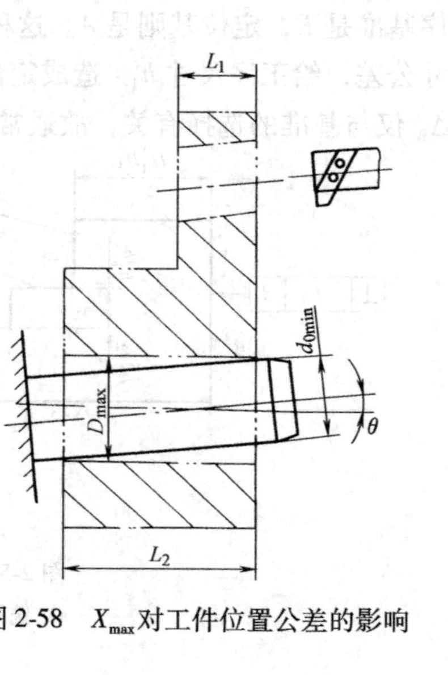

图 2-58　X_{max} 对工件位置公差的影响

$$\Delta_{\mathrm{Y}} = (\delta_D + \delta_{d_0} + X_{\min})\frac{L_1}{L_2} \tag{2-5}$$

式中 L_1——加工面长度（mm）；

L_2——定位孔长度（mm）。

（2）用定位套定位　用定位套中心定位产生的基准位移误差的原因，与上述定位方式产生误差的原因相同，也是配合间隙所致，其定位误差计算公式为

$$\Delta_{\mathrm{Y}} = \delta_{D_0} + \delta_d + X_{\min} \tag{2-6}$$

式中 δ_{D_0}——定位套孔径的公差（mm）；

δ_d——工件定位外圆的直径公差（mm）；

$X_{\min}$——定位所需最小间隙（mm）。

其基准位移误差的方向也是任意的。

（3）平面支承定位　平面支承定位的位移误差较容易计算。在图 2-56 中，认为工序尺寸 h_1 的基准位移误差为零。

（4）用 V 形块定心定位　如图 2-59a 所示，若不计 V 形块的误差而仅有工件基准面的圆度误差时，其工件的定位中心会发生偏移，产生基准位移误差。由图 2-59b 可知，仅由于工件直径公差 δ_d 的影响，使工件中心沿 z 方向从 O_1 移至 O_2，即基准位移量为

$$O_1O_2 = \frac{\delta_d}{2\sin(\alpha/2)}$$

$$\Delta_{\mathrm{Y}} = \frac{\delta_d}{2\sin(\alpha/2)} \tag{2-7}$$

式中 δ_d——工件定位基准的直径公差（mm）；

$\alpha/2$——V 形块的半角（°）。

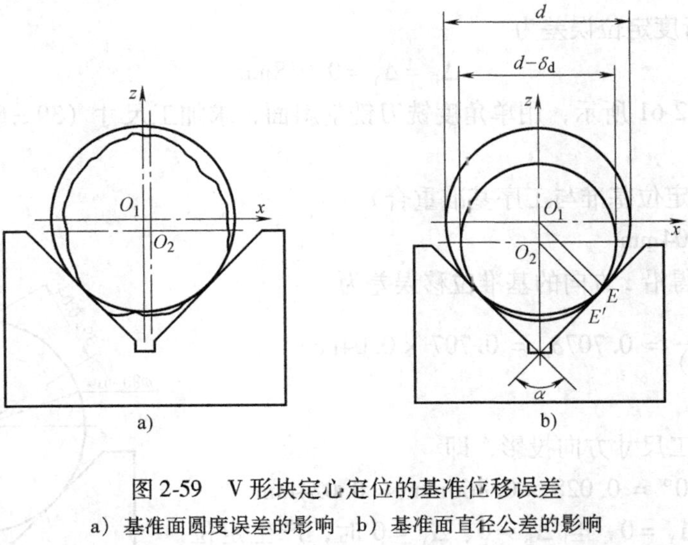

图 2-59　V 形块定心定位的基准位移误差

a）基准面圆度误差的影响　b）基准面直径公差的影响

V 形块的对中性好，即其沿 x 方向的位移误差为零。对于较精密的定位，需适当提高外圆的精度。

当 $\alpha = 90°$ 时，V 形块的位移误差计算公式为

$$\Delta_{\mathrm{Y}} = 0.707\delta_d \tag{2-8}$$

4. 定位误差的合成

定位误差可由基准不重合误差 Δ_B 与基准位移误差 Δ_Y 合成。

（1）$\Delta_B=0$、$\Delta_Y\neq0$　当 $\Delta_B=0$、$\Delta_Y\neq0$ 时，产生定位误差的原因是基准位移，故只要计算出 Δ_Y 即可，于是

$$\Delta_D=\Delta_Y \tag{2-9}$$

例 2-1　钻铰如图 2-60 所示零件上 $\phi10H7$ 的孔，工件主要以 $\phi20H7\ (^{+0.021}_{\ \ 0})$ mm 孔定位，定位轴直径为 $\phi20^{-0.007}_{-0.016}$mm，求工序尺寸（50 ±0.07）mm 及平行度定位误差。

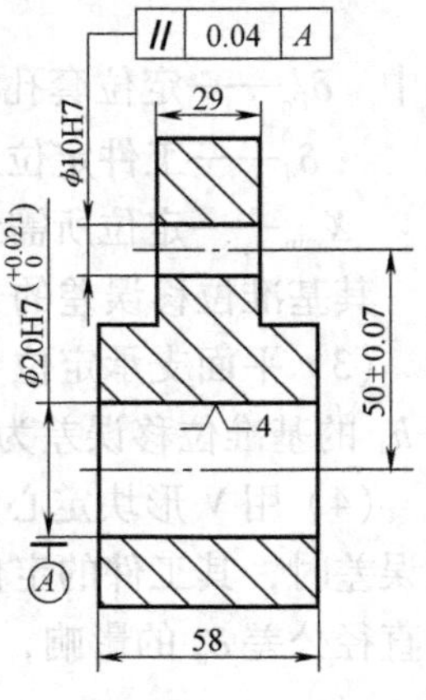

图 2-60　定位误差计算示例（一）

解　1）工序尺寸（50 ±0.07）mm

$\Delta_B=0$（定位基准与工序基准重合，均为 A）

已知　$\delta_D=0.021$mm，$\delta_{d_0}=0.009$mm，$X_{min}=0.007$mm

按式（2-4）得

$$\begin{aligned}\Delta_Y&=\delta_D+\delta_{d_0}+X_{min}\\&=(0.021+0.009+0.007)\text{mm}\\&=0.037\text{mm}\end{aligned}$$

则由式（2-9）求得

$$\Delta_D=\Delta_Y=0.037\text{mm}$$

2）平行度公差 0.04mm

同理，$\Delta_B=0$。已知 $L_1=29$mm，$L_2=58$mm

按式（2-5）得

$$\Delta_Y=(\delta_D+\delta_{d_0}+X_{min})\frac{L_1}{L_2}=(0.021+0.009+0.007)\times\frac{29}{58}\text{mm}=0.018\text{mm}$$

则影响工件的平行度定位误差为

$$\Delta_D=\Delta_Y=0.018\text{mm}$$

例 2-2　如图 2-61 所示，用单角度铣刀铣削斜面，求加工尺寸（39 ±0.04）mm 的定位误差。

解　$\Delta_B=0$（定位基准与工序基准重合）

已知　$\delta_d=0.04$mm

按式（2-7）得沿 z 方向的基准位移误差为

$$\begin{aligned}\Delta_Y&=\frac{\delta_d}{2\sin(\alpha/2)}=0.707\delta_d=0.707\times0.04\text{mm}\\&=0.028\text{mm}\end{aligned}$$

将 Δ_Y 值向加工尺寸方向投影，即

$$\Delta_D=\Delta_Y\cos30°=0.028\times0.866\text{mm}=0.024\text{mm}$$

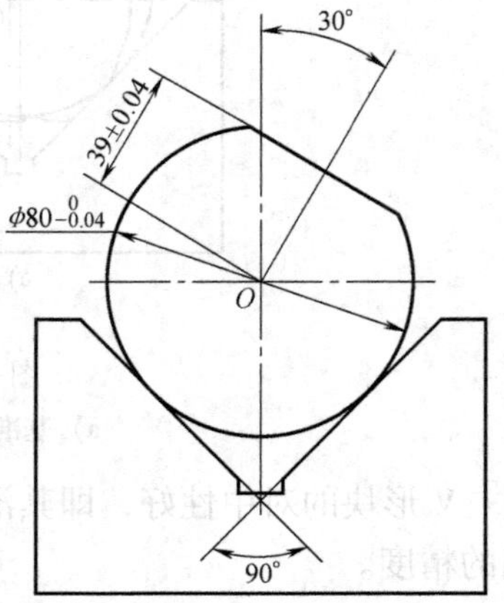

图 2-61　定位误差计算示例（二）

（2）$\Delta_B\neq0$、$\Delta_Y=0$　当 $\Delta_B\neq0$、$\Delta_Y=0$ 时，产生定位误差的原因是基准不重合所致，故只要计算出 Δ_B 即可，得

$$\Delta_D=\Delta_B \tag{2-10}$$

例 2-3　如图 2-62 所示，以 A 面定位加工 $\phi20H8$ 孔，求加工尺寸（40 ±0.1）mm 的定位误差。

解 $\Delta_Y=0$（平面 A 与支承接触较好）

由图 2-62 可知，工序基准为 B 面，定位基准为 A，故基准不重合。

已知 $\delta_i=(0.05+0.10)$ mm，$\beta=0°$

按式（2-3）得

$$\Delta_B=\sum_{i=1}^{n}\delta_i\cos\beta=(0.05+0.10)\cos 0° \text{mm}=0.15\text{mm}$$

$$\Delta_D=\Delta_B=0.15\text{mm}$$

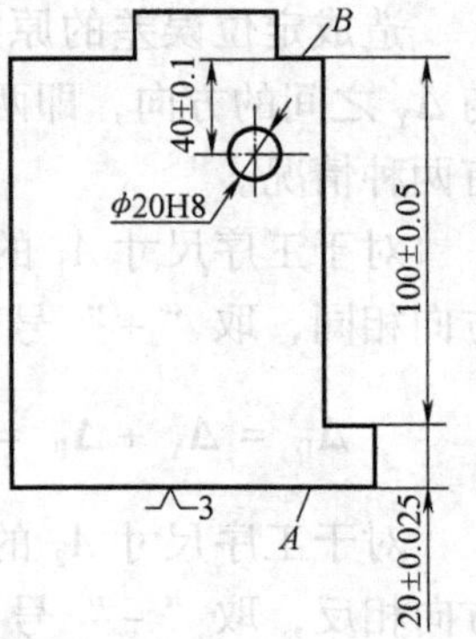

图 2-62　定位误差计算示例（三）

（3）$\Delta_B\neq0$、$\Delta_Y\neq0$　有两种情况：

第一种情况是当 $\Delta_B\neq0$、$\Delta_Y\neq0$，且造成定位误差的原因是相互独立的因素时，应将两项误差相加，即

$$\Delta_D=\Delta_B+\Delta_Y \tag{2-11}$$

例 2-4　如图 2-63 所示，工件以 d_1 外圆定位，加工 ϕ10H8 孔。已知 $d_1=\phi30_{-0.01}^{\ 0}$ mm，$d_2=\phi55_{-0.056}^{-0.010}$ mm，$H=(40\pm0.15)$ mm，$t=\phi0.03$mm，求加工尺寸（40 ± 0.15）mm 的定位误差。

解　定位基准是圆柱 d_1 的轴线 A，工序基准则在 d_2 外圆的素线 B 上，是相互独立的因素，故可按式（2-11）合成。

按式（2-3）得

$$\Delta_B=\sum_{i=1}^{n}\delta_i\cos\beta=\left(\frac{\delta_{d_2}}{2}+t\right)\cos 0°=\left(\frac{0.046}{2}+0.03\right)\text{mm}=0.053\text{mm}$$

又按式（2-8）得

$$\Delta_Y=0.707\delta_{d_1}=0.707\times0.01\text{mm}=0.007\text{mm}$$

则

$$\Delta_D=\Delta_B+\Delta_Y=(0.053+0.007)\text{ mm}=0.06\text{mm}$$

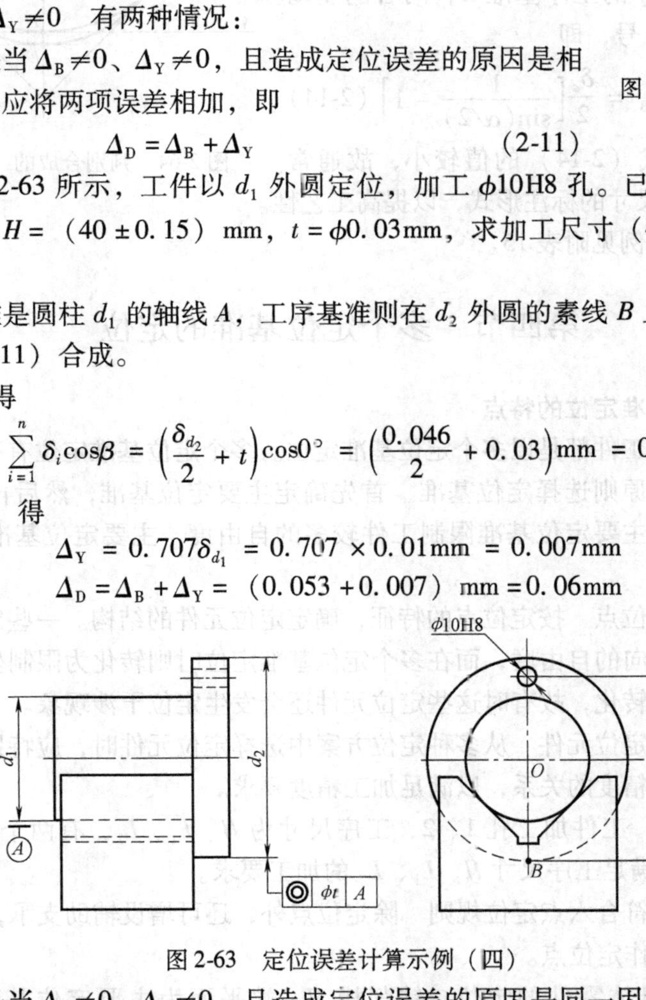

图 2-63　定位误差计算示例（四）

第二种情况是当 $\Delta_B\neq0$、$\Delta_Y\neq0$，且造成定位误差的原因是同一因素时，定位误差的合成需判别"+"、"−"号，即

$$\Delta_D=\Delta_Y+\Delta_B \text{ 或 } \Delta_D=\Delta_Y-\Delta_B \tag{2-12}$$

例如，当工序基准在圆柱面上，其判别的方法如图 2-64 所示。对于工序尺寸 A_1、A_2，其基准不重合误差和基准位移误差均为

$$\Delta_B=\frac{\delta_d}{2}$$

$$\Delta_Y=\frac{\delta_d}{2\sin(\alpha/2)}$$

造成定位误差的原因虽是同一因素 δ_d，但 Δ_B 与 Δ_Y 之间的方向，即两者的工序基准的变动方向有两种情况。

对于工序尺寸 A_1 的工序基准 F，两者的变动方向相同，取“+”号，即

$$\Delta_D = \Delta_Y + \Delta_B = \frac{\delta_d}{2}\left[\frac{1}{\sin(\alpha/2)} + 1\right] \quad (2\text{-}13)$$

对于工序尺寸 A_2 的工序基准 E，两者的变动方向相反，取“-”号，即

$$\Delta_D = \Delta_Y - \Delta_B = \frac{\delta_d}{2}\left[\frac{1}{\sin(\alpha/2)} - 1\right] \quad (2\text{-}14)$$

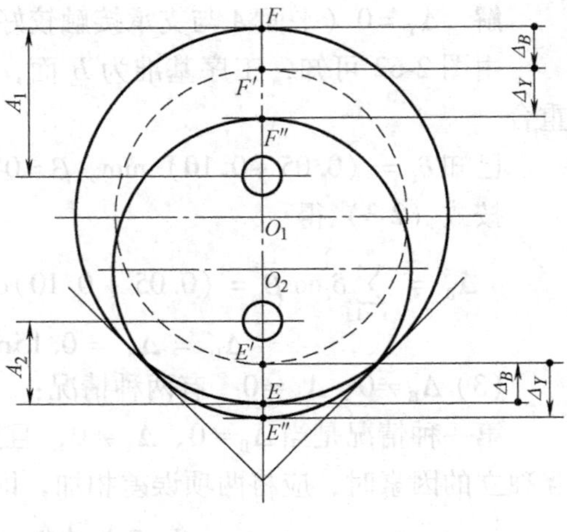

图 2-64 判别合成的“+”、“-”号

上述合成中，式（2-14）的值较小，故通常设计可采用 A_2 工序尺寸的标注形式，以提高工艺性。

定位误差计算示例见附表 15。

第四节 多个定位基准的定位

一、多个定位基准定位的特点

通常，较复杂的工件都是以多个定位基准定位。多个定位基准定位有下列特点：

（1）按基准重合原则选择定位基准 首先确定主要定位基准，然后再确定第二定位基准、第三定位基准。主要定位基准限制工件较多的自由度。主要定位基准有平面、内圆柱面、外圆柱面等。

（2）合理布置定位点 按定位点的特征，确定定位元件的结构。一些定位元件原单独使用时，限制坐标轴方向的自由度，而在多个定位基准定位时则转化为限制坐标轴圆周方向的自由度。由于是一种转化，故有时这些定位元件还会发生定位干涉现象。

（3）选择合适的定位元件 从多种定位方案中选择定位元件时，应特别注意定位元件所限制的自由度与加工精度的关系，以满足加工精度要求。

如图 2-65a 所示，工件加工孔 1、2，工序尺寸为 H、L_1、L_2，有两个定位方案，其中，图 2-65c 所示方案能满足工序尺寸 H、L_1、L_2 的加工要求。

（4）工件的定位符合六点定位规则 除定位点外，还可增设辅助支承，以提高工件定位的刚度。辅助支承不作定位点。

图 2-66 所示为机体零件的定位。铣削槽 H，端平面为主要定位基准，限制 $\vec{x}$、$\widehat{y}$、$\widehat{z}$ 自由度。第二定位基准为 $\phi290^{+0.10}_{+0.04}$ mm 孔，限制 $\vec{z}$、$\vec{y}$ 自由度。第三定位基准为台阶平面，限制 $\widehat{x}$ 自由度。夹具还设计了辅助支承。

二、以内圆柱面作主要定位基准

拨叉、套筒、支架等零件的有关加工，定位点分布是以内圆柱面作主要定位基准，限制四个自由度。余下的两个自由度，即为同一坐标轴的两个方向的自由度，分别在第二定位基准、第三定位基准上限制。表 2-6 中所列举的三个示例，对定位点分布作了详细分析（内圆柱面作中心定位）。

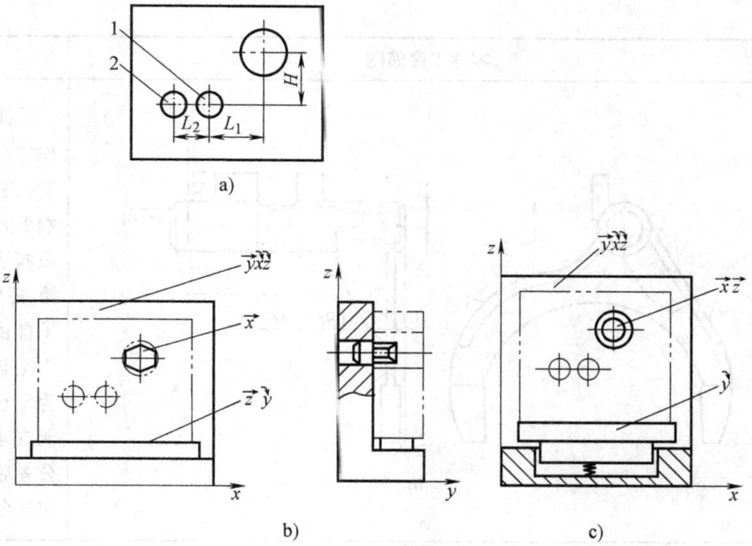

图 2-65 定位方案分析

a）加工示例 b）较差方案 c）较好方案

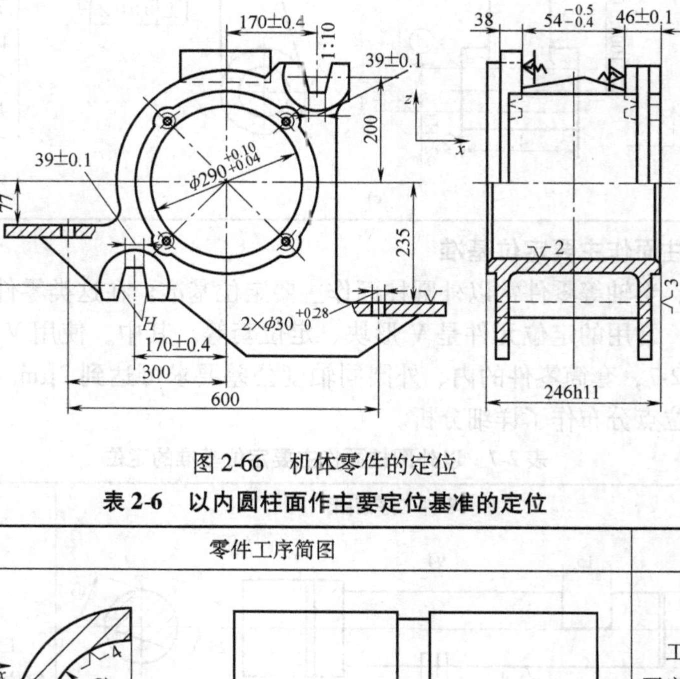

图 2-66 机体零件的定位

表 2-6 以内圆柱面作主要定位基准的定位

工序内容	零件工序简图	定位分析
半轴承，铣削 8mm × 30° 槽	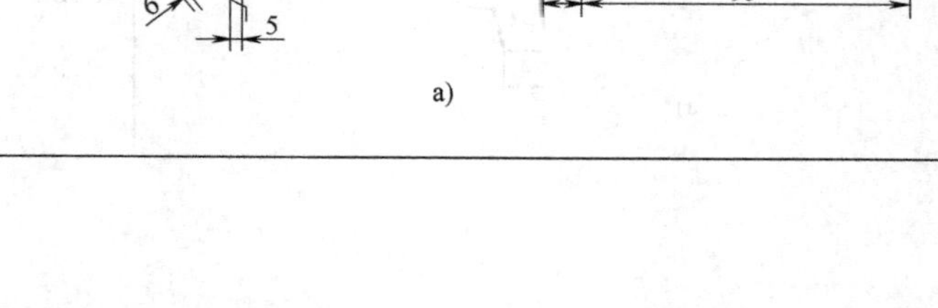	工件以半圆柱面作主要定位基准定位，限制 $\vec{x}$、$\vec{z}$、$\overset{\frown}{x}$、$\overset{\frown}{z}$ 自由度，第二定位基准限制 $\overset{\frown}{y}$ 自由度，第三定位基准限制 $\vec{y}$ 自由度。定位基准均为已加工面。定位元件为半圆定位轴、挡销

（续）

工序内容	零件工序简图	定位分析
拨叉，铣削 $13.5^{+0.12}_{0}$ mm 槽	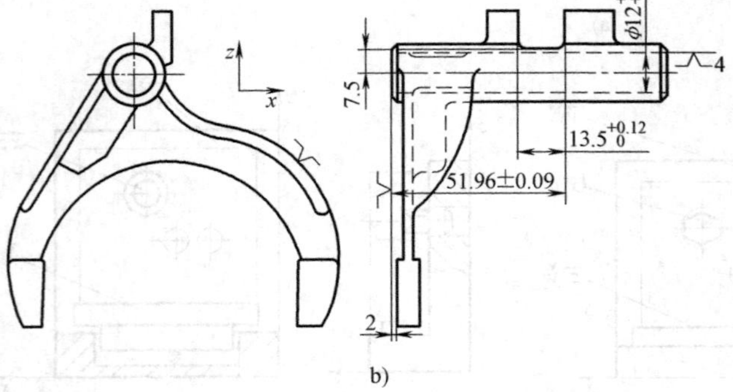 b)	工件以 $\phi12^{+0.105}_{+0.045}$ mm 孔作主要定位基准，限制 $\vec{x}$、$\vec{z}$、$\hat{x}$、$\hat{z}$ 自由度；端平面作第二定位基准，限制 $\vec{y}$ 自由度；弧面作第三定位基准，限制 $\hat{y}$ 自由度。其中，弧面为毛坯表面。定位元件为定位轴及台阶面、可调支承。定位轴直径的公差带应满足一定的定位配合间隙要求
支架，车削 $\phi15g9$ 外圆	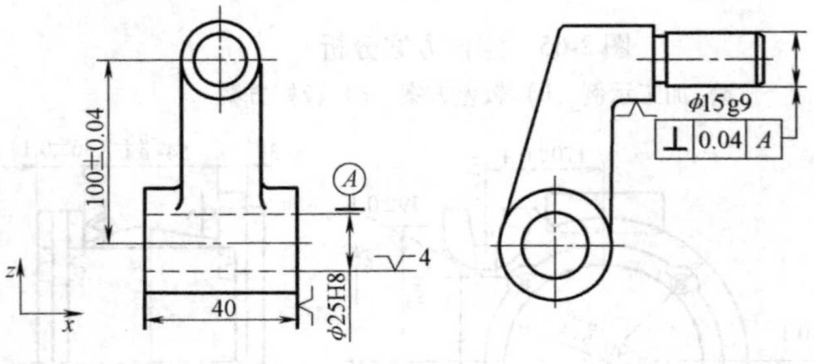 c)	工件以 $\phi25H8$ 孔作主要定位基准，限制 $\vec{y}$、$\vec{z}$、$\hat{y}$、$\hat{z}$ 自由度；端平面作第二定位基准，限制 $\vec{x}$ 自由度；第三定位基准为粗基准面，限制 $\hat{x}$ 自由度。定位元件为定位轴、可调支承

三、以外圆柱面作主要定位基准

杠杆、套筒、半轴等零件常以外圆柱面作主要定位基准。在这类零件的外圆柱面上，需设置四个定位点，常用的定位元件是 V 形块、定位套等。其中，使用 V 形块可获得较高的定位精度，见表 2-7，套筒零件的内、外圆同轴度公差要求可达到 2μm。表 2-7 中所列举的三个示例，对定位点分布作了详细分析。

表 2-7　以外圆柱面作主要定位基准的定位

工序内容	零件工序简图	定位分析
杠杆，铣削 15mm、4mm ×25°槽	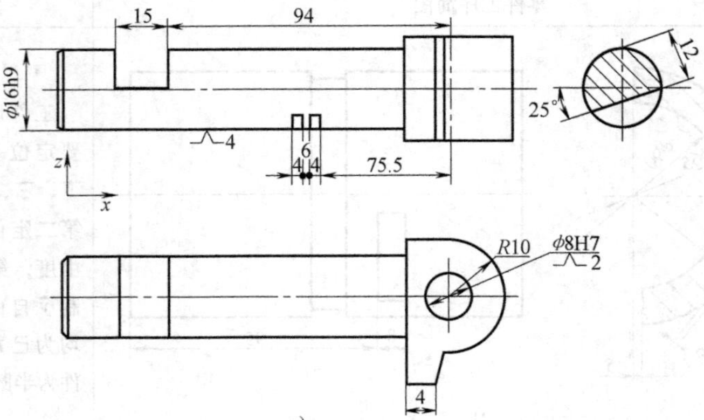 a)	工件以 $\phi16h9$ 外圆作主要定位基准，限制 $\vec{y}$、$\vec{z}$、$\hat{y}$、$\hat{z}$ 自由度；第二定位基准为 $\phi8H7$ 孔，限制 $\vec{x}$、$\hat{x}$ 自由度。有两个工位。定位基准为精基准，其中 $\phi16h9$ 外圆经粗磨

（续）

工序内容	零件工序简图	定位分析
套筒，磨削 $\phi72$mm 孔	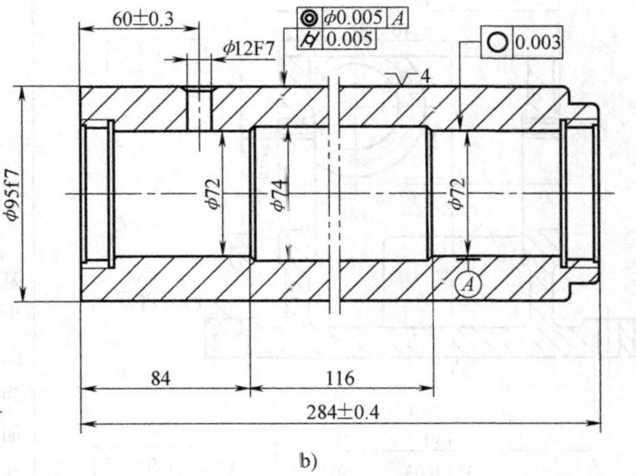 b)	工件以 $\phi95f7$ 外圆作主要定位基准，限制 $\vec{y}$、$\vec{z}$、$\overset{\frown}{y}$、$\overset{\frown}{z}$ 自由度；第二定位基准为辅助套的端平面，限制 $\vec{x}$ 自由度。工件用 V 形夹具装夹，同轴度可达到 2μm
半轴，车削 $\phi8H8$ 孔	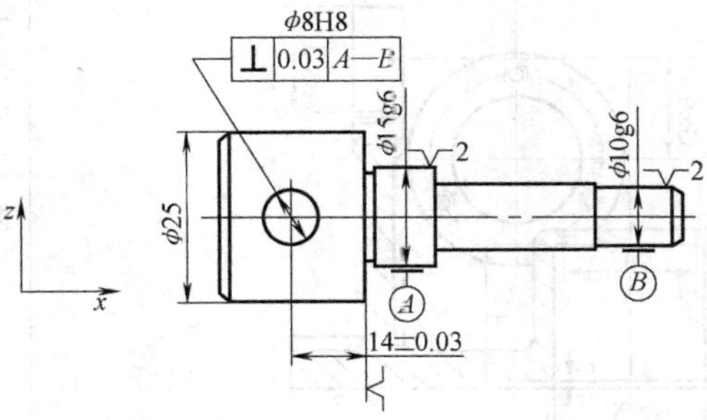 c)	工件以 $\phi15g6$、$\phi10g6$ 外圆作组合定位基准，限制 $\vec{y}$、$\vec{z}$、$\overset{\frown}{y}$、$\overset{\frown}{z}$ 自由度；第二定位基准为台阶平面，限制 $\vec{x}$ 自由度。定位元件为定位套。定位套内圆直径的公差带应满足一定的配合间隙要求

四、以平面作主要定位基准

通常，箱体、连杆、扳块、支架等零件的有关加工，是以平面作主要定位基准。表 2-8 中所列举的箱体零件，需要满足三个方向孔系的加工精度要求，其工序基准为台阶面。为了便于装卸工件，主要定位基准改为底平面；第二定位基准为 $\phi47^{+0.027}_{0}$ mm 孔。表 2-8 中所列举的三个示例，对以平面作主要定位基准的定位点分布作了详细分析，定位基准也有多种组合。作为第二定位基准、第三定位基准的定位，均需注意防止定位点的重复。

五、工件以两孔一面定位

工件以两孔一面定位的特点是一种典型的多个定位基准定位形式，其中，常要使用菱形销作定位元件，如图 2-67 所示的连杆零件。

图 2-67a 所示为连杆零件简图，加工斜孔的工序简图如图 2-67b 所示。工件主要定位基准为 $2\times\phi7.86^{+0.026}_{0}$ mm 孔。两孔还未至图样尺寸。定位点如图 2-67b 所示。定位元件为定位轴和菱形销。

图 2-68 所示为柴油机壳体零件简图。在零件的一系列孔的加工工艺中，采用两孔一面定位，以使定位基准统一。主要定位基准是 A 平面，第二、三定位基准为 $2\times\phi24H7$ 孔。定位元件为支承板、定位销、菱形销。

图 2-69 所示为箱体零件简图。在其孔的镗削加工中，也采用两孔一面定位。主要定位基准是 A 平面，第二、三定位基准为 $2\times\phi20H7$ 孔。

表 2-8　以平面作主要定位基准的定位点分布

工序内容	零件工序简图	定位分析
箱体，镗削 $\phi40^{+0.027}_{0}$ mm、$\phi35^{+0.027}_{0}$ mm 孔	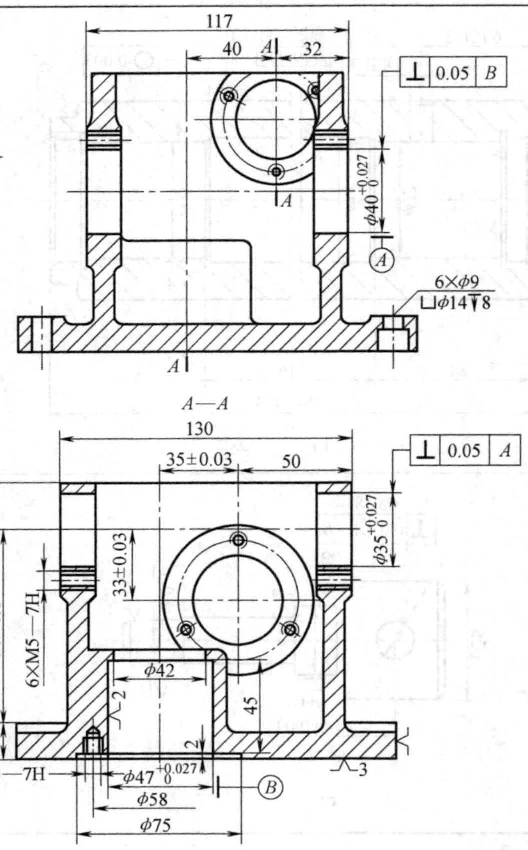 a)	工件以底平面作主要定位基准，限制 $\overrightarrow{z}$、$\widehat{x}$、$\widehat{y}$ 自由度。工序尺寸（90 ± 0.1）mm 的工序基准为台阶平面，为便于装卸工件，改用底平面为定位基准。新的工序尺寸为（105 ± 0.05）mm。第二定位基准为 $\phi47^{+0.027}_{0}$ mm 孔，限制 $\overrightarrow{y}$、$\overrightarrow{x}$ 自由度；第三定位基准为平面，限制 $\widehat{z}$ 自由度。定位元件为支承板、定位销、可调支承
齿轮架，钻攻内螺纹 3 × M8-7H，钻 3 × ϕ17.5mm 孔，平锪 ϕ36mm	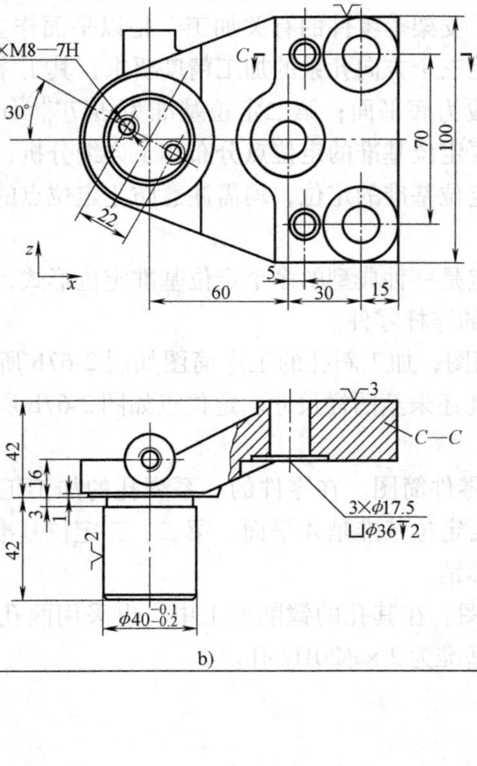 b)	工件以平面作主要定位基准，限制 $\overrightarrow{y}$、$\widehat{x}$、$\widehat{z}$ 自由度；第二定位基准为 $\phi40^{-0.1}_{-0.2}$ mm 外圆，限制 $\overrightarrow{x}$、$\overrightarrow{z}$ 自由度；第三定位基准为毛坯表面，限制 $\widehat{y}$ 自由度

（续）

工序内容	零件工序简图	定位分析
支架，铣3mm槽	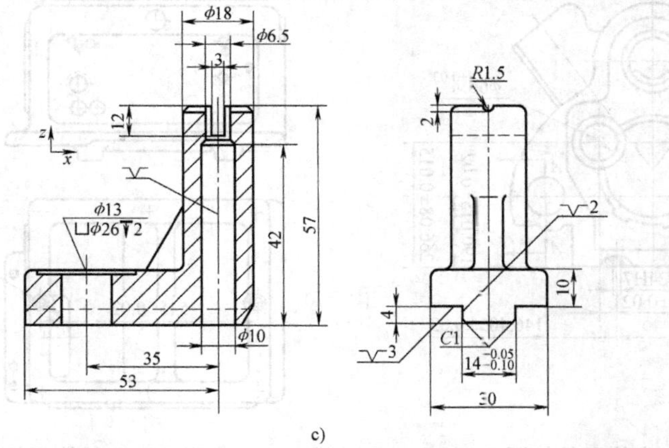 c)	工件以平面作主要定位基准，限制 $\overrightarrow{z}$、$\widehat{x}$、$\widehat{y}$ 自由度。该平面由两边的面组成；第二定位基准为凸台侧面，限制 $\overrightarrow{y}$、$\widehat{z}$ 自由度；第三定位基准为 ϕ10mm 孔，限制 $\overrightarrow{x}$ 自由度

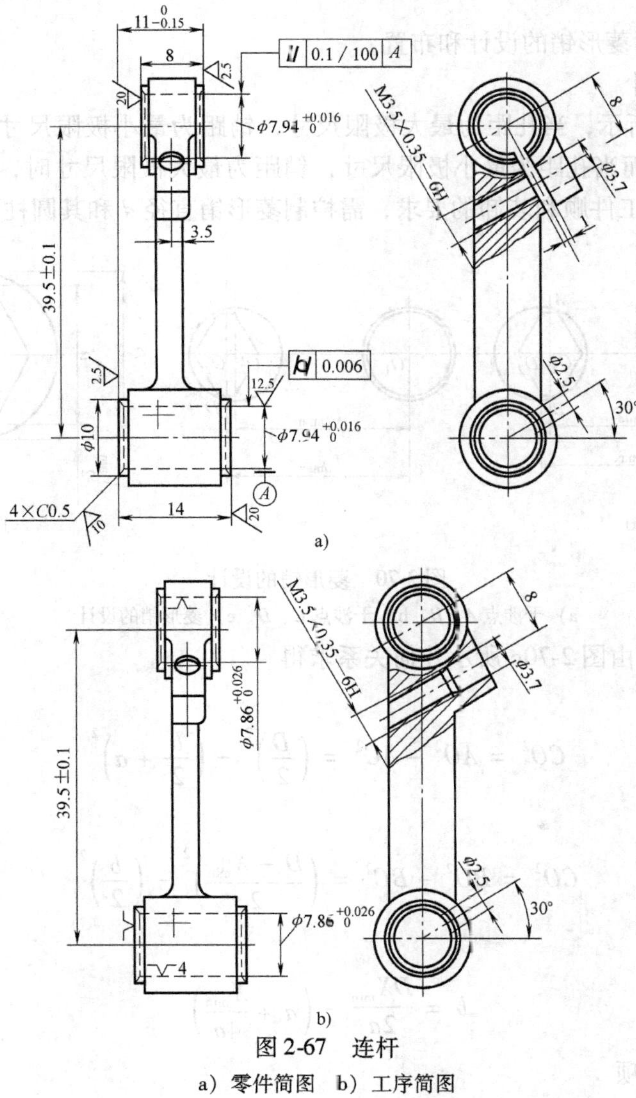

图 2-67 连杆

a）零件简图 b）工序简图

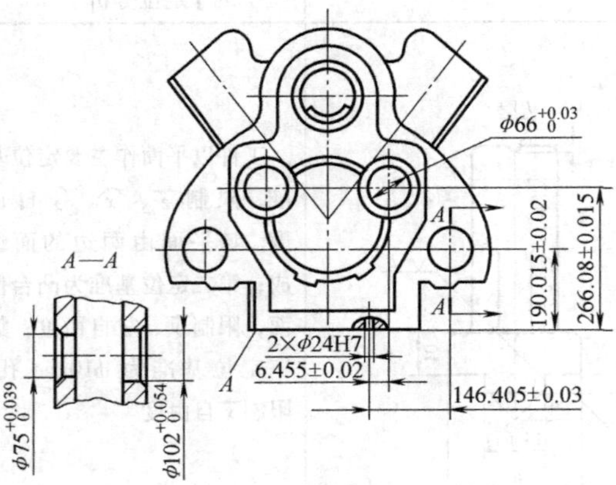

图 2-68 柴油机壳体零件简图

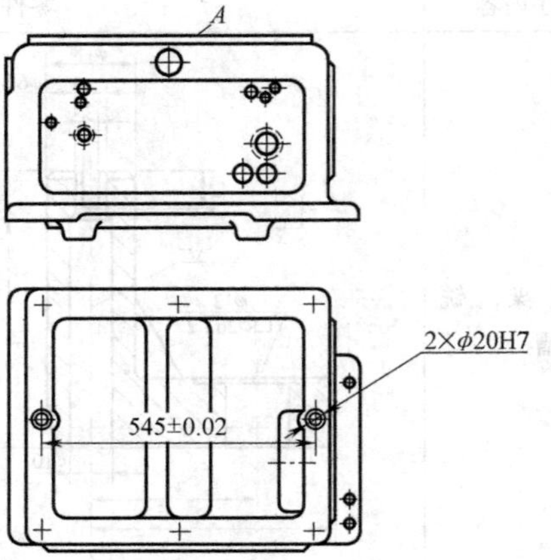

图 2-69 箱体零件简图

下面将重点介绍菱形销的设计和布置。

1. 菱形销的设计

如图 2-70a、b 所示，当孔距为最大极限尺寸，销距为最小极限尺寸时，菱形销的干涉点会发生在 A、B；而当孔距为最小极限尺寸，销距为最大极限尺寸时，菱形销的干涉点则在 C、D。为了满足工件顺利装卸的要求，需控制菱形销直径 d 和其圆柱面宽度 b。

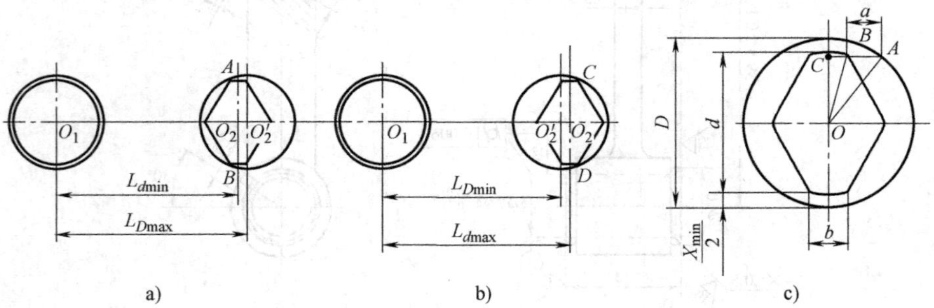

图 2-70 菱形销的设计

a）干涉点 A、B b）干涉点 C、D c）菱形销的设计

菱形销宽度 b 可由图 2-70c 所示几何关系求得。

在 $\triangle AOC$ 中

$$CO^2 = AO^2 - AC^2 = \left(\frac{D}{2}\right)^2 - \left(\frac{b}{2} + a\right)^2$$

在 $\triangle BOC$ 中

$$CO^2 = BO^2 - BC^2 = \left(\frac{D - X_{\min}}{2}\right)^2 - \left(\frac{b}{2}\right)^2$$

联立两式得

$$b = \frac{DX_{\min}}{2a} - \left(a + \frac{X_{\min}}{4a}\right)$$

略去（$a + X_{\min}/4a$）项

则

$$b = \frac{DX_{\min}}{2a} \tag{2-15}$$

菱形销宽度 b 已标准化，故可反算得

$$X_{\min} = \frac{2ab}{D} \tag{2-16}$$

式中 $X_{\min}$——菱形销定位的最小间隙（mm）；

b——菱形销圆柱部分的宽度（mm）；

D——工件定位孔的最大实体尺寸（mm）；

a——补偿量（mm）。

又

$$a = \frac{\delta_{LD} + \delta_{Ld}}{2} \tag{2-17}$$

式中 δ_{LD}——孔距公差（mm）；

δ_{Ld}——销距公差（mm）。

菱形销直径可按下式求得

$$d = D - \frac{2ab}{D} \tag{2-18}$$

2. 设计示例

泵前盖的简图如图 2-71 所示，加工工序为镗削 $\phi41^{+0.023}_{0}$ mm 孔，铣削两端面尺寸 $107.5^{+0.3}_{0}$mm，其设计步骤如下：

（1）确定两定位销的中心距　两定位销中心距的基本尺寸应等于工件两定位孔距的平均尺寸，其公差一般为

$$\delta_{Ld} = \left(\frac{1}{3} \sim \frac{1}{5}\right)\delta_{LD}$$

因 $L_D = 156^{+0.165}_{+0.135}$mm =（156.15 ±0.015）mm，$\delta_{LD}$ = 0.03mm

故取　L_d =（156.15 ±0.005）mm

（2）选择定位销　按附表 2 取定位销为 A9.972h7 ×12　（JB/T 8014.2—1999）。

（3）选择菱形销宽度　按附表 2 取 b = 4mm。

（4）确定菱形销直径

1）按式（2-17）求补偿量

$$a = \frac{\delta_{LD} + \delta_{Ld}}{2} = \frac{0.03 + 0.01}{2}\text{mm} = 0.02\text{mm}$$

2）按式（2-18）计算菱形销直径

$$d = D - \frac{2ab}{D} = 9.972\text{mm} - \frac{2 \times 0.02 \times 4}{9.972}\text{mm} = (9.972 - 0.016)\text{mm} = 9.956\text{mm}$$

取菱形销的公差带为 h6，即菱形销为 B9.956h6 ×12　（JB/T 8014.2—1999）。

（5）计算定位误差

1）垂直度公差 0.05mm。

$$\Delta_D = 0$$

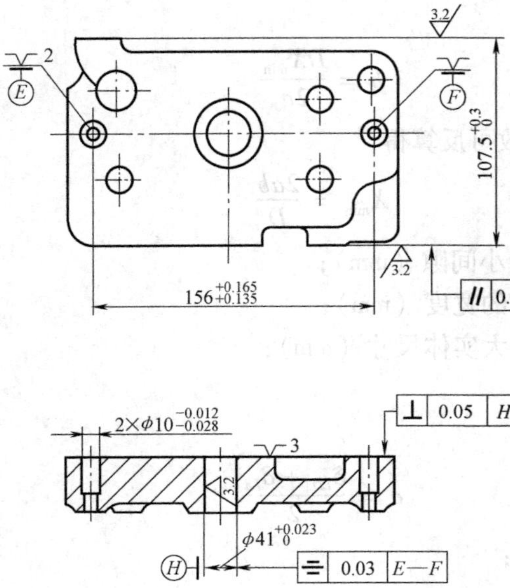

图 2-71　泵前盖的简图

2）对称度公差 0. 03mm。

$$\Delta_{\mathrm{B}}=0$$

已知 $\delta_D=0.016\mathrm{mm}$，$\delta_{d_0}=0.015\mathrm{mm}$，$X_{\min}=0$，按式（2-4）得

$$\Delta_{\mathrm{Y}}=\delta_D+\delta_{d_0}+X_{\min}=(0.016+0.015)\mathrm{mm}=0.031\mathrm{mm}$$

3）平行度公差 0. 05mm。

可按图 2-72 所示的工件转角误差计算方法来计算平行度公差。

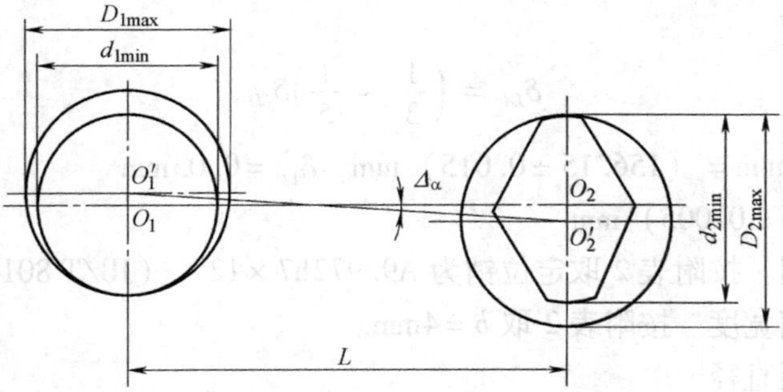

图 2-72　工件转角误差计算方法

如图 2-72 所示，当工件歪斜时，会影响平行度公差。由几何关系可得工件的转角误差公式为

$$\tan\Delta_\alpha=\frac{X_{2\max}+X_{1\max}}{2L}=\frac{\delta_{D1}+\delta_{d1}+X_{1\min}+\delta_{D2}+\delta_{d2}+X_{2\min}}{2L} \tag{2-19}$$

式中　δ_{D1}，δ_{D2}——工件定位孔的直径公差（mm）；

δ_{d1}——圆柱定位销的直径公差（mm）；

δ_{d2}——菱形定位销的直径公差（mm）；

$X_{1\min}$——圆柱定位销与孔间的最小间隙（mm）；

L——中心距（mm）。

则

$$\tan\Delta_\alpha=\frac{0.016+0.015+0+0.016+0.009+0.016}{2\times156}$$

$$=0.000230$$

$$\Delta_Y=\frac{0.023\text{mm}}{100\text{mm}}$$

因 $\Delta_B=0$，得定位误差为 $\Delta_D=\Delta_Y=\dfrac{0.023\text{mm}}{100\text{mm}}$。

设计结果如图 2-73 所示，图中表示了菱形销的布置方式。

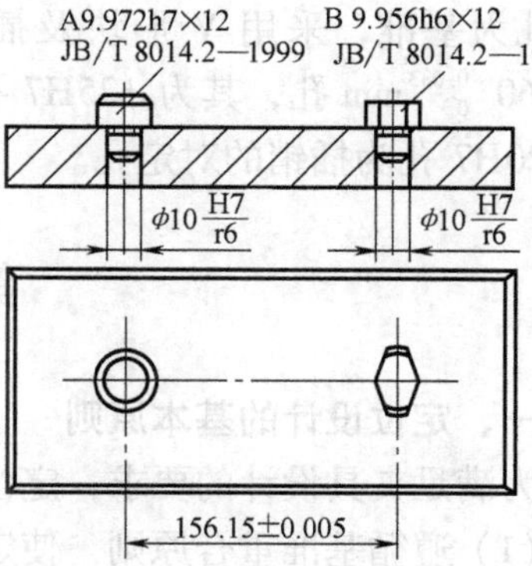

图 2-73　两孔一面定位设计

六、定位分析

图 2-74 所示为磨床夹具，用于内圆磨削 $\phi25$H7 孔。工件以 $\phi60$mm 外圆及 $\phi24.60^{+0.033}_{0}$

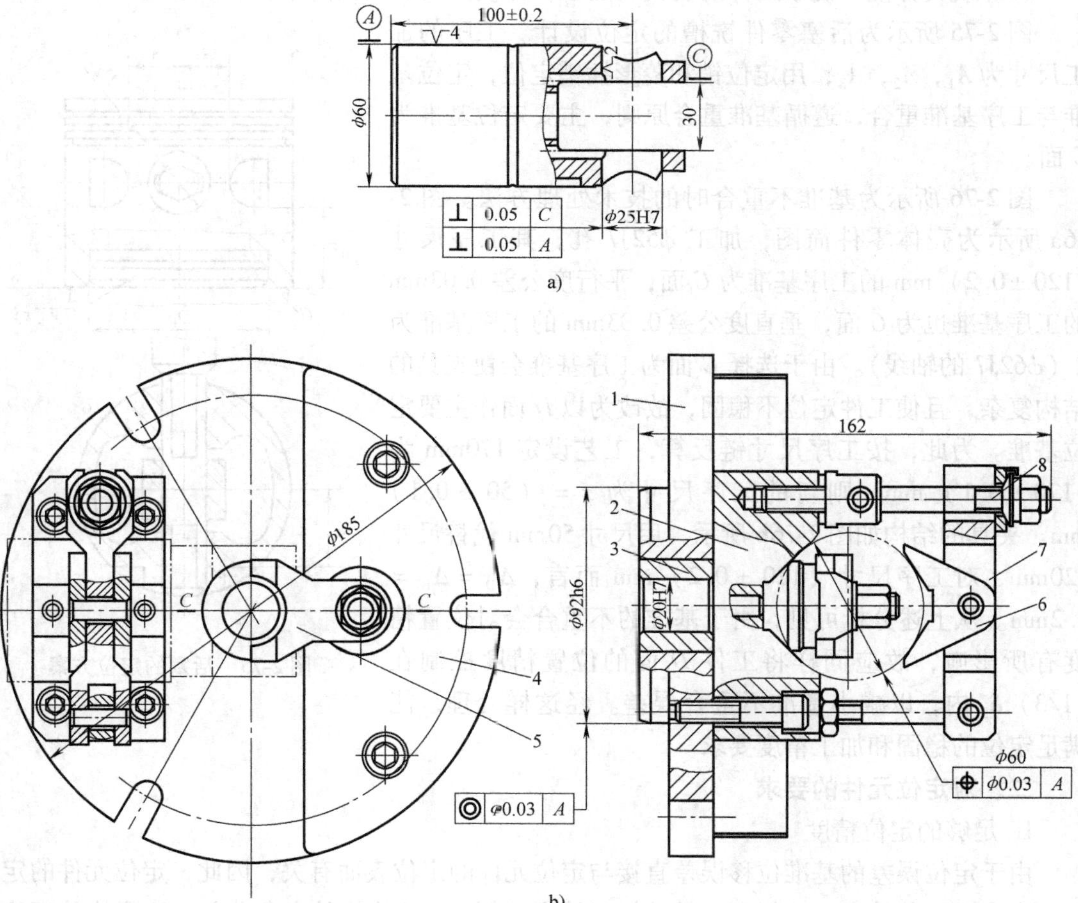

图 2-74　磨床夹具

a）工件简图　b）内圆磨床夹具

1—夹具体　2—V 形块　3—衬套　4—平衡块　5—钩形压板

6—压块　7—铰链压板　8—螺杆

mm 孔为基准，采用 V 形块及插销定位。主要定位基准为长圆柱面。第二定位基准为 $\phi 24.60^{+0.033}_{0}$ mm 孔，其为 ϕ25H7 孔的粗加工工序尺寸，故为自为基准定位。图 2-74b 中衬套的 ϕ20H7 孔为插销的对定孔。

第五节　定位设计

一、定位设计的基本原则

为满足夹具设计的要求，定位设计时应遵循以下三项原则：

（1）遵循基准重合原则　使定位基准与工序基准重合。在多工序加工时，还应遵循基准统一原则，具有一定的定位精度。但有时考虑到实际情况，定位基准也可以不选用工序基准。

（2）合理选择主要定位基准　主要定位基准应有较大的支承面，较高的精度。

（3）装夹方便　便于工件的装夹和加工，并使夹具的结构简单。

图 2-75 所示为活塞零件铣槽的定位设计。工序的加工尺寸为 A_1，A_2，A_3，用定位销和菱形插销定位，定位基准与工序基准重合，遵循基准重合原则，主要定位基准为 C 面。

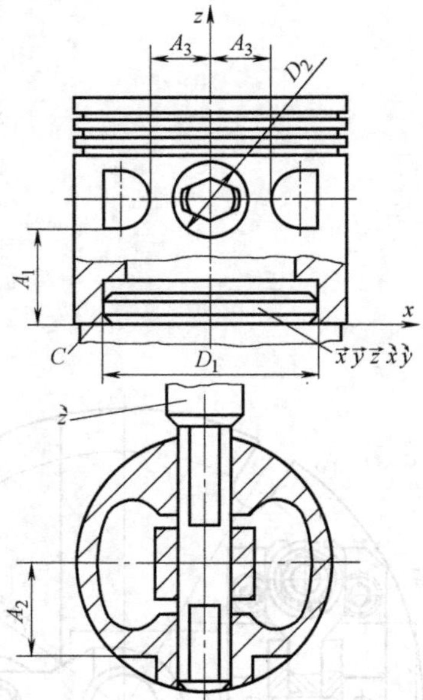

图 2-75　活塞的定位方案

图 2-76 所示为基准不重合时的技术处理方法。图 2-76a 所示为壳体零件简图，加工 ϕ52J7 孔，其工序尺寸 (120 ± 0.2) mm 的工序基准为 C 面，平行度公差 0.03mm 的工序基准也为 C 面，垂直度公差 0.03mm 的工序基准为 A（ϕ62J7 的轴线）。由于选择 C 面为工序基准会使夹具的结构复杂，且使工件定位不稳固，故改为以 D 面作主要定位基准。为此，按工序尺寸链反算，工艺设定 170mm 为 (170 ± 0.1) mm，则新的工序尺寸为 x = (50 ± 0.1) mm。夹具的结构如图 2-76b 所示，用尺寸 50mm 代替尺寸 120mm，对工序尺寸 (120 ± 0.2) mm 而言，$\Delta_D = \Delta_B$ = 0.2mm。从上述分析可见，由于基准的不重合会对位置精度有所影响，故应同样将工件 D 面的位置精度控制在 (1/3) δ_k 内，以减小基准不重合误差。经这样处理，能满足定位的稳固和加工精度要求。

二、对定位元件的要求

1. 足够的定位精度

由于定位误差的基准位移误差直接与定位元件的定位表面有关，因此，定位元件的定位表面应有足够的精度，以保证工件的加工精度。例如，V 形块的半角公差、V 形块的理论圆中心高度尺寸、圆柱心轴定位圆柱面的直径公差及圆度、支承板的平面度公差等，都应有足够的制造精度。通常，定位元件的定位表面还应有较小的表面粗糙度值，如 R_a0.4μm、R_a0.2μm、R_a0.1μm 等。

2. 足够的储备精度

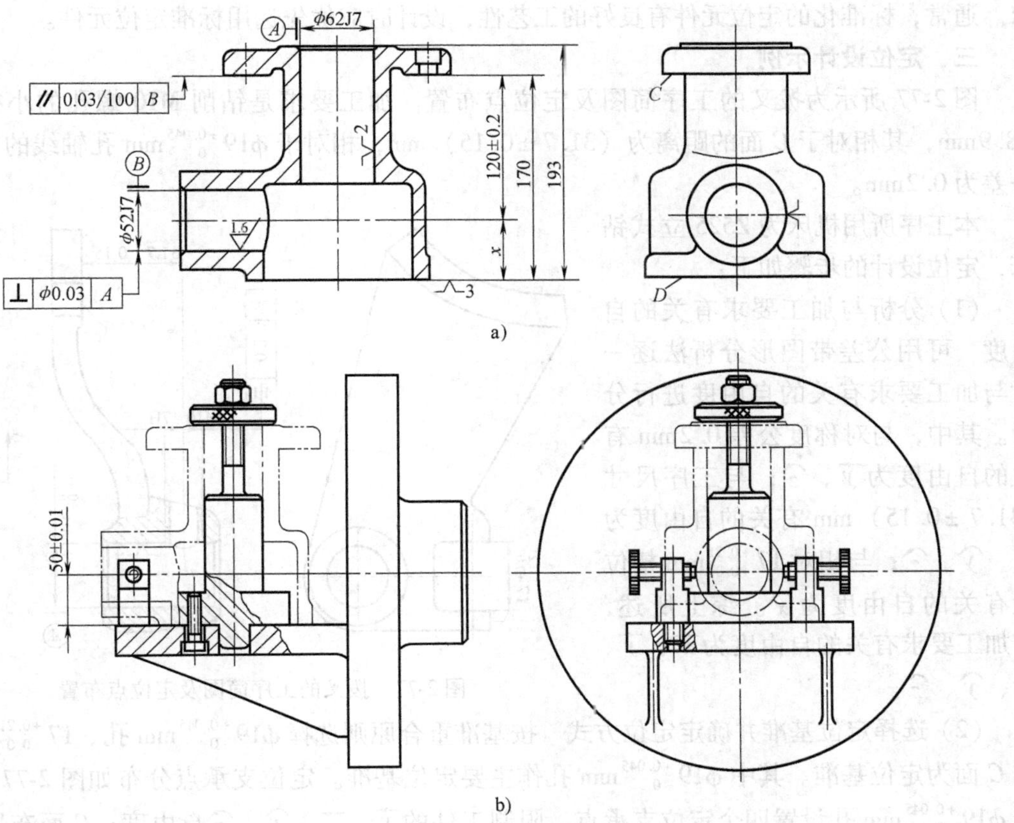

图 2-76　基准不重合时的技术处理方法

a）零件简图　b）车床夹具

由于定位是通过工件的定位基准与定位元件的定位表面相接触来实现的，而工件的装卸将会使定位元件磨损，从而导致定位精度下降。因此，为了提高夹具的使用寿命，定位元件表面应有较高的硬度和耐磨性。特别是在产品较固定的大批量生产中，应注意提高定位元件的耐磨性，并使夹具有足够的储备精度。通常，企业可以按生产经验和工艺资料对主要定位元件，如 V 形块、心轴等制订磨损公差，以保证夹具在使用周期内的精度。不同的材料有不同的力学性能，定位元件常用的材料有优质碳素结构钢 20 钢、45 钢、65Mn，工具钢 T8、T10，合金结构钢 20Cr、40Cr、38CrMoAlA 等。

3. 足够的强度和刚度

通常，对定位元件的强度和刚度是不作校核的，但是，在设计时仍应注意定位元件危险断面的强度，以免使用中损坏；而定位元件的刚度也往往是影响加工精度的因素之一。因此，可用类比法来保证定位元件的强度和刚度，以缩短夹具设计的周期。

4. 应协调好与有关元件的关系

在定位设计时，还应处理、协调好与夹具体、夹紧装置、对刀导向元件的关系。例如，图 2-40 所示的定位轴，需留出空间，以便配制内装式夹紧机构。有时定位元件还需留出排屑空间等，以便于刀具进行切削加工。

5. 良好的结构工艺性

定位元件的结构应符合一般标准化要求，并应满足便于加工、装配、维修等工艺性要求。通常，标准化的定位元件有良好的工艺性，设计时应优先选用标准定位元件。

三、定位设计示例

图2-77所示为拨叉的工序简图及定位点布置。加工要求是钻削M10螺孔的小径尺寸$\phi8.9$mm，其相对于C面的距离为（31.7 ± 0.15）mm，相对于$\phi19^{+0.045}_{0}$mm孔轴线的对称度公差为0.2mm。

本工序所用机床为Z525立式钻床，定位设计的步骤如下：

（1）分析与加工要求有关的自由度　可用公差带图形分析法逐一对与加工要求有关的自由度进行分析。其中，与对称度公差0.2mm有关的自由度为$\vec{y}$、$\widehat{z}$；与工序尺寸（31.7 ± 0.15）mm有关的自由度为$\vec{x}$、$\widehat{y}$、$\widehat{z}$；与相对$17^{+0.21}_{+0.07}$mm槽位置有关的自由度为$\widehat{x}$。综上所述，与加工要求有关的自由度为$\vec{x}$、$\vec{y}$、$\widehat{x}$、$\widehat{y}$、$\widehat{z}$。

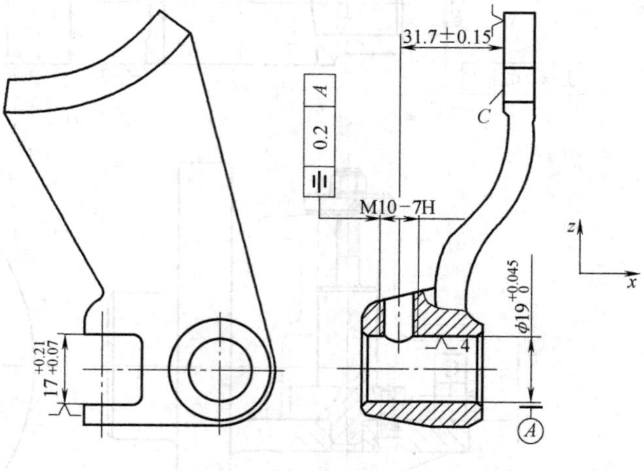

图2-77　拨叉的工序简图及定位点布置

（2）选择定位基准并确定定位方式　按基准重合原则选择$\phi19^{+0.045}_{0}$mm孔、$17^{+0.21}_{+0.07}$mm槽和C面为定位基准。其中$\phi19^{+0.045}_{0}$mm孔作主要定位基准。定位支承点分布如图2-77所示。在$\phi19^{+0.045}_{0}$mm孔设置四个定位支承点，限制工件的$\vec{y}$、$\vec{z}$、$\widehat{y}$、$\widehat{z}$自由度；C面布置一个定位点，限制工件的$\vec{x}$自由度；$17^{+0.21}_{+0.07}$mm槽处的定位点，限制工件的$\widehat{x}$自由度。因此，本设计采用的是完全定位方式。

（3）选择定位元件结构　$\phi19^{+0.045}_{0}$mm孔采用定位轴定位，其定位面尺寸公差带为$\phi19$h7（$^{0}_{-0.021}$）mm。$\phi17^{+0.21}_{+0.07}$mm槽的定位采用定位销A17.07f7×16（JB/T 8014.2—1999）。C面定位采用平头支承钉A16×16（JB/T 8029.2—1999）。各定位元件的结构和布置如图2-78所示。在结构设计时应注意协调与其他元件的关系，特别要注意定位元件在夹具体上的位置。

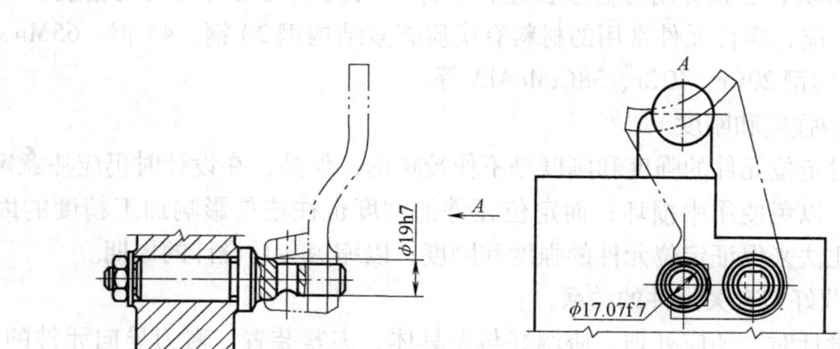

图2-78　拨叉各定位元件的结构和布置

(4) 分析定位误差并审核定位精度

1) 对称度公差 0.2mm。

$\Delta_B=0$，按式 (2-9)、式 (2-4) 计算得

$$\Delta_D=\Delta_Y=(0.045+0.021)\text{mm}=0.066\text{mm}$$

2) 工序尺寸 (31.7 ±0.15) mm。

$\Delta_B=0$，$\Delta_Y=0$，则 $\Delta_D=0$

(5) 绘图　按工作位置，先用双点画线绘制工件轮廓，作为设计的模样，然后用实线绘制定位元件。确定定位元件的类型、尺寸、空间位置。使定位元件定位面与工件的定位基准面相重合。

以上步骤是定位设计的一般程序。在实际工作中，其顺序是可交叉的。同时，在夹具总体设计的全过程中，各部分的设计将是不断完善的。图 2-79 所示为拨叉夹具的总体结构，它还包括对刀元件、夹紧机构和夹具体等。在下述章节中将讲解其他元件的设计方法。

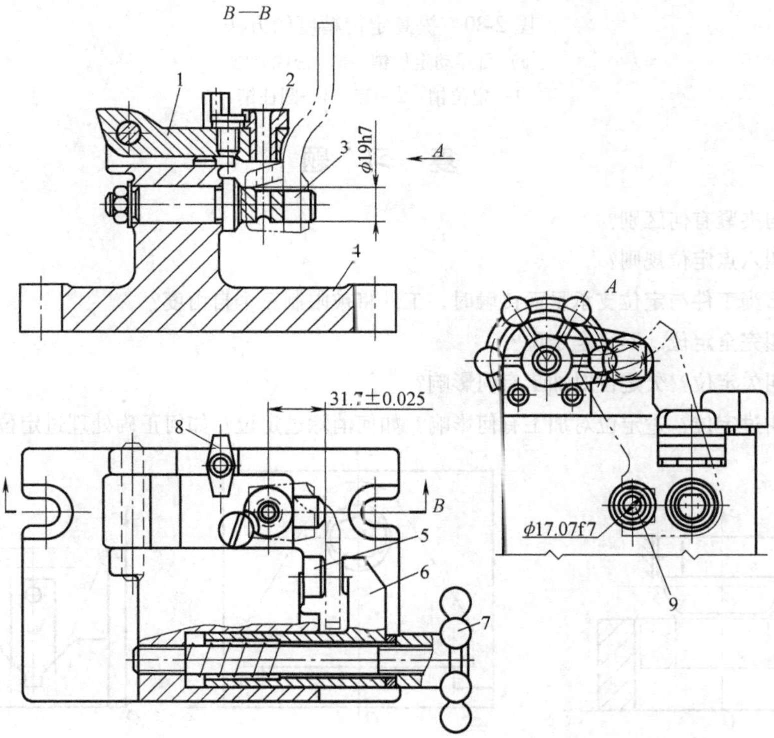

图 2-79　拨叉夹具的总体结构

1—钻模板　2—钻套　3—定位轴　4—夹具体　5—支承钉　6—钩形压板　7—螺母　8—锁紧螺钉　9—定位销

四、提高定位精度的方法

定位精度是定位设计中的一个极为重要的问题。特别是对加工要求较高的工件，在精加工阶段，应注意提高定位基准面和定位元件的精度，以减小基准位移误差。图 2-80 所示为提高定位精度的方法。图 2-80a 所示为可浮动的定位销，用其代替菱形销，可减小工件的转角误差；图中定位销 1 由圆柱销 3 连接，可在套 2 的槽中沿轴销方向滑动，以补偿孔距误差和销距误差。图 2-80b 所示为一种密珠心轴，其心轴直径 d_{01} 与精密钢球 Sd 组成的定位尺寸

d_1，使配合定位中有微量的过盈，故使 $\Delta_Y = 0$，其定位精度可达 0.003mm。类似这种用减小配合间隙来提高精度的方法，在定心夹紧机构中很常见，如液性塑料心轴也可达到与上述相同的定心精度。

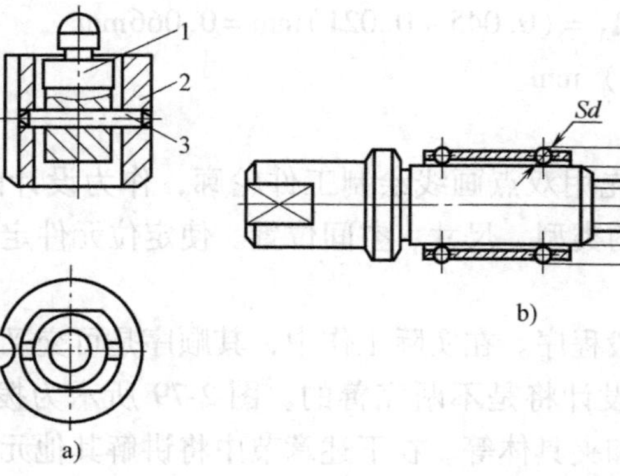

图 2-80　提高定位精度的方法

a）可浮动定位销　b）密珠心轴

1—定位销　2—套　3—圆柱销

复　习　题

2-1　定位与夹紧有何区别？

2-2　什么叫六点定位规则？

2-3　为什么当工件与定位支承呈面接触时，工件将被限制三个自由度？

2-4　什么叫完全定位、不完全定位？

2-5　什么叫欠定位？欠定位对加工有何影响？

2-6　什么叫过定位？过定位对加工有何影响？如何消除过定位？如何正确处理过定位？

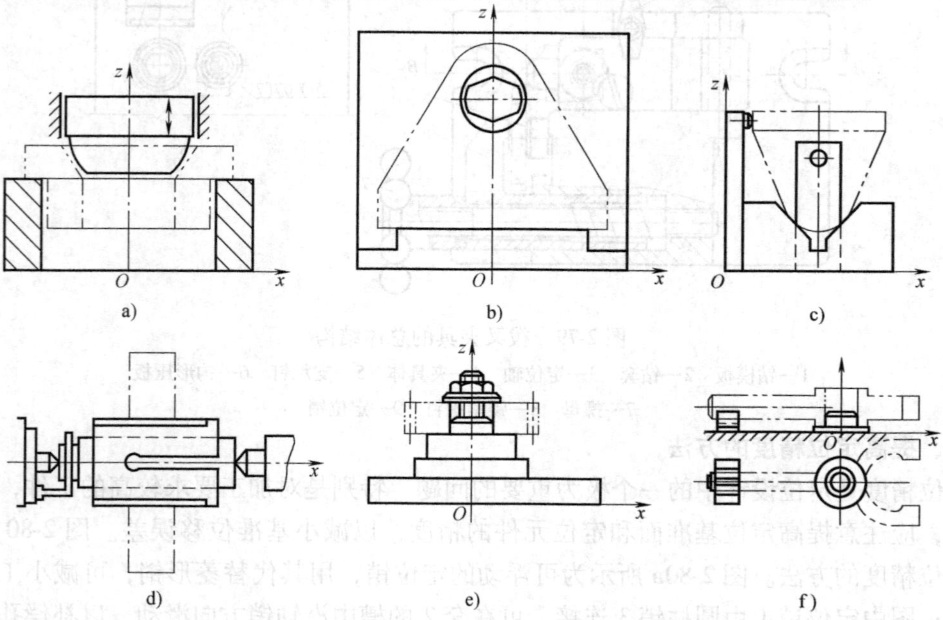

图 2-81　习题 2-9 图

2-7　辅助支承有何作用？说明自动调节支承的结构和工作原理。

2-8　试举例说明浮动支承的特点。

2-9　如图 2-81 所示，试确定各定位元件限制了工件哪几个自由度？分别属于哪种定位方式？

2-10　如图 2-82 所示，试确定与加工要求有关的自由度。图 2-82a 中，加工 B 平面的工序尺寸（10 ± 0.1）mm，垂直度公差 0.04mm；图 2-82b 中，加工斜孔的工序尺寸（51 ± 0.05）mm，角度 60° ± 10′。

2-11　如图 2-83 所示，试确定与加工尺寸（41 ± 0.05）mm、斜面角度 45° ± 10′有关的自由度分别是哪些？

2-12　试分析图 2-84 所示夹具的过定位，并指出消除过定位现象的办法。

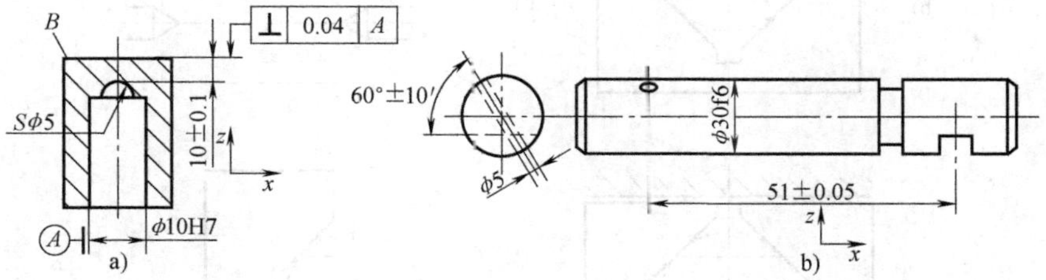

图 2-82　习题 2-10 图

图 2-83　习题 2-11 图

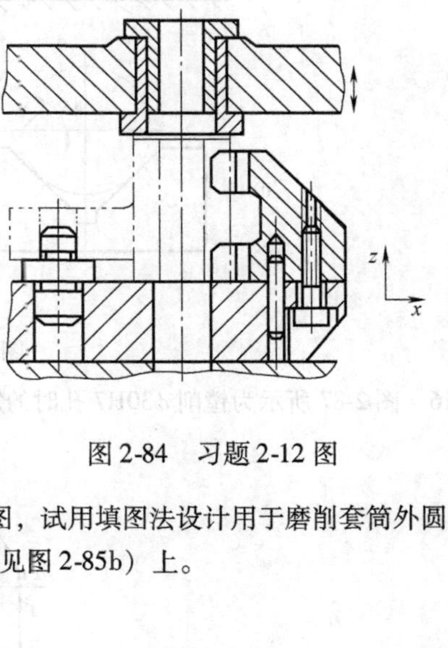

图 2-84　习题 2-12 图

2-13　简述心轴的种类及其应用。按图 2-85a 所示工件简图，试用填图法设计用于磨削套筒外圆的锥度心轴，把有关数值（见附表 3）及表面粗糙度填在标准图样（见图 2-85b）上。

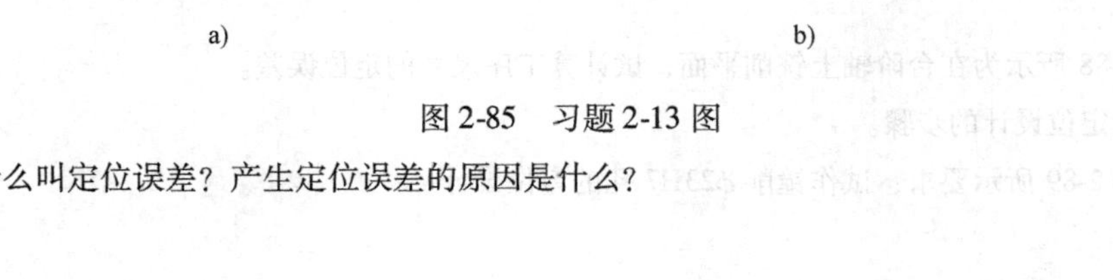

图 2-85　习题 2-13 图

2-14　什么叫定位误差？产生定位误差的原因是什么？

2-15 如图 2-86a 所示，铣削加工的工序尺寸为 $36_{-0.1}^{\ 0}$ mm，试计算各定位方案的定位误差。

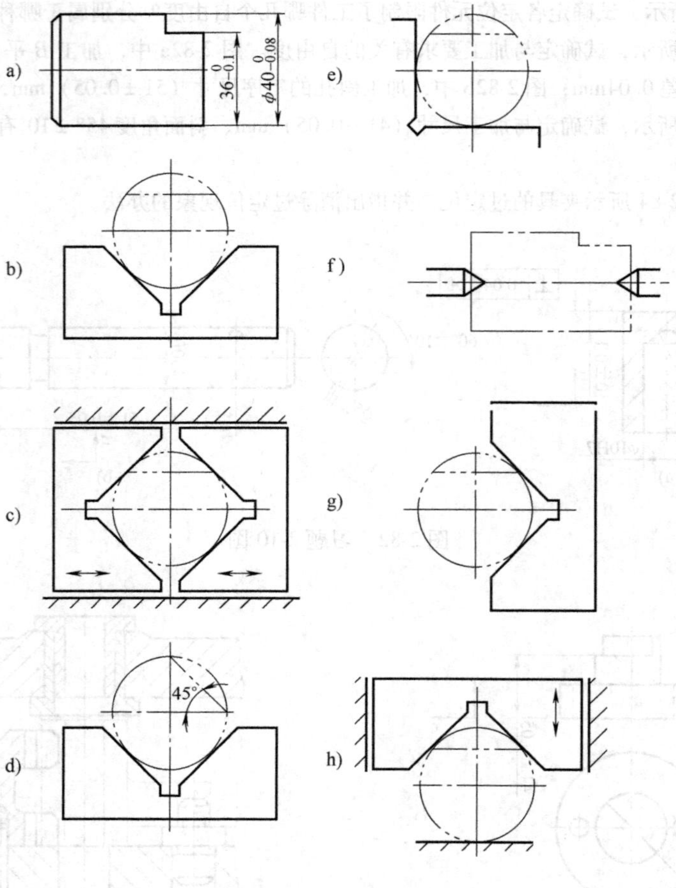

图 2-86 习题 2-15 图

2-16 图 2-87 所示为镗削 $\phi30H7$ 孔时的定位，试计算定位误差。

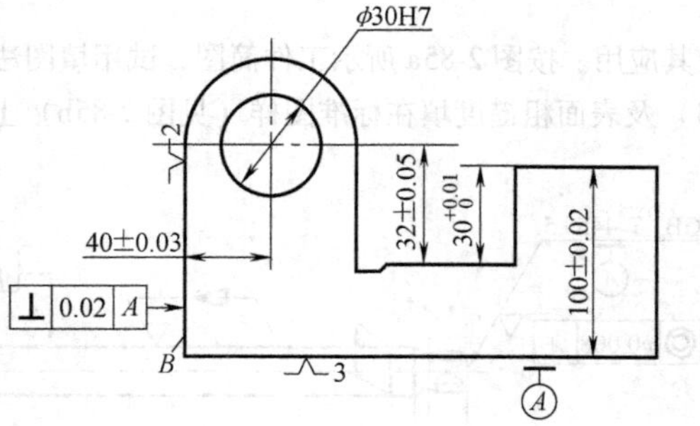

图 2-87 习题 2-16 图

2-17 图 2-88 所示为在台阶轴上铣削平面，试计算工序尺寸的定位误差。

2-18 简述定位设计的步骤。

2-19 按图 2-89 所示要求，试作镗削 $\phi23H7$ 孔的定位设计。

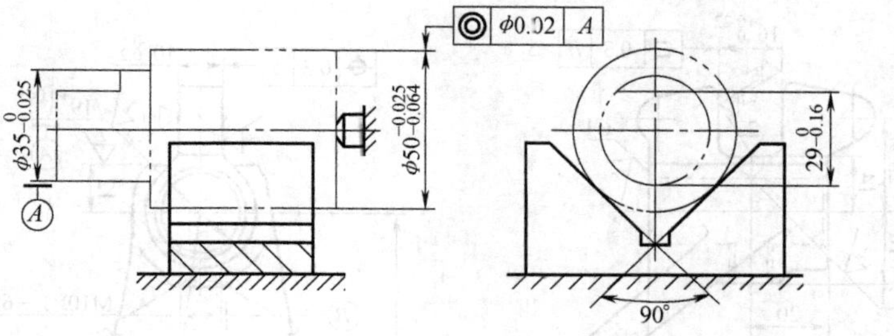

图 2-88　习题 2-17 图

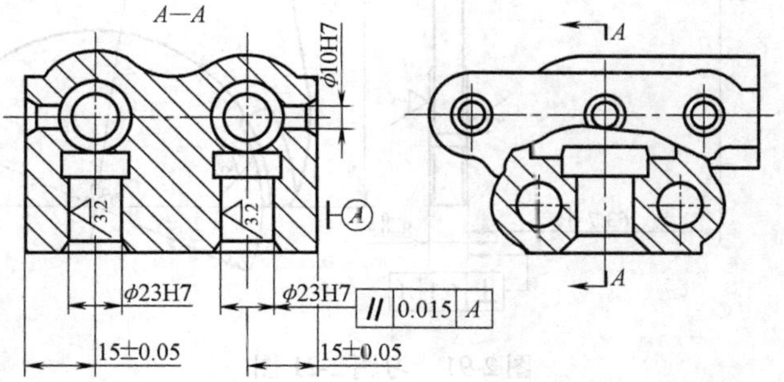

图 2-89　习题 2-19 图

2-20　按图 2-90 所示要求，试作钻、铰 ϕ16H7 孔的定位设计。

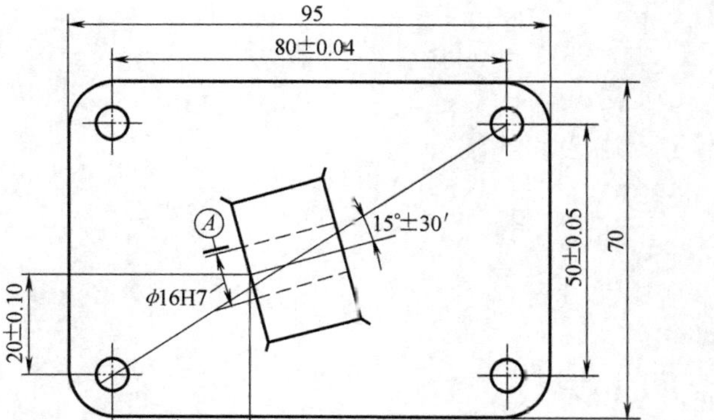

图 2-90　习题 2-20 图

2-21　按图 2-91 所示要求，试作铣削 $16^{+0.22}_{0}$ mm 槽的定位设计。

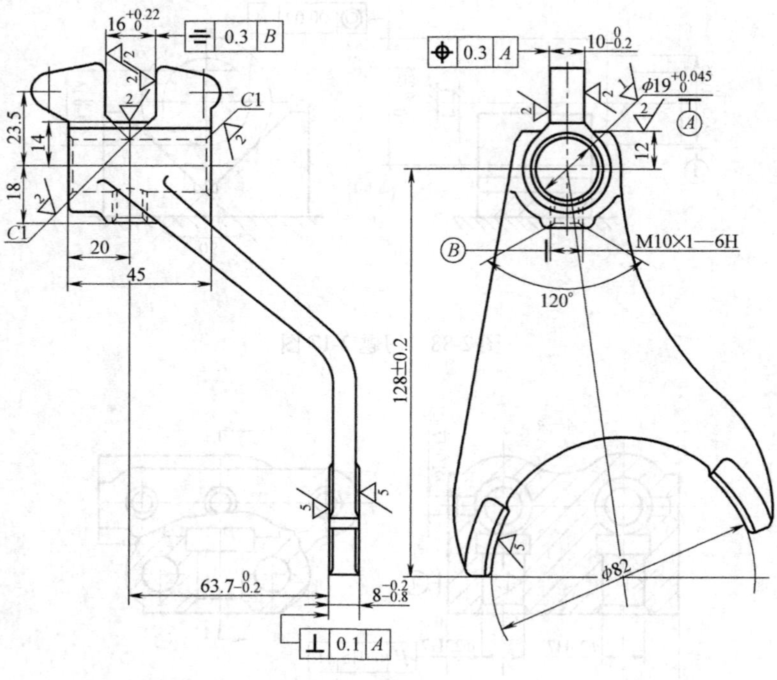

图 2-91　习题 2-21 图

2-22　简述多个定位基准定位的特征。

2-23　如何提高定位精度？

第三章　工件的夹紧

第一节　夹紧装置的设计

一、夹紧装置设计的基本要求

夹紧装置设计，在夹紧力、夹紧装置的结构及性能等方面都有一定的要求，以使夹具能满足工艺要求，达到一定的加工精度和劳动生产率。

1. 具有合适的夹紧力

对夹紧力的要求主要有以下四点：

1）在夹紧过程中，不得改变工件定位后所占据的准确位置，以免影响加工精度。

2）在加工时，工件不得松动或脱落。

3）减小夹紧变形对加工精度的影响。

4）防止工件在加工时发生振动。

2. 具有一定的增力比

增力比是夹紧机构的重要特性指标。

夹紧力与原始作用力之比称为增力比，由下式表示

$$i_F = \frac{F_W}{F_Q} \tag{3-1}$$

式中　i_F——增力比；

F_W——夹紧力（N）；

F_Q——原始作用力（N）。

增力比越大，夹紧装置的性能就越佳。

多级增力时，增力比按下式计算

$$i_{F_i} = i_{F_1} \cdot i_{F_2} \cdot \cdots \cdot i_{F_n} \tag{3-2}$$

式中　i_{F_i}——总增力比；

i_{F_n}——各夹紧机构的增力比。

原始力是指作用在夹紧机构元件上的力，为人力或动力装置所输入的力。

3. 具有自锁性

自锁性是指在夹紧工件且原始力消失后，夹紧机构在摩擦力作用下，仍能保持对工件夹紧的性能。夹紧机构的自锁性，是满足夹紧可靠性要求的特性，故自锁性是夹紧机构的安全特性指标。

自锁与摩擦力有关，摩擦力按下式计算

$$\begin{aligned} F &= F_N \cdot f \\ &= F_N \cdot \tan\varphi \end{aligned} \tag{3-3}$$

式中　F——摩擦力（N）；

F_N——正压力（N）；

f——摩擦系数；

φ——摩擦角（°）。

则

$$\tan\varphi = f \tag{3-4}$$

故夹紧机构的自锁可用摩擦角判别。当原始力由动力装置输入时，可使用安全装置，实现夹紧与机床互锁，以确保加工的安全。如气压动力装置在管路中装有气压继电器，当管路中压力不足时，由压力继电器切断机床主电路，即能停止机床工作，防止发生事故。

4. 操作方便、省力

装卸工件方便、省力，无障碍，有利于降低工人的劳动强度；有利于缩短辅助时间，提高劳动生产率。

5. 夹具的低成本设计

通常，夹紧装置这部分的成本是较高的。应注意夹具的低成本设计，使制造企业获得良好的经济效益。

二、夹紧力确定的基本原则

在确定夹紧力的方向、作用点和大小时，应遵循下述的基本原则。

1. 夹紧力应作用在定位支承面内，使定位稳定

图 3-1a 所示为夹紧力的标准模式，其指向主要定位基面内，且与定位基面相垂直。夹紧力也可作用在工件的两个方向上，如图 3-1b 所示的平口钳，产生两个夹紧分力，夹紧分力由 α 角确定。妥善处理夹紧力的方向和作用点至关重要。图 3-1c 所示为夹紧不当，其夹紧力不作用在定位支承内，致使工件的定位被破坏。

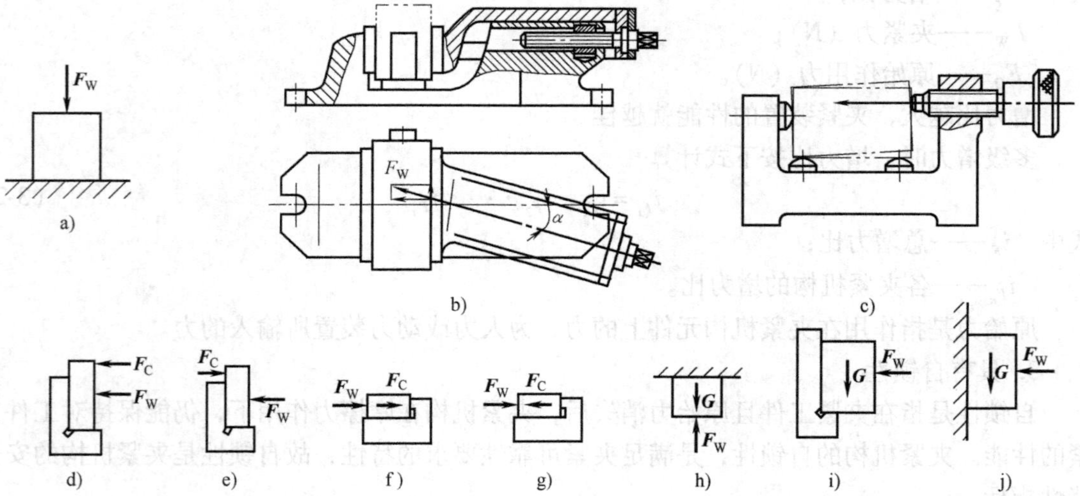

图 3-1　夹紧力方向的选择

a）标准模式　b）两个夹紧分力　c）夹紧力不作用在定位支承内

d）、f）、i）较好方案　e）、g）、h）、j）较差方案

2. 夹紧力的方向应有利于减小所需夹紧力

工件在加工时受切削力的作用，处理好夹紧力方向与切削力方向的关系，可减小所需夹

紧力。图 3-1d 所示的方案处理得较好，所需夹紧力较小；图 3-1e 所示的方案则需要较大的夹紧力，图中 F_C 为主切削力。同样，图 3-1f 所示方案，较图 3-1g 所示方案为好。

3. 处理好夹紧力与重力的关系，便于工件装夹

要尽量避免支承面在上、工件在下的装夹方式。如图 3-1h 所示工件的装夹，由于工件的重力作用，工件将与支承面脱开（图中 G 为重力）。当加工工艺需要而不可避免时，要注意工件的重量不能太大，且要便于工件的装夹。

图 3-1i 所示工件的装夹中，工件的下端以一支承面承受重力；而图 3-1j 所示的装夹则没有。显见，前者的效果较后者好。

4. 减小工件夹紧变形对加工精度的影响

可采用下列夹紧方向或方法，以减小工件的夹紧变形。

1）选择在工件刚度较高的部位夹紧。当刚度较低的部位需辅助夹紧时，也应注意减小夹紧力，防止夹紧变形。

2）选择在刚度较高的方向上夹紧工件。图 3-2a 所示为精密薄壁套筒的内圆磨床夹具，采用螺母在工件的端面作轴向夹紧，这个方向上刚度高，加工后圆度可达到 0.005mm 以内。若用三爪自定心卡盘装夹，工件在卡爪处的径向变形就较大，加工后表面为三角形等直径棱圆。

3）使夹紧力为均布力，以减小工件的夹紧变形。如图 3-2b 所示，在薄壁工件与三个压板之间增设一递力垫圈，变集中力为均布力，以减小工件径向变形。

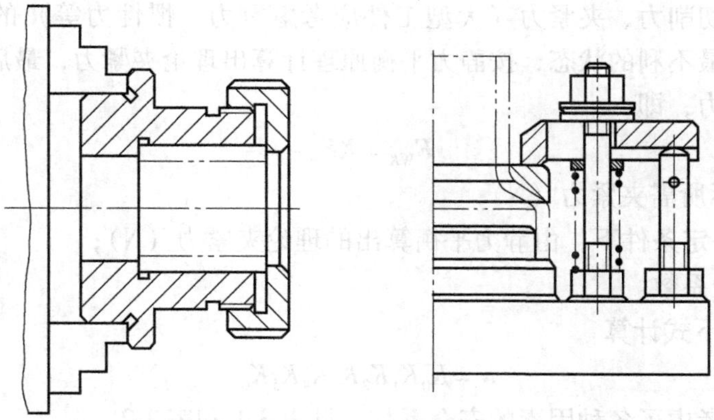

a) b)

图 3-2 减小工件的夹紧变形

a）精密薄壁套筒的装夹 b）增设递力垫圈变集中力为均布力

5. 减小工件的振动对加工表面粗糙度的影响

可采用下列方法，以减小工件的振动。

1）夹紧力的作用点应尽量靠近加工表面。当作用点只能远离加工面，造成工件装夹刚度较差时，应在靠近加工面附近辅助夹紧，以减小工件振动。

2）提高工件和夹具元件的装夹刚度。对于刚度低且形状复杂的工件，可增加夹紧点，以提高装夹刚度，减小工件的振动。图 3-3a 所示为一铣床夹具，其在工件的一端为主夹紧，在工件另一端则采用浮动夹紧，以使工件有较高的装夹刚度。视工件的特点，

可在易于引起振动的部位，设置辅助夹紧（见图 3-3b），以减小工件的振动，满足加工表面粗糙度要求。

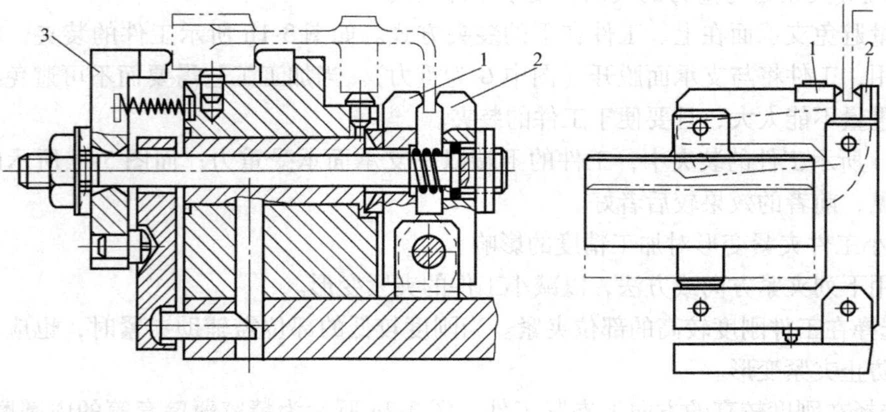

a）　　　　　　　　　　b）

图 3-3　提高装夹刚度

a）铣床夹具　b）局部的辅助夹紧简图

1、2—浮动夹爪　3—主夹紧压板

三、夹紧力的估算

夹紧力有多种计算方法。本教材介绍夹紧力的估算法。

根据工件所受切削力、夹紧力（大型工件应考虑重力、惯性力等）的作用情况，找出加工过程中对夹紧最不利的状态，按静力平衡原理计算出理论夹紧力，最后再乘以安全系数作为实际所需夹紧力，即

$$F_{WK}=KF_W \tag{3-5}$$

式中　F_{WK}——实际所需夹紧力（N）；

F_W——在一定条件下，由静力平衡算出的理论夹紧力（N）；

K——安全系数。

安全系数 K 按下式计算

$$K=K_0K_1K_2K_3K_4K_5K_6 \tag{3-6}$$

式中　$K_0\sim K_6$——考虑了各种因素的安全系数，见表 3-1 和表 3-2。

表 3-1　安全系数 $K_0\sim K_6$ 的数值

符号	考 虑 的 因 素		系数值
K_0	考虑工件材料及加工余量均匀性的基本安全系数		1.2～1.5
K_1	加工性质	粗加工	1.2
		精加工	1.0
K_2	刀具钝化程度（见表 3-2）		1.0～1.9
K_3	切削特点	连续切削	1.0
		断续切削	1.2

符号	考 虑 的 因 素		系数值
K_4	夹紧力的稳定性	手动夹紧	1.3
		机动夹紧	1.0
K_5	手动夹紧时的手柄位置	操作方便	1.0
		操作不方便	1.2
K_6	仅有力矩使工件回转时的工件与支承面的接触情况	接触点确定	1.0
		接触点不确定	1.5

表 3-2 安全系数 K_2

加工方法	切削分力或切削力矩	K_2 铸铁	K_2 钢
钻削	M_c F_f	1.15 1.0	1.15 1.0
粗扩（毛坯）	M_c F_f	1.3 1.2	1.3 1.2
精扩	M_c F_f	1.2 1.2	1.2 1.2
粗车	F_c F_p F_f	1.0 1.2 1.25	1.0 1.4 1.6
精车	F_c F_p F_f	1.05 1.4 1.3	1.0 1.05 1.0
圆周铣削（粗、精）	F_c	1.2～1.4	1.6～1.8（含碳量小于3%） 1.2～1.4（含碳量大于3%）
端面铣削（粗、精）	F_c	1.2～1.4	1.6～1.8（含碳量小于3%） 1.2～1.4（含碳量大于3%）
磨削	F_c	—	1.15～1.2
拉削	F_c	—	1.5

下面介绍夹紧力估算的实例。

例 3-1 求如图 3-4 所示，铣削时所需夹紧力。

解 当铣削到最大切削深度时，引起工件绕支承翻转，这是最不利的情况，其翻转力矩为 FL；而阻止工件翻转的支承上的摩擦力矩为 $F_{N2}fL_1+F_{N1}fL_2$，工件重力及压板与工件间的摩擦力可以忽略不计。当 $F_{N2}=F_{N1}=F_W/2$ 时，根据静力平衡条件并考虑安全系数，得

$$FL=\frac{F_W}{2}fL_1+\frac{F_W}{2}fL_2$$

$$F_{WK}=\frac{2KFL}{f(L_1+L_2)}$$

式中 f——工件与支承间的摩擦系数。

各种不同接触表面之间的摩擦系数，见表 3-3。

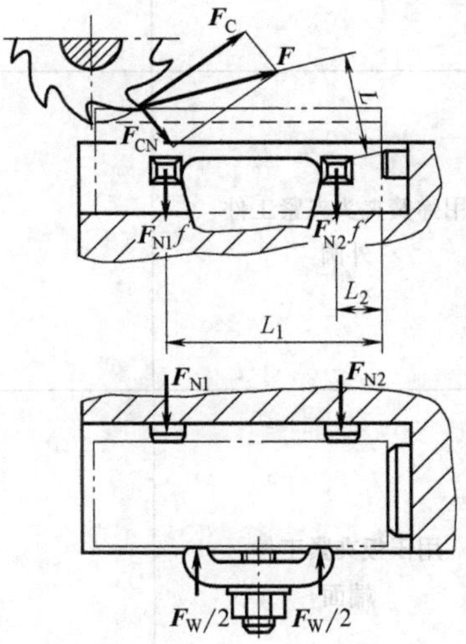

图 3-4 铣削加工时所需夹紧力计算

表 3-3 各种不同接触表面之间的摩擦系数

接触表面的形式	摩擦系数 f	接触表面的形式	摩擦系数 f
接触表面均为加工过的光滑表面	0.12～0.25	夹具夹紧元件的淬硬表面在垂直主切削力方向有齿纹	0.4
工件表面为毛坯，夹具的支承面为球面	0.2～0.3	夹具夹紧元件的淬硬表面有相互垂直的齿纹	0.4～0.5
夹具夹紧元件的淬硬表面在沿主切削力方向有齿纹	0.3	夹具夹紧元件的淬硬表面有网状齿纹	0.7～0.8

常见的各种夹紧形式所需夹紧力计算公式，见表3-4。

表3-4　常见的各种夹紧形式所需的夹紧力计算公式

夹紧形式	简　图	计算公式
用卡爪夹紧工件外圆	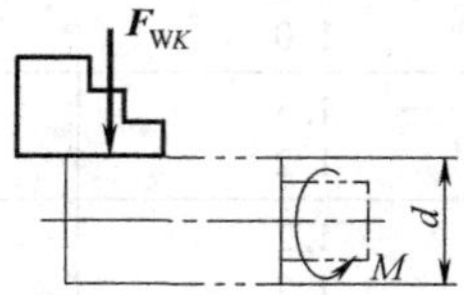	$F_{WK}=\dfrac{2KM}{ndf}$
用可涨心轴斜楔夹紧工件内圆	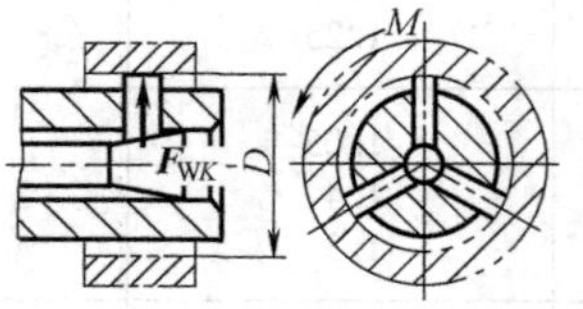	$F_{WK}=\dfrac{2KM}{nDf}$
用拉杆压板夹紧工件端面	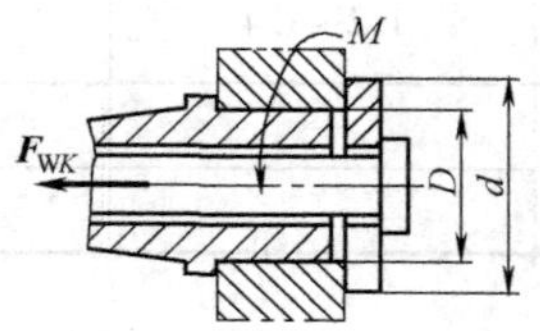	$F_{WK}\approx\dfrac{4KM}{(d+D)\ f}$
用弹簧夹头夹紧工件外圆	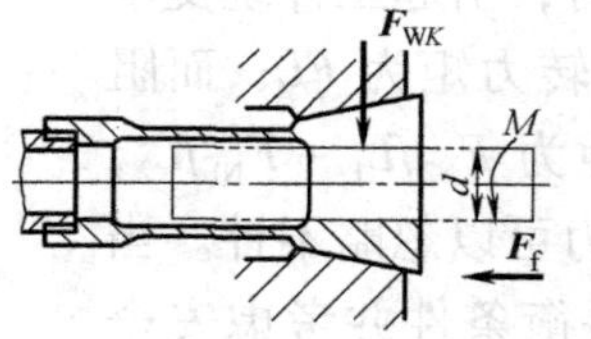	$F_{WK}=\dfrac{K}{f}\sqrt{\dfrac{4M^2}{d^2}+F_f^2}$
用压板夹紧工件端面	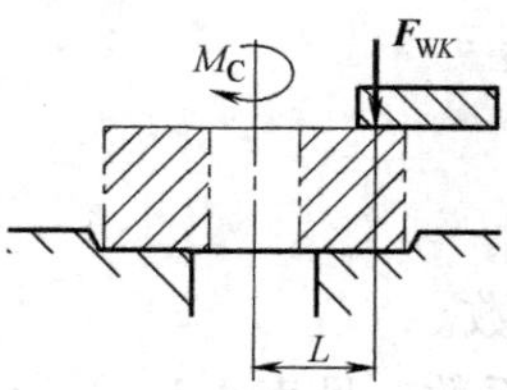	$F_{WK}\approx\dfrac{KM}{Lf}$
用钳口夹紧工件端面	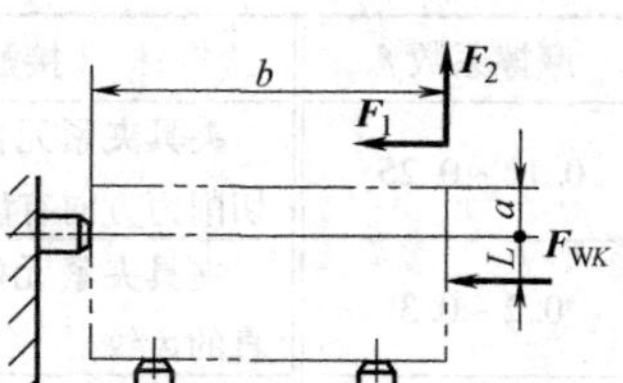	$F_{WK}=\dfrac{K\ (F_1a+F_2b)}{L}$

（续）

夹紧形式	简　图	计算公式
用压板夹紧工件	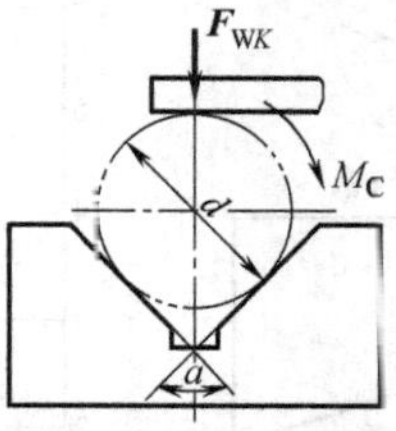	$F_{WK}=\dfrac{2KM\sin\dfrac{\alpha}{2}}{df\left(1+\sin\dfrac{\alpha}{2}\right)}$

注：F_{WK}——所需夹紧力（N）；M——切削扭矩（N·mm）；F_1、F_2——切削力（N）；K——安全系数；d——工件的直径（mm）；n——夹爪数；f——工件与支承面间的摩擦系数。

第二节　基本夹紧机构

夹紧机构的种类繁多，可用作增力或多级增力。其基本夹紧机构有下列四种：斜楔夹紧机构；螺旋夹紧机构；偏心夹紧机构；铰链夹紧机构。

一、斜楔夹紧机构

1. 斜楔夹紧机构的特点

斜楔夹紧机构是利用斜面的作用增力进行夹紧，其结构简单，增力比及夹紧行程较小。通常不单独采用，主要用于动力夹紧装置的多级增力中。

如图3-5 所示的液压夹紧装置，由动力装置输入的力，经斜楔、压板增力，夹紧工件 。

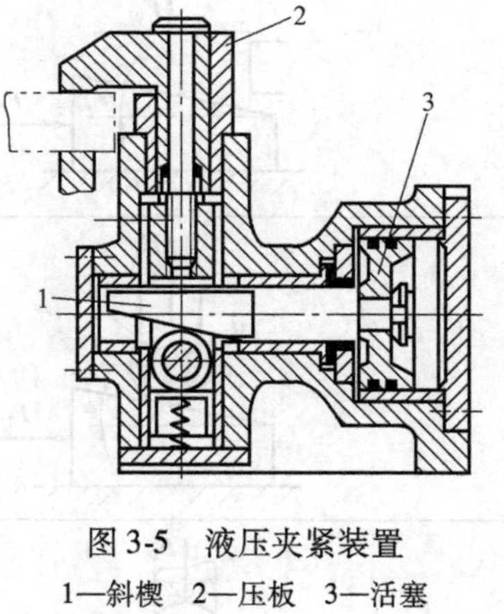

图3-5　液压夹紧装置
1—斜楔　2—压板　3—活塞

2. 夹紧力计算

由斜楔的受力图（图3-6a）可知，斜楔的静力平衡条件为

$$F_1+F_{Rx}=F_Q$$

而　$F_1=F_W\tan\varphi_1$　　$F_{Rx}=F_W\tan(\alpha+\varphi_2)$

所以

$$F_W=\frac{F_Q}{\tan\varphi_1+\tan(\alpha+\varphi_2)} \tag{3-7}$$

式中　F_W——斜楔的夹紧力（N）；

α——斜楔升角（°）；

F_Q——原始作用力（N）；

φ_1——平面间的摩擦角（°）；

φ_2——斜面的摩擦角。

3. 增力比计算

斜楔夹紧机构的增力比为

$$i_F=\frac{1}{\tan\varphi_1+\tan(\alpha+\varphi_2)} \tag{3-8}$$

斜楔的增力比较小，若$f=0.1$，$\varphi=5.7°$，$\alpha=5°\sim10°$，则$i_F=2.5\sim3.4$。不同摩擦角的增力比，如图3-7 所示；斜楔夹紧机构的增力比计算，见表3-5。其中，摩擦角有φ_1、φ_2、

φ'_1、φ'_2、φ_3 多种。

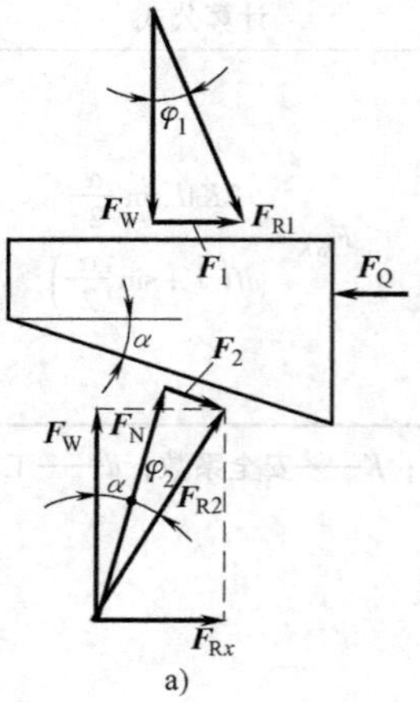

图 3-6 斜楔的受力图

a）夹紧受力图 b）自锁受力图

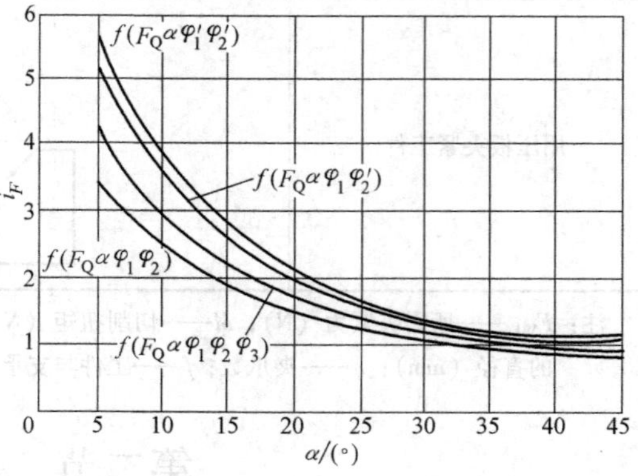

图 3-7 斜楔的增力比

表 3-5 斜楔夹紧机构的增力比计算

机构形式简图	增力比 i_F 计算公式
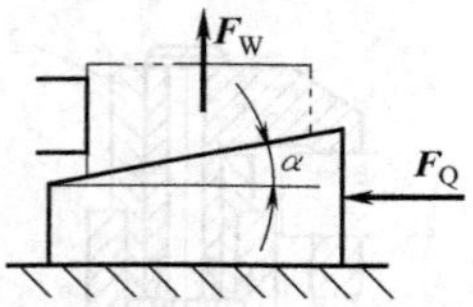	$i_F=\dfrac{1}{\tan(\alpha+\varphi_2)+\tan\varphi_1}$
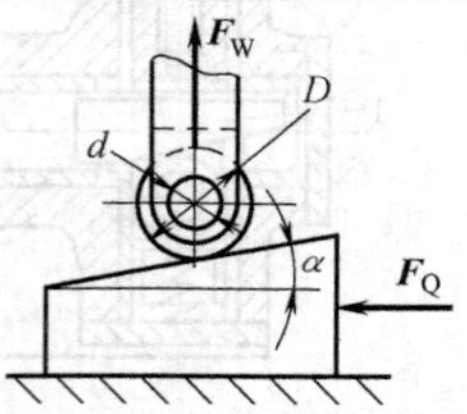	$i_F=\dfrac{1}{\tan(\alpha+\varphi'_2)+\tan\varphi_1}$
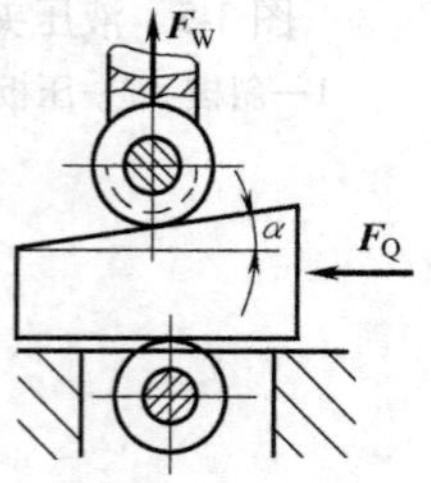	$i_F=\dfrac{1}{\tan(\alpha+\varphi_2)+\tan\varphi'_1}$
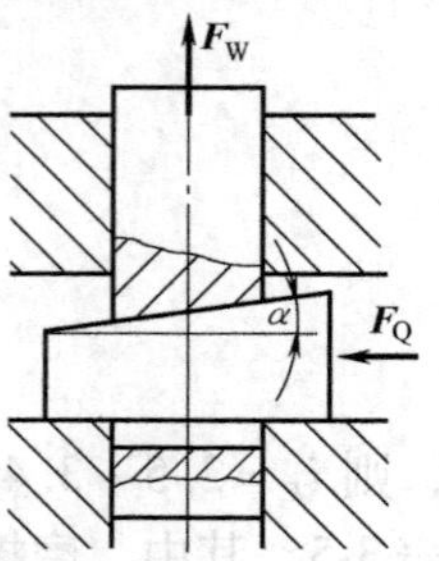	$i_F=\dfrac{1-\tan(\alpha+\varphi_2)\tan\varphi_3}{\tan(\alpha+\varphi_2)+\tan\varphi_1}$

（续）

机构形式简图	增力比 i_F 计算公式
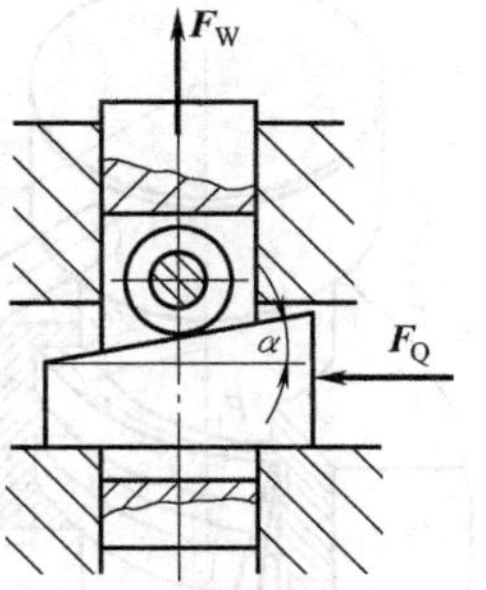	$i_F=\dfrac{1-\tan(\alpha+\varphi_2')\tan\varphi_3}{\tan(\alpha+\varphi_2')+\tan\varphi_1}$
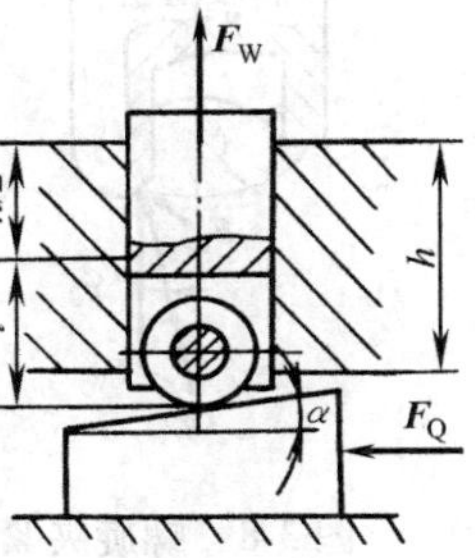	$i_F=\dfrac{1-\dfrac{3l}{h}\tan(\alpha+\varphi_2')\tan\varphi_3}{\tan(\alpha+\varphi_2')+\tan\varphi_1}$

注：α——斜楔升角；φ_2——平面摩擦时作用在斜面上的摩擦角；φ_1——平面摩擦时作用在斜楔基面上的摩擦角；φ_3——导向孔对移动柱塞的摩擦角；φ_2'——滚子作用在斜面上的当量摩擦角，$\tan\varphi_2'=\dfrac{d}{D}\tan\varphi_1$；$\varphi_1'$——滚子作用在斜楔基面上的当量摩擦角，$\tan\varphi_1'=\dfrac{d}{D}\tan\varphi_2$；$l$——移动柱塞导向孔的中点至斜楔面的距离（mm）；$F_Q$——作用在斜楔上的外力（N）；$d$——滚子转轴直径（mm）；$D$——滚子外径（mm）。

4. 自锁条件

图 3-6b 所示为自锁受力图。原始力 $F_Q=0$，自锁条件为

$$F_1>F_{Rx}$$

即

$$F_W\tan\varphi_1>F_W\tan(\alpha-\varphi_2)$$

$$\tan\varphi_1>\tan(\alpha-\varphi_2)$$

简化得

$$\varphi_1>\alpha-\varphi_2$$

则自锁条件为

$$\alpha<\varphi_1+\varphi_2 \tag{3-9}$$

5. 升角 α 的选择

手动夹紧按自锁条件选择，取 $\alpha=6°\sim8°$。自动夹紧由动力装置的继电器实现与机床主电路互锁时，斜楔的升角可不按自锁条件选择，取 $\alpha=15°\sim30°$。

二、螺旋夹紧机构

1. 螺旋夹紧机构的特点

螺旋夹紧机构是利用螺纹升角增力，结构简单，增力比及夹紧行程大；同时，普通螺纹的标准化和良好自锁性，使螺旋夹紧机构具有良好的夹紧性能，是目前应用最广泛的一种夹

紧机构。其不足之处是装卸的辅助时间较长。应设法缩短装卸时间，以减少辅助时间。

2. 夹紧力计算

螺旋夹紧机构的夹紧力计算与斜楔相似。在夹紧状态下螺旋夹紧受力图，如图 3-8 所示。

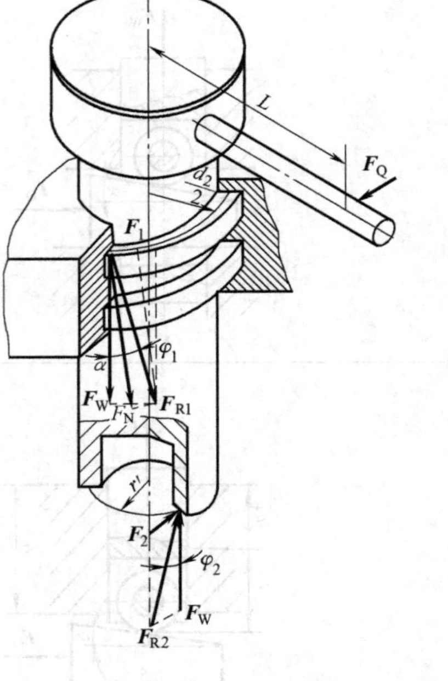

图 3-8 螺旋夹紧受力图

螺旋的平衡条件为

$$M_Q - M_1 - M_2 = 0$$

式中 M_Q——原始力矩；

M_1——螺母阻止螺钉转动的摩擦力矩；

M_2——工件阻止螺钉转动的摩擦力矩。

而

$$M_Q = F_Q \cdot L$$

$$M_1 = F_{R1}\sin(\alpha+\varphi_1)\frac{d_2}{2}$$

$$= F_W\tan(\alpha+\varphi_1)\frac{d_2}{2}$$

$$M_2 = F_2 r' = F_W \tan\varphi_2 r'$$

联立

$$F_Q L - F_W\tan(\alpha+\varphi_1)\frac{d_2}{2} - F_W\tan\varphi_2 r' = 0$$

即得

$$F_W = \frac{F_Q L}{\frac{d_2}{2}\tan(\alpha+\varphi_1) + r'\tan\varphi_2} \qquad (3\text{-}10)$$

式中 F_W——夹紧力（N）；

F_Q——原始作用力（N）；

L——作用力臂（mm）；

d_2——螺纹中径（mm）；

α——螺纹升角（°）；

φ_1——方牙螺纹处摩擦角，三角形螺纹为当量摩擦角 $\varphi_1' = \arctan(1.15\tan\varphi_1)$（°）；

φ_2——螺钉端部与工件（或压块）间的摩擦角（°）；

r'——螺钉端部与工件（或压块）构成螺旋副的当量摩擦半径，见表 3-6。

表 3-6 螺旋副的当量摩擦半径 （单位：mm）

形式		简图	计算公式	数值				
				M8	M10	M12	M16	M20
I	点接触	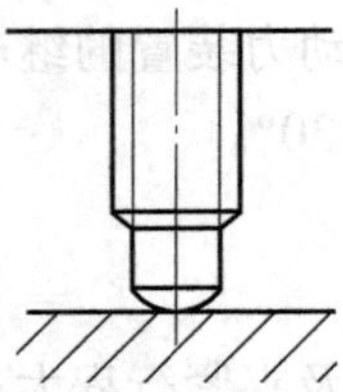	$r'=0$	0	0	0	0	0

（续）

形式		简图	计算公式	数值				
				M8	M10	M12	M16	M20
Ⅱ	平面接触	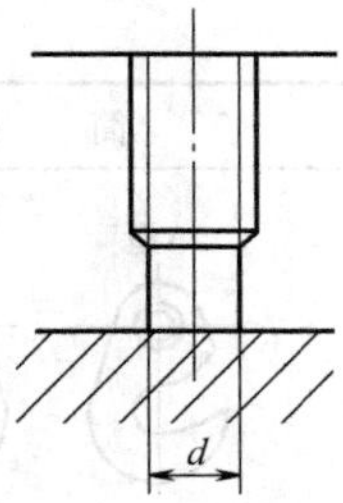	$r'=\frac{d}{3}$	$d=6$ 2	$d=7$ 2.3	$d=9$ 3	$d=12$ 4	$d=15$ 5
Ⅲ	圆周线接触	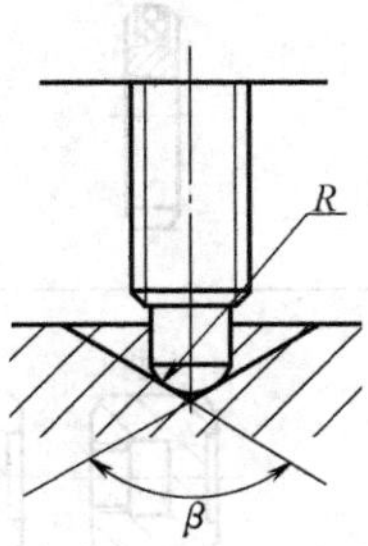	$r'=R\cot\frac{\beta}{2}$	$R=8$ 4.6	$R=10$ 5.8	$R=12$ 6.9	$R=16$ 9.2	$R=20$ 11.5
Ⅳ	圆环面接触	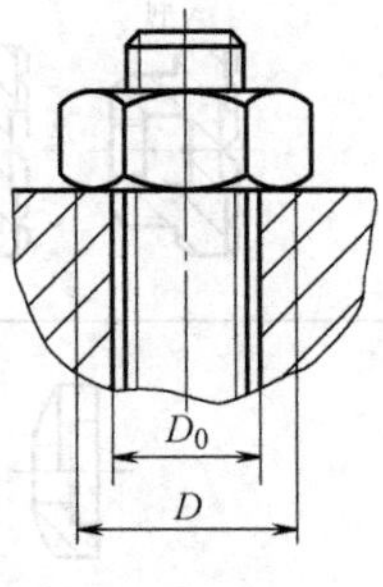	$r'=\frac{1}{3}\frac{D^3-D_0^3}{D^2-D_0^2}$	6.22	7.78	9.33	12.44	15.56

注：$\beta=120°$　$D\approx 2D_0$。

3. 增力比计算

螺旋夹紧机构的增力比为

$$i_F=\frac{L}{\frac{d_2}{2}\tan(\alpha+\varphi_1)+r'\tan\varphi_2} \tag{3-11}$$

螺旋夹紧机构的增力比很大，如 M12 螺钉的增力比 $i_F=163$。

4. 自锁条件

螺旋夹紧机构的自锁条件与斜楔相似，简化为

$$\alpha<\varphi_1+\varphi_2 \tag{3-12}$$

标准普通螺纹一般螺旋角 $\alpha<4°$，因此自锁性能很好。设计螺旋夹紧机构时，应按自锁条件，校核螺旋升角，满足自锁性要求。

5. 典型螺旋夹紧机构

（1）单个螺旋夹紧机构　该机构结构简单，如用压紧螺钉或螺母夹紧工件等。通常，在螺钉的夹紧端可装上压块，以防止损伤工件表面，并可改善工件受力。为快速装卸工件，可采用转动垫圈、快换垫圈、回转压板等夹紧元件，见表3-7。

表3-7　夹紧元件

机床夹具零件及部件国家机械行业标准	名　称	简　图
JB/T 8008. 4—1999	转动垫圈	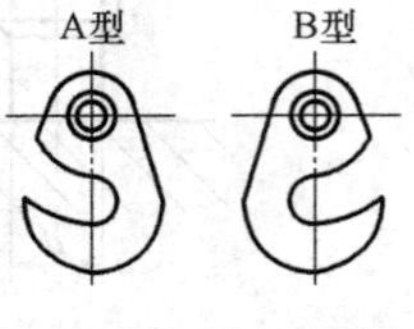
JB/T 8008. 5—1999	快换垫圈	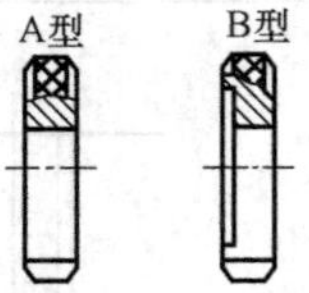
JB/T 8009. 1—1999	光面压块	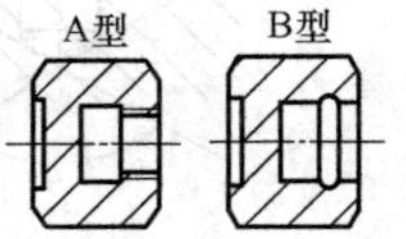
JB/T 8009. 2—1999	槽面压块	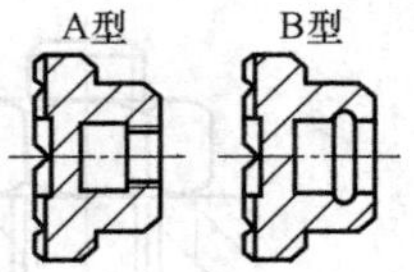
JB/T 8009. 3—1999	圆压块	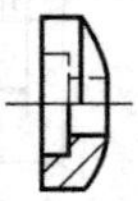
JB/T 8009. 4—1999	弧形压块	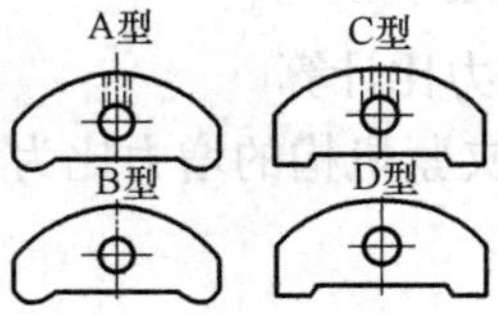
JB/T 8010. 1—1999	移动压板	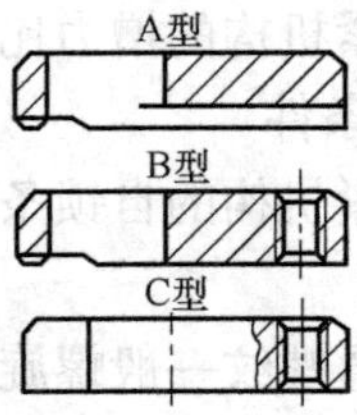

（续）

机床夹具零件及部件国家机械行业标准	名　称	简　图
JB/T 8010.2—1999	转动压板	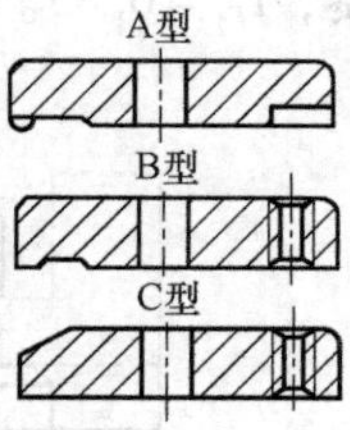
JB/T 8010.3—1999	移动弯压板	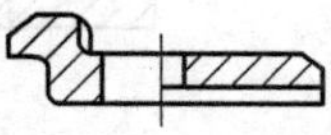
JB/T 8010.4—1999	转动弯压板	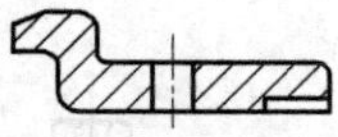
JB/T 8010.5—1999	移动宽头压板	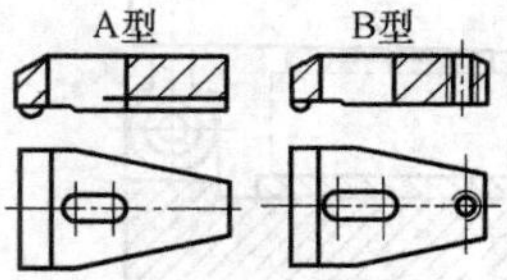
JB/T 8010.6—1999	转动宽头压板	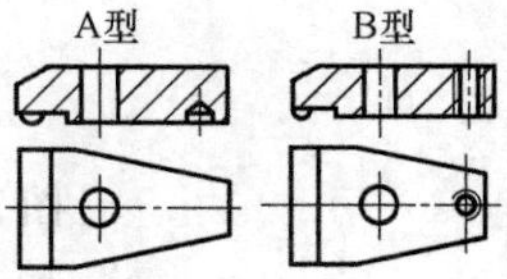
JB/T 8010.12—1999	鞍形压板	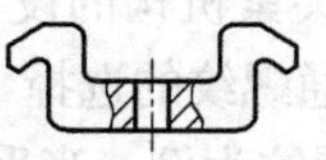
JB/T 8010.9—1999	直压板	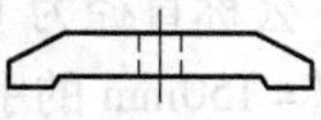
JB/T 8010.14—1999	铰链压板	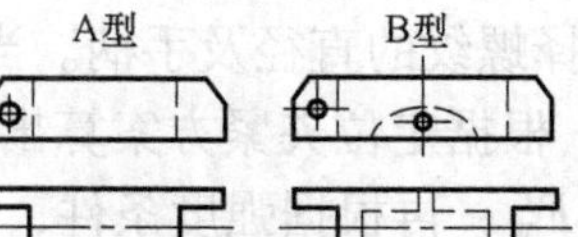
JB/T 8010.15—1999	回转压板	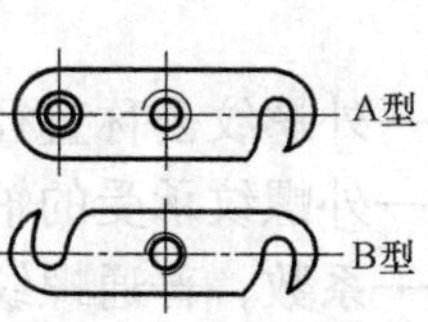

（2）螺旋压板夹紧机构　图3-9所示为常用的四种典型螺旋压板夹紧机构。其为多级增力，增力比 $i_{F_i}=i_{F_1}\cdot i_{F_2}$（$i_{F_1}$——螺纹增力比；$i_{F_2}$——压板增力比）。

图 3-9a 所示为 A 型移动压板，$i_{F_2}=0.5$，夹紧稳固。图 3-9b 所示为 B 型移动压板，$i_{F_2}=1$。图 3-9c 所示为 B 型铰链压板，$i_{F_2}=2$，夹紧牢固。图 3-9d、e、f 所示为钩形压板，特点是结构紧凑，$i_{F_2}=0.85$。

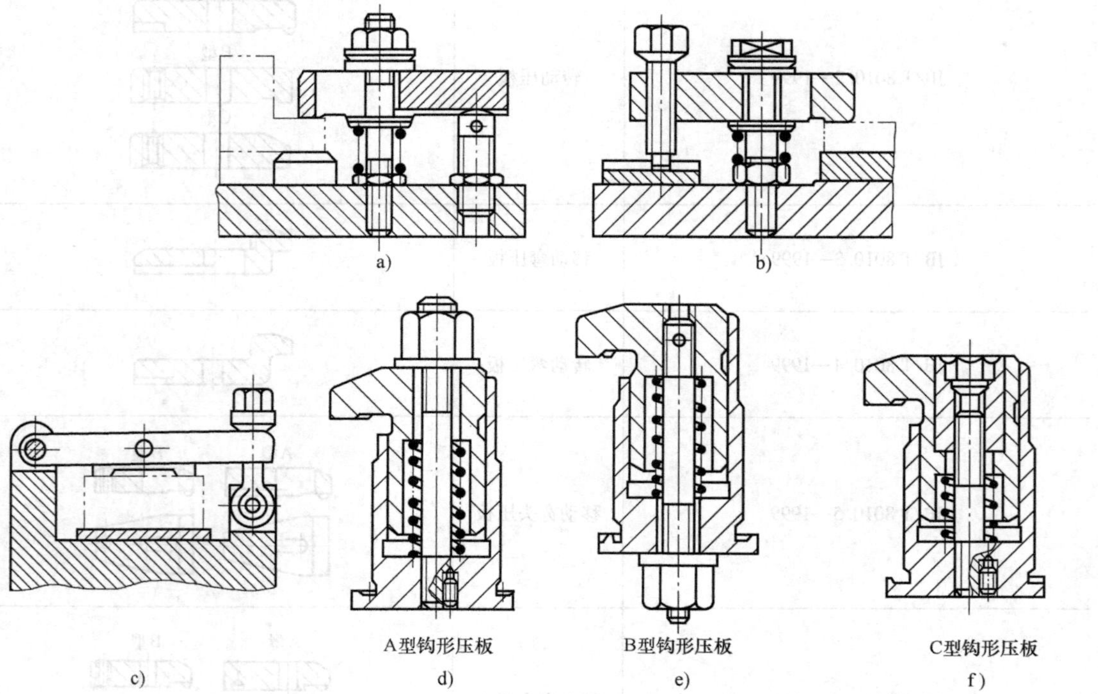

图 3-9　常用的四种典型螺旋压板夹紧机构

a)、b) 移动压板　c) 铰链压板　d)、e)、f) 钩形压板

6. 螺旋夹紧机构的设计

（1）普通螺纹的选择　人手作用在不同结构类型的手柄上，其发挥的手力是不同的。以同一直径的螺纹为例，当采用不同类型、臂长的手柄时，它所产生的力矩、夹紧力也不同。如图 3-10 所示，公称直径为 10mm 的螺钉，用左边 $d'=20$mm 的滚花把手能产生150N · cm的扭矩；用右边 $d'=150$mm 的手柄可产生 1500N · cm 的扭矩，后者是前者的 10 倍。

（2）设计方法和步骤　设计螺纹夹紧机构时，为保证螺纹的强度和所需的夹紧力，应合理选择螺纹的直径及手柄。当夹紧方案确定后，可按下述方法和步骤设计：

1）根据定位夹紧方案算出所需夹紧力 F_{WK} 与夹紧机构的组合形式，求出螺旋所承受的轴向力 F'_W；再根据强度条件，算出外螺纹的公称直径。

$$d \geqslant 2C\sqrt{\frac{F'_W}{\pi\sigma_b}} \tag{3-13}$$

式中　d——外螺纹公称直径（mm）；

F'_W——外螺纹承受的轴向力（N）；

C——系数，普通螺纹 $C=1.4$；

σ_b——抗拉强度，45 钢 $\sigma_b=600\text{N/mm}^2$。

如果螺纹已选定，可用式（3-13）对所选螺纹直径进行强度核算。

2）根据 d、F'_W和螺旋端面与工件接触的结构形式，由表 3-8 中的夹紧力计算公式计算

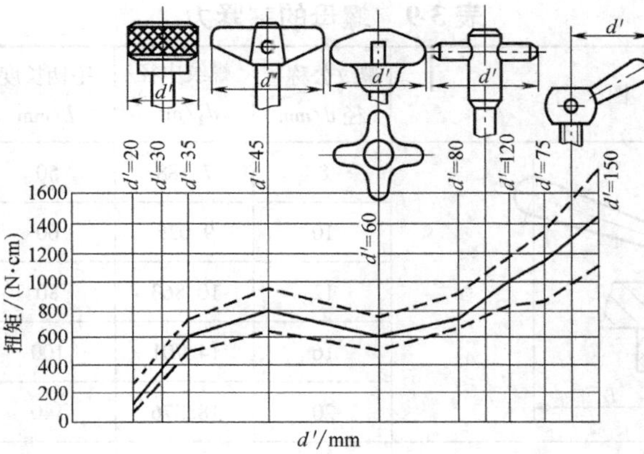

图 3-10　手柄类型与力矩的关系

出手柄上所需的力矩 $M = F_Q L$。

3）按力矩 M 的大小，由图 3-10 所示的手柄类型与力矩的关系，选择手柄的类型和尺寸。图中中间的曲线为平均力矩，虚线表示变动范围。例如，需要产生 $M = 600\text{N}\cdot\text{cm}$ 的力矩，可选用 $d' = 35\text{mm}$ 的滚花把手。

螺旋夹紧机构绝大部分用于手动夹紧，无需作精确计算。在实际设计中，应根据现场经验，由表 3-8、表 3-9 选取螺纹的结构尺寸和螺母的夹紧力。必要时对夹紧力进行核算，算出的单个螺旋实际夹紧力应小于表中相应规格螺旋的夹紧力。

表 3-8 中，夹紧力数值建立在 $\varphi_2 = 5°34'$，$f_1 = 0.1$ 等条件的基础上，并考虑了螺纹所能承受的强度。

表 3-8　螺旋夹紧机构夹紧力计算

类型	机构简图	夹紧力计算公式	螺栓直径 d/mm	手柄长 L/mm	作用力 F_Q/N	夹紧力 F_W/N
螺杆端面为球面	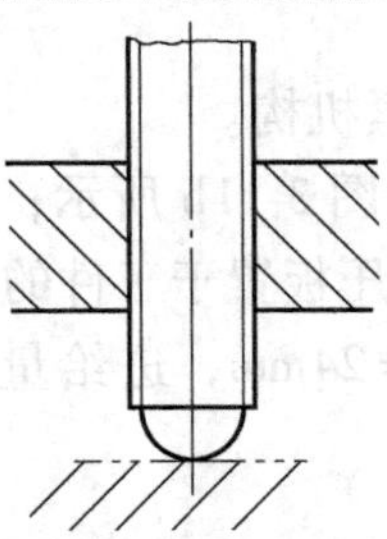	$F_W = \dfrac{2F_Q L}{d_2 \tan(\alpha+\varphi_2)}$	M8	100	15	2600
			M10	120	25	4200
			M12	140	35	5700
			M16	190	65	10600
			M20	240	100	16500
			M24	310	130	23000
螺杆端面为环形面	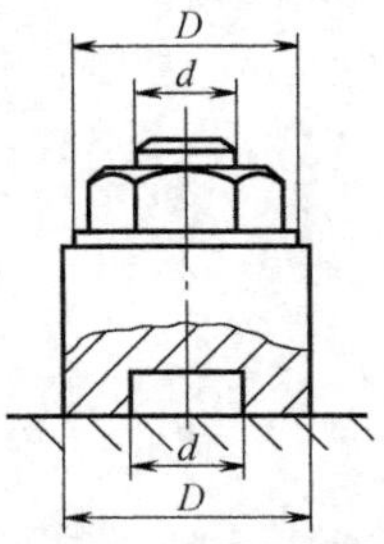	$F_W = F_Q L / \left[d_2/\tan(\alpha+\varphi_2) + \dfrac{1}{3}\left(\dfrac{D^3-d^3}{D^2-d^2}\right)\tan\varphi_1 \right]$	M8	100	15	1700
			M10	120	25	3000
			M12	140	35	4000
			M16	190	65	7200
			M20	240	100	11400
			M24	310	130	16000

注：d_2——螺纹中径（mm）；α——螺纹升角，$\tan\alpha = \dfrac{P}{\pi d_2}$；$P$——螺距；$\varphi_2$——螺纹摩擦角；$\varphi_1$——螺杆（螺母）端面与工件间的摩擦角。

表 3-9　螺母的夹紧力

形式	简图	螺纹公称直径 d/mm	螺纹中径 d_2/mm	手柄长度 L/mm	手柄上的作用力 F_Q/N	产生的夹紧力 F_W/N
带柄螺母	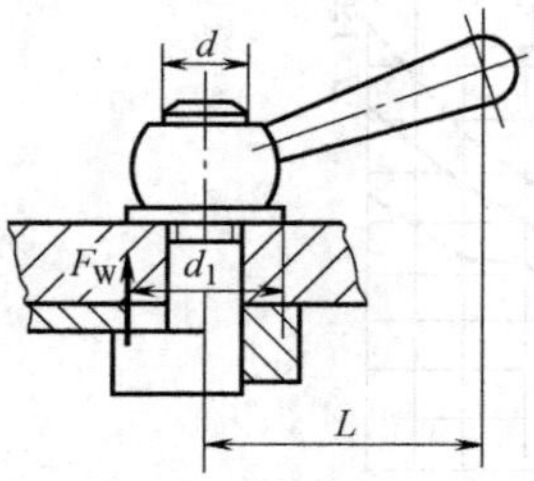	8	7.188	50	50	2060
		10	9.026	60	50	2990
		12	10.863	80	80	3540
		16	14.701	100	100	4210
		20	18.376	140	100	4700
用扳手的六角螺母	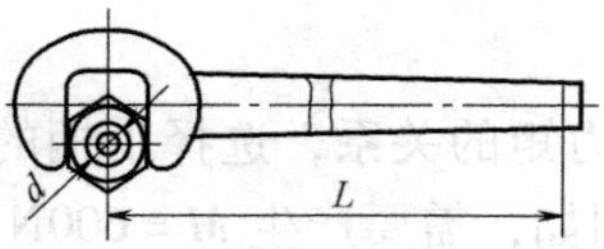	10	9.026	120	45	3570
		12	10.863	140	70	5420
		16	14.701	190	100	8000
		20	18.376	240	100	8060
		24	22.052	310	150	13030
蝶形螺母	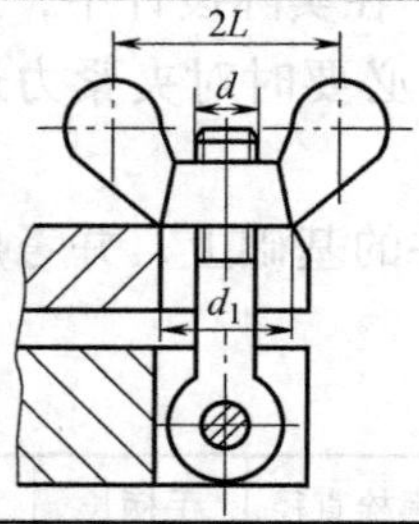	4	3.545	8	10	130
		5	4.480	9	15	178
		6	5.350	10	20	218
		8	7.188	12	30	296
		10	9.026	17	40	450

注：螺母支承端面的外径 d_1 取 $2d$。

下面介绍螺旋夹紧机构设计的实例。

例 3-2　设计如图 3-11a 所示法兰盘零件的钻削加工螺旋夹紧机构。

解　(1) 方案设计　法兰盘零件夹紧力的方向和作用点如图 3-11b 所示；夹紧方案如图 3-11c 所示，选用两个 A16×80　(JB/T8010.1—1999) 移动压板置于工件的两侧。

(2) 验算夹紧力　按工件材料及切削用量（钻头直径 $d_0=24$mm，进给量 $f=0.3$mm/r)，计算得钻削扭矩 $M_c=46.205$N·m，轴向力 $F_f=3924$N。

计算每个压板的夹紧力

$$F_{WK}=\frac{KM_c}{2fr'}$$

$$=\frac{2\times 46.205}{2\times 0.15\times\frac{1}{3}\left(\frac{0.22^3-0.1^3}{0.22^2-0.1^2}\right)}\text{N}$$

$$=3664\text{N}$$

式中，摩擦系数 $f=0.15$，安全系数 $K=2$。

由于压板的增力比 $i_{F_2}=0.5$，则螺旋的夹紧力应为 3664×2N=7328N。由表 3-9 查得，当手柄长为 190mm，手柄作用力 $F_Q=100$N 时，M16 螺母的夹紧力为 8000N。因而 M16 螺栓能满足夹紧要求，原夹紧方案合适。

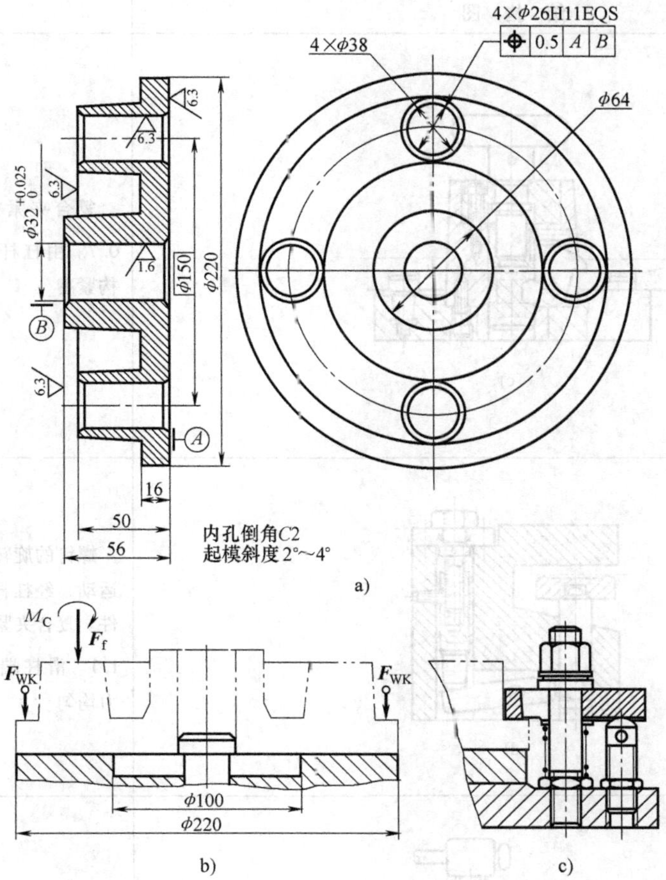

图3-11　法兰盘钻削加工用螺旋夹紧机构

a）法兰盘零件　b）受力图　c）夹紧方案

（3）螺旋夹紧机构的应用　螺旋夹紧机构应用广泛，结构繁多。表3-10所列，为多种螺旋夹紧机构设计，其各具特点，特别是夹紧模块，它是一种现代夹具的柔性化设计。

表3-10　螺旋夹紧机构

结构图	特点
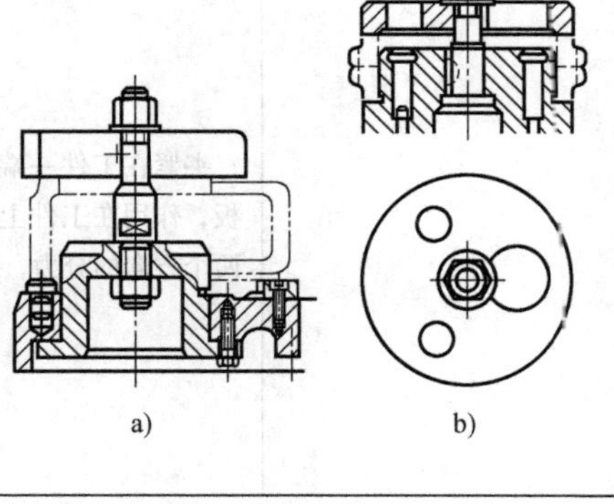 a)　b)	采用可卸式压板，工件装卸方便

（续）

结 构 图	特 点
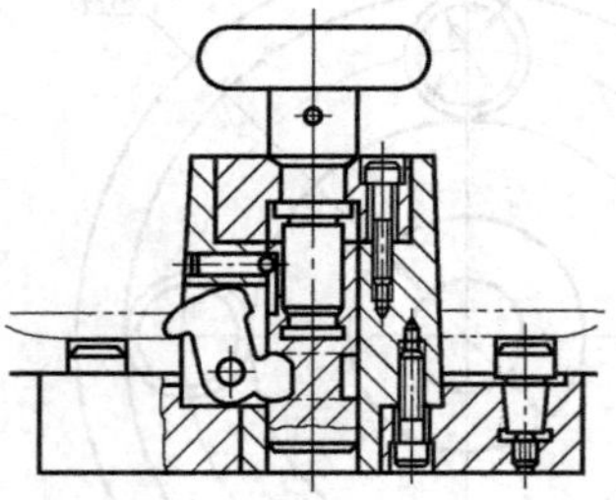 c)	复合夹紧机构多级增力，$i_{F_2}=0.7$。由杠杆在工件内壁夹紧，结构紧凑
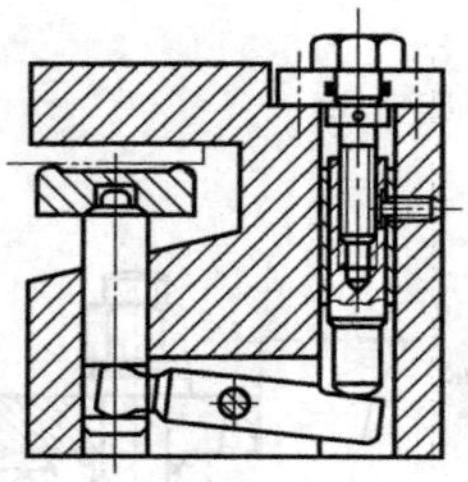 d)	螺钉的旋转运动变为螺母的直线运动，经杠杆、滑柱，向上夹紧工件。复合夹紧机构多级增力，$i_{F_2}=1.1$。滑柱端装有压块，使工件受力均匀
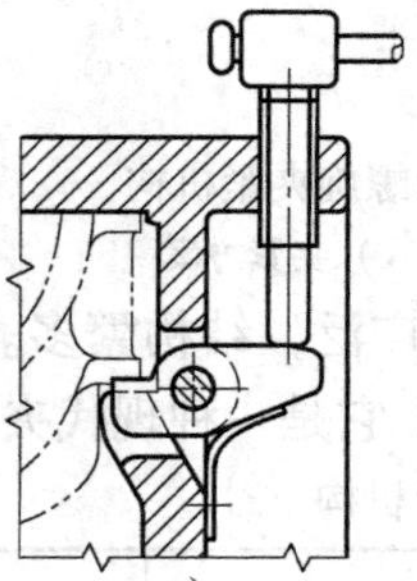 e)	结构简单，复合夹紧机构多级增力，$i_{F_2}=1.2$。夹紧力向上夹紧工件。杠杆的作用主要是改变夹紧力的方向
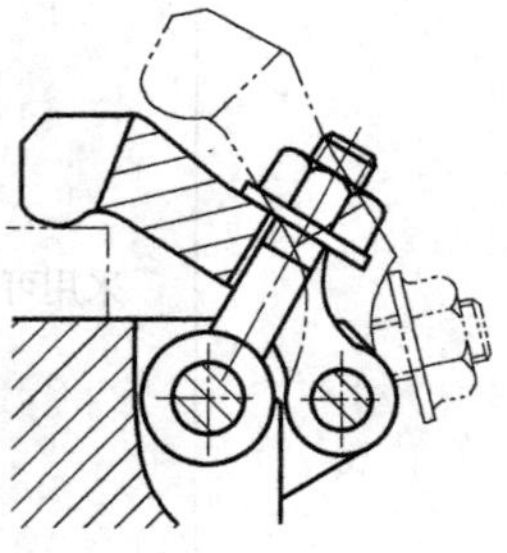 f)	夹紧在工件一端，采用铰链式压板，作用在工件上的夹紧力，分为两个方向的分力，工件装卸方便

（续）

结 构 图	特 点
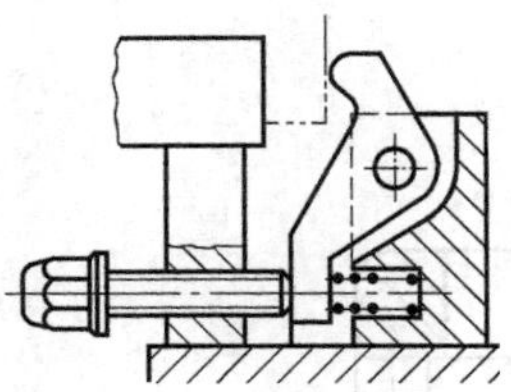 g) 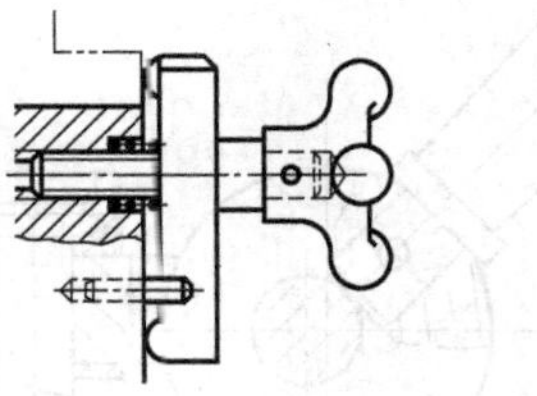 h)	复合夹紧机构多级增力，在水平方向上夹紧工件 。特别适用于数控机床，可防止刀具与夹具相碰撞
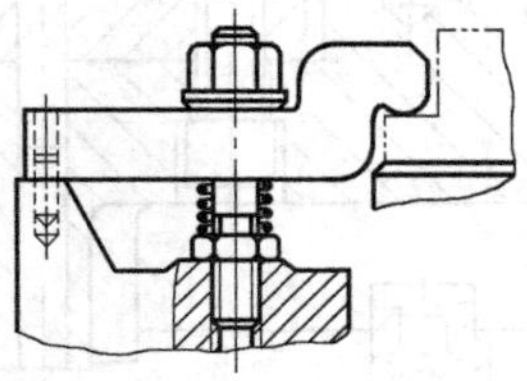 i)	采用弯压板，使夹紧机构的位置低于工件。适用于数控铣镗床，可防止刀具与夹具相碰撞
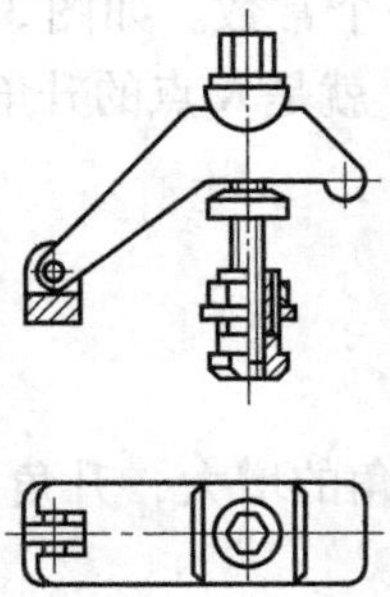 j) 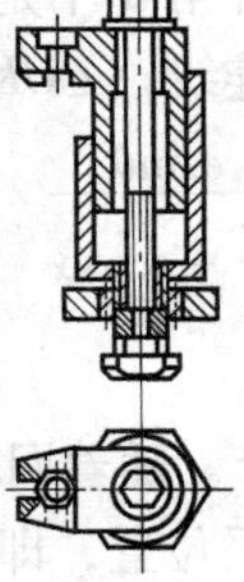 k) 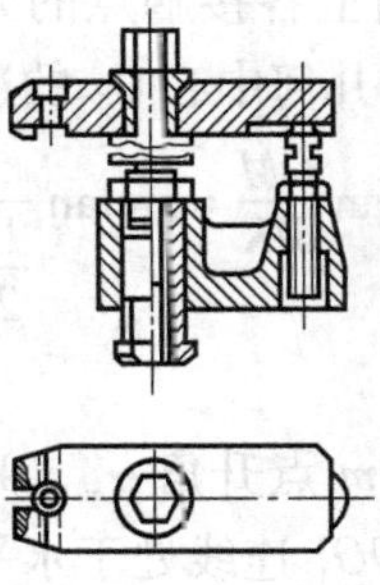 l)	为拼装夹具的夹紧模块，制成可调整的结构形式；其采用 T 形螺栓与基础平台上的 T 形槽连接的结构，可按加工工件夹紧部位的需要，调整拼装。夹紧模块是柔性化的、先进的夹紧组合件

三、偏心夹紧机构

1. 偏心夹紧机构的特点

偏心夹紧相当于弧形楔的夹紧，结构简单，增力比中等（$i_F=9\sim11$）。圆偏心各点的斜角不等，应合理选择工作段。偏心夹紧机构操作方便；缺点是夹紧行程小，自锁可靠性较差。

图 3-12 所示为一铣床夹具的偏心夹紧机构，将工件夹紧在 V 形块上。

2. 圆偏心轮的工作特性

如图 3-13 所示，圆偏心轮直径为 D，偏心距为 e。由于其几何中心 O_1 与回转中心 O 不重合，当操纵手柄顺时针方向转动偏心轮时，从图中可以看出，相当于一个弧形楔逐渐楔入

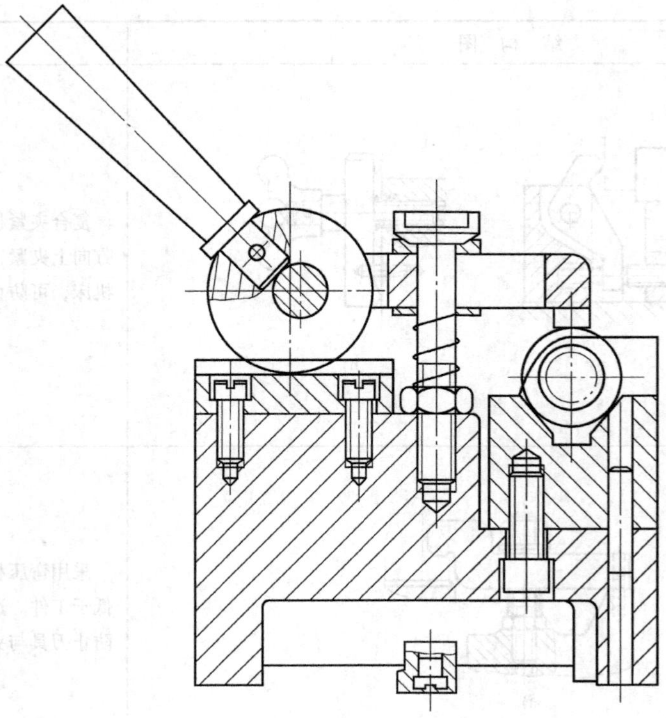

图 3-12　铣床夹具的偏心夹紧机构

虚线圆与工件之间，从而夹紧工件。O_1 点从最高位置转到最低位置时，其最大夹紧行程为 $2e$。与斜楔夹紧比较，偏心夹紧主要是圆周上各接触点的升角 α 不是一个常数。如图 3-14 所示，从任意接触点 K 分别作与回转中心 O、几何中心 O_1 的连线，$\angle OKO_1$ 就是 K 点的升角 α_K

$$\alpha_K = \arctan\frac{OM}{MK} = \arctan\frac{e\sin\theta}{\dfrac{D}{2} - e\cos\alpha} \tag{3-14}$$

式中　θ——偏心轮回转角度（°）。

由式（3-14）可知：当 $\theta = 0°$时，m 点升角 $\alpha_m = 0°$。随着回转角的增大，升角也随之增大，P 点处的升角接近最大值，此时 OO_1 连线处于水平位置，即

$$\alpha_{\max} \approx \alpha_P = \arctan\frac{2e}{D} \tag{3-15}$$

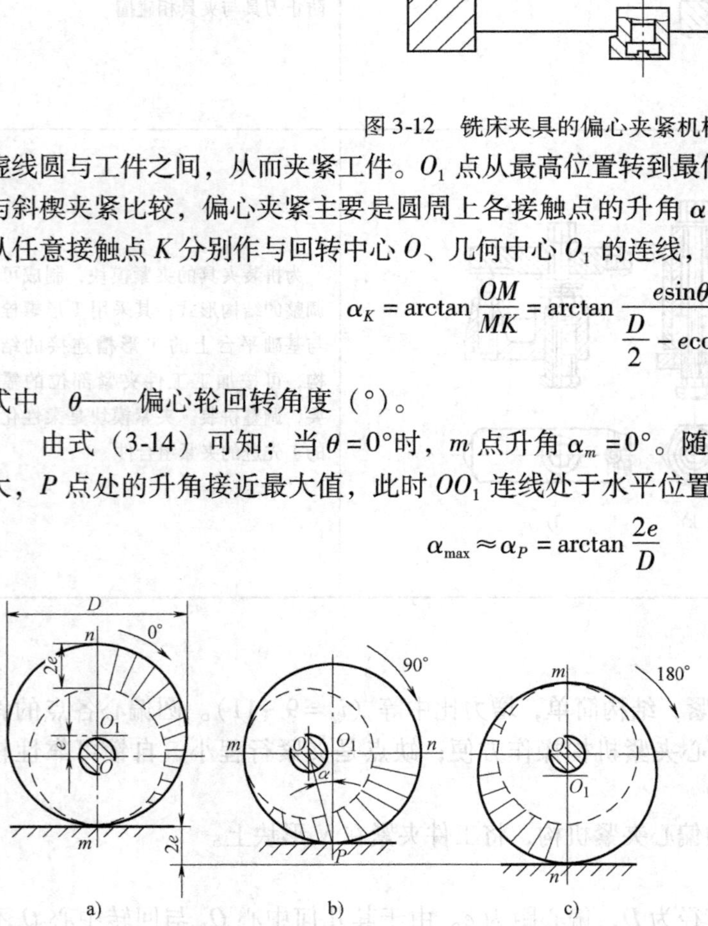

图 3-13　圆偏心轮的工作特性

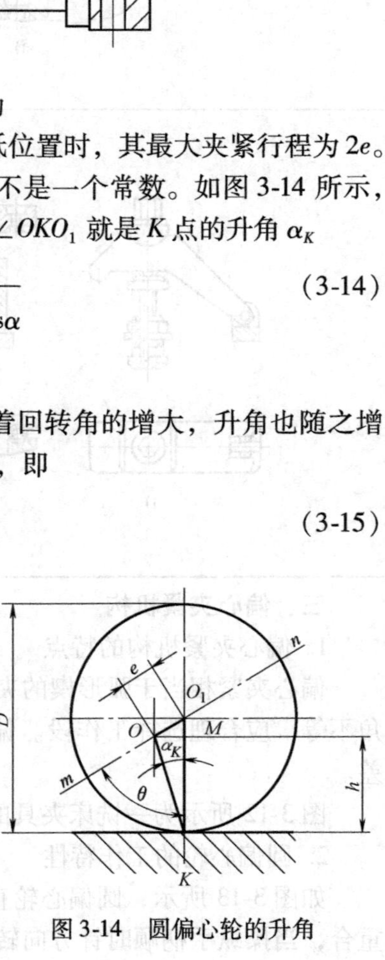

图 3-14　圆偏心轮的升角

回转角大于90°以后，升角将随回转角增大而减小，$\theta=180°$，n 点的升角 $\alpha_n=0°$。圆偏心轮升角变化的特性与自锁条件、工作段选择及结构设计等关系密切。

3. 圆偏心轮的主要几何参数及夹紧力计算

（1）自锁条件　由于圆偏心轮的弧形楔夹紧与斜楔夹紧的实质相同，因此其自锁条件为

$$\alpha_{max} \leqslant \varphi_1 + \varphi_2$$

式中　α_{max}——圆偏心轮的最大升角（°）；

φ_1——圆偏心轮与工件间的摩擦角（°）；

φ_2——圆偏心轮与转轴间的摩擦角（°）。

如前所述，圆偏心轮在 P 点的升角较大，自锁性最差，若该点能自锁，则其他任何接触点均能保证自锁。为了安全起见，忽略不计对自锁有利的摩擦角 φ_1，则

$$\alpha_{max} \leqslant \varphi_2 \qquad \tan\varphi_{max} \leqslant \tan\varphi_2 = f_2$$

即偏心轮的自锁条件为

$$\frac{2e}{D} \leqslant f_2 \tag{3-16}$$

（2）偏心距 e 的确定　若选择 $\overset{\frown}{ab}$ 为工作段（见图3-15a），则夹紧行程

$$s = \left(\frac{D}{2} - e\cos\theta_2\right) - \left(\frac{D}{2} - e\cos\theta_1\right) = e\ (\cos\theta_1 - \cos\theta_2)$$

故得

$$e = \frac{s}{\cos\theta_1 - \cos\theta_2} \tag{3-17}$$

式中　e——圆偏心轮的偏心距（mm）；

θ_1、θ_2——圆偏心轮工作段的回转角，一般取 $\theta_1=45°\sim60°$，$\theta_2=120°\sim135°$；

s——圆偏心轮的夹紧行程（mm）。

（3）夹紧力计算　如上所述，圆偏心轮相当于弧形楔的夹紧，由于其工作段为 $\overset{\frown}{ab}$，且 P 点的升角最大，故在计算圆偏心夹紧力时，可以把它的工作情况看成是一个升角为 α_P 的假想斜楔的作用。

受力图如图3-15b所示，其原始力矩为

$$M_Q = F_Q L$$

假想的夹紧力矩为

$$M_W = F'_Q \rho$$

二力矩相等，即

$$F_Q L = F'_Q \rho \tag{3-18}$$

根据斜楔夹紧力计算式（3-7），简化得偏心夹紧所产生的夹紧力为

$$F_W = \frac{F'_Q}{\tan\varphi_1 + \tan\ (\alpha_P + \varphi_2)}$$

将式（3-18）代入上式得

$$F_W = \frac{F_Q L}{\rho\left[\tan\varphi_1 + \tan\ (\alpha_P + \varphi_2)\right]} \tag{3-19}$$

式中 F_W——夹紧力（N）；

F_Q——原始作用力（N）；

L——作用力臂（mm）；

ρ——夹紧力臂（mm），$\rho = (D/2) \cdot \cos\alpha_P$；

φ_1——偏心轮外圆处摩擦角（°）；

φ_2——转轴处摩擦角（°）。

圆偏心轮的夹紧力较斜楔大。

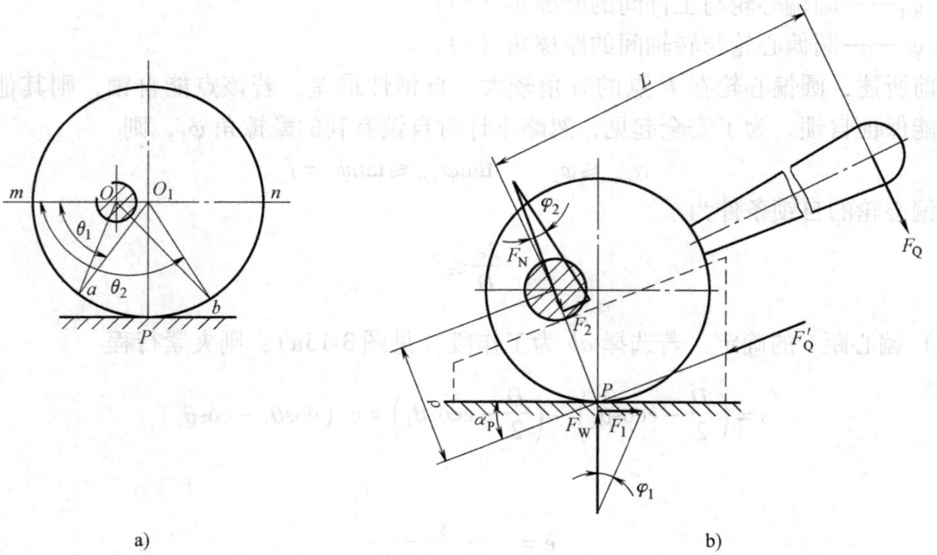

图 3-15　圆偏心轮工作段选择及夹紧力计算

a）工作段　b）受力图

（4）夹紧行程 s 的确定　夹紧行程可按下式计算

$$s = s_1 + s_2 + s_3 + s_4 \tag{3-20}$$

式中　s_1——工件在夹紧方向上的尺寸公差（mm）；

s_2——装卸工件所需的间隙，一般取 $s_2 \geqslant 0.3$mm；

s_3——夹紧系统的弹性变形量，一般取 $s_3 = 0.05 \sim 0.15$mm；

s_4——夹紧行程贮备量，一般取 $s_4 = 0.1 \sim 0.3$mm。

通常，可调整螺栓、螺母或垫板高度，以控制圆偏心轮工作段的位置。

4. 偏心率及结构设计

根据圆偏心轮的自锁条件

$$\frac{2e}{D} \leqslant f_2$$

当 $f_2 = 0.1$ 时
$$\frac{D}{e} \geqslant 20 \tag{3-21}$$

当 $f_2 = 0.15$ 时
$$\frac{D}{e} \geqslant 14 \tag{3-22}$$

D/e 之值称为偏心率。D/e 值大的自锁性能好，但轮廓尺寸大。当圆偏心轮的外径相同时，偏心率为14的偏心轮有较大的偏心距，因而夹紧行程较大；偏心率为20的偏心轮更能确保自锁，故选择偏心率时，应视具体情况而定。

圆偏心轮的直径按 $D=20e$，$D=14e$ 计算。

圆偏心轮的结构已标准化。图3-16a所示为圆偏心轮（JB/T8011.1—1999），图3-16b所示为叉形偏心轮（JB/T8011.2—1999）。偏心夹紧机构还需配用垫板（JB/T8011.5—1999）和偏心轮用压板（JB/T8010.7—1999）。

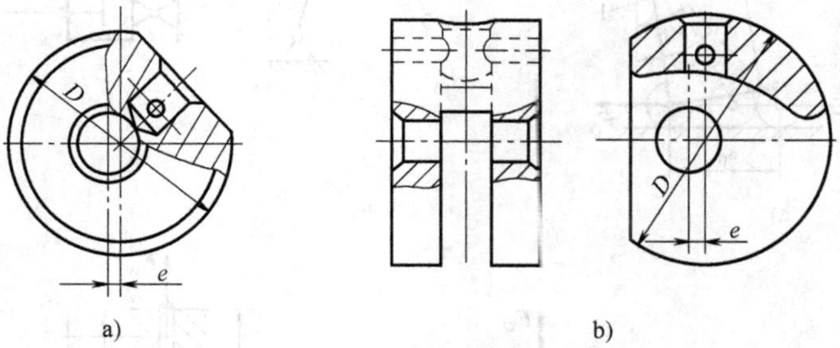

图3-16 圆偏心轮

a）圆偏心轮（JB/T8011.1—1999） b）叉形偏心轮（JB/T8011.2—1999）

四、铰链夹紧机构

1. 类型及主要参数

铰链夹紧机构是一种增力机构。由于结构简单，增力比大，摩擦损失小，故在气动夹具中应用得较为广泛。图3-17所示为铰链夹紧机构的五种基本类型，图3-17a为单臂铰链夹紧机构（Ⅰ型）；图3-17b为双臂单向作用的铰链夹紧机构（Ⅱ型）；图3-17c为双臂单向作用带移动柱塞的铰链夹紧机构（Ⅲ型）；图3-17d为双臂双向作用的铰链夹紧机构（Ⅳ型）；图3-17e为双臂双向作用带移动柱塞的铰链夹紧机构（Ⅴ型）。

铰链夹紧机构的主要参数如图3-17a所示。

1）α_0 铰链臂的起始行程倾斜角。

2）s_0 受力点的行程，即为气缸的行程。

3）α_j 铰链臂夹紧时的起始倾斜角。

4）i_F 铰链机构的增力比。

5）s_c 夹紧端 A 的储备行程。

6）s_1 装卸工件的空行程。

7）s_2+s_3 夹紧行程。

8）α_c 铰链臂的夹紧储备角。

2. Ⅰ型铰链夹紧机械的有关计算

Ⅰ型铰链夹紧机构的有关设计计算（见表3-11）与步骤如下：

1）根据夹紧机构设计要求初步确定结构尺寸。

2）确定所需的夹紧行程、气缸行程及相应铰链臂的倾斜角。如图3-17a所示，当机构处于夹紧状态时，铰链臂末端离其极根位置应保持一个最小储备量 s_c，否则机构可能失效。一般认为 $s_c\geqslant 0.5$mm 比较合适，但又不宜过大，以免过分影响增力比；也可直接取夹紧储备角 $\alpha_c=5°\sim10°$，由表3-11中的公式算出。夹紧终点的行程包括两部分，一部分为便于装卸工件的空行程 s_1，另一部分为夹紧行程 s_2+s_3，其中 s_2 用来补偿系统的受力变形，一般取

$s_3=0.05\sim0.15\text{mm}$。根据 s_2+s_3 可由表 3-11 中的公式计算出铰链臂夹紧时的起始倾斜角 α_j，再根据 s_1 和 α_j 计算出铰链臂的起始行程倾斜角 α_0。

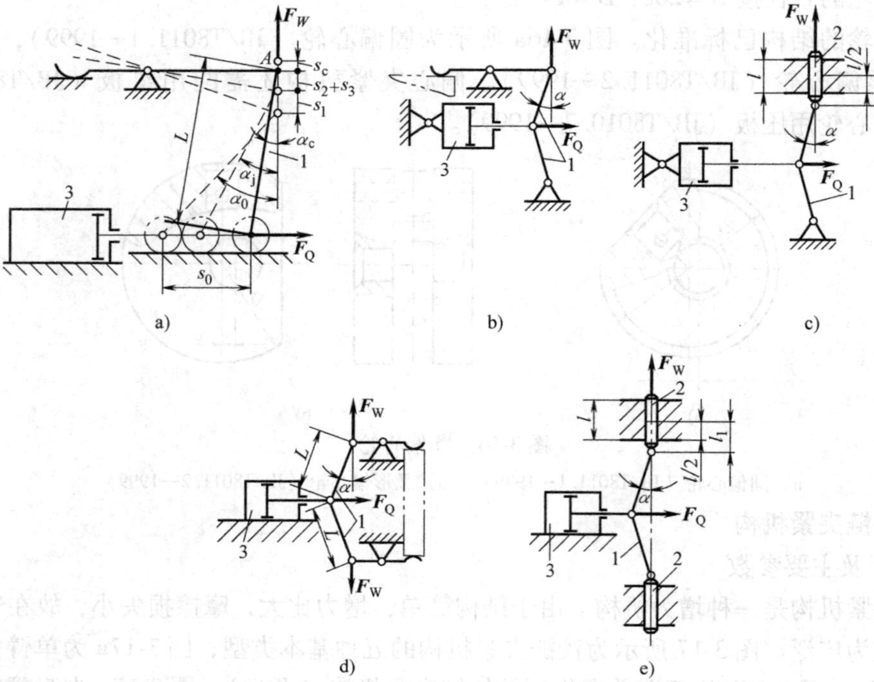

图 3-17　铰链夹紧机构的五种基本类型

a) Ⅰ型　b) Ⅱ型　c) Ⅲ型　d) Ⅳ型　e) Ⅴ型

1—铰链臂　2—柱塞　3—气缸

3）计算机构 A 端的竖直夹紧力 F_W。增力比由表 3-11 中公式算出，然后根据预定的原始作用力 F_Q 乘以 i_F 计算出 F_W，再与夹紧机构所需要的竖直分力比较，如果不足，可以增大原始作用力 F_Q（如增大气缸直径）或修改夹紧机构的结构参数。

4）计算动力装置的结构尺寸。根据原始作用力 F_Q，计算动力气缸的直径；根据确定的铰链臂的起始行程倾斜角 α_0 和夹紧储备角 α_c，按表 3-11 中公式计算出受力点的行程 s_0（气缸活塞的行程）。

表 3-11　Ⅰ型铰链机构主要参数的计算

计算参数	计 算 公 式	计算参数	计 算 公 式
α_c	$\alpha_c=5°\sim10°$	F_W	$F_W=i_F F_Q$
s_c	$s_c=L(1-\cos\alpha_c)$	α_0	$\alpha_0=\arccos\dfrac{L\cos\alpha_j-s_1}{L}$
α_j	$\alpha_j=\arccos\dfrac{L\cos\alpha_c-(s_2+s_3)}{L}$	s_0	$s_0=L(\sin\alpha_0-\sin\alpha_c)$
i_F	$i_F=\dfrac{1}{\tan(\alpha_j+\beta)+\tan\varphi_1}$	x_0	$x_0=s_0$

注：β——铰链臂的摩擦角；$\tan\varphi_1'$——滚子支承面的当量摩擦系数；L——铰链臂两头铰接点之间的距离。

第三节　定心夹紧机构

一、定心夹紧机构的特点

定心夹紧机构的特点是中心定位，即定位基准为假想的中心要素，如几何中心或对称中心、对称中心平面；而定心夹紧元件夹紧的则是轮廓表面，如圆柱面、平面等。定心夹紧机构具有自动定心和夹紧的功能；并有使一批工件的中心保持不变的性能，以满足加工的同轴度公差或对称度公差要求。定心夹紧机构应用广泛，目前为机械制造的关键技术之一，能达到很高的定心精度。

如第二章图 2-52 所示的齿形表面定位的磨床夹具，其膜片的弹性变形使三个卡爪和滚柱在分度圆处定心夹紧工件。因三个滚柱可保持在同一设定的圆上，从而使磨削的内圆与齿轮分度圆中心能达到一定的同轴度公差。定心夹紧机构的结构原理较复杂。

二、定心夹紧机构的工作原理

定心夹紧机构的工作原理分下述两类。

1. 等速移动的定心夹紧机构

此类机构是利用定心夹紧元件对中心等速移动，实现定心夹紧。

如三爪自定心卡盘，即是利用丝盘的阿基米德螺线，使卡爪沿着卡盘槽对中心等速移动，实现定心夹紧；并能使三个卡盘的夹紧点至中心的距离保持不变，满足加工的同轴度公差要求。

2. 均匀弹性小变形的定心夹紧机构

这类机构是利用弹性元件受力后的均匀小弹性变形工作的。典型的弹性元件有：弹簧套、弹性模片、波纹套、薄壁套、弹簧夹头等，定心精度较高。

三、典型定心夹紧机构

定心夹紧机构种类繁多，典型定心夹紧机构的结构及特点见表 3-12。

表 3-12　典型定心夹紧机构的结构及特点

名　称	夹具图	特　点
弹簧套心轴	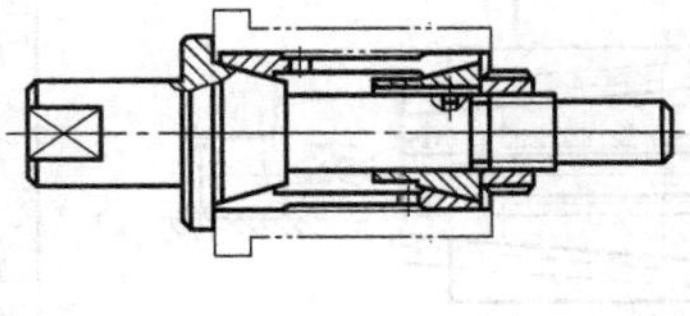	利用弹簧套的弹性变形定心夹紧工件，定心精度较高，夹紧力较大。弹簧套是薄壁带锥面簧瓣的弹性套，圆锥角为 30°，用螺母经圆锥滑套涨力夹紧工件
波纹套心轴	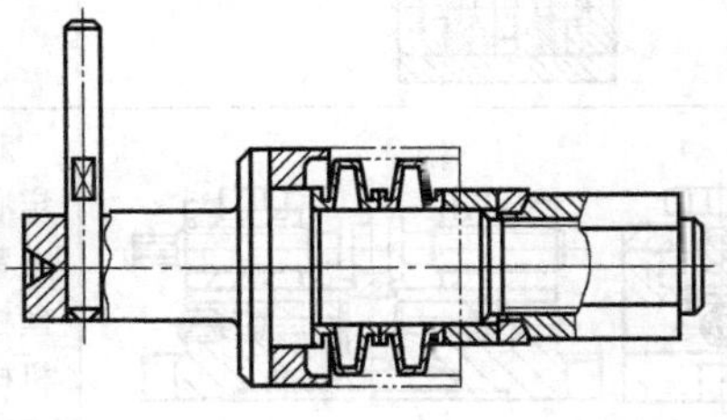	利用波纹薄壁套的弹性变形定心夹紧工件，波纹套材料为 65Mn，热处理硬度 45 ~ 48HRC，波纹套壁厚 0.3 ~ 1.5mm，壁厚不均匀性小于 0.03mm 波纹套最大可涨量为 0.12mm，定心精度可达 0.01mm

（续）

名　　称	夹具图	特　　点
斜楔式定心夹紧机构	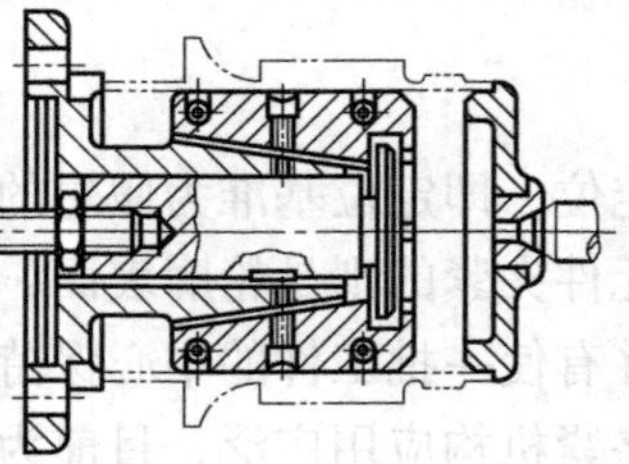	本夹具用于气动定心中，由拉杆使斜楔式夹爪伸出，将工件定心夹紧，夹紧力较大，定心精度为 0.02 ~ 0.07mm
液性塑料心轴	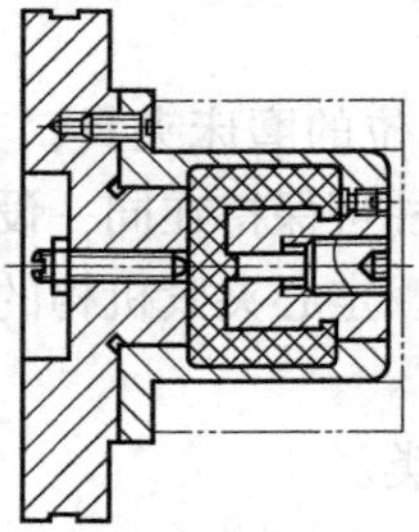	利用液压原理，由液性塑料介质传递压力约 30MPa，使薄壁套小弹性变形，定心夹紧工件，最高定心精度为 0.005mm，薄壁套壁厚 1 ~ 2mm，最大径向变形量为 0.15mm。介质配方：聚氯乙烯树脂，增塑剂磷苯甲酸二丁脂，稳定剂硬脂酸钙，适量真空油
液性塑料夹具	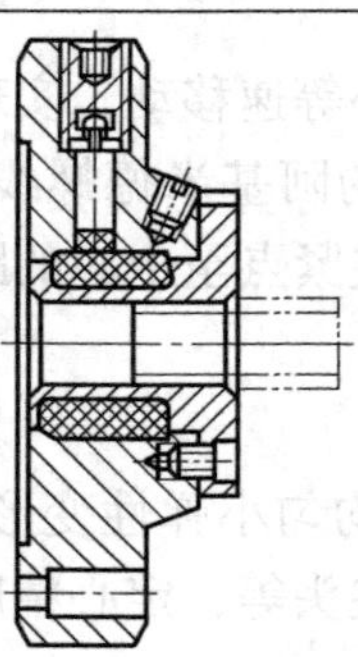	用于装夹薄壁套工件，工件变形小。特点同液性塑料心轴
弹簧夹头	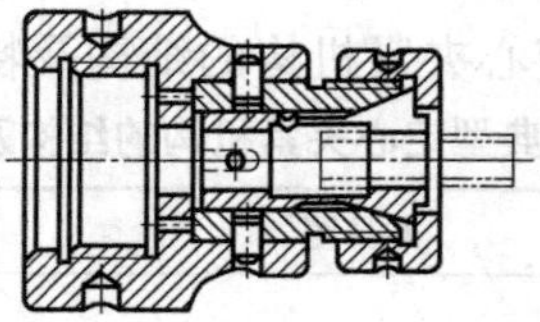	用于装夹薄壁套工件，工件变形小，定心精度为 0.01 ~ 0.02mm。弹簧夹头是带锥面的弹性套，壁厚 1 ~ 3mm，圆锥角为 30°，三簧瓣
楔式 V 形块自动定心夹紧机构	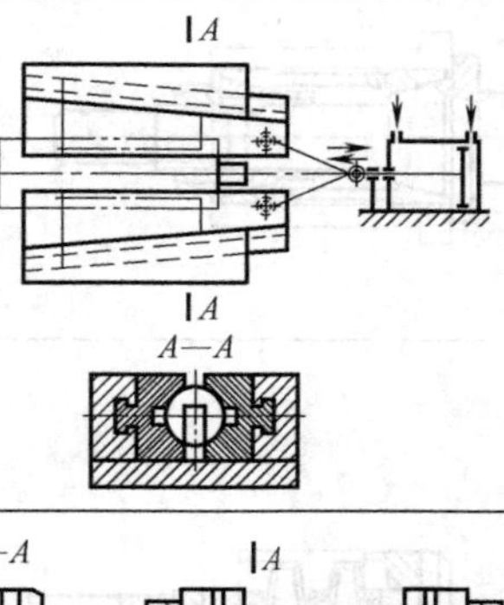	本夹具用于气动自动定心夹紧中，定位基准为中间平面，两定心元件对称分布，装在 T 形斜槽中
螺旋式定心夹紧机构	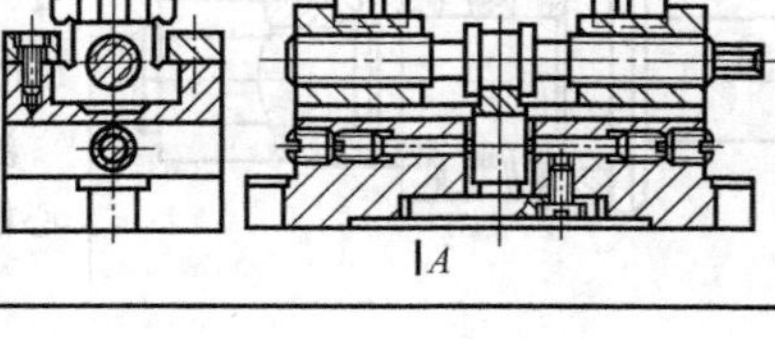	利用带有左、右旋螺纹的丝杠，使定心元件等速移动，定心夹紧工件，夹紧力较大，定心精度为 0.03mm。丝杠中间槽卡在叉形零件上，以确定机构的中心位置，两定心元件的夹紧面至中心的距离相等

第四节　联动夹紧机构

一、联动夹紧机构的特点

联动夹紧机构的特点是在一个原始力作用下，可同时夹紧多个工件或同时在几处夹紧一个工件，其浮动环节能满足夹紧力按需传至各夹紧点的需求。采用联动夹紧机构可获得较高的生产率。

图3-18所示为车削加工轴瓦的Sϕ24mm的车床夹具。轴瓦简图如图3-18a所示；其一般设计如图3-18b所示；改进后的结构如图3-18c所示。该夹具采用联动夹紧机构夹紧。工件以内弧面、侧面和端面在半圆轴、圆柱销上定位。用扳手转动螺杆，经传动盘、拉杆、压板联动夹紧工件，使用方便，生产率高。

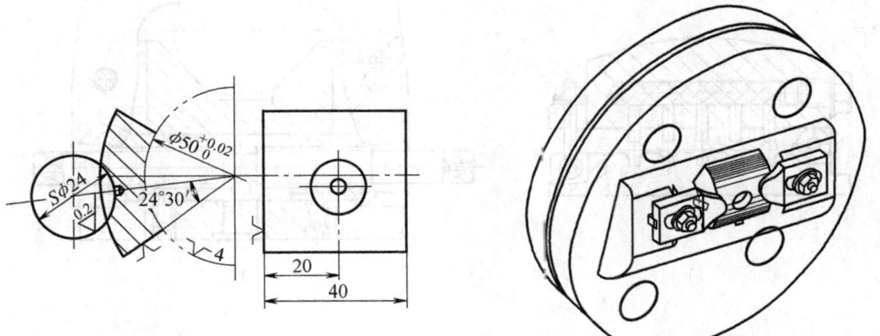

图3-18　联动夹紧机构

a）轴瓦简图　b）一般设计　c）联动夹紧

1—过渡盘　2—轴承　3—夹具体　4—螺杆　5—传动盘

6—拉杆　7—盖板　8—半圆轴　9—圆柱销　10—压板

采用联动夹紧机构还可以使各点夹紧力保持相对稳定，夹紧变形小。其缺点是机构复杂，夹紧可靠性较差。

二、浮动环节的设置

联动夹紧机构在两个夹紧点之间必须设置必要的浮动环节，该浮动环节应具有足够的浮动量，动作灵活，符合机械传动原理。浮动环节必须要保证夹紧力能传输至各夹紧点。

浮动环节的方式：

（1）液性介质和滑柱　利用帕斯卡原理，液性介质可实现多点联动夹紧，各点受力均匀。图 3-19a 所示为以液性介质和滑柱作浮动环节的联动夹紧机构，同时夹紧五个工件。液性介质的配方为：聚氯乙烯树脂粉末、磷苯甲酸二丁脂（增塑剂）、硬脂酸钙（稳定剂），适量真空油。各滑柱相当于活塞，可浮动。

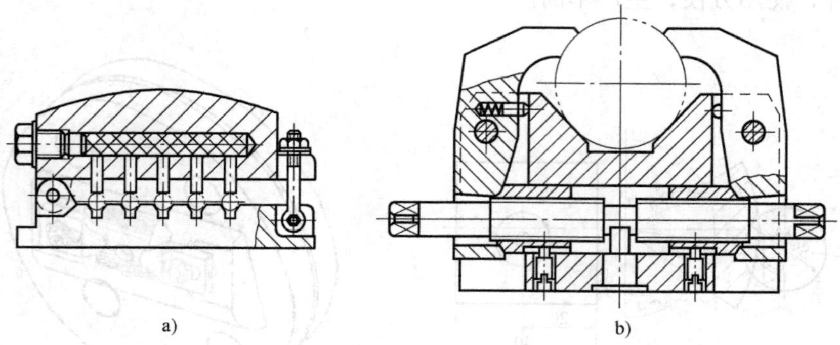

图 3-19　浮动环节的方式

a）液性介质和滑柱　b）浮动元件

（2）浮动元件　常见的浮动元件有滑柱、滑块、滑杆、连杆、杠杆、转动块等。一个浮动环节是指能在某一直线方向上移动或绕某一固定轴线转的元件，能实现两点夹紧；同理，两个浮动环节，则能实现三点夹紧。

如图 3-19b 所示，在两压板间有一个浮动环节，即螺杆为一浮动元件，以满足工件能在 V 形块上两点夹紧的要求。

三、联动夹紧的形式

按夹紧工件的数量分类，联动夹紧分为单件联动夹紧机构和多件联动夹紧机构两大类。

1. 单件联动夹紧机构

单件联动夹紧机构的设计，类同于基本夹紧机构的设计，不同之处是浮动环节的设置，以实现多点联动夹紧。

如图 3-20a 所示，螺旋压板四点联动夹紧，具有三个浮动元件，当夹紧过程中只有一个夹紧点接触时，浮动元件能摆动使四个夹紧点都接触，直到最后均衡夹紧。图 3-20b 所示的浮动元件，能两点斜向夹紧工件。

设计时应适当限制联动夹紧点的数量。大型工件的夹紧，要注意中间传力机构的增力和夹紧的可靠性，并要提高夹紧刚度。

2. 多件联动夹紧机构

多件装夹是提高劳动生产率的主要方法之一，应用广泛。按夹紧力的方向不同，多件联

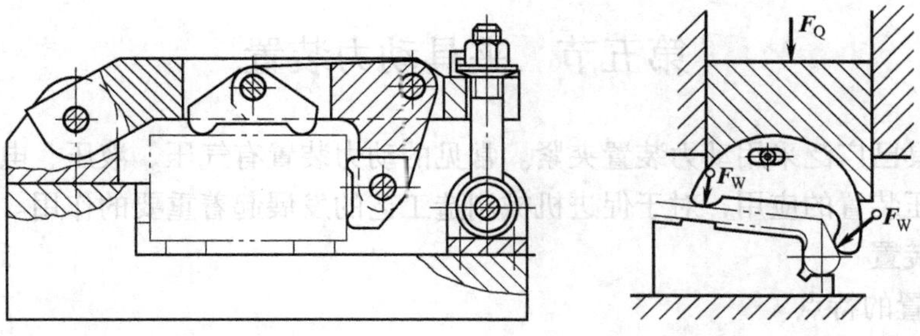

a)　　　　　　　　b)

图 3-20　单件联动夹紧机构

a）四点联动夹紧　b）两点斜向夹紧

动夹紧机构有以下三种联动夹紧方式。

（1）传递式联动夹紧　夹紧力在一直线上传递，各工件受力基本相等，适用小型工件的装夹。如图 3-21a 所示的传递式联动夹紧铣床夹具，可装夹 7 个工件，其工序内容是在轴端铣削 $4^{+0.048}_{0}$mm × 5mm 槽。6 个浮动环节，浮动元件是 V 形块。实际上，在夹紧系统中，各环节的变形、传力过程中的摩擦能耗，当被夹工件数量过多时，有可能导致末件夹紧力不足，影响正常加工。

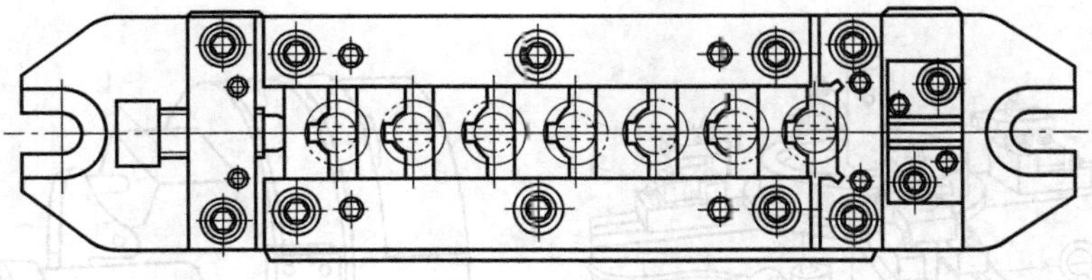

a)

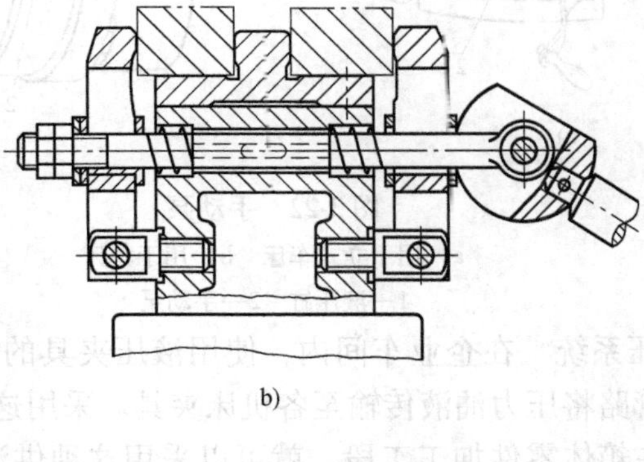

b)

图 3-21　多件联动夹紧

a）传递式联动夹紧　b）对向式联动夹紧

（2）对向式联动夹紧　可以装夹两个工件，两夹紧力方向相反。如图 3-21b 所示的对向式联动夹紧铣床夹具，采用偏心压板，对向夹紧两个工件。浮动元件是螺杆。

（3）平行式联动夹紧　各夹紧力相互平行，且均分总夹紧力。图 3-19a 所示为平行式联动夹紧机构，浮动环节为液性介质和滑柱。

第五节　夹具动力装置

目前，夹具已广泛采用动力装置夹紧。常见的动力装置有气压、液压、电动、磁力等装置。特别是液压装置的应用，对于促进机械制造工艺的发展起着重要的作用。

一、液压装置

1. 液压装置的特点

1）液压油压力高、传动力大，在产生同样原始作用力的情况下，液压缸的结构尺寸比气压缸小许多倍，是应用最广泛的夹具动力装置。

2）油液的不可压缩性使夹紧刚度高，工作平稳、可靠。

3）液压传动噪声小，劳动条件比气压的好。

4）高压油液容易漏油，要求液压元件的材质和制造精度高，故而夹具成本较高。

2. 液压装置的种类

夹具的液压装置有以下四种：

（1）手动液压泵　由人力借助机械增力，推动活塞压缩密闭容器中的油液，使油液产生压力。手动液压泵有杠杆式、螺旋式、偏心式等结构。图 3-22a 所示为用于立式车床的螺旋式双级手动泵，压力为 9.8MPa。图 3-22b 所示为用于车床的螺旋式单级手动泵，压力为 54.8MPa。

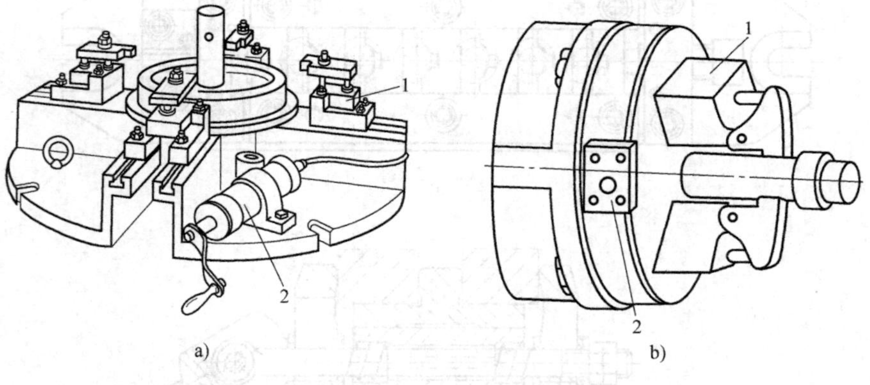

图 3-22　手动泵

a）用于立式车床　b）用于车床

1—液压缸　2—手动泵

（2）集中供油液压系统　在企业车间内，使用液压夹具的机床较多的区域，设置集中供油的液压系统，由管路将压力油液传输至各机床夹具。采用这种集中供油方式，可以取得良好的经济效益。如在箱体零件加工工段，就可以采用这种供油方式。图 3-23 所示为液压夹紧的龙门刨床夹具，用于加工尾座的底面。

带两个蓄能器的集中供油液压系统，可供 5 台以上机床夹具使用。但是，使用的机床不宜太多，管路不宜太长，以免增大管路渗漏及电动机的虚耗电能。

（3）液压泵站　液压泵站是先进的夹紧技术，具有高压、小流量、液压集成的特征，采用微型液压缸夹紧工件。

图 3-24a 所示为 YJZ 型液压泵站外形图。

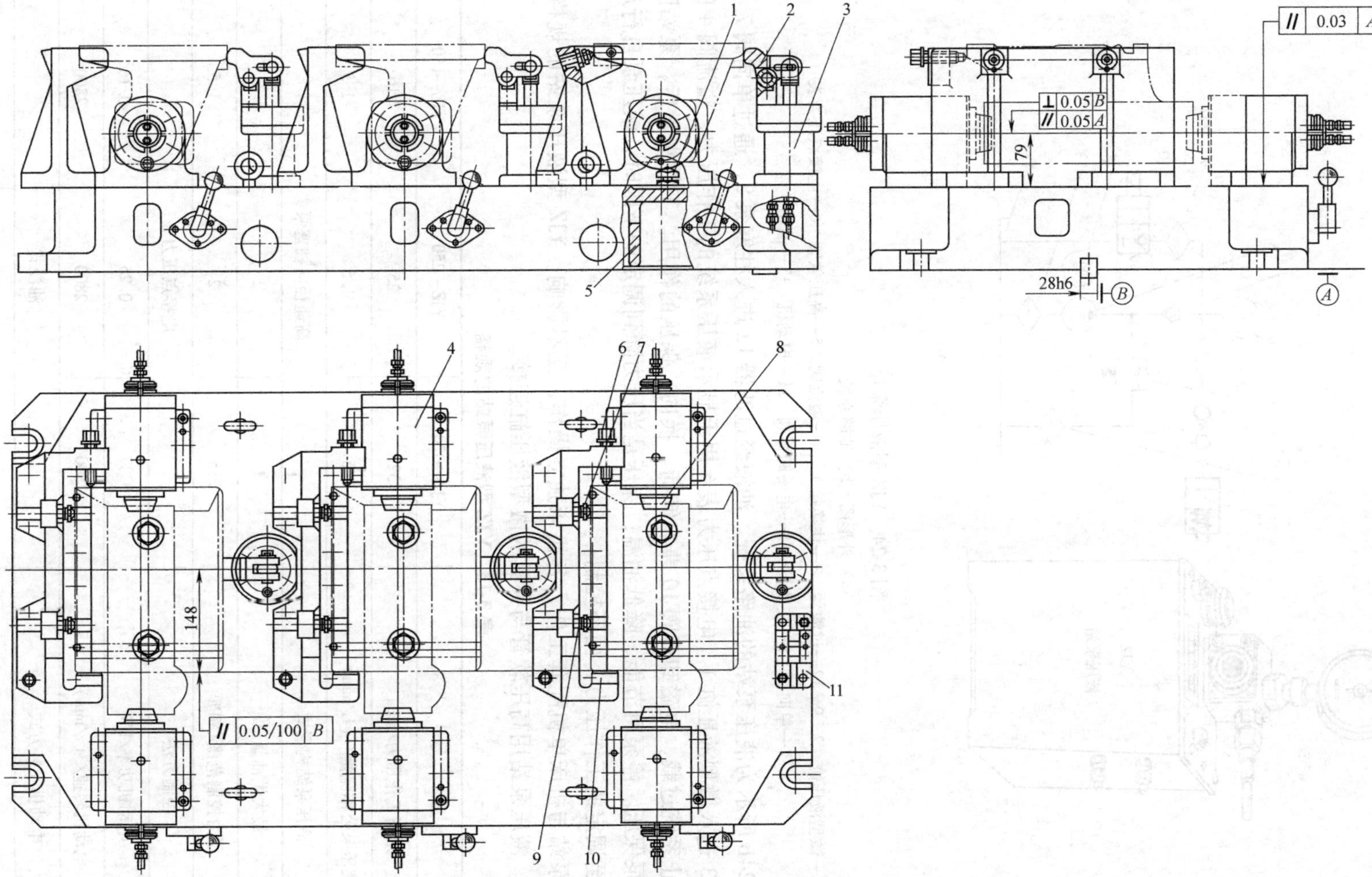

图 3-23　液压夹紧的龙门刨床夹具

1—预定位支承　2—压板　3、4—液压缸　5—夹具体　6—夹紧螺钉　7—可调支承　8—顶尖　9—辅助支承　10—支承钉　11—对刀块

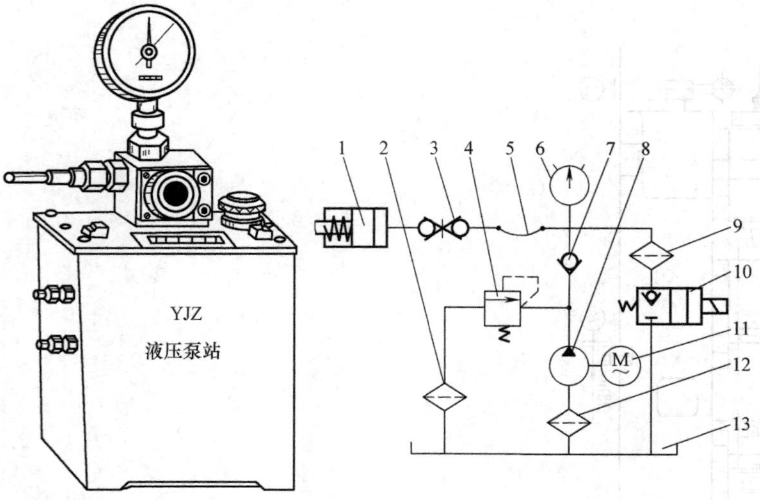

a)　　b)

图 3-24　YJZ 型液压泵站

a）外形图　b）油路系统

1—微型液压缸　2、9、12—过滤器　3—快换接头　4—溢流阀　5—高压软管　6—电接点压力表　7—单向阀　8—柱塞泵　10—电磁卸荷阀　11—电动机　13—油箱

图 3-24b 所示为液压泵站的油路系统。油液经过滤器 12 进入柱塞泵 8，通过单向阀 7 与快换接头 3 进入微型液压缸 1。电接点压力表 6 用于显示液压系统的工作压力，溢流阀 4 的作用是防止系统过载，电磁卸荷阀 10 兼有卸荷、换向、保压的作用。工件夹紧后，泵站随即自动停泵保压。停泵可节能、降低油温；保压是当压力降到调定的下限时，液压泵自行启动，回升至调定的工作压力，循环控制。

液压泵站与机床单机配套工作，各机床独立操作，互不影响。YJZ 型液压泵站的规格，见表 3-13。液压泵站用高压软管与夹具的微型液压缸连接。

表 3-13　YJZ 型液压泵站的规格

型　号	YJZ—320	YJZ—250	YJZ—160
最高工作压力/MPa	32	25	16
液压泵公称流量/（L/min）	1.5	1.5	1.5
液压泵结构形式	高速径向柱塞泵		
最大供油量/L	1	1	1
压力控制范围/MPa	2.5	2	1.5
控制方法	电接点压力表		
电动机功率/kW	0.37	0.25	0.16
电动机转速/（r/min）	2800	2800	2800
电动机安装方式	油浸式		
电磁铁	直流电磁铁		

（续）

型　号	YJZ—320	YJZ—250	YJZ—160
最高工作频率/（次/h）	120	120	120
外形尺寸/mm	232×200×460	232×220×460	232×220×430
重量/kg	25.5	24.5	24

微型液压缸有多种应用，图 3-25a 所示为用于铣床夹具中的液压泵站，以代替六角螺母的功能。图 3-25b 所示为液压泵站在钻床夹具中的应用。

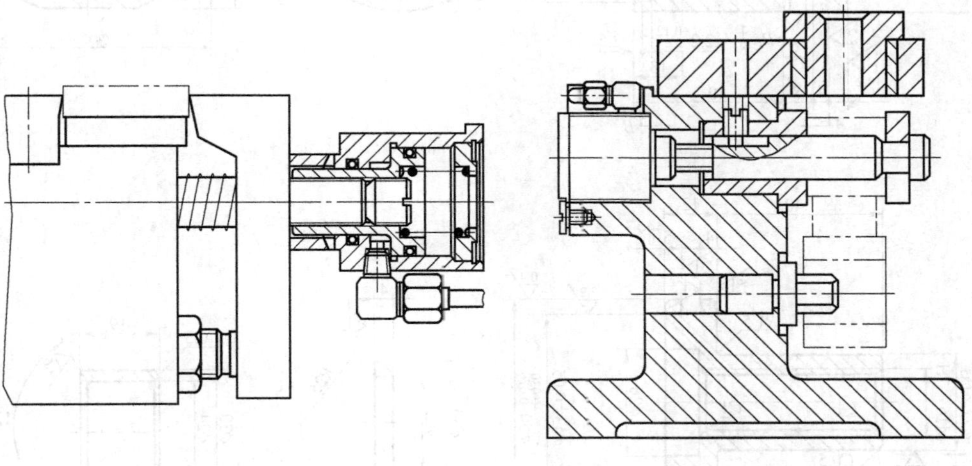

a)　　b)

图 3-25　液压泵站的应用

a）用于铣床夹具　b）用于钻末夹具

微型液压缸的活塞直径为：12mm、16mm、20mm、25mm、50mm。

ϕ50mm 微型液压缸的设计，如图 3-26 所示，其主要由缸体、活塞、垫圈、缸盖、弹簧等组成。

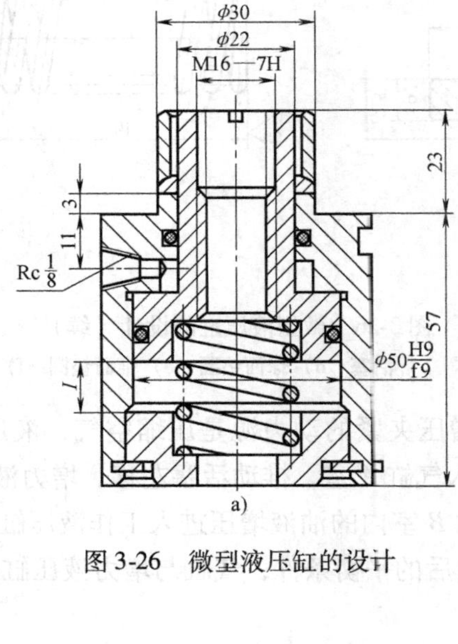

a)

图 3-26　微型液压缸的设计

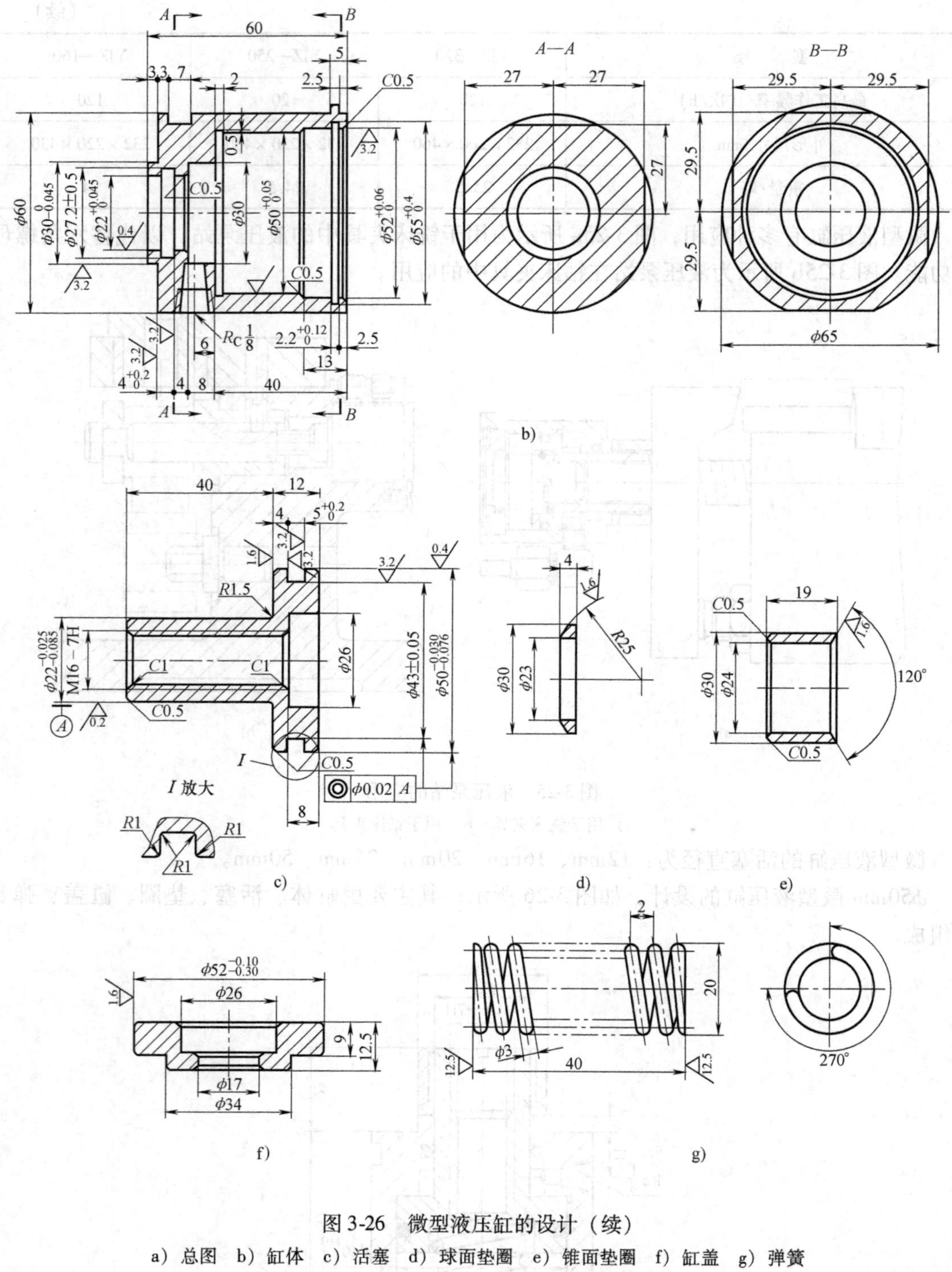

图 3-26　微型液压缸的设计（续）

a）总图　b）缸体　c）活塞　d）球面垫圈　e）锥面垫圈　f）缸盖　g）弹簧

（4）气液增压器　气液增压夹紧的动力源是压缩空气，液压起增压作用，其工作原理如图 3-27 所示。压缩空气进入气缸 A 室，推动活塞左移。增力液压缸 B 与工作液压缸接通。当活塞左移时，活塞杆就推动 B 室内的油液增压进入工作液压缸而夹紧工件。

增力计算：按工件被夹紧后的平衡条件，气缸与增力液压缸之间的平衡方程式为

$$\frac{\pi D^2}{4}p_1=\frac{\pi d^2}{4}p$$

则
$$p=\left(\frac{D}{d}\right)^2 p_1\eta \tag{3-23}$$

式中 p——输出油压，即增力液压缸的油压（MPa）；

p_1——压缩空气的气压（MPa）；

D——气缸的直径（mm）；

d——增力液压缸直径（mm）；

η——总效率，一般为0.8～0.85。

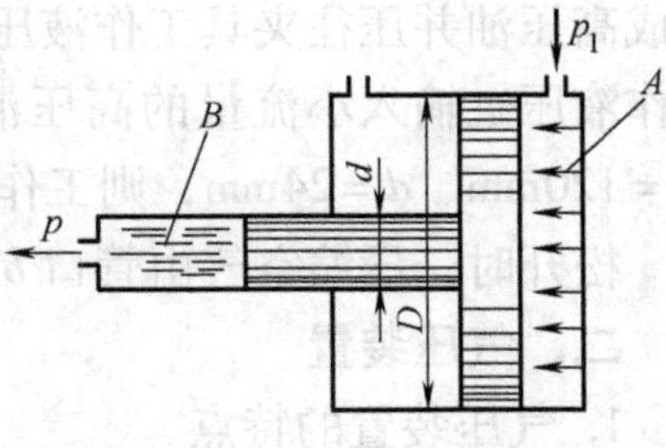

图3-27 气液增压器的工作原理

通常 $D/d=3\sim5.5$，$d=30\sim50$mm。按要求确定增压缸的容积和活塞行程。

图3-28所示为卧式双级气液增压器，其夹紧动作分两步完成。

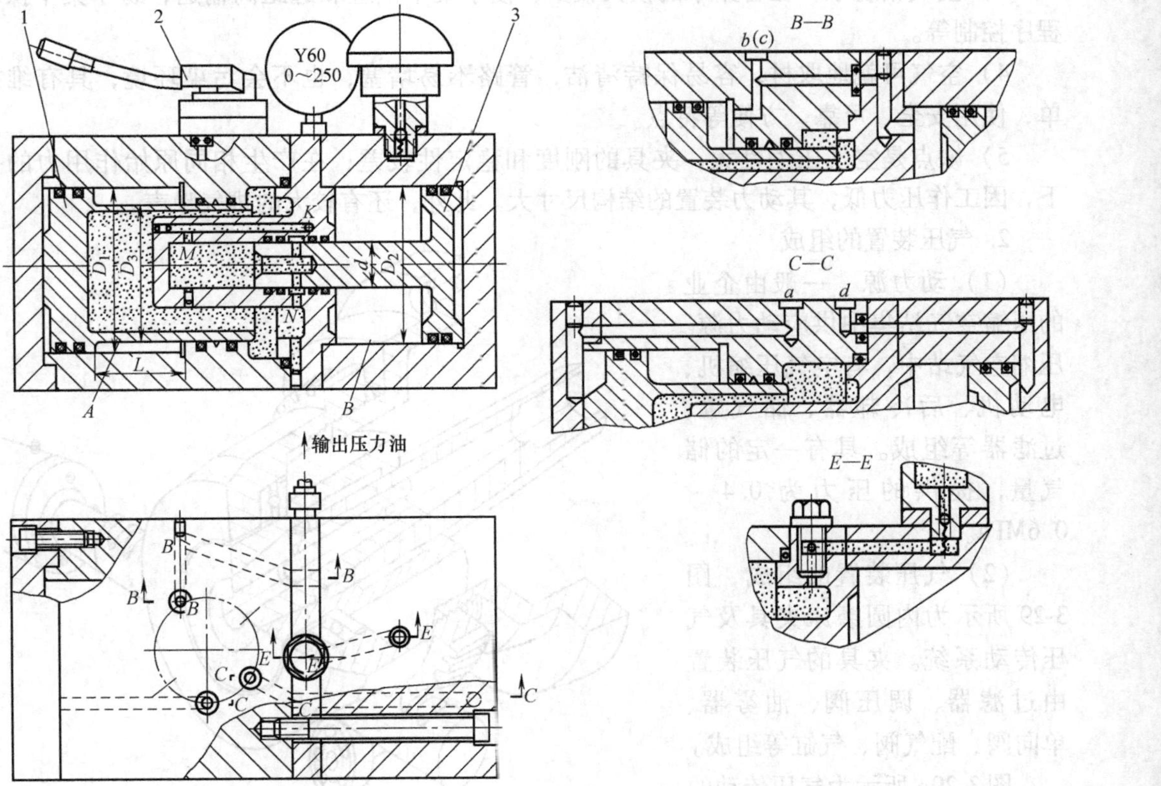

图3-28 卧式双级气液增压器

1—活塞 2—配气阀 3—增压活塞

1）预压级 使配气阀2处于预夹紧位置，压缩空气由管口 a 作用于左端活塞1而使活塞向右移，液压油由 N 经增压活塞3中的孔道进入油腔 M，然后通过压力油输出孔 K 进入夹具的工作液压缸。因 D_1/D_3 值不大，故通过 N、M 腔向工作液压缸输出大流量的低压油。若 $D_1=120$mm、$D_3=90$mm、$p_1=0.5$MPa，则工作油压 $p=0.89$MPa。因缸内储油量较大，可对多个液压缸同时输油液，进行多点、多件的同时预夹紧。

2）增压级 增压时使配气阀2处于高压位置，压缩空气由管口 d 进入右端气缸而使增压活塞3左移，这时油腔 N 与 M 被隔断，活塞杆（增压活塞）将油腔 M 中的低压油压缩，形成高压油并压往夹具工作液压缸。由于增压活塞及其杆部直径 D_2/d 值增大，故可对夹具工作液压缸输入小流量的高压油液，对工件施以高压夹紧。若压缩空气压力 $p_1=0.5\text{MPa}$、$D_2=120\text{mm}$、$d=24\text{mm}$，则工作油压可达到 12.5MPa。

松开时，压缩空气由管口 b（c）进入 A、B 腔，使两活塞同时返回原位。

二、气压装置

1. 气压装置的特点

1）动作迅速，反应快。气压为 0.5MPa 时，气缸活塞速度为 1～10m/s，夹具每小时可连续松夹上千次。

2）工作压力低（一般为 0.4～0.6MPa），传动结构简单，对装置所用材料及制造精度要求不高，制造成本低。

3）空气粘度小，在管路中的损失较少，便于集中供应和远距离输送，易于集中操纵或程序控制等。

4）空气可就地取材，容易保持清洁，管路不易堵塞，也不会污染环境，具有维护简单，使用安全、可靠、方便等特点。

5）缺点是空气压缩性大，夹具的刚度和稳定性较差；在产生相同原始作用力的条件下，因工作压力低，其动力装置的结构尺寸大。此外，还有较大的排气噪声。

2. 气压装置的组成

（1）动力源　一般由企业的压缩空气站集中供应动力源。压缩空气站中，有空气压缩机、电动机、后冷却器、储气罐、过滤器等组成。具有一定的储气量，提供的压力为 0.4～0.6MPa。

（2）气压装置的组成　图 3-29 所示为内圆磨床夹具及气压传动系统。夹具的气压装置由过滤器、调压阀、油雾器、单向阀、配气阀、气缸等组成。

图 3-29a 所示为气压传动的弹簧筒夹自定心夹具。由齿条经螺套、滚动锥套、弹簧夹头夹紧工件。齿条由气缸活塞传动。图 3-29b 所示为气压回路。

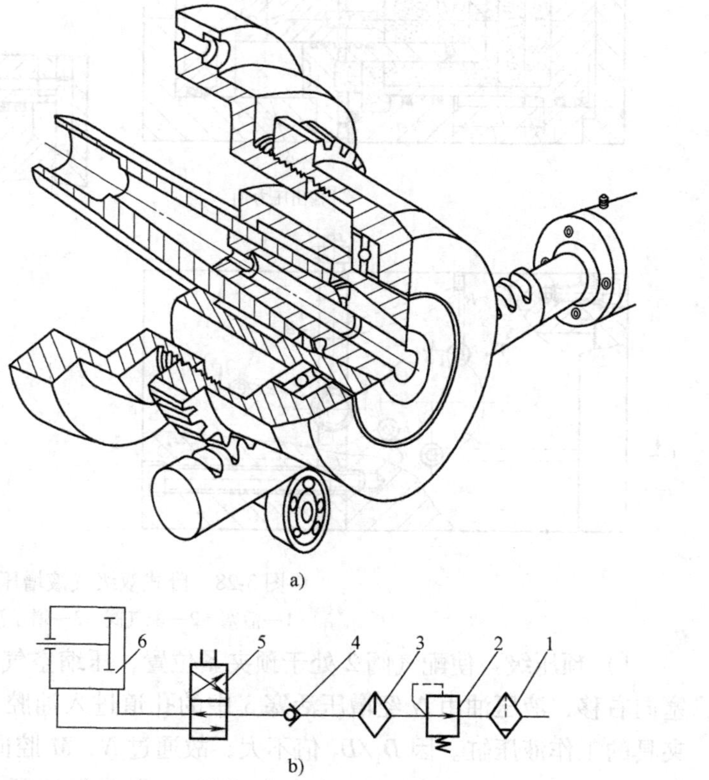

图 3-29　内圆磨床夹具及气压传动系统

a）弹簧筒夹自定心夹具　b）气压回路

1—分水滤气器　2—调压阀　3—油雾器　4—单向阀　5—配气阀　6—气缸

3. 气动元件

（1）分水滤气器　分水滤气器的作用是滤去压缩空气中的污物和水分，其工作原理如图 3-30 所示。压缩空气通过小

孔 A，并通过叶子式的旋风分水器 1，进入 B 腔，产生旋风。悬浮在气流中的水雾在旋风的离心力作用下，被甩到杯 4 的壁上，凝成水珠，流入杯底。杯底的积水用罩 3 与滤气器其他部分隔开，并定期打开阀门 5 放出。经干燥的空气经过粉末冶金烧结的多孔性过滤杯 2，滤去污物输送到调压阀。

如 QAF2000—01 型分水滤气器，最大进口压力为 1MPa，介质温度为 -10 ~ 60℃，过滤精度为 5μm、25μm、50μm 三种，有效容积为 $15cm^3$。

（2）调压阀　调压阀的作用是控制进入夹具的空气压力，并使其保持稳定。调压阀的工作原理如图 3-31 所示，转动手柄 1，通过压缩弹簧 2，薄膜 3 和杆 4 打开进气阀 5，空气经过气阀输送到气缸；输出端通过小管 6 与薄膜气室相通；一旦输出压力超过调整值，薄膜压缩弹簧上移，将气阀关闭，停止压缩空气输入；同时溢流阀 7 自动打开排气，保证输出压力稳定。调整值可以通过手柄改变。当输出压力降到略低于调整值时，气阀又会自动打开。

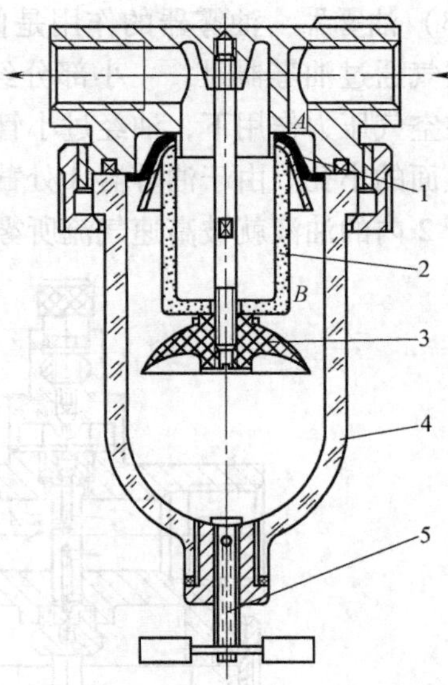

图 3-30　分水滤气器工作原理

1—旋风分水器　2—过滤杯　3—罩　4—杯　5—阀门

如 QAR2000—01 型调压阀，最大进口压力为 1MPa，工作温度为 5 ~ 60℃，调压范围为 0.05 ~ 0.4MPa。

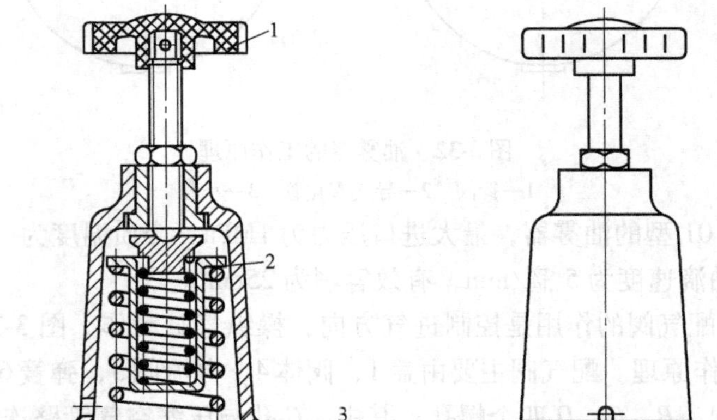

图 3-31　调压阀的工作原理

1—手柄　2—压缩弹簧　3—薄膜　4—杆　5—进气阀　6—小管　7—溢流阀

(3) 油雾器　油雾器的作用是使空气含油，以润滑气缸，其工作原理如图 3-32 所示。压缩空气通过油雾器时，一小部分经导气雾化管 2 下面的小孔进入贮油杯的液面，形成压力。在空气压力作用下，油经过小管 3 上升到针阀 1 处。经过针阀打开的小口流入导气雾化管 2 上面的小孔。由于油雾器 *A* 处截面减小，空气通过时，流速增加，压力下降。这样导气雾化管 2 内的油液就被高速气流所雾化并带走。

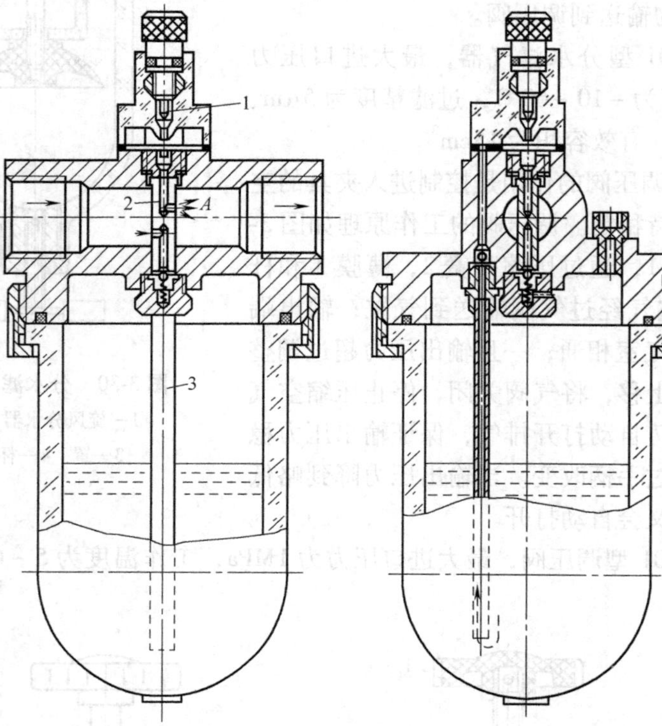

图 3-32　油雾器的工作原理
1—针阀　2—导气雾化管　3—小管

如 QAL 2000—01 型的油雾器，最大进口压力为 1MPa，介质温度为 $-10\sim60$℃，起雾流量为 15mL/min，油滴速度为 5 滴/min，有效容积为 25cm^3。

(4) 配气阀　配气阀的作用是控制进气方向，操纵气缸动作。图 3-33 所示为二位四通配气阀的结构及工作原理。配气阀主要由盖 1，阀体 4，分流阀 5，弹簧 6 以及转轴 2 和手柄 3 等组成。盖上有 *A*、*B*、*C*、*D* 四个螺孔。其中，*C* 孔与压缩空气管路连接为进气孔；*A*、*B* 两孔分别与气缸 *A*、*B* 腔相接；*D* 孔接大气。当手柄从中间位置往上扳 30°时，通过转轴 2 把分流阀 5 转至位置Ⅰ，于是压缩空气经分流阀上的弧形槽接通 *A* 孔，通向气缸 *A* 腔，而将 *B* 腔与 *D* 孔接通排气，使活塞右移。而当手柄转至下 30°时，分流阀转至位置Ⅱ，这时压缩空气经分流门弧形槽与 *B* 孔相接，通向气缸 *B*，而将 *A* 腔通过 *D* 孔接大气，实现活塞左移。

(5) 气缸　气缸是将压缩空气的工作压力转换为活塞的移动，以此驱动夹紧机构实现对工件的夹紧。它的种类很多，按活塞的结构分为活塞式和膜片式两大类。

4. 气压夹紧的夹具

如图 3-34 所示的钻床夹具，工件以外圆、端面及锥孔在 V 形块、支承钉、插销上定位。有两个夹紧点。操纵配气阀，经气缸使压板 6 夹紧工件；同时，经与压板相连的转轴和拨叉操纵换向阀 10，使气缸 4 经压板 3 从轴向夹紧工件。

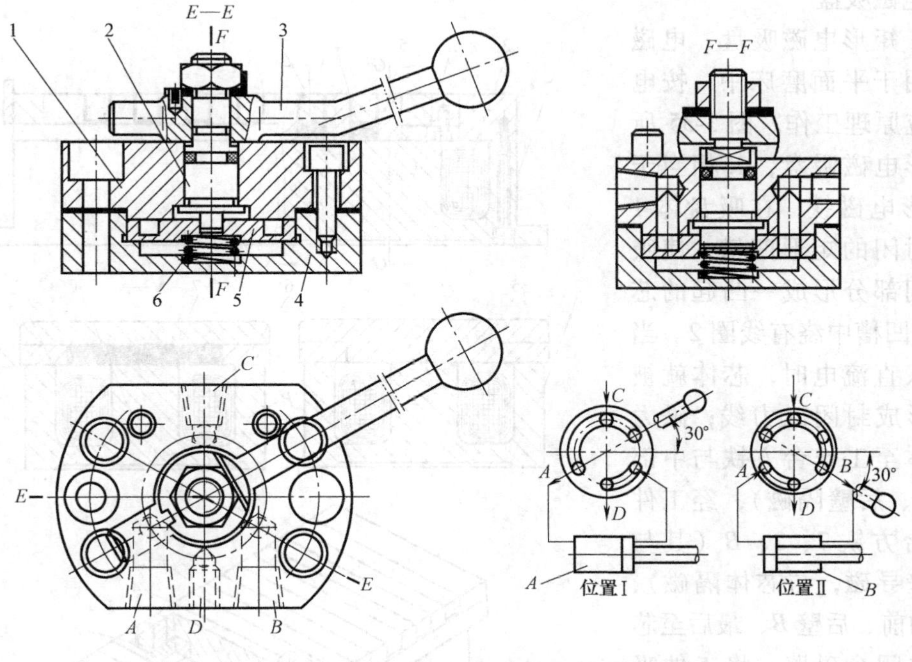

图 3-33　二位四通配气阀的结构及工作原理

1—盖　2—转轴　3—手柄　4—阀体　5—分流阀　6—弹簧

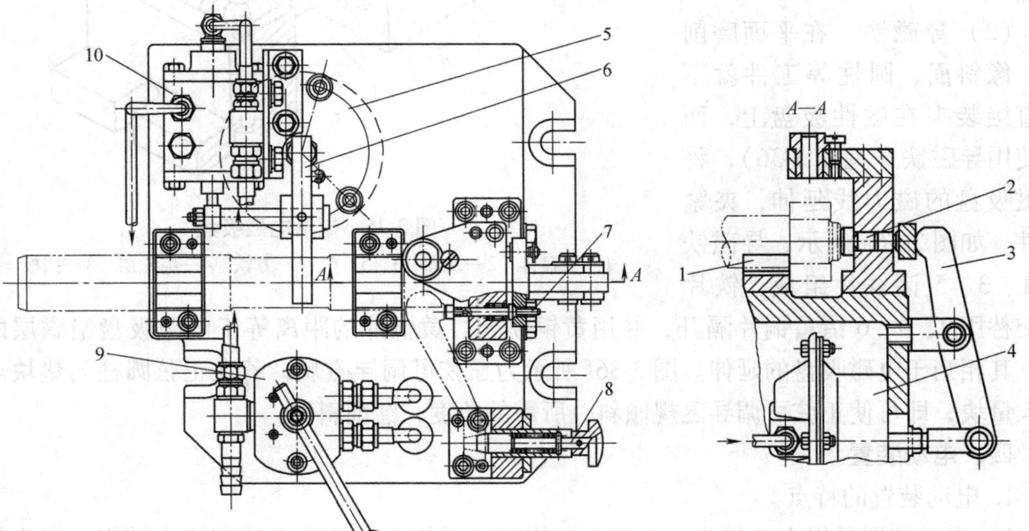

图 3-34　钻床夹具

1—V 形块　2—支承钉　3、6—压板　4、5—气缸　7—浮动杆　8—插销　9—配气阀　10—换向阀

三、磁力装置

1. 磁力装置的分类

磁力装置种类繁多，按磁力来源分类，可分为永磁式和电磁式两大类。下面介绍矩形电

磁吸盘和导磁铁的结构原理。

2. 电磁吸盘

（1）矩形电磁吸盘　电磁吸盘常用于平面磨床中，按电的磁效应原理工作。图3-35所示为矩形电磁吸盘，其相当于一马蹄形电磁铁，在吸盘体1上有一封闭的矩形凹槽，使吸盘体中间部分形成一凸起的芯体*A*，在凹槽中绕有线圈2。当线圈通入直流电时，芯体就被磁化，形成封闭磁力线；磁力线由芯体至工作台方铁与中部（其与前、后壁隔磁），经工件至工作台方铁7、3、*B*（其与前、后壁导磁，与芯体隔磁）、吸盘体的前、后壁*B*，最后至芯体，构成闭合磁路，将工件吸住。吸力取决于通过工件的磁通量。

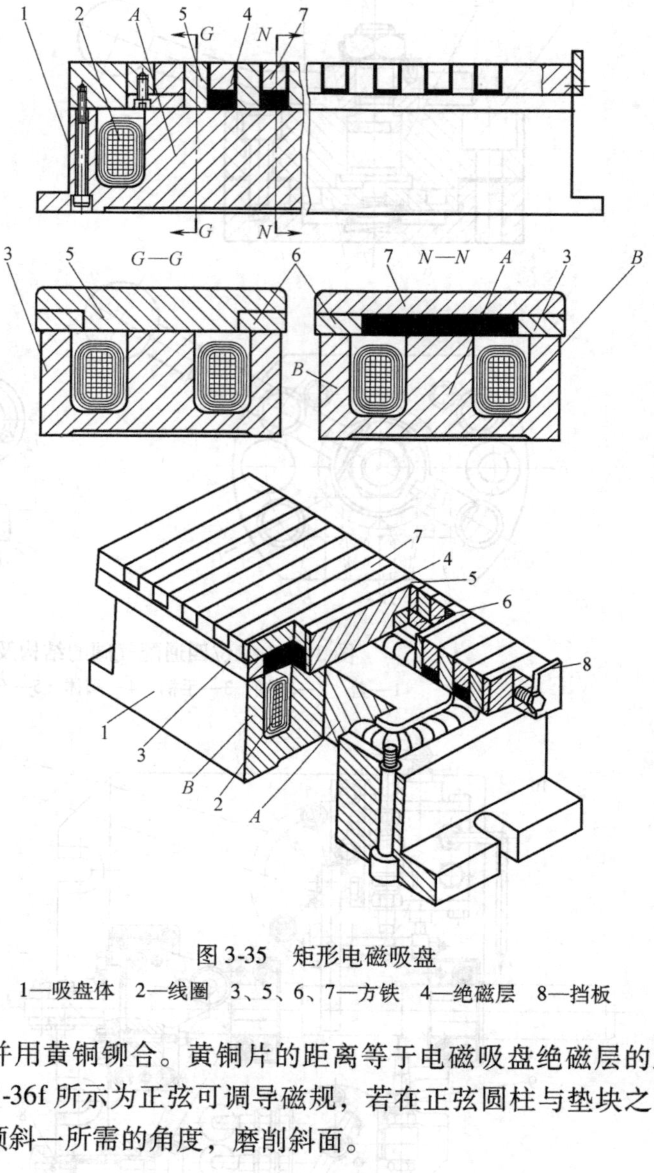

图3-35　矩形电磁吸盘

1—吸盘体　2—线圈　3、5、6、7—方铁　4—绝磁层　8—挡板

（2）导磁铁　在平面磨削时，像斜面、圆柱等工件就不能直接装夹在磁性吸盘上，而要使用导磁铁（见图3-36），将电磁吸盘的磁力线延伸，夹紧工件。如图3-36a所示，导磁铁由1、3、5诸铁片组成，铁片间交替用2、4、6诸黄铜片隔开，并用黄铜铆合。黄铜片的距离等于电磁吸盘绝磁层的距离，其相当于电磁吸盘的延伸。图3-36f所示为正弦可调导磁规，若在正弦圆柱与垫块之间垫入量块，即可使正弦可调导磁规倾斜一所需的角度，磨削斜面。

四、电动装置

1. 电动装置的特点

1）电动装置是以电动机为动力源，利用减速器将电动机输出的高速小转矩，变为低速大转矩，经夹紧机构夹紧工件，该夹紧方式效率高，夹紧力大，易于实现自动化。

2）结构紧凑，夹紧刚度高。

3）易于制造及推广应用，如电动三爪自定心卡盘、电动虎钳等，可降低劳动强度。

2. 电动三爪自定心卡盘

（1）结构　图3-37所示为电动三爪自定心卡盘。它可由三爪自定心卡盘改装而成，即在卡盘体内装上一套少齿差行星减速机构。电动机的动力由齿轮1经传动轴2传至偏心轴

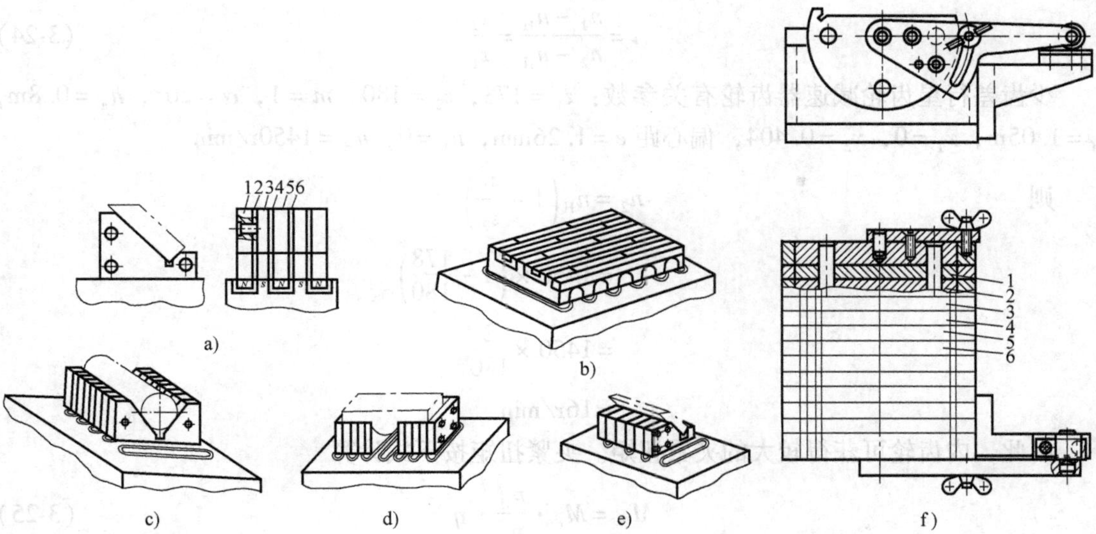

图 3-36　导磁铁

a）导磁铁的结构　b）平板形导磁铁　c）V 形导磁铁　d）双导磁铁　e）磨斜面的导磁铁　f）正弦可调导磁规

6，其上装有两个相互偏心的齿轮 7 和 8。由于有 8 个固定的限位轴 5 的作用，两齿轮只能作行星平动，并使内齿轮 9 转动，最后再将转矩传给丝盘，由卡爪夹紧工件。

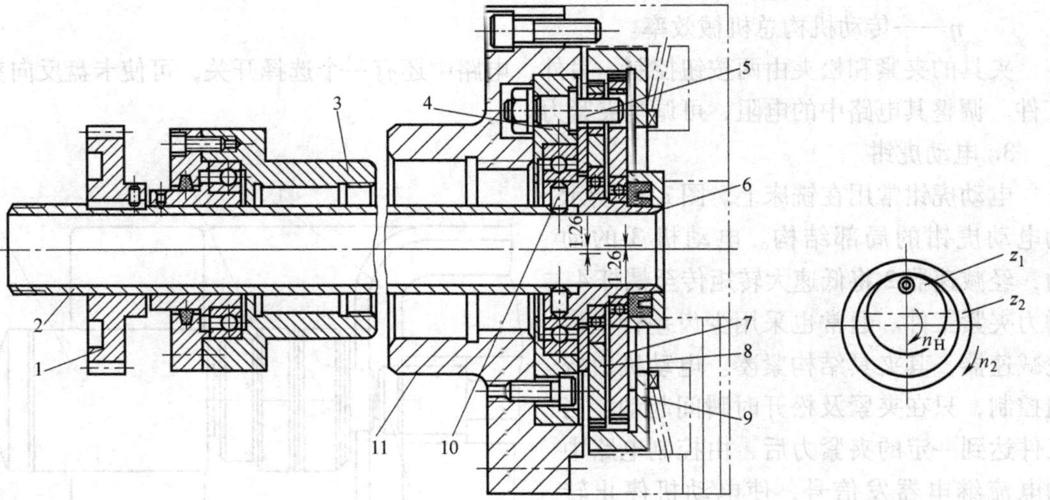

图 3-37　电动三爪自定心卡盘

a）电动卡盘　b）少齿差行星减速机构的工作原理

1—齿轮　2—传动轴　3—轴助座　4—定位板　5—限位轴

6—偏心轴　7、8—偏心齿轮　9—内齿轮　10—传动销　11—卡盘体

（2）工作原理　电动三爪自定心卡盘的工作原理是利用少齿差行星齿轮减速器，将电动机的高速小转矩变为低速大转矩，经丝盘由电动卡盘卡爪夹紧工件，如图 3-37a 所示。图 3-37b 所示为少齿差行星减速机构的工作原理图。行星齿轮速比公式为

$$i = \frac{n_1 - n_H}{n_2 - n_H} = \frac{z_2}{z_1} \tag{3-24}$$

少齿差行星齿轮减速器齿轮有关参数：$z_1 = 178$，$z_2 = 180$，$m = 1$，$\alpha = 20°$，$h_a = 0.8\text{m}$，$h_f = 1.05\text{m}$，$x_1 = 0$，$x_2 = 0.404$，偏心距 $e = 1.26\text{mm}$，$n_1 = 0$，$n_H = 1450\text{r/min}$

则

$$\begin{aligned} n_2 &= n_H\left(1 - \frac{z_1}{z_2}\right) \\ &= 1450 \times \left(1 - \frac{178}{180}\right) \\ &= 1450 \times \frac{2}{180} \\ &\approx 16\text{r/min} \end{aligned}$$

由此，内齿轮可获得较大的夹紧扭矩。夹紧扭矩按下式计算

$$M_W = M_e \cdot \frac{n_H}{n_2} \cdot \eta \tag{3-25}$$

式中 M_W——夹紧扭矩（N·m）；

M_e——电动机输出轴转矩（N·m），$M_e = b_2 \times 1.3b \cdot \frac{N}{n}$（$N$ 电动机功率）；

n_H——电动机转速（r/min）；

n_2——内齿轮转速（r/min）；

η——传动机构总机械效率。

夹具的夹紧和松夹由两按钮控制。另外，电路中还有一个选择开关，可使卡盘反向夹紧工件。调整其电路中的电阻，可调整夹紧力。

3. 电动虎钳

电动虎钳常用在铣床上。图 3-38 所示为电动虎钳的局部结构。电动机 3 的动力，经减速器 2 将低速大转矩传至螺杆 4，增力夹紧工件。通常也采用少齿差行星齿轮减速器，其夹具结构紧凑。电动机由按钮控制，只在夹紧及松开时瞬间起动。当工件达到一定的夹紧力后，由控制电路中的电流继电器发信号，使电动机停止转动，并切断电源；操作另一按钮，电动机反向旋转，即可使虎钳松夹。控制电路也需专门设计。

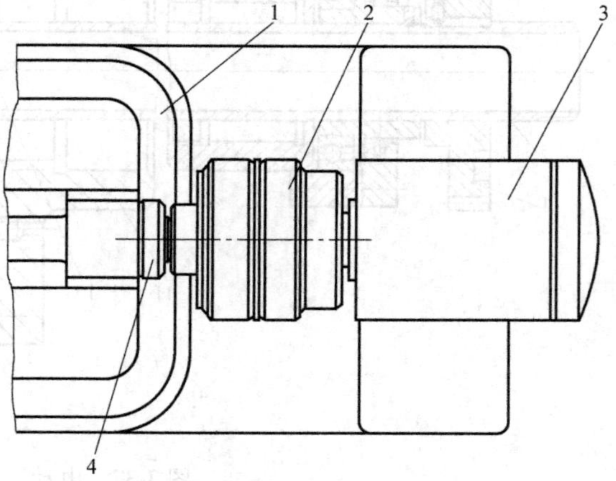

图 3-38 电动虎钳的局部结构

1—虎钳 2—减速器 3—电动机 4—螺杆

五、真空装置

真空装置是利用封闭腔内的真空度吸紧工件，真空夹紧原理如图 3-39 所示。图 3-39a 所示是未夹紧状态，夹具体上有橡胶密封圈 B，工件放在密封圈上，使工件与夹具体间形成密闭腔 A；然后通过孔道 C 用真空泵抽出 A 腔内的空气，使密闭腔形成一定的真空度，在大气压力作用下，工件定位基准面与夹具支承面接触并获得一定的夹紧力。图 3-39b 所示为夹紧状态，夹紧力按下式计算

$$F_W = S\ (p_a - p_0)\ - F_m \tag{3-26}$$

式中 F_W——夹紧力（N）；

S——空腔 A 的有效面积，即为密封圈 B 所包容的面积（mm^2）；

p_a——大气压强（0.1MPa）；

p_0——腔内剩余压强，一般为 0.01 ~ 0.05MPa；

F_m——橡胶密封圈的反作用力（N）。

图 3-40a 所示为真空夹紧系统，它由电动机 1，真空泵 2，真空罐 3，空气过滤器 4，操纵阀 5，真空夹具 6 等所组成。真空罐 3 经常处于真空状态，当它与夹具密闭腔接通后，迅速使腔内形成真空，夹紧工件。真空罐的容积应比夹具密闭腔容积大 15 ~ 20 倍。

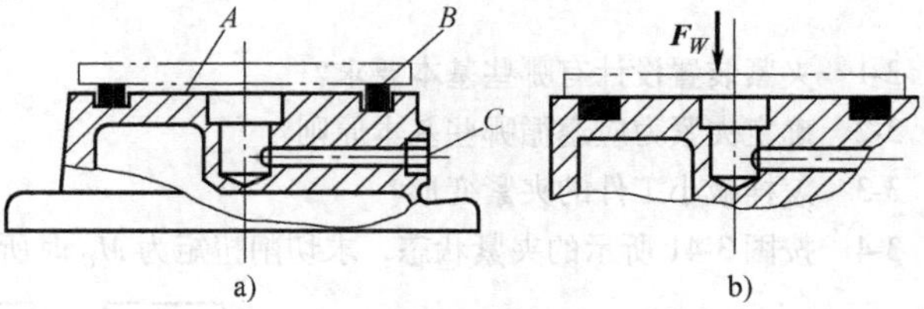

图 3-39　真空夹紧原理

a）未夹紧状态　b）夹紧状态

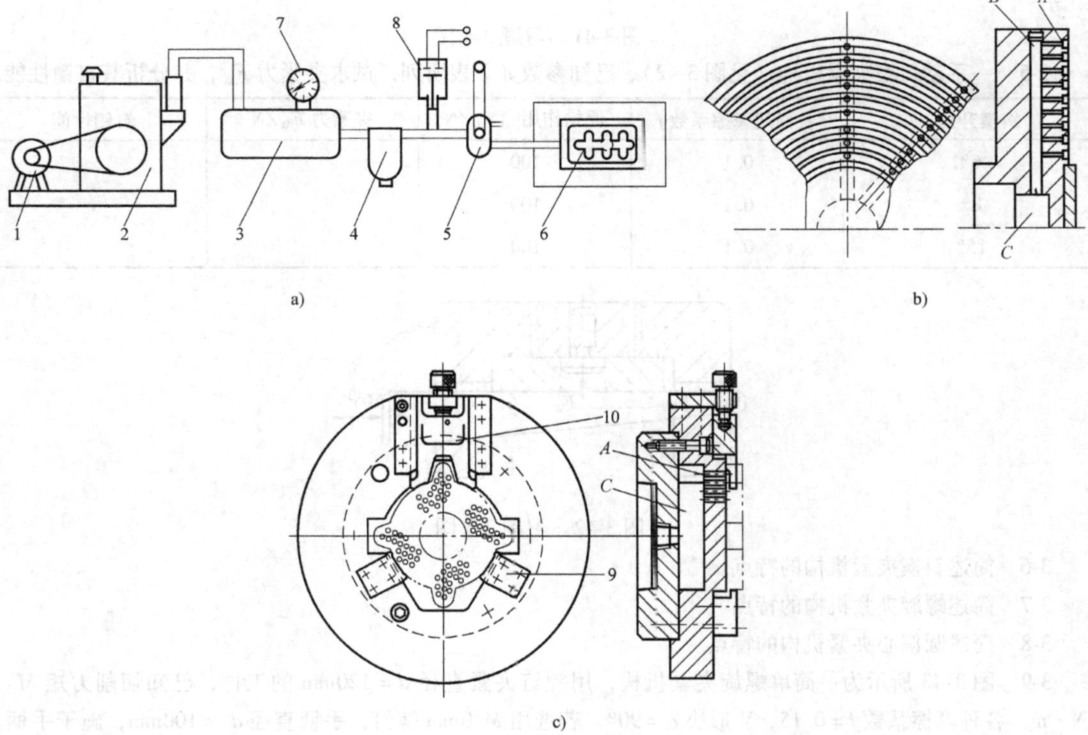

图 3-40　真空夹紧系统和真空夹具

a）真空夹紧系统　b）真空吸盘　c）车床夹具

1—电动机　2—真空泵　3—真空罐　4—空气过滤器　5—操纵阀

6—真空夹具　7—真空表　8—紧急断路器　9—支承　10—夹紧块

系统中还安装了紧急断路器 8，它与机床电动机的电路联锁。当真空度低于规定值时，紧急断路器将电路切断，停止机床运转，以防发生事故。

真空装置的特点是压力均匀，单位有效面积上的压力只有6~8N/cm²。因此，仅适用于加工刚度低、大而薄或需要均匀夹紧而又不能采用磁力夹紧的工件。图3-40b所示为用于车床的真空吸盘，吸盘上有许多环形槽，槽内有许多小孔A，其与径向通道B与主轴真空腔C相通。图3-40c所示为车床夹具，用于装夹异形薄片零件，小孔A与真空腔C相通。除真空夹紧外，夹具还有支承和夹紧块定位夹紧。

复 习 题

3-1 夹紧装置设计有哪些基本要求？

3-2 确定夹紧力应遵循哪些基本原则？

3-3 怎样减小工件的夹紧变形？

3-4 按图3-41所示的夹紧状态，求切削扭矩为M_C时所需的夹紧力。

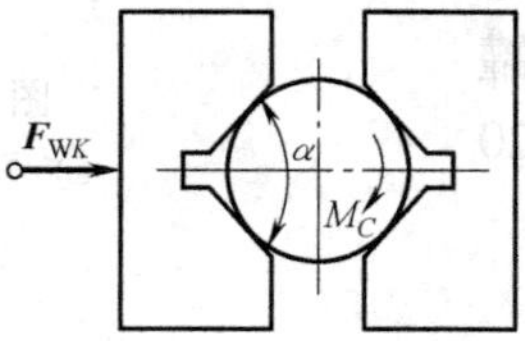

图3-41 习题3-4图

3-5 一手动斜楔夹紧机构（见图3-42），已知参数如下表所列，试求夹紧力F_W，并分析其自锁性能。

斜楔升角 α	各面间摩擦系数 f	原始作用力 F_Q/N	夹紧力 F_W/N	自锁性能
6°	0.1	100		
8°	0.1	100		
15°	0.1	100		

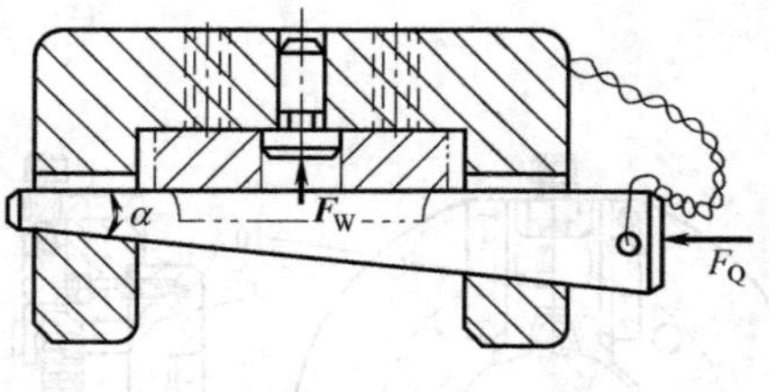

图3-42 习题3-5图

3-6 简述斜楔夹紧机构的特点。

3-7 简述螺旋夹紧机构的特点。

3-8 简述圆偏心夹紧机构的特点。

3-9 图3-43所示为一简单螺旋夹紧机构，用螺钉夹紧直径$d=120$mm的工件，已知切削力矩$M_C=7$N·m，各种摩擦系数$f=0.15$，V形块$\alpha=90°$。若选用M10mm螺钉，手柄直径$d'=100$mm，施于手柄上的原始作用力$F_Q=100$N，试分析夹紧力是否可靠？

3-10 什么叫偏心率？如何选择偏心率？

3-11 简述铰链夹紧机构的特点。

3-12 简述定心夹紧机构的工作原理。

3-13 简述液性塑料心轴的结构特点。

3-14 简述联动夹紧机构的特点及夹紧形式。

3-15 如何设置联动夹紧机构的浮动环节？

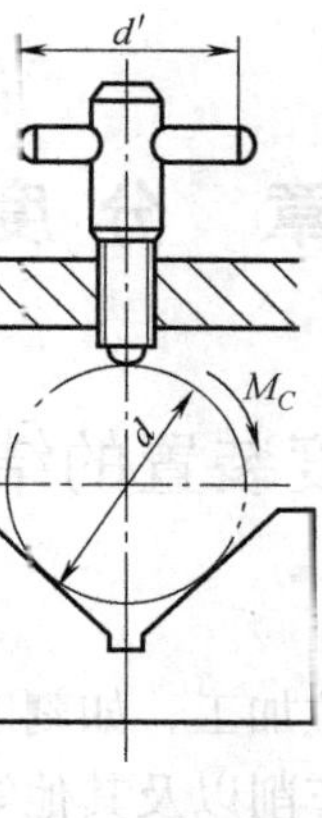

图 3-43　习题 3-9 图

3-16　气压装置主要由哪些部分组成？它有什么特点？

3-17　试述机床夹具用液压泵站的工作原理及特点。

3-18　试述卧式双级气液增压器的工作过程及气液增压装置的特点。

3-19　试述电动三爪自定心卡盘的结构组成及其基本工作原理。

3-20　试述真空夹紧装置的工作原理及真空夹紧装置的特点。

3-21　用分离式气缸经传动装置夹紧工件（见图 3-44），已知气缸活塞直径 $D=100\text{mm}$，气压 $p=0.5\text{MPa}$，求压板的夹紧力 F_W。为保证使用安全，应采取什么措施？

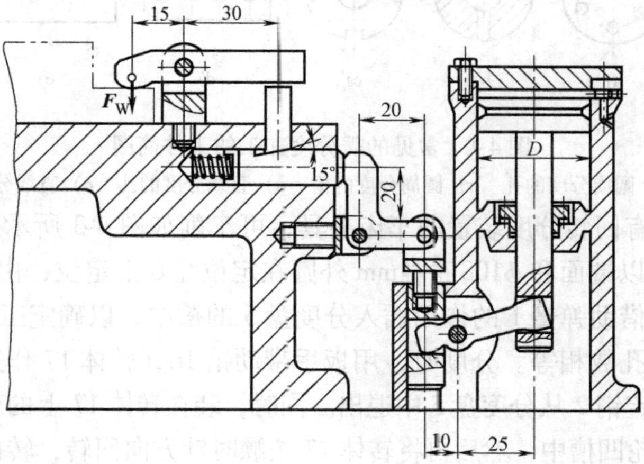

图 3-44　习题 3-21 图

第四章　分 度 装 置

第一节　分度装置的结构及主要类型

一、概述

在机械加工中经常有工件需多工位加工，如刻度尺的刻线，叶片液压泵转子叶片槽的铣削、齿轮和齿条的加工、多线螺纹的车削以及其他等分孔或等分槽的加工等。这类工件一次装夹后，需要在加工过程中进行分度，即在完成一个表面的加工以后，依次使工件随同夹具的可动部分转过一定角度或移动一定距离，然后对下一个表面进行加工，直至完成全部加工内容。具有这种功能的装置称为分度装置。

分度装置能使工件加工的工序集中，故广泛用于车削、钻削、铣削等加工中。图 4-1 所示为常见的需分度加工的工件简图。

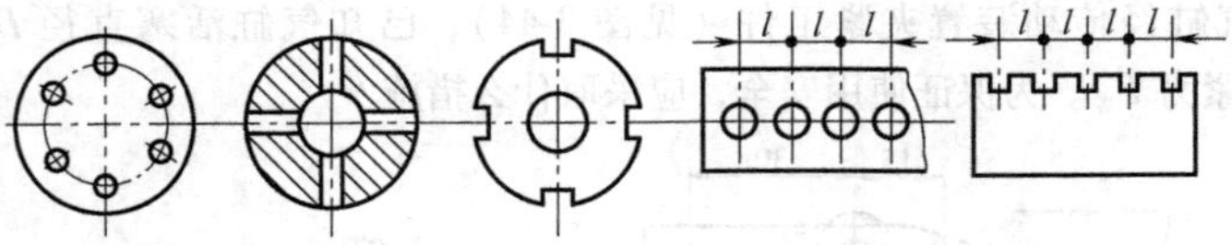

a)　b)　c)　d)　e)

图 4-1　常见的需分度加工的工件简图

a)、b) 圆周分度的孔　c) 圆周分度的槽　d) 直线分度的孔　e) 直线分度的槽

图 4-2 所示为带有回转分度装置的车床夹具，可车削如图 4-3 所示的柱塞泵分度圆盘上的七个等分孔。工件以端面和 $\phi108_{-0.050}^{-0.015}$mm 外圆在定位盘 6 上定位，由两块压板 4 夹紧。夹具体 3 上的对定销 2 借助弹簧 1 的作用插入分度盘 5 的槽中，以确定工件的加工位置。分度盘 5 的槽数与工件的孔数相等。分度时，用扳手带动销 16，转体 17 作逆时针回转，转体 17 上的凸轮面便推动对定销 2 从分度盘 5 中退出。同时，装在转体 17 上的棘爪 10 从棘轮 9 上滑过，并嵌入下一个棘轮凹槽中，然后再将转体 17 按顺时针方向回转，转体上的棘爪 10 便拨动棘轮 9 和转轴 7 转过一个角度。此时转体上的凸轮面已移开，对定销 2 便在弹簧 1 的作用下重新插入分度盘下一个分度槽中，从而完成一次分度。转体由端面楔块 12、13 锁紧，使定位稳定、可靠。此分度装置结构紧凑、操作方便，转体每正反向转动一次，便可完成分度程序。

二、分度装置的类型

1. 分度装置的分类

常见的分度装置有以下两大类：

(1) 回转分度装置　它是一种对圆周角分度的装置，又称圆分度装置，用于工件表面圆周分度孔或槽的加工。

(2) 直线分度装置　它是指对直线方向上的尺寸进行分度的装置，其分度原理与回转分度装置相同。

本章主要以对回转分度装置的分析来说明一般分度装置的设计方法。

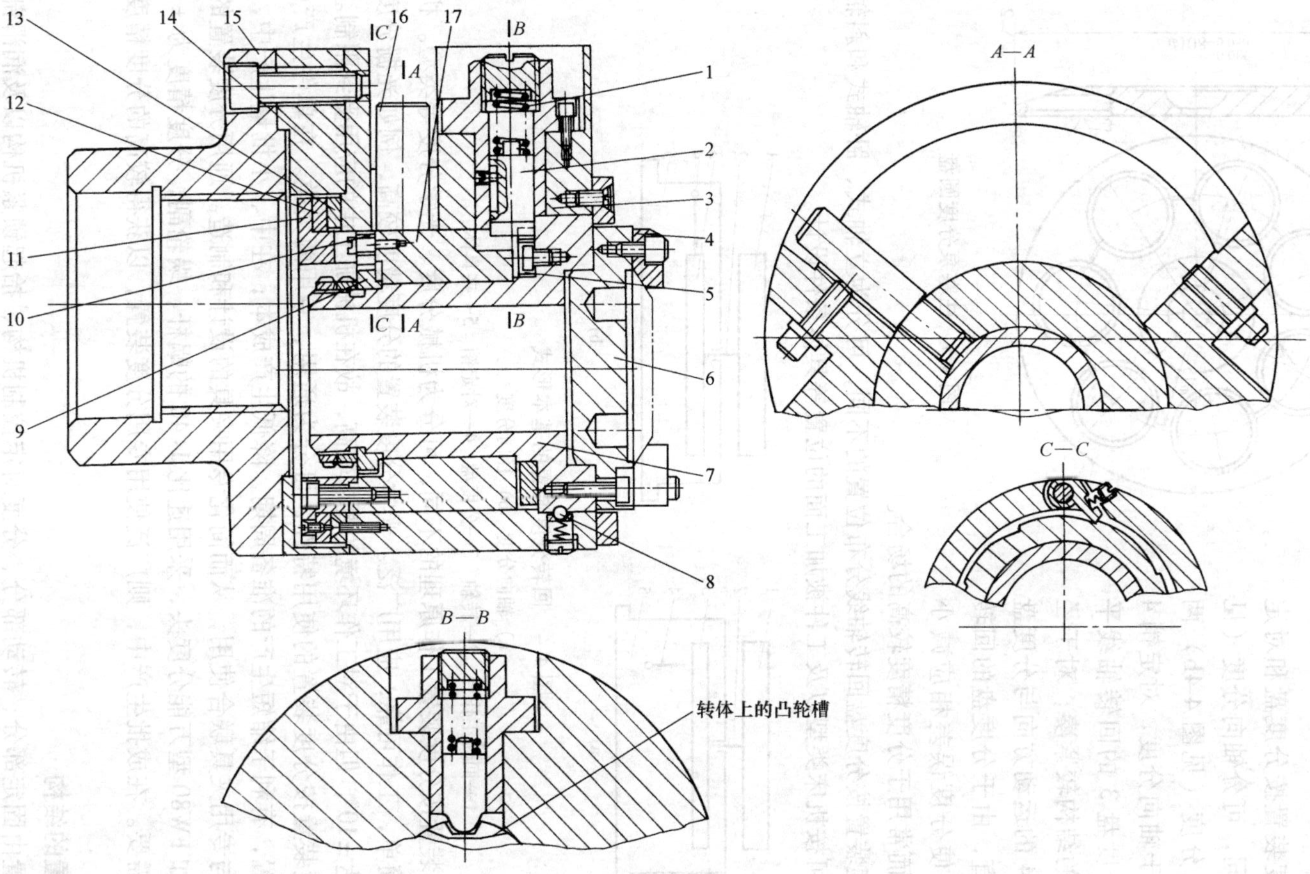

图 4-2 带有回转分度装置的车床夹具

1—弹簧 2—对定销 3—夹具体 4—压板 5—分度盘 6—定位盘 7—转轴 8—钢球 9—棘轮 10—棘爪 11—盘 12、13—端面楔块 14—圆盘 15—过渡盘 16—销 17—转体

2. 回转分度装置

回转分度装置的种类繁多，其基本形式如图4-4所示，一般可按下述形式设计。

1）回转分度装置按分度盘和对定销相对位置的不同，可分轴向分度（见图4-4a）和径向分度（见图4-4b）两种基本形式。对于轴向分度，对定销4的运动方向与分度盘3的回转轴线平行，其分度装置的结构较紧凑；对于径向分度，对定销4的运动方向与分度盘3的回转轴线垂直，由于分度盘的回转直径较大，故能使分度误差相应减小（详见后述），因而常用于分度精度较高的场合。

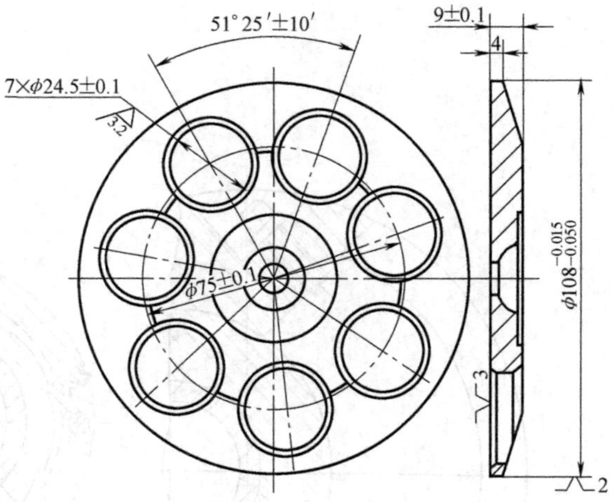

图4-3　柱塞泵分度圆盘

2）回转分度装置按分度盘回转轴线分布位置的不同，可分为立轴式、卧轴式和斜轴式三种形式。一般可按机床类型以及工件被加工面的位置等具体条件设计。

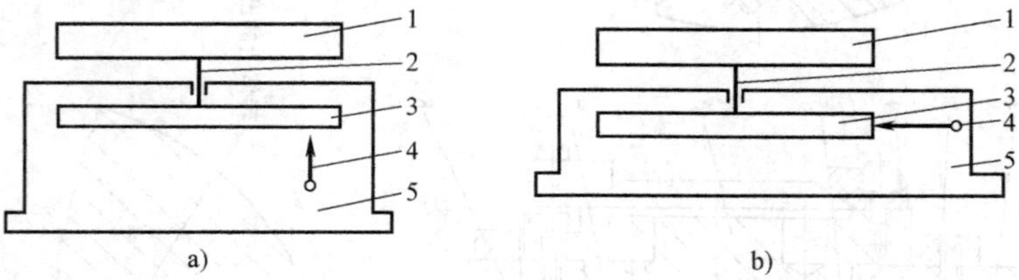

图4-4　回转分度装置的基本形式

a）轴向分度　b）径向分度

1—回转工作台　2—转轴　3—分度盘　4—对定销　5—夹具体

3）回转分度装置按分度装置工作原理的不同，可分为机械分度、光学分度等类型。机械分度装置的结构简单，工作可靠，应用广泛。光学分度装置的分度精度较高，例如光栅分度装置的分度精度可达±10″，但由于对工作环境的要求较高，故在机械加工中的应用受到限制。

4）回转分度装置按分度装置的使用特性，可分为通用、专用两大类。在单件生产中，使用通用分度装置，有利于缩短生产的准备周期，降低生产成本；在中、小批量生产中，常将通用分度装置与专用夹具联合使用，从而简化专用夹具的设计和制造。通用分度装置的分度精度较低，例如FW80型万能分度头，采用速比1∶40的蜗杆、蜗轮副，分度精度为±1′，故只能满足一般需要。在成批生产中，则广泛使用专用分度装置，以获得较高的分度精度和生产效率。

三、分度装置的结构

回转分度装置由固定部分、转动部分、分度对定控制机构、抬起锁紧机构以及润滑部分等组成。

（1）固定部分　它是分度装置的基体，其功能相当于夹具体。它通常采用经过时效处理的灰铸铁制造，精密基体则可选用孕育铸铁。孕育铸铁有较好的耐磨性、吸振性和刚度。

（2）转动部分　转动部分包括回转盘、衬套和转轴等。回转盘通常用45钢经淬火至40

~45HRC 或 20 钢经渗碳淬火至 58 ~ 63HRC 加工制成。转盘工作平面的平面度公差为 0. 01mm，端面的圆跳动公差为 0. 01 ~ 0. 015mm，工作面对底面的平行度公差为 0. 01 ~ 0. 02mm。轴承的间隙一般应在 0. 005 ~ 0. 008mm 之间，以减小分度误差。

（3）分度对定机构及控制机构　分度对定机构由分度盘和对定销组成。其作用是在转盘转位后，使其相对于固定部分定位。分度对定机构的误差会直接影响分度精度，因此是分度装置的关键部分。设计时应根据工件的加工要求，合理选择分度对定机构的类型。

（4）抬起锁紧机构　分度对定后，应将转动部分锁紧，以增强分度装置工作时的刚度。大型分度装置还需设置抬起机构。

（5）润滑部分　润滑系统是指由油杯组成的润滑系统。其功能是减少摩擦面的磨损，使机构操作灵活。当使用滚动轴承时，可直接用润滑脂润滑。

第二节　分度装置的设计

一、分度对定机构及控制机构的设计

1. 分度对定机构

分度对定机构的结构形式较多，如图 4-5 所示，它们各有不同的特点，且适用于不同的场合。

（1）钢球对定　如图 4-5a 所示，它是依靠弹簧的弹力将钢球压入分度盘锥形孔中实现分度对定的。钢球可用 0 ~ 1 级精度的标准钢球。分度盘上的分度锥形孔可用钻头锪出，锥角 α 为 90°或 120°，深度应小于钢球的半径。钢球对定结构简单，在径向、轴向分度中均有应用。常用于切削负荷小，且分度精度较低的场合，也可作为分度装置的预分度对定（见图 4-2）。

（2）圆柱销对定　如图 4-5b 所示，圆柱销对定主要用于轴向分度。分度盘一般采用 45

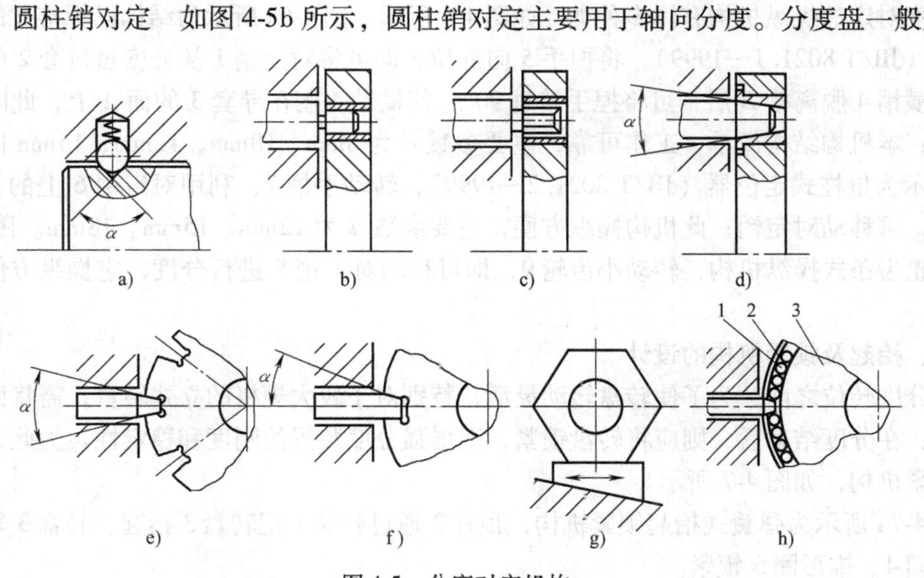

图 4-5　分度对定机构

a）钢球对定　b）圆柱销对定　c）菱形销对定　d）锥销对定

e）双斜面楔形槽对定　f）单斜面楔形槽对定　g）正多面体对定　h）滚柱对定

1—精密滚柱　2—套环　3—圆盘

钢经调质制成，在坐标镗床上镗出的分度孔中镶有经淬硬的衬套。圆柱销用T7A优质工具钢经淬火至53～58HRC制成。采用H7/g6间隙配合。圆柱销对定结构简单、制造方便，缺点是分度精度较低，一般为±1′～±10′。

（3）菱形销对定　如图4-5c所示，由于菱形销能补偿分度盘分度孔的中心距误差，故结构工艺性良好。其应用特性与圆柱销对定相同。

（4）圆锥销对定　如图4-5d所示，它常用于轴向分度，圆锥角α一般为10°。其特点是圆锥面能自动定心，故分度精度较高，但结构上对防尘有较高的要求。

（5）双斜面楔形槽对定　如图4-5e所示，双斜面楔形槽对定的优点是斜面能自动消除结合面的间隙，故有较高的分度精度；缺点是分度盘的制造工艺较复杂，槽面需经磨削加工。分度盘的材料及热处理可按不同情况选择：小尺寸分度盘用T7A、T8A优质工具钢经淬火至55～60HRC；大尺寸的分度盘用20钢或20Cr经渗碳淬硬至55～60HRC。分度盘的槽形角取20°或30°。在条件允许的情况下，可用精度为4～5级的圆柱正齿轮代替分度盘。

（6）单斜面楔形槽对定　如图4-5f所示，斜面产生的分力能使分度盘始终反靠在平面上，图中平面为分度对定的基准，只要其位置固定不变，就能使分度装置获得很高的分度精度。这种分度对定机构常用于高精度的径向分度，分度精度可达到±10″左右。

（7）正多面体对定　正多面体是具有精确角度的基准器件。图4-5g所示为正六面体基准器件，能作2、3、6等分。其特点是制造容易、刚度高、分度精度较高，但分度数不宜过多。多面体可用20钢渗碳淬火至58～63HRC，再经磨削加工制成。

（8）滚柱对定　如图4-5h所示，这种结构由圆盘3、套环2和精密滚柱1装配而成。相间排列的滚柱构成分度槽。为提高分度盘的刚度，在滚柱与圆盘、套环之间应充填环氧树脂。对定销端部制成10°锥角，分度精度较高。

2. 控制机构

分度对定的操纵机构有许多种类，如图4-6所示。图4-6a所示为结构已标准化的手拉式定位器（JB/T 8021.1—1999），将捏手5向外拉，即可将对定销1从分度盘衬套2的孔中拔出；当横销4脱离槽*B*后，可将捏手转过90°，使横销4搁在导套3的面*A*上，此时即可转位分度；本机构结构简单，工作可靠，主要参数*d*为8mm、10mm、12mm、15mm四种。图4-6b所示为枪柱式定位器（JB/T 8021.2—1999），转动手柄7，利用对定销6上的螺旋槽*E*的作用，可移动对定销；此机构操纵方便，主要参数*d*为12mm、15mm、18mm。图4-6c所示为齿轮齿条式操纵机构，转动小齿轮9，即可移动对定销8进行分度，它操纵方便，工作可靠。

二、抬起及锁紧机构的设计

在分度转位之前，为了使转盘转动灵活，特别对于较大规格的立式转台，需将回转盘稍微抬起；在分度结束后，则应将转盘锁紧，以增强分度装置的刚度和稳定性。为此，可设置抬起锁紧机构，如图4-7所示。

图4-7a所示为弹簧式抬起锁紧机构，顶柱2通过弹簧1把转盘3抬起。转盘3转位后可用锁紧圈4、锥形圈5锁紧。

图4-7b所示为偏心式抬起锁紧机构、转动圆偏心轴9，经滑动套11，轴承7把回转盘6抬起。反向转动圆偏心，经螺钉12、滑动套11、螺纹轴8，即可将回转盘锁紧。

图4-7c所示为大型液压式分度转盘，用液体静压抬起。压力油经油口*C*、油路系统16、

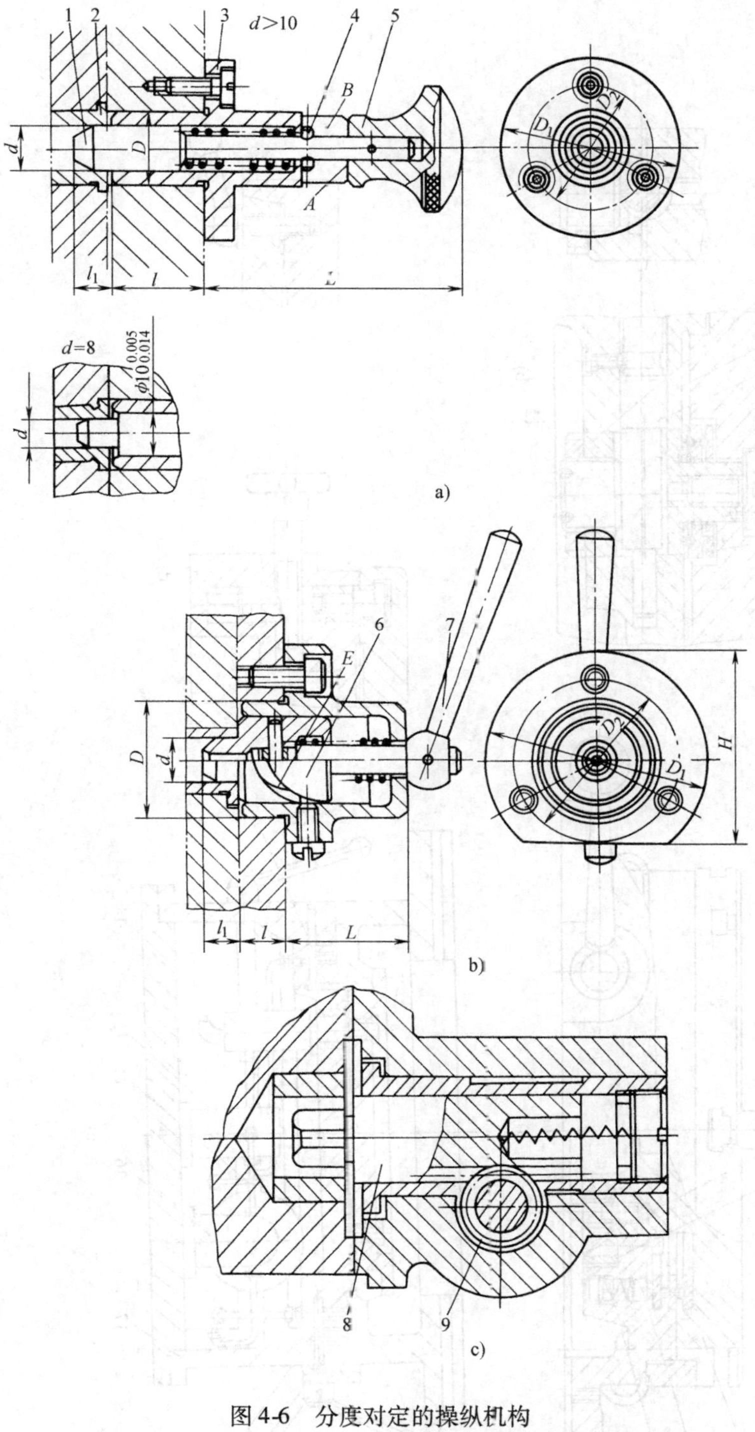

图 4-6 分度对定的操纵机构

a）手拉式定位器 b）枪柱式定位器 c）齿轮齿条式操纵机构

1、6、8—对定销 2—衬套 3—导套 4—横销 5—捏手 7—手柄 9—小齿轮

油孔 B，在静压槽 D 处产生静压，抬起转盘 19；回油经油口 A 和回油系统 15 排出。静压使转盘抬起 0.1mm。转盘 19 由锁紧装置 18 锁紧。图 4-7d、e 所示为用于小型分度盘的锁紧机构。

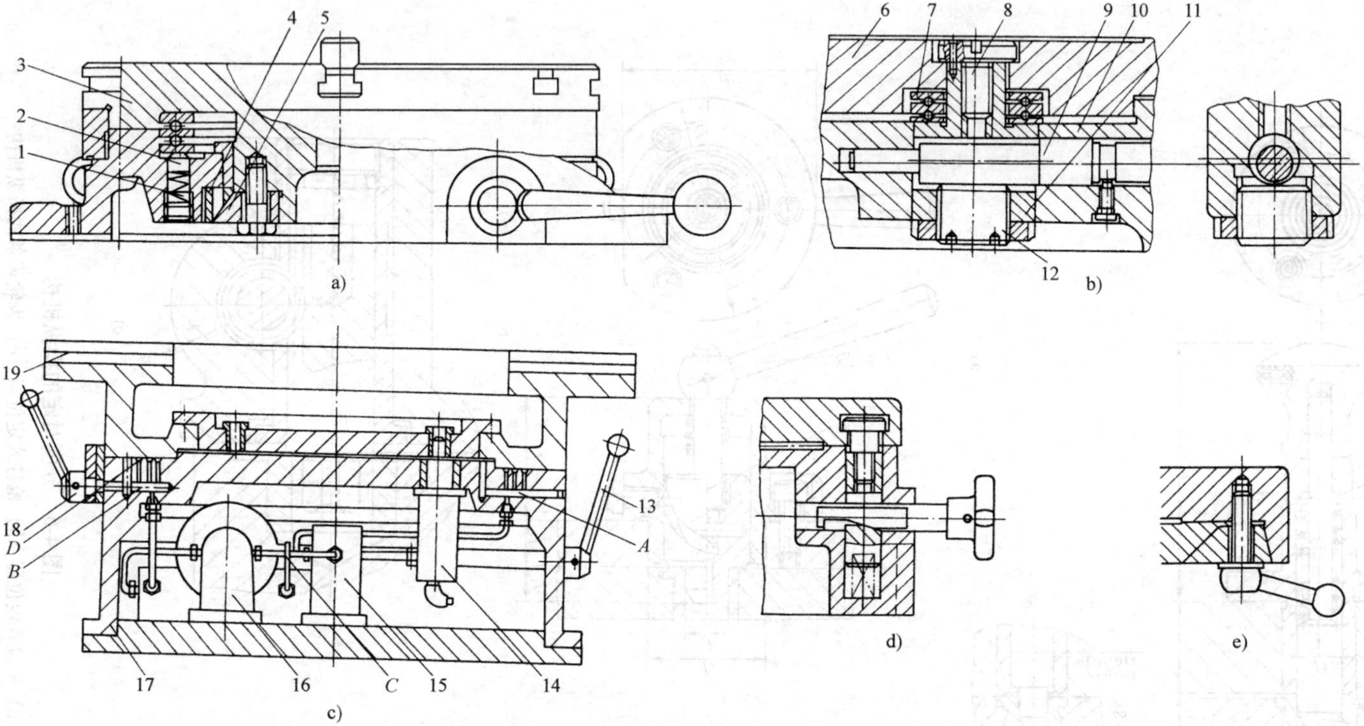

图 4-7　抬起锁紧机构

a）弹簧式　b）偏心式　c）液压式分度转盘　d）、e）用于小型分度盘的锁紧机构

1—弹簧　2—顶柱　3—转盘　4—锁紧圈　5—锥形圈　6—回转盘　7—轴承　8—螺纹轴

9—圆偏心轴　10、17—转台体　11—滑动套　12—螺钉　13—手柄　14—液压缸

15—回油系统　16—油路系统　18—锁紧装置　19—转盘

三、分度精度分析

1. 分度精度的评定

分度精度是指分度误差的大小。圆分度精度一般用单个分度误差和总分度误差来评定，如图 4-8 所示。

（1）单个分度误差　单个分度误差是指两个分度的实际数值与理论数值之间的代数差。如图 4-8a 所示，第Ⅰ分度间距的单个分度误差为 $ab - a'b'$。这里的一个分度为一个分度间距，即是指两条相邻格线之间的量值。间距值应换算成相应的角度值。

$$\Delta_{\alpha} = \frac{412.6\Delta}{d} \tag{4-1}$$

式中　Δ_{α}——分度角度误差（″）；

Δ——分度线值误差（μm）；

d——分度盘计算直径（mm）。

（2）总分度误差　它是指在规定的区间内，正分度位置偏差与负分度位置偏差的最大绝对值之和。图 4-8b 表示在 360°范围内总分度误差曲线波幅 RS 所示的数值。

图 4-8c 所示为一种简单的检测分度误差的方法。在回转台上放置与分度数相应的多面体标准量块 2，先测量第一面并将读数 a、b 处调整至相同，然后依次测出其余面 a、b 处的读数差值，即为分度误差。

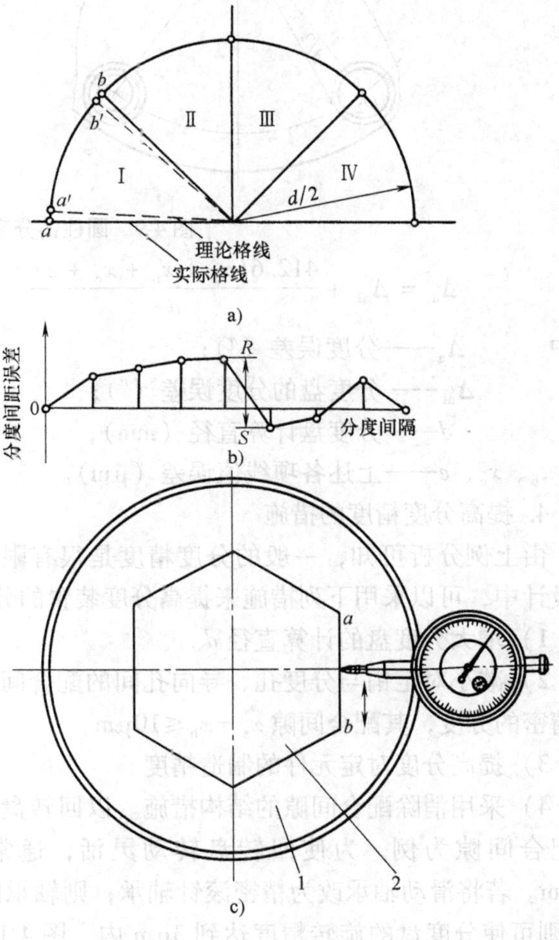

图 4-8　分度精度

a）单个分度误差　b）总分度误差　c）分度误差的检测

1—转盘　2—多面体标准器件

2. 分度精度的等级

分度精度的等级尚无统一标准，一般可分为以下几种：

1）超精密级　分度误差≤ ±0.1″ ~ ±0.5″。

2）精密级　分度误差为 ±1″ ~ ±10″。

3）普通级　分度误差为 ±1′ ~ ±10′。

3. 影响分度精度的因素

影响分度精度的主要因素有：分度盘本身的误差、分度盘相对于回转轴线的径向圆跳动所造成的附加误差、对定误差和有关元件的误差等。以圆柱销分度精度分析为例（见图 4-9），影响分度精度的因素有：x_a——对定销与分度孔的配合间隙；x_b——对定销与导向孔的配合间隙；x_c——分度盘与轴承的配合间隙；Δ_{a1}——分度盘分度孔的分度误差；e——分度盘分度孔衬套的同轴度误差。分度误差可按下式计算

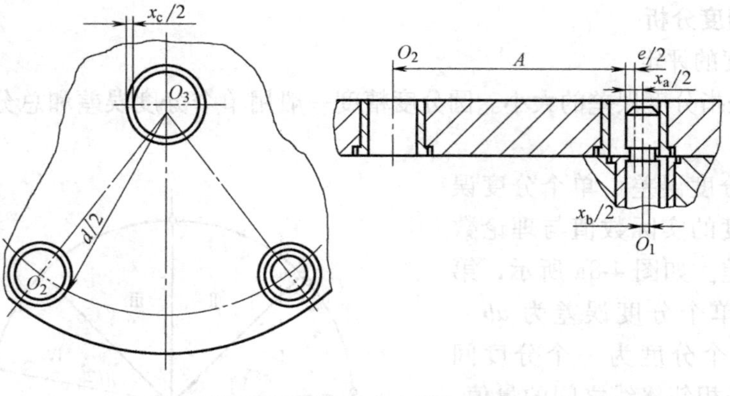

图 4-9 圆柱销分度精度分析

$$\Delta_a = \Delta_{a1} + \frac{412.6(x_a + x_b + x_c + e)}{d} \tag{4-2}$$

式中 Δ_a——分度误差（″）；

Δ_{a1}——分度盘的分度误差（″）；

d——分度盘计算直径（mm）；

x_a、x_b、x_c、e——上述各项线值误差（μm）。

4. 提高分度精度的措施

由上例分析可知，一般的分度精度是很有限的。在常规设计中，可以采用下列措施来提高分度装置的分度精度。

1）增大分度盘的计算直径 d。

2）减小对定销与分度孔、导向孔间的配合间隙。对于较精密的分度，其配合间隙 $x_a = x_b \leqslant 10\mu m$。

3）提高分度对定元件的制造精度。

4）采用消除配合间隙的结构措施。以回转盘与轴承孔的配合间隙为例，为使回转盘转动灵活，通常取 $x_c = 40\mu m$。若将滑动轴承改为精密滚针轴承，则轴承间隙 $x_c = 0$，则可使分度盘的旋转精度达到 3μm 内。图 4-10 所示为改进后用液压操纵的高精度分度对定结构。其原理是，对定销 2 对定后，液压油经管道 7 至油室 4，使滑柱 3、5 移动，分别推动钢球 1、6 定心定位，消除对定销与导向孔、分度衬套孔的间隙。

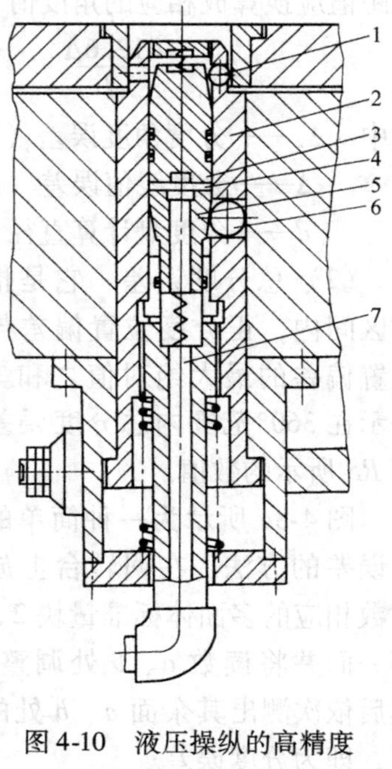

图 4-10 液压操纵的高精度分度对定结构

1、6—钢球 2—对定销 3、5—滑柱 4—油室 7—管道

5）采用高精度分度对定结构。

第三节 分度装置的应用

一、通用回转分度装置

1. 典型结构

（1）立轴式通用回转台的结构 图 4-11 所示是一种立轴式通用回转台的典型结构。转盘 1 和转轴 4 由螺钉及销子联接，可在转台体 2 中转动。对定销 10 的下端有齿条与齿轮套 12 啮合。分度时，逆时针转动手柄 8，通过螺杆轴 7 上的挡销（见 B—B 截面）带动齿轮套

12 转动，使对定销 10 从分度衬套 9 中退出。转盘转位后，再使对定销 10 在弹簧 11 的作用下插入另一分度衬套孔中，从而完成一次分度。顺时针转动手柄 8，由于螺杆轴的轴向作用将弹性开口锁紧圈 6 收紧，并带动锥形圈 5 向下将转盘锁紧。

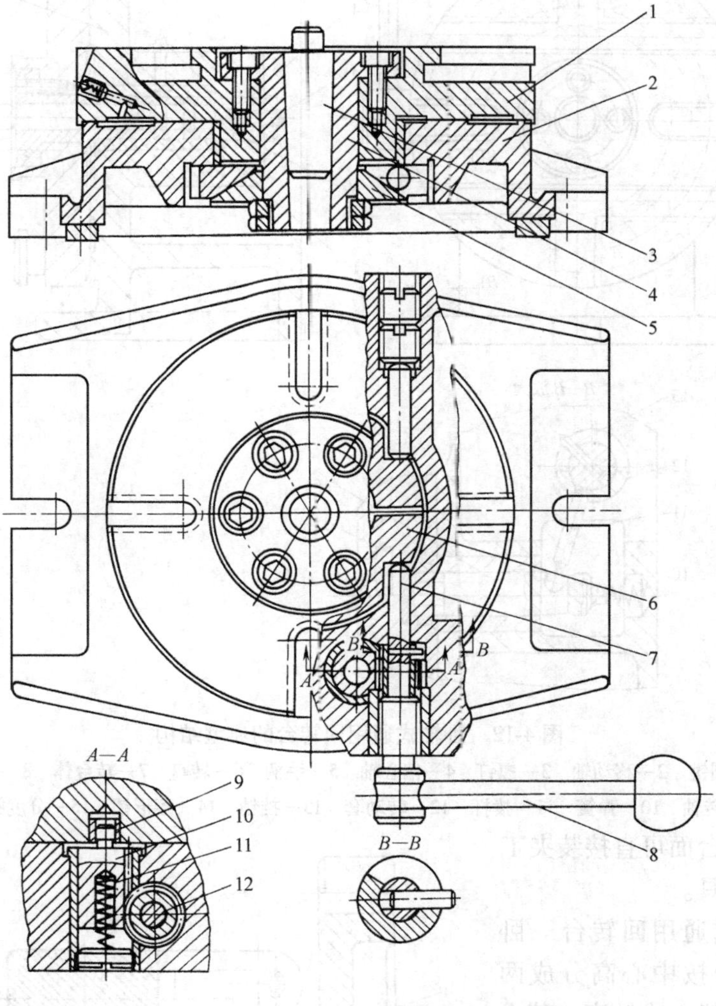

图 4-11　立轴式通用回转台的典型结构

1—转盘　2—转台体　3—销　4—转轴　5—锥形圈　6—锁紧圈　7—螺杆轴
8—手柄　9—分度衬套　10—对定销　11—弹簧　12—齿轮套

（2）卧轴式通用回转台的结构　图 4-12 所示为卧轴式通用回转台的典型结构。转盘 6 与转轴 9 连接，可在转台体 7 的衬套中回转。分度时可将手柄 5 向松开方向转动，此时偏心轴 4 使移动轴 2、半圆键 1、转轴 9 和转盘 6 右移，使转盘与转台体之间产生适当的回转间隙。在转盘松开的瞬间，偏心轴 4 上的挡销 13 便带动转动套 12、拨杆 11（*B—B* 视图），使菱形销 14 从转盘的分度衬套 15 中退出。转盘转位后，菱形销再插入下一个分度孔中。此时将手柄 5 向锁紧方向扳动，则偏心轴将转盘锁紧。

2. 通用回转台的规格及应用

（1）立轴式通用回转台　立轴式通用回转台常用于钻床或铣床。回转台已标准化、系列化，转盘直径有 ϕ250mm、ϕ300mm、ϕ450mm 等几种规格，常按 2、3、4、6、12 等分分

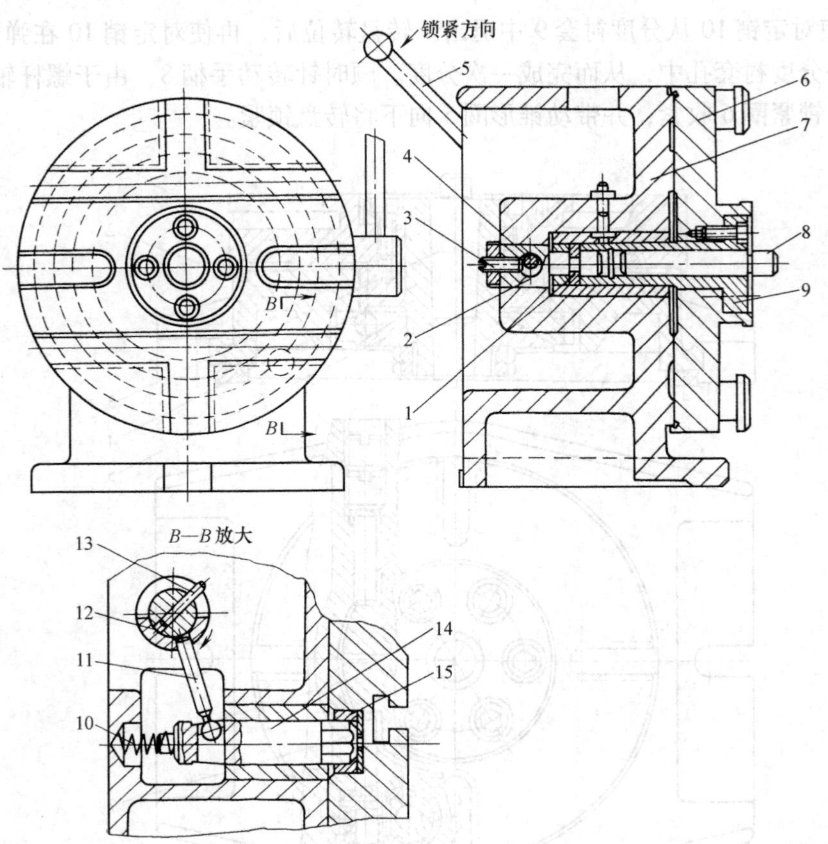

图 4-12　卧轴式通用回转台的典型结构

1—半圆键　2—移动轴　3—螺钉　4—偏心轴　5—手柄　6—转盘　7—转台体　8—定位销　9—转轴　10—弹簧　11—拨杆　12—转动套　13—挡销　14—菱形销　15—分度衬套

度。转盘的工作台面可直接装夹工件或安装专用夹具。

（2）卧轴式通用回转台　卧轴式通用回转台按中心高分成两类。一类用于一般立式钻床，其中心高为 180mm，转盘直径有 ϕ250mm、ϕ350mm 等几种规格，其分度孔数可按需要镗出。另一类用于摇臂钻床。当联合使用专用夹具时，可增设一个支架，以提高夹具的刚度和稳定性。回转台的分度精度为 ±1′。

图 4-13 所示为与回转台联合使用的专用夹具，夹具上有基准 A_1、A_2、A_3，以便与回转台连接。通过装入 T 形槽的 T 形螺栓将夹具

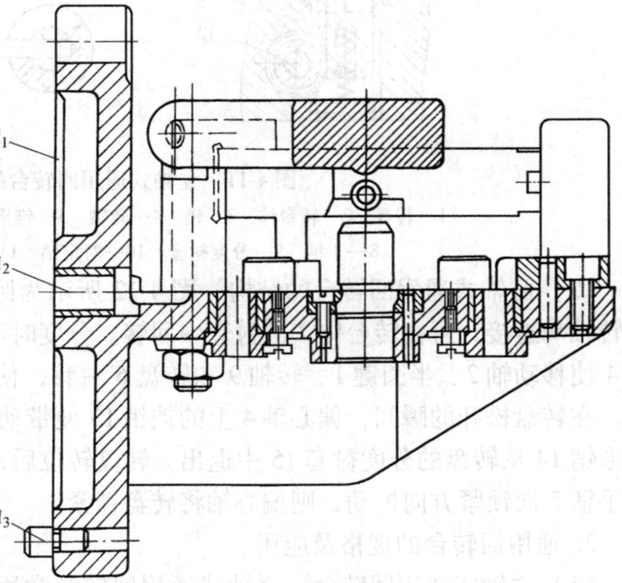

图 4-13　与回转台联合使用的专用钻床夹具

的耳座紧固即可使用。

二、端齿盘分度装置

端齿盘分度装置的分度精度可达 ±1″～±10″或更高，故为一种精密分度装置。

1. 端齿盘分度的“误差平均效应”

端齿盘实际上相当于一对多齿的尖齿离合器的啮合。制造时工艺上需保证上齿盘的所有齿形与下齿盘相同。如图 4-14a 所示的端齿盘局部啮合简图中，假设上齿盘为一齿，下齿盘的单个间距为 $A+\Delta_1$、$A+\Delta_2$…，则分度误差为 Δ_1、Δ_2…。若将上齿盘改为两齿，并由图 4-14b 所示从Ⅰ至Ⅱ完成一个分度程序，则其单个分度间距为 $A\pm(\Delta_1+\Delta_2)/2$，单个分度误差为 $(\Delta_1+\Delta_2)/2$。可见，在分度盘精度相同的条件下，齿盘实际分度误差为单个分度误差的平均值，即

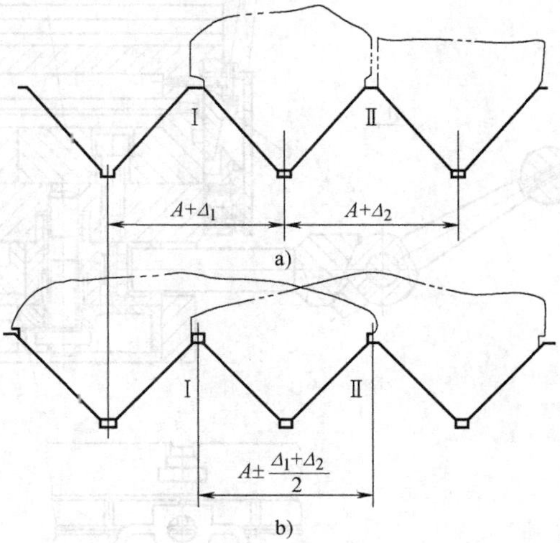

图 4-14 误差平均效应
a）单齿啮合 b）双齿啮合

$$\Delta_a=\frac{\sum\limits_{i=z}\Delta_{\alpha_i}}{z} \qquad (4\text{-}3)$$

式中 Δ_{α_i}——单个分度误差（″）；

z——端齿盘齿数。

多齿盘就是利用这种误差平均效应来提高分度精度的。

2. 端齿盘分度装置的结构及特点

图 4-15 所示的端齿盘分度装置中，齿形为三角形的上齿盘 10 为整体式结构，下齿盘 8 固定在底座 11 上。分度时，将手柄 4 按顺时针方向转动，扇形齿轮 3 便带动齿轮螺母 2 转动。由于齿轮螺母轴向固定，因此使移动轴（有外螺纹）上升，通过轴承内座圈 9 将上齿盘抬起，两齿盘脱开，上齿盘 10 便可回转分度。分度完毕后，将手柄 4 反转即可将上、下齿盘重新啮合并锁紧。

端齿盘分度装置有以下特点：

1）分度精度高，分度精度的重复性和持久性好。一般机械分度装置的精度，随着分度装置的磨损将逐渐降低。但立式端齿盘在使用过程中却相当于上、下齿盘在连续不断地对研，因此，使用越久，上、下齿盘的啮合越好，分度精度的重复性和持久性越好。

2）分度范围大。端齿盘的齿数可任意确定，以适应各种分度需要。例如，齿数为 360 齿的端齿盘，最小分度值为 1°。

3）刚度好。上、下齿盘啮合无间隙，且能自动定心，整个分度盘形成一个刚度良好的整体。

4）结构紧凑，使用方便。

5）端齿盘的加工工艺较复杂，制造成本较高。端齿盘对防尘和锁紧也有较高的要求。

3. 端齿盘的基本参数

齿形为三角形的端齿盘的基本参数如图 4-16 所示。齿数 z 可根据分度要求，即最小分

度值 α 来设计，因此可得

$$z = \frac{360°}{\alpha} \tag{4-4}$$

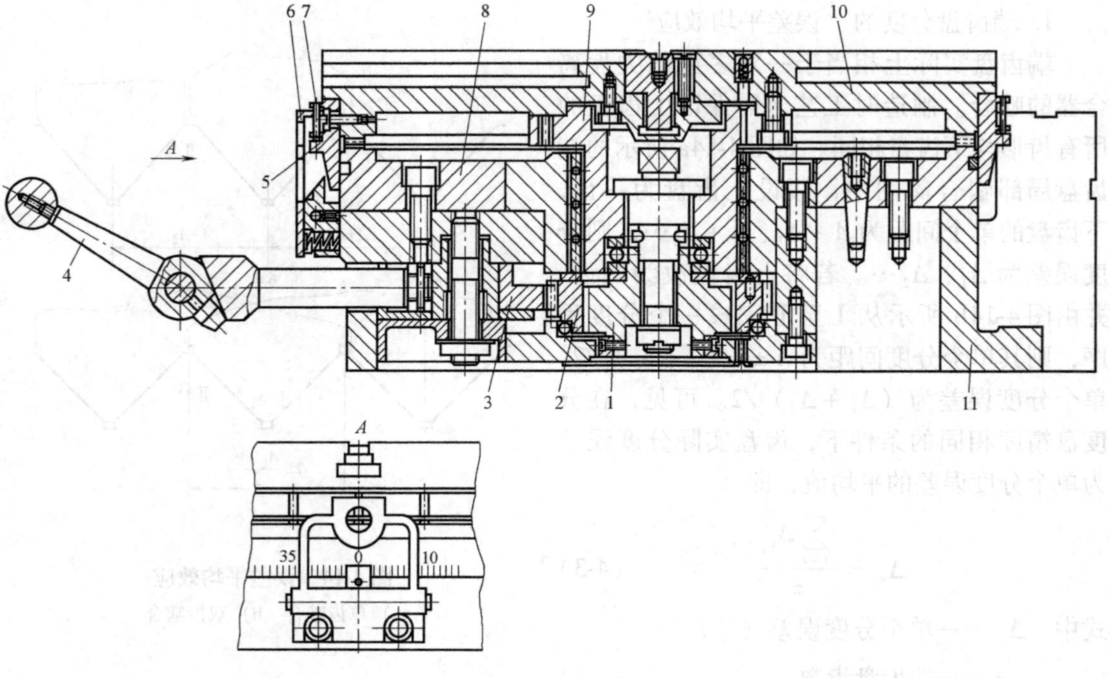

图 4-15　端齿盘分度装置

1—移动轴　2—齿轮螺母　3—扇形齿轮　4—手柄　5—刻度圈　6—定位器　7—定位销　8—下齿盘　9—轴承内座圈　10—转盘（上齿盘）　11—底座

常见的齿数有 240、300、360、480 等。

端齿盘直径 D 则由齿形大小和齿数确定。

端齿盘齿形角 θ 取 60°、90° 两种。齿宽 B 一般按大端的齿顶宽表示，其尺寸要适当，如过宽，则易引起齿顶互碰，设计时可参考有关标准。为了保证齿宽方向良好的啮合，必须正确计算齿根角 β 和加工时分度盘的斜角 γ。

图 4-16a 所示为刚性齿。图 4-16b 所示为弹性齿，它有更高的分度精度。

用作端齿盘的材料，应具有较高的耐磨性、尺寸稳定性和良好的工艺性。能满足上述要求的材料有：合金工具钢 CrWMn、合金结构钢 38CrMoAlA、40Cr、20Cr，铬轴承钢 GCr15 等。端齿盘的齿形经铣齿、磨齿、对研等工序加工后，其齿面接触面积大

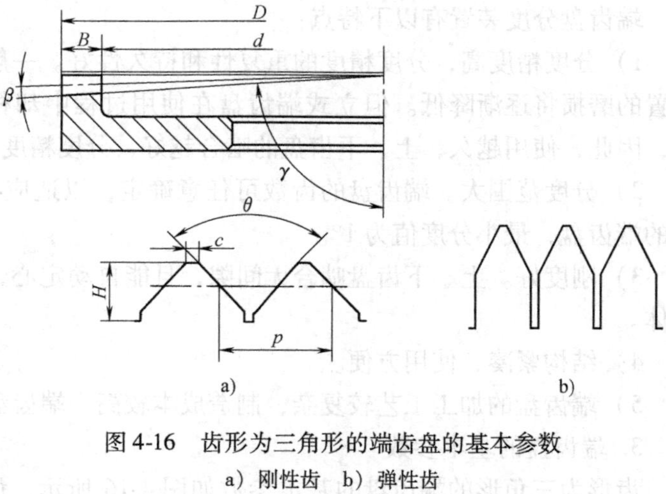

图 4-16　齿形为三角形的端齿盘的基本参数

a）刚性齿　b）弹性齿

于90%以上，齿的表面粗糙度 $Ra<0.1\mu m$。目前已有厂家将端齿盘进行系列化生产并供应市场，故设计时可根据需要选用。

三、直线分度装置

直线分度装置也广泛用于加工中。图4-17所示为带直线分度装置的车床夹具，用于加工壳体上的三个孔。工件以两孔一面在支承板6、定位销5、菱形销3上定位。分度时，松开锁紧螺母7，退出对定销1，移动分度滑板2，可使对定销分别与分度孔 b、c 对定，实现直线分度功能。直线分度装置的主要特点是分度孔按直线方向分布。分度滑板设有导轨面，以便分度板直线移动。

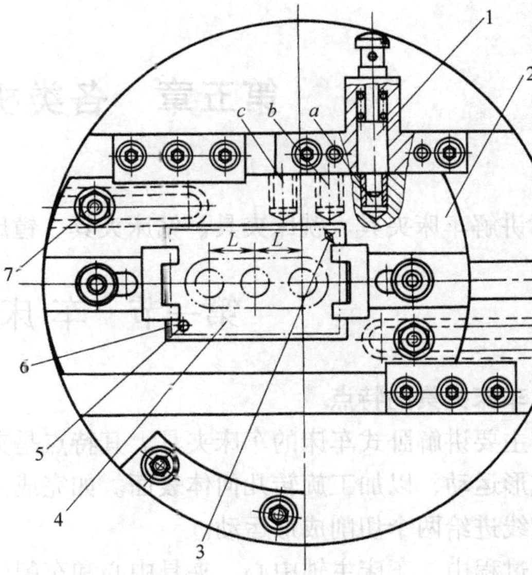

图4-17　带有直线分度装置的车床夹具

1—对定销　2—分度滑板　3—菱形销　4—工件　5—定位销　6—支承板　7—锁紧螺母

复　习　题

4-1　简述分度装置的功用、类型及其应用。

4-2　回转分度装置如何分类？回转分度装置由哪几部分组成？各组成部分有何功用？

4-3　径向分度与轴向分度各有何优缺点？

4-4　试比较常用分度对定机构的分度精度及应用范围。

4-5　什么叫单个分度误差？什么叫总分度误差？影响分度精度的因素有哪些？

4-6　夹具上的分度装置如图4-2所示。已知分度盘计算直径 $d=150\text{mm}$，分度盘的分度误差 $\Delta\alpha_1=1'$，对定销与导向孔的配合间隙 $x_b=0.01\text{mm}$，分度盘与轴承的配合间隙 $x_c=0.01\text{mm}$，$x_a=0$，分度盘分度孔衬套的同轴度公差 $e=\phi0.01\text{mm}$。试计算该分度装置的分度误差是多少？

4-7　如何提高分度精度？为什么端齿盘可以获得较高的分度精度？

4-8　试分析图4-15所示端齿盘分度装置的结构。

4-9　如图4-18所示零件，试设计钻模的轴向分度装置。

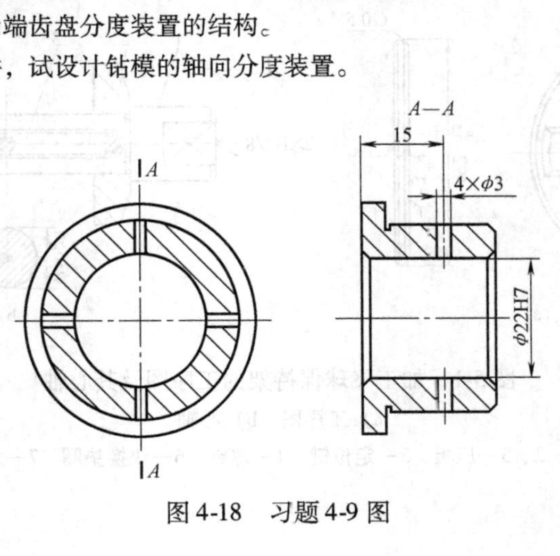

图4-18　习题4-9图

第五章　各类机床夹具

本章讲解车床夹具、铣床夹具、钻床夹具、镗床夹具的结构、特点和设计方法。

第一节　车床夹具

一、车床夹具的特点

本节主要讲解卧式车床的车床夹具。其特点是夹具连接在车床主轴上，随主轴回转，构成切削成形运动，以加工旋转几何体表面。如完成一圆柱孔的车削，就包含了工件的回转和刀具的直线进给两个切削成形运动。

车削过程中，车床主轴中心、夹具中心和车削生成的表面的中心，三者相关联，是车床夹具的重要特征。

二、车床夹具的类型

车床夹具的种类繁多，主要有下列五种类型：①心轴类车床夹具；②角铁式车床夹具；③圆盘式车床夹具；④卡盘式车床夹具；⑤特种用途车床夹具。

1. 心轴类车床夹具

心轴常用于套类、盘类零件的加工中。工件以内孔为主要定位基准定位，加工外圆，满足内、外圆同轴度公差要求。心轴的定位表面根据工件定位基准的形状、精度及工序的加工要求，可以设计成圆柱面、圆锥面、花键、螺纹等形状。车床心轴的结构有圆柱心轴、弹簧套心轴、液性塑料心轴、顶尖式心轴、波纹套心轴等多种。

图 5-1 所示为加工飞球保持架的心轴。加工要求是车外圆 $\phi92_{-0.5}^{\ 0}$mm 及两端倒角 $C0.5$。工件以 $\phi33$mm 孔、端面及槽作为定位基准定位。每次可装 22 件。每隔一件装一垫套，以便于加工倒角 $C0.5$。

心轴的连接表面为中心孔，与机床的两顶尖相连接。

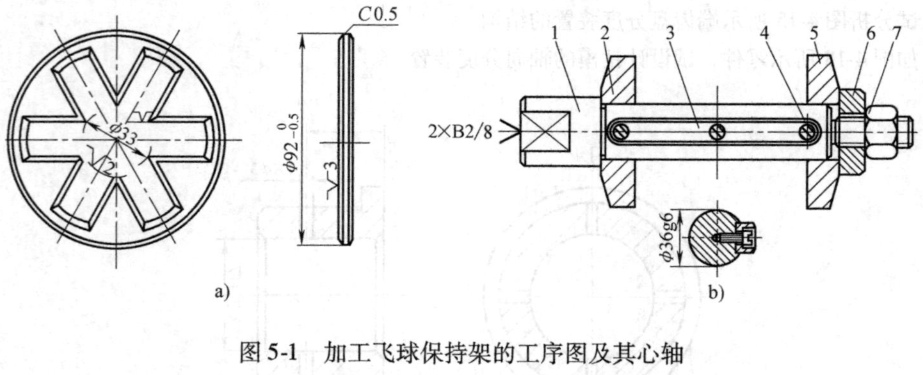

图 5-1　加工飞球保持架的工序图及其心轴

a）工序图　b）心轴

1—心轴　2、5—压板　3—定位键　4—螺钉　6—快换垫圈　7—六角螺母

2. 角铁式车床夹具

角铁式车床夹具用于复杂零件的加工中。其特点是夹具体为角铁形，工件装夹在角铁面上。角铁面与夹具中心轴线相平行，如工件的主要定位基准是平面，则夹具就能满足加工面的中心距尺寸要求。这类夹具可装夹泵体、接头、壳体、箱体、支架、杠杆、三通管、轴座等复杂零件。

图 5-2 所示为用于加工横拉杆接头的角铁式车床夹具。图 5-2b 所示为横拉杆接头工序简图，其已加工面为 $\phi34^{+0.05}_{0}$mm 孔、M36×1.5—6H 螺纹孔及两端面。加工 M24×1.5LH—6H 螺纹孔的要求是，其轴线与 $\phi34^{+0.05}_{0}$mm 孔的轴线相垂直，中心距尺寸为（27±0.26）mm；定位基准为 $\phi34^{+0.05}_{0}$mm 孔、端面及 $\phi32$mm 外圆面。定位点分布如图 5-2 所示。

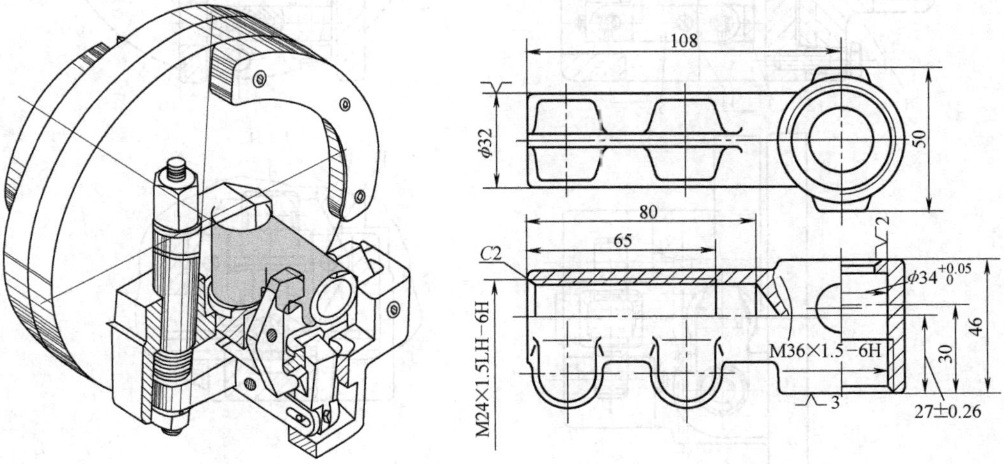

a)　　b)

图 5-2　加工横拉杆接头的角铁式车床夹具

a）夹具立体图　b）工序简图

图 5-3 所示为本工序的角铁式车床夹具结构图。夹具用过渡盘与车床主轴连接，其主要定位元件是定位销，采用联动夹紧机构，即在钩形压板一端夹紧的同时，经拉杆、连接块、杠杆、楔块的作用，使两摆动压块定心夹紧工件的另一端。

图中标有中心距尺寸（27±0.08）mm，这是主要的加工尺寸要求。

为使夹具在回转运动时平衡，夹具上设置了平衡块。夹具的连接表面为 $\phi190$H7 孔，用过渡盘与车床主轴端连接。

3. 圆盘式车床夹具

圆盘式车床夹具的夹具体为圆盘形。工件装夹在夹具的端平面上，端平面与夹具中心轴线相垂直。如工件的主要定位基准为平面，则夹具就能满足加工圆柱面的中心对平面的垂直度公差要求。这类夹具常用于连杆、盖板、拨叉等复杂零件的加工中。

图 5-4 所示为用于加工回水盘的圆盘式车床夹具。采用分度方法加工 2×G1 螺纹孔。加工要求是：两螺纹孔的中心距为（78±0.3）mm，两螺纹孔的中心连线与 2×$\phi9$H9 孔的中心连线之间的夹角为 45°。工件以两孔一面定位，定位元件是定位销、菱形销和分度盘。工件用螺旋压板夹紧机构夹紧。夹具主要包括分度对定机构、分度板及轴承和锁紧机构。

图 5-4a 中标有中心距尺寸（39±0.05）mm，以满足工件（78±0.3）mm 的尺寸要求。

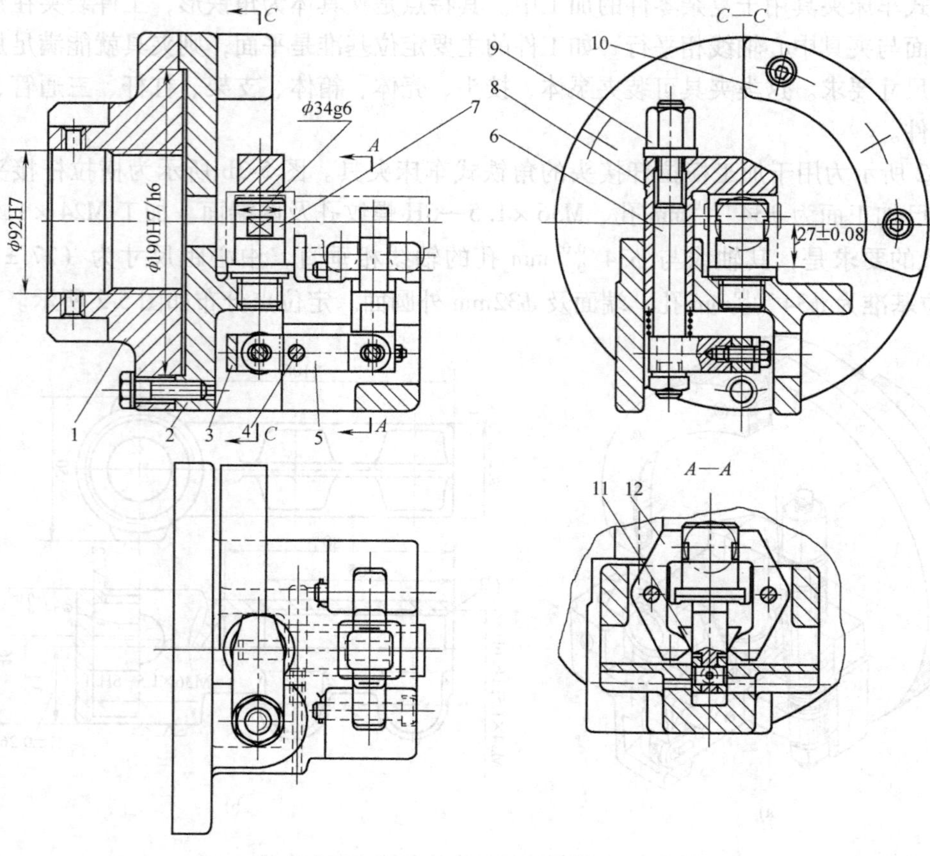

图 5-3 角铁式车床夹具结构图

1—过渡盘 2—夹具体 3—联接块 4—销钉 5—杠杆 6—拉杆 7—定位销 8—钩形压板 9—带肩螺母 10—平衡块 11—楔块 12—摆动压块

与定位有关的联系尺寸是：ϕ9f 9、（142 ±0.06）mm。夹具也用过渡盘与车床主轴端相连接。

图 5-5 所示为用于加工后桥壳体的圆盘式车床夹具。加工内圆和端面，工件以 $\phi93.5_{-0.175}^{-0.125}$mm 孔、$\phi110_{-0.59}^{-0.24}$mm 孔及其端面为定位基准。装夹时，先装入可卸式锥套和可卸式外锥套，利用可卸式外锥套的花键孔与定位轴花键槽错位固定。拧紧螺母，经压环、滑柱及介质使薄壁套定心夹紧工件；同时使顶杆轴向联动夹紧。该夹具的定位精度较高，结构的构思巧妙。该夹具上还有长度尺寸（174.43 ±0.04）mm 的测量基准，以便于测量。

夹具的连接表面为 ϕ125H7 孔。

4. 卡盘式车床夹具

卡盘式车床夹具用以代替三爪自定心卡盘，装夹一些三爪自定心卡盘无法装夹的零件。

常见的是两爪自定心卡盘如图 5-6 所示，采用左右螺杆使两个滑块作等速定心移动，滑块上装着可换的卡爪，即可定心夹紧工件。按工件的形状设计制造相应的卡爪，可更换使用，故夹具的通用性较强，扩大了车床加工零件的范围。

这种夹具的特点是柔性化设计，即采用可调整的卡爪装夹工件，为可调夹具。如图 5-

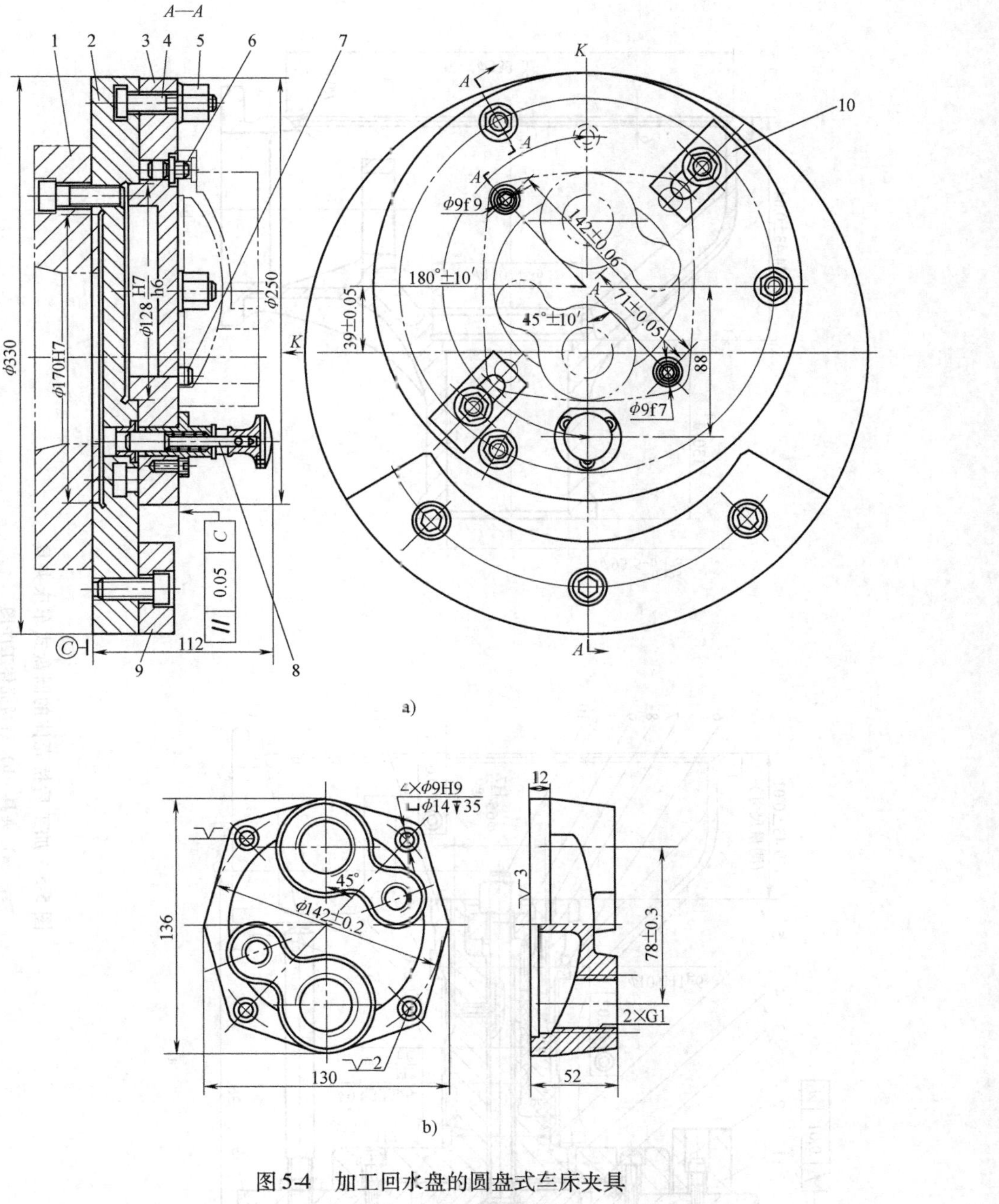

a)

b)

图 5-4 加工回水盘的圆盘式车床夹具

a）夹具 b）回水盘工序图

1—过渡盘 2—夹具体 3—分度盘 4—T 形螺钉 5—螺母 6—菱形销 7—定位销 8—分度对定机构 9—平衡块 10—螺旋压板夹紧机构

6b、c、d、e 所示，虽定位面的形状不同，但定位基准则均为中心定位。卡爪的连接结构为凸键，并用螺钉固定在滑块上。

夹具用定位塞与车床花盘连接。

5. 特种用途车床夹具

加工偏心、斜孔等复杂零件时，需使用特种用途车床夹具，以满足加工要求。

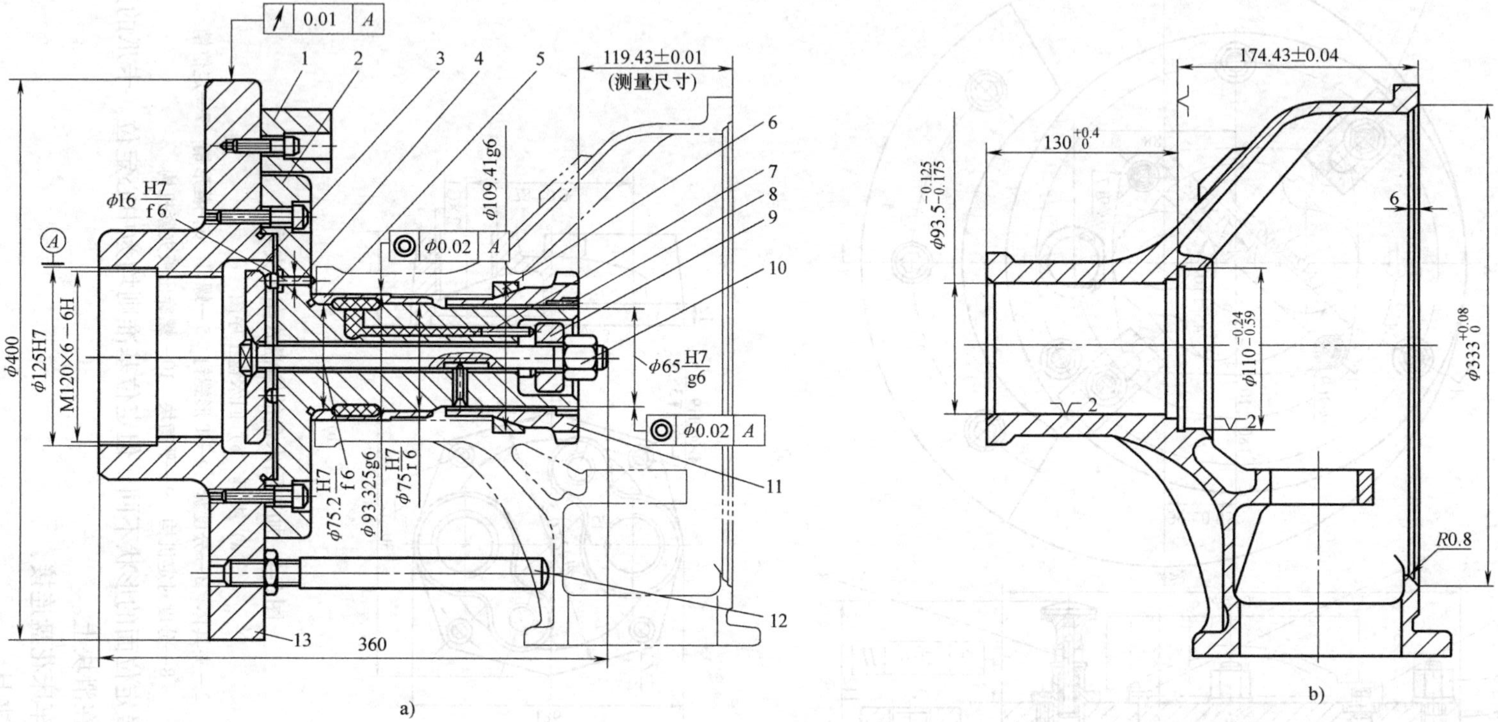

图 5-5 加工后桥壳体的圆盘式车床夹具

a）夹具 b）后桥壳体工序图

1—平衡块 2—定位轴 3—圆盘 4—顶杆 5—薄壁套 6—可卸式锥套 7—滑柱

8—挡销 9—压环 10—螺母 11—可卸式外锥套 12—拨杆 13—夹具体

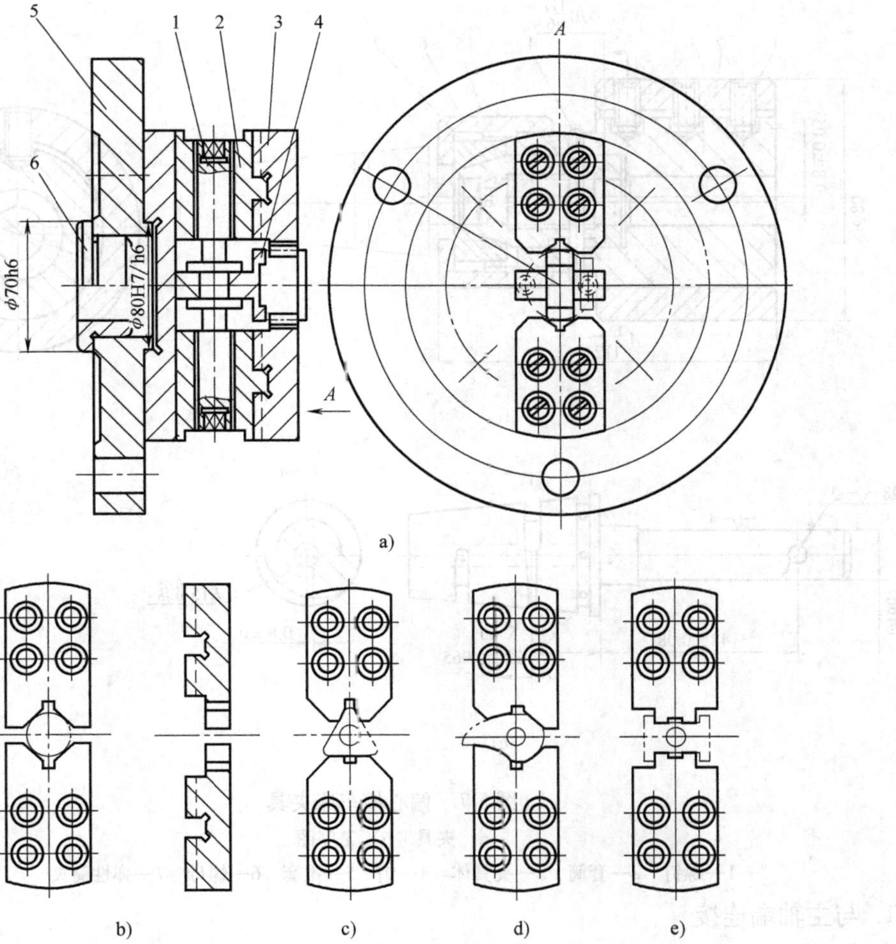

图 5-6 两爪自定心卡盘式车床夹具

a）两爪自定心卡盘 b）、c）、d）、e）可换卡爪

1—左右螺杆 2—滑块 3—卡爪 4—轴向定位器 5—夹具体 6—定位塞

图 5-7 所示为偏心槽车床夹具，用于加工节流阀的偏心三角槽，偏心距为（0.8 ±0.1）mm。工件以 ϕ16h7 外圆和 ϕ5H8 孔在弹性筒夹和圆柱销上定位。夹具体在套筒孔中的偏心距为（0.8 ±0.05）mm。车削时，将套筒装夹在三爪自定心卡盘上，工件由弹性筒夹夹紧。

图 5-8 所示为斜孔车床夹具，用于加工三通管的斜孔。工件以 ϕ35K7 孔及端面为基准，在可卸定位销、定位销及浮动挡板上定位。装夹工件时，先装入可卸定位销，然后使可卸定位销及工件在 U 形槽板及定位销中定位，用螺钉及浮动挡板夹紧。夹具体采用焊接结构。

图中标有斜孔的角度 109° ±2′，并设置工艺孔，标有 15mm、（63.93 ±0.10）mm 尺寸，满足孔的中心距尺寸 $50_{-0.5}^{\ 0}$mm 要求。

三、车床夹具与车床主轴的连接

车床夹具与车床主轴连接，以获得切削成形运动。车削时，其夹具中心、主轴中心以及车削生成的圆柱表面的中心，呈三中心重合状态。车床夹具与车床主轴有以下四种连接方式。

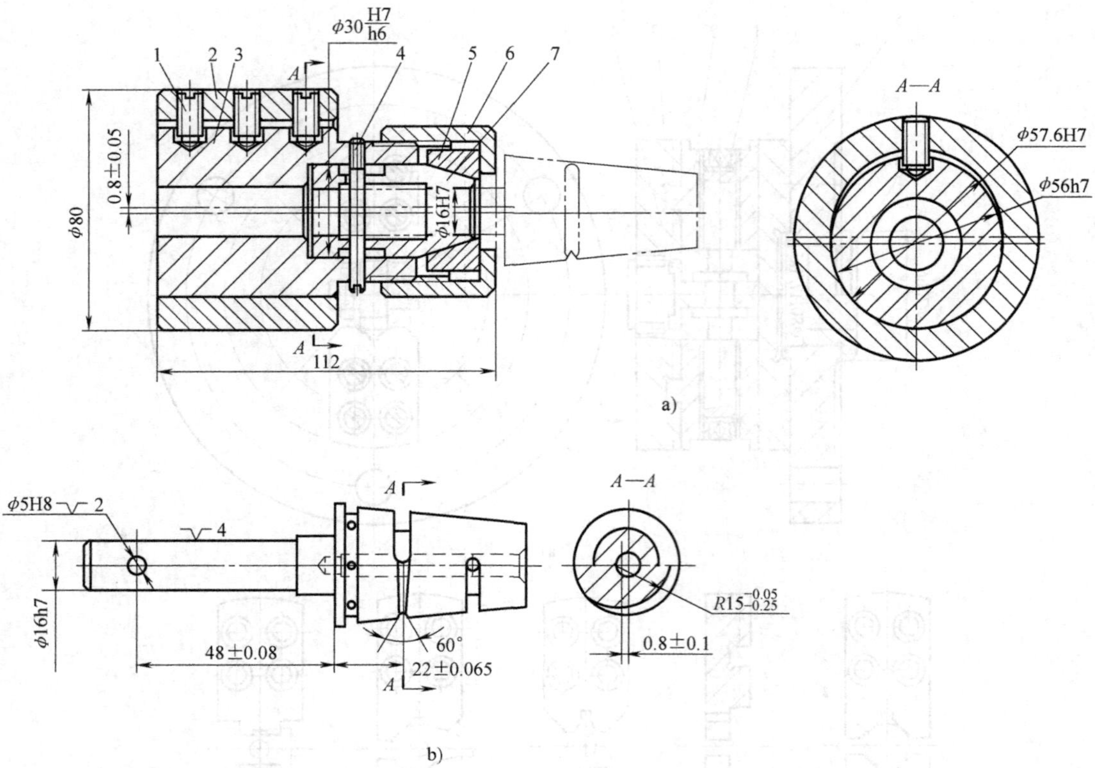

图 5-7　偏心槽车床夹具

a）夹具　b）工序图

1—螺钉　2—套筒　3—夹具体　4—销　5—锥套　6—螺母　7—弹性筒夹

1. 与主轴端连接

车床主轴端有多种结构，常见车床的主轴联系尺寸可参阅附表 4。与主轴端连接有直接连接和用过渡盘连接两种方式。

（1）直接连接　在夹具体的一端制有连接表面，其尺寸按主轴联系尺寸设计，可直接与主轴连接，并有一连接误差，误差为夹具体定位孔与主轴间的最大配合间隙。图 5-5 所示采用直接连接，连接表面为 ϕ125H7 孔。

（2）用过渡盘连接　过渡盘是连接元件。通过过渡盘把主轴端和夹具的连接表面相连接是常用的连接方式。过渡盘可更换，增加了夹具的通用性。间接连接有三个连接误差，除上述连接误差外，还包括过渡盘的同轴度误差和过渡盘与夹具体孔间的最大配合间隙。应设法减小连接误差。如图 5-3 所示夹具，采用过渡盘连接，过渡盘与夹具连接表面联系尺寸的公差带为 ϕ190H7/h6。

2. 与花盘连接

在花盘装上车床主轴后，采用机床自身加工的方法，加工花盘的平面，故其可达到较高的连接精度。与花盘连接可增强机床的通用性。与花盘连接有两种方式。

（1）找正连接　如图 5-9 所示，把夹具连接在花盘上，并用百分表找正夹具的中心。夹具经找正后，可达到较高的连接精度。找正连接需花费较多准备时间。

（2）用定位塞连接　定位塞是连接元件，通过定位塞把夹具与花盘相连接。如图 5-6 所

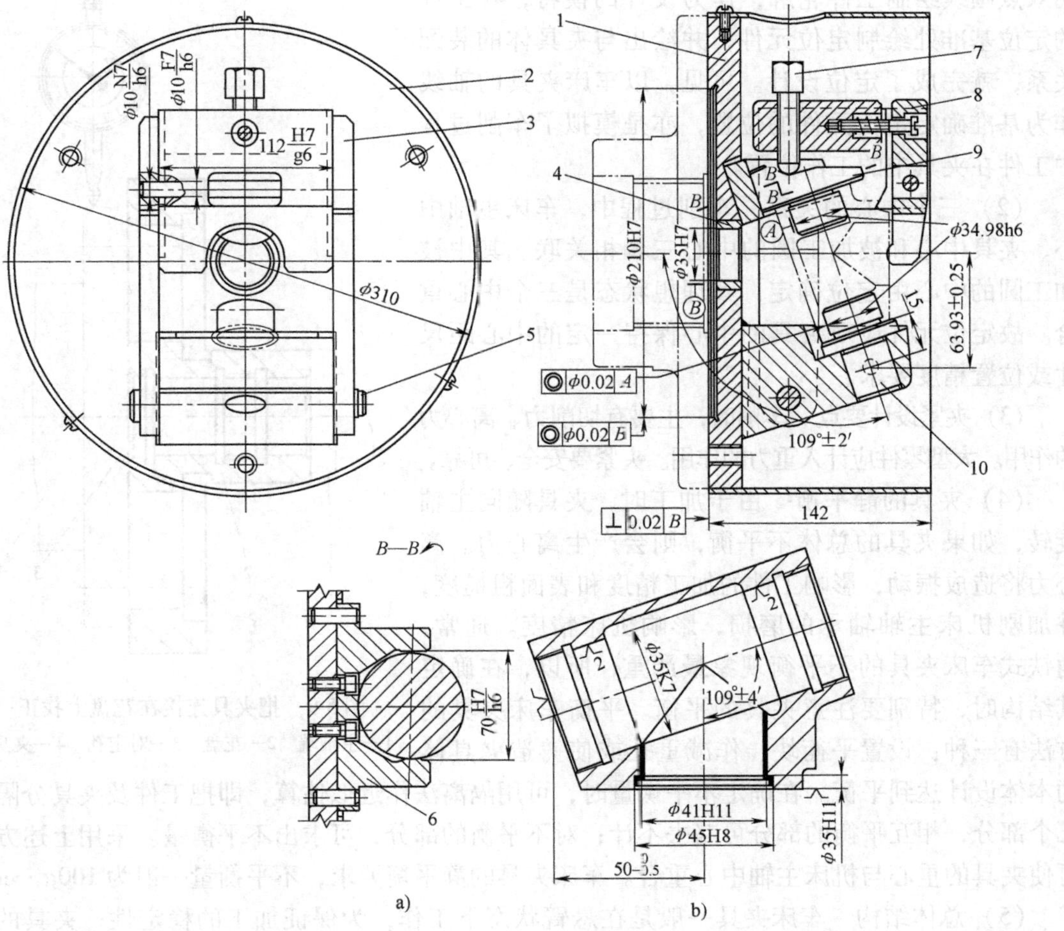

图 5-8 斜孔车床夹具

a）夹具 b）工序图

1—夹具体 2—防护罩 3—框架 4—衬套 5—轴销 6—U 形板

7—螺钉 8—浮动挡板 9—可卸定位销 10—定位销

示夹具，采用定位塞连接，定位塞与花盘的对定孔连接，有连接误差，连接表面的联系尺寸公差带为 H7/h6。

3. 与主轴的圆锥孔连接

这种连接方式连接精度较高，结构简单，适合小型夹具的连接。如 CA6140 车床主轴为 MorseNo. 6 圆锥孔（参阅附表 4），则连接元件制成圆锥柄，并用拉杆将夹具紧固在主轴上即可。

4. 与两顶尖连接

心轴类车床夹具，常与两顶尖连接。心轴的连接表面为中心孔，连接精度较高。如图 5-1 所示心轴，采用两顶尖连接。

四、车床夹具设计

1. 夹具设计要点

（1）车床夹具的工作位置 工件被加工表面的中心应处于夹具的中心上。按工作位置，用双点画线绘制工件轮廓，作为设计的模特，在工件的定位基准处绘制定位元件，并绘出与夹具体的装配关系，就完成了定位设计。可见，以车床夹具的轴线作为基准确定定位元件的位置，亦是模拟了车削过程中工件在夹具中的工作位置。

（2）三个中心的关系　车削过程中，车床主轴中心、夹具中心和被加工圆的中心三者相关联。其中被加工圆的中心由定位确定，其理想状态是三个中心重合。故定位元件应对夹具的中心保持一定的中心距尺寸或位置精度要求。

（3）夹紧设计要点　车削时，主要有切削力、离心力的作用。大型零件应计入重力的作用。夹紧要安全、可靠。

（4）夹具的静平衡　由于加工时，夹具随同主轴旋转，如果夹具的总体不平衡，则会产生离心力。离心力将造成振动，影响工件的加工精度和表面粗糙度，并加剧机床主轴轴承的磨损，影响机床精度。通常，角铁式车床夹具的不平衡现象最严重，所以，在确定其结构时，特别要注意夹具的平衡。平衡车床夹具的方法有三种：设置平衡块、作减重孔或使铸造夹具体的本体设计达到平衡。在确定不平衡量时，可用隔离法作近似估算，即把工件及夹具分隔成几个部分，相互平衡的部分可略去不计；对不平衡的部分，可求出不平衡量。采用上述方法可使夹具的重心与机床主轴中心重合。车床夹具的静平衡要求，不平衡量一般为100g · cm。

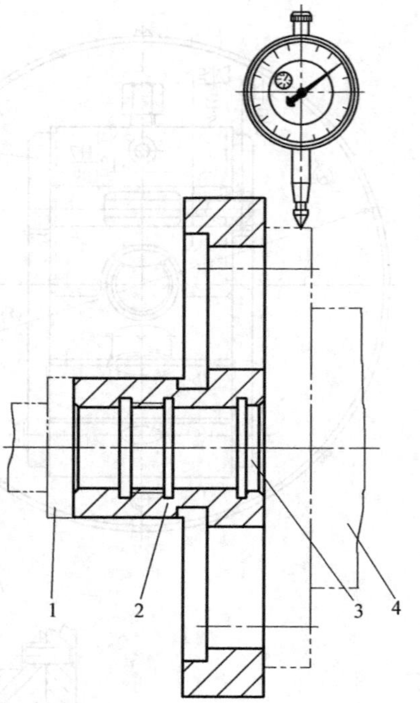

图5-9　把夹具连接在花盘上找正

1—主轴端　2—花盘　3—对定孔　4—夹具

（5）总体结构　车床夹具一般是在悬臂状态下工作，为保证加工的稳定性，夹具的结构应紧凑、轻便，悬伸长度要短，尽可能使重心靠近主轴。车床夹具的夹具体应设计成圆形，为保证安全，夹具上的各种元件不允许凸出圆形轮廓之外。

夹具的悬伸长度 L 与轮廓直径 D 之比应参考以下数值选取：

直径小于150mm的夹具，$L/D \leqslant 1.25$。

直径在150～300mm的夹具，$L/D \leqslant 0.9$。

直径大于300mm的夹具，$L/D \leqslant 0.6$。

轮廓直径由机床的主要参数确定。

夹具总体结构应具有一定的强度和刚度。

2. 夹具的制造精度

（1）影响加工精度的因素　影响加工精度的因素中，与夹具有关的因素有两项：定位误差（Δ_D）；夹具位置误差（Δ_A）。夹具位置误差 $\Delta_A = \Delta_{A1} + \Delta_{A2}$（$\Delta_{A1}$——定位元件对夹具中心的位置尺寸误差；$\Delta_{A2}$——连接误差）。以图5-3所示为例，定位平面至夹具中心的距离尺寸为（27 ± 0.08）mm，即 $\Delta_{A1} = 0.16$mm；连接表面与过渡盘之间的联系尺寸 ϕ190H7/h6 的最大配合间隙0.075mm，以及过渡盘的同轴度误差0.005mm和过渡盘 ϕ92H7 孔与主轴（ϕ92js6）间的最大配合间隙0.046mm构成了连接误差，则 Δ_{A2} =（0.075 + 0.005 + 0.046）mm = 0.126mm。连接误差用极限值计算。实际生产中，可作补偿，将连接误差减小至0.01mm左右。

综合加工精度分析时，除夹具的制造精度外，还应包括加工过程误差 Δ_G，Δ_G 主要是指车床主轴的回转精度。例如，使用带锥柄的心轴加工套类零件的外圆，其同轴度误差包括：定位误差、夹具位置误差和车床主轴轴线的实际径向圆跳动误差三项。

（2）夹具制造精度的内容　在图样上应标注的尺寸及位置公差是：工件与定位元件之间的联系尺寸及公差；定位元件至夹具中心的距离尺寸及公差；夹具连接圆直径的尺寸及公差；定位元件对夹具连接表面的位置公差；找正圆对连接圆中心的径向圆跳动公差。

第二节　铣 床 夹 具

一、铣床夹具的特点

铣削主要是加工平面几何体表面。铣床夹具的特点是：夹具连接在铣床工作台上，随工作台作纵向直线进给运动。如完成一直槽的铣削，就包含了铣刀回转运动和工件的直线进给两个切削成形运动。同时，铣削加工还需对刀，以确定铣刀的位置。

因而，在对刀和铣削过程中，工件的直线运动与工作台纵向直线运动两者的关联，是铣床夹具很重要的特征。

二、铣床夹具的主要类型

铣床夹具主要分三种类型：直线进给铣床夹具、圆周进给铣床夹具、曲线进给铣床夹具。

1. 直线进给铣床夹具

直线进给铣床夹具应用广泛，常用于平面、斜面、槽及成形面的铣削中。可单件、多件装夹，也可多工位装夹。

（1）单件装夹的铣床夹具　单件装夹是常用的方法。图 5-10 所示为拨叉工序图及其夹具，用于加工(19.30 ± 0.065)mm 槽。工件以孔及其端面和叉口面为定位基准，定位点如图 5-10 所示。定位元件是定位销、半圆定位板、浮动支承。浮动支承可使工件受力均匀。用六角螺钉，经压板摆动夹紧工件。拆卸工件时，先使六角螺钉松夹，然后将回转压板逆时针转过适当角度，并将压板放松，操作方便。夹具体采用焊接结构，夹具的刚度较高。对刀块用于确定铣刀的位置。

图 5-11 所示为凸轮轴工序图及其夹具，用于加工柴油机凸轮轴的半圆形键槽。工件以 ϕ40h6、$\phi28.45_{-0.1}^{\ 0}$mm 外圆及端面、凸轮面在 V 形块上定位。其中，浮动 V 形块用以控制凸轮与键槽之间的相对位置，且可消除过定位。采用斜楔联动夹紧机构，操作手柄，由斜楔使两压板联动夹紧工件，操作省力。夹具夹紧点和夹紧方向布置恰当，可防止铣削过程中工件的振动。因而，是一种较完善的设计。

（2）多件装夹的铣床夹具　中、小型零件的多件装夹，在铣削中很常见，通常采用联动夹紧机构。这类夹具注重缩短辅助时间和基本时间，以提高生产率。

图 5-12 所示为杠杆工序图及其夹具，用于加工杠杆臂的两平面。工件以圆柱孔及其端面在定位销上定位，装六个工件，采用复合式联动夹紧。一个方向，由螺母、压板及其中的液性塑料，使滑柱多点夹紧工件；另一方向，由六角螺母、螺杆、压板经四个压块使六个工件压向支承，其结构构思巧妙。在夹具体上设置有吊环，以便于搬运。

（3）多工位铣床夹具　多工位铣床夹具也是一种多用途夹具，其一个夹具可代替多个夹具使用，因而是一种很经济的设计，可降低夹具成本。如图 5-13 所示的车床尾座套筒，加

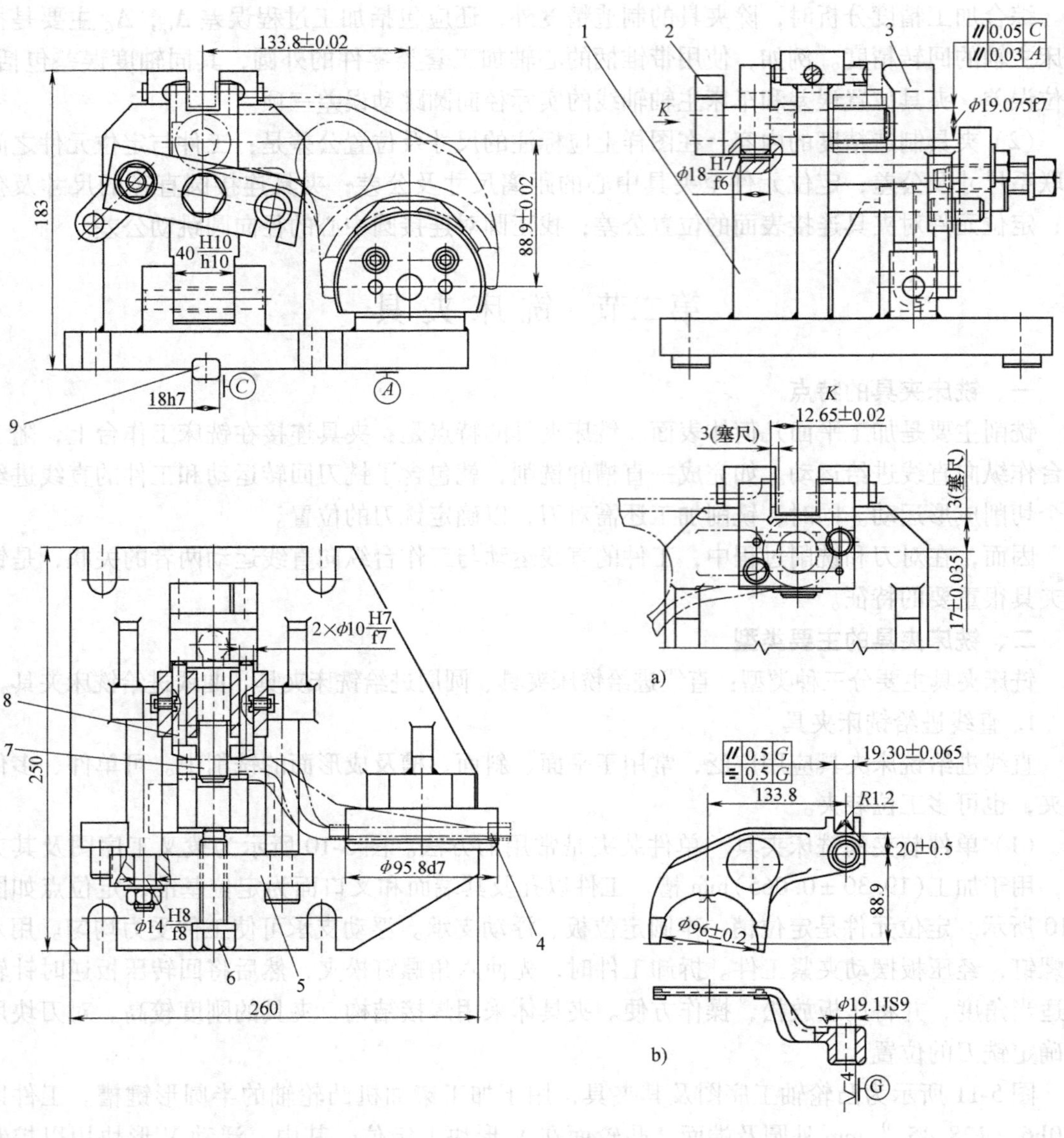

图 5-10　拨叉工序图及其夹具

a) 夹具　b) 工序图

1—夹具体　2—对刀块　3—压板　4—半圆定位板　5—回转压板　6—六角螺钉

7—定位销　8—浮动支承　9—定位键

工键槽 8H11 和油槽 $R2$，有两个工位。

图 5-14 所示为两工位铣床夹具。工位Ⅰ：工件五点定位，加工键槽 8H11；工位Ⅱ：键槽 8H11 已加工，工件六点定位，加工油槽 $R2$mm。在工位Ⅱ上，键槽处用 ϕ8h6 定位销定位，以满足两槽间的位置精度要求。夹具主要定位元件是 V 形块、可调支承。本工序采用三面刃盘铣刀和圆弧铣刀同时进行加工，生产率很高。由于键槽和油槽的长度不等，为了能同时加工完毕，将两个可调支承的位置前后错开。

夹具采用液压夹紧动力装置夹紧。通过液压缸、浮动杠杆、浮动压板，能四点联动夹紧两工件。

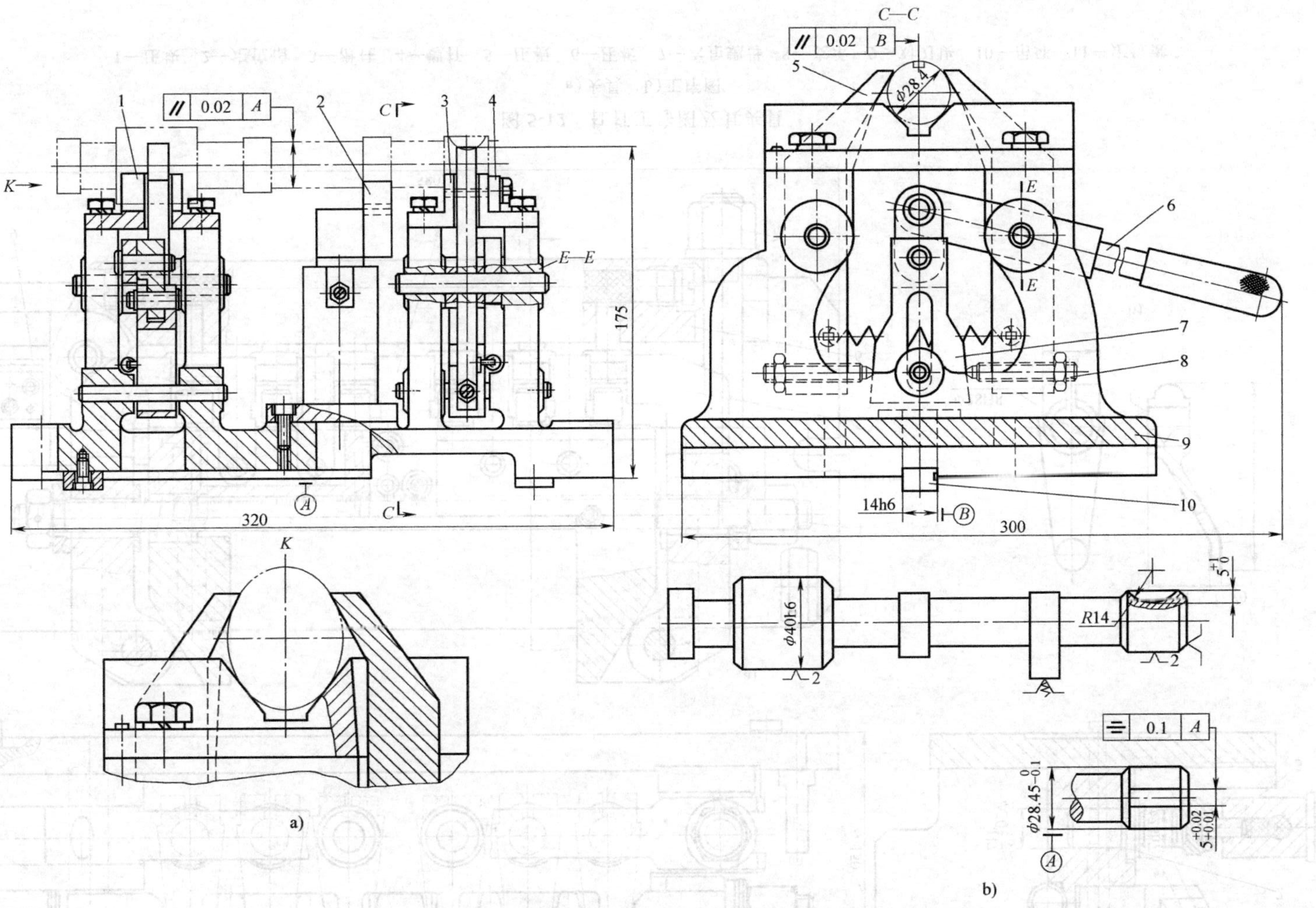

图 5-11　凸轮轴工序图及其夹具

a) 夹具　b) 工序图

1—V 形块　2—浮动 V 形块　3—V 形块　4—挡板　5—压板　6—手柄　7—斜楔　8—调节螺钉　9—夹具体　10—定位键

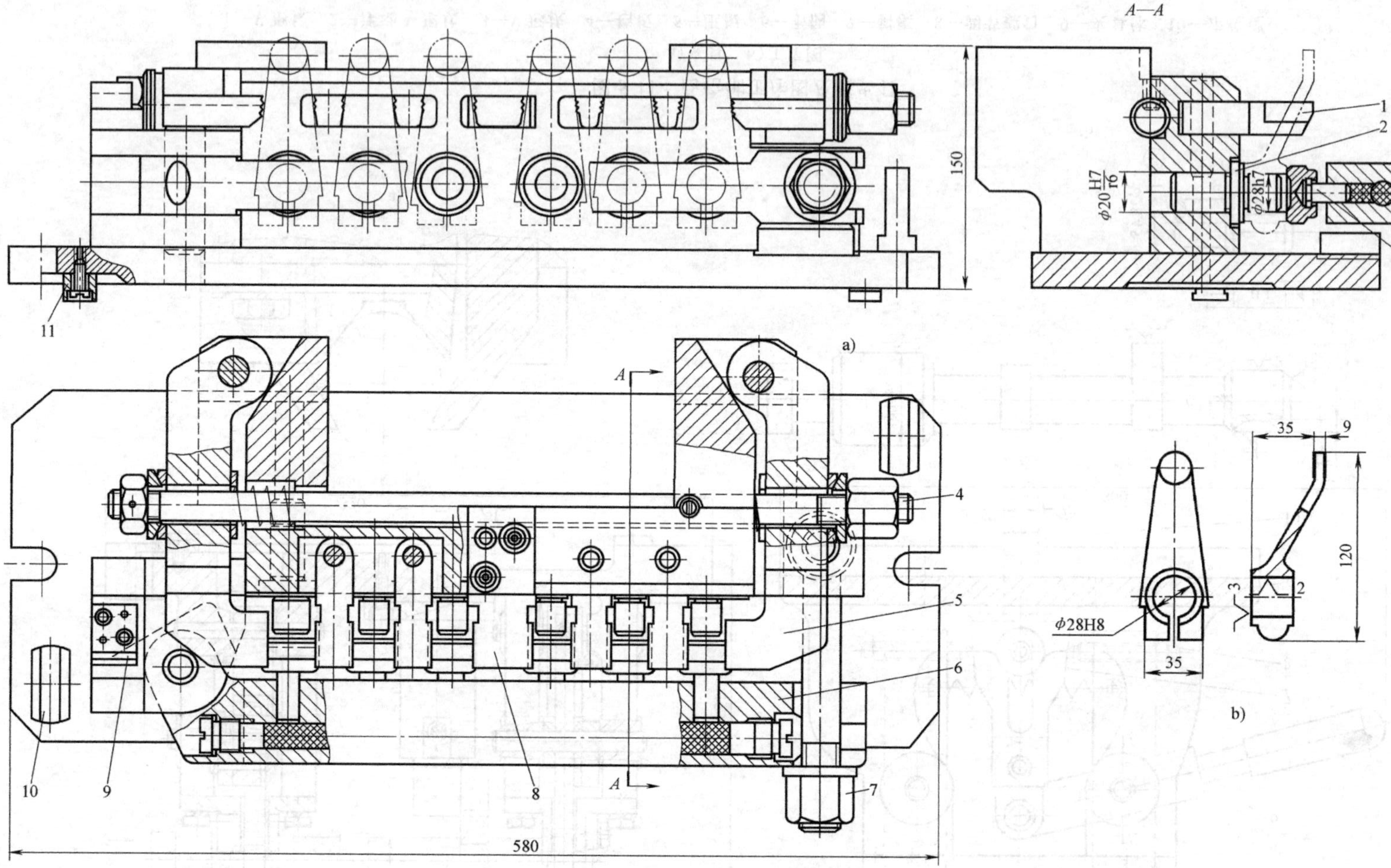

图 5-12　杠杆工序图及其夹具

a) 夹具　b) 工序图

1—压块　2—定位销　3—滑柱　4—螺杆　5—压板　6—压板　7—六角螺母　8—支承　9—对刀块　10—吊环　11—定位键

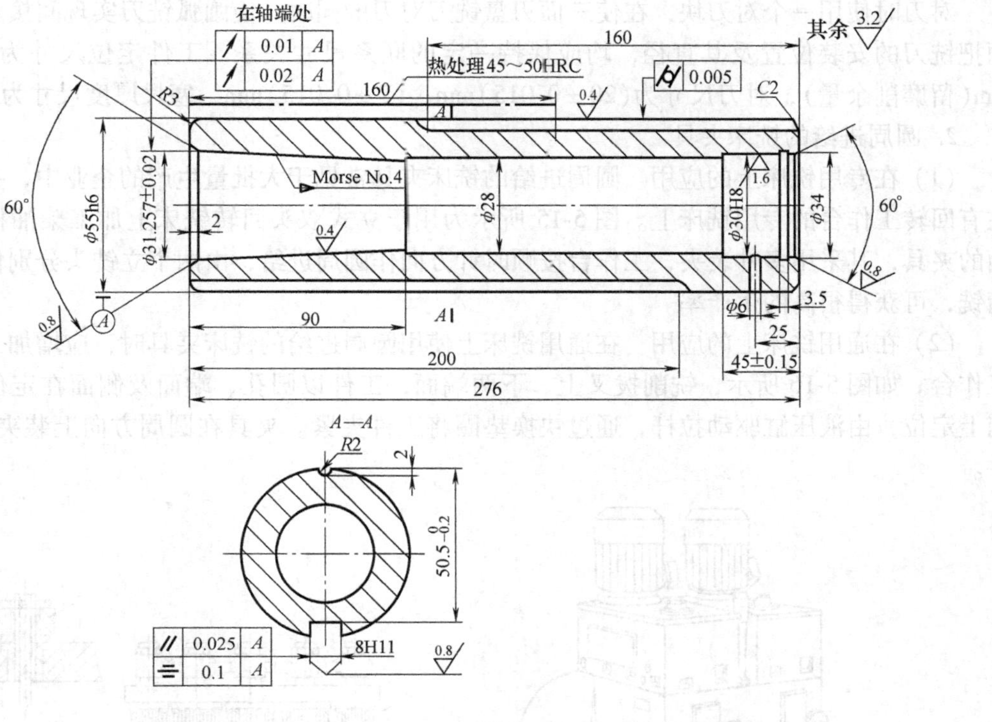

图 5-13 车床尾座套管

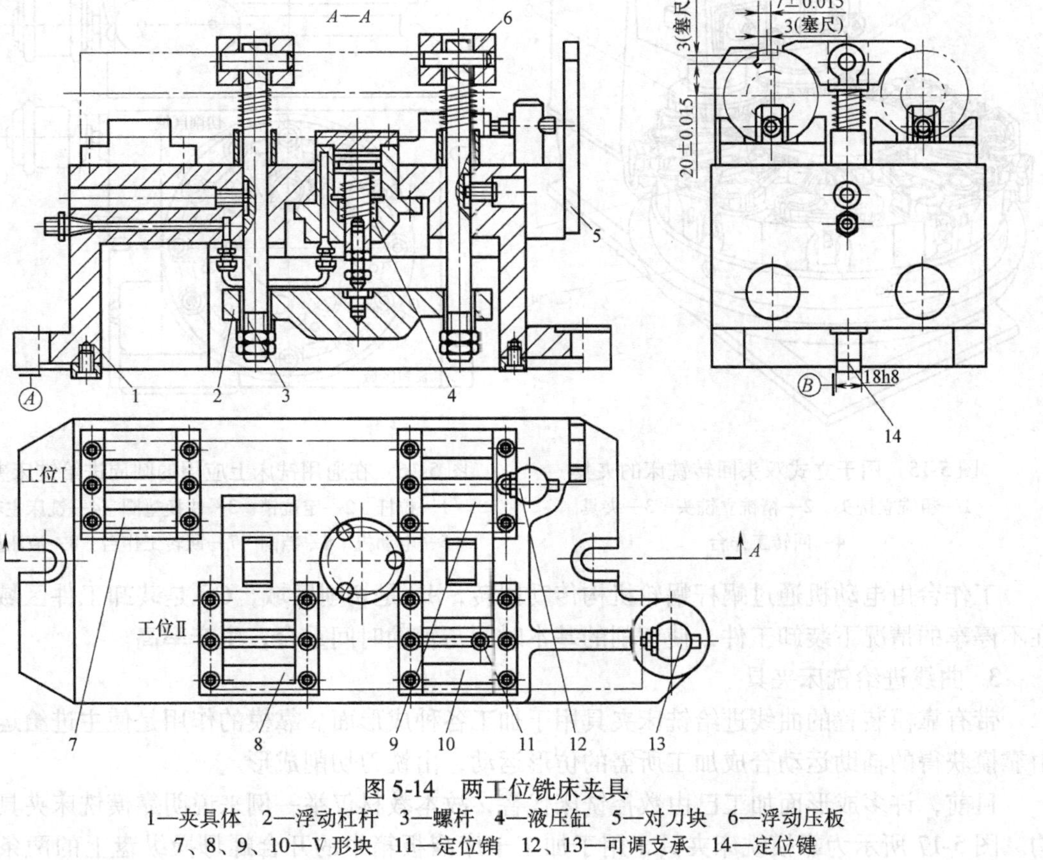

图 5-14 两工位铣床夹具

1—夹具体 2—浮动杠杆 3—螺杆 4—液压缸 5—对刀块 6—浮动压板

7、8、9、10—V 形块 11—定位销 12、13—可调支承 14—定位键

对刀时使用一个对刀块，在使三面刃盘铣刀对刀的同时，使圆弧铣刀实现间接对刀。故两把铣刀的安装位置及其直径，均应保持一定的联系尺寸关系。工件定位尺寸为 $\phi55^{+0.55}_{+0.50}$ mm（留磨削余量），对刀尺寸为（20 ±0.015）mm、（7 ±0.015）mm，塞尺厚度尺寸为 3h8。

2. 圆周进给的铣床夹具

（1）在专用铣床上的应用　圆周进给的铣床夹具常见于大批量生产的企业中，夹具使用在有回转工作台的专用铣床上。图 5-15 所示为用于立式双头回转铣床上加工柴油机连杆端面的夹具，其采用多件装夹，工作台按顺时针方向作圆周进给，由两个立铣头分别作粗铣和精铣，可获得很高的生产率。

（2）在通用铣床上的应用　在通用铣床上使用圆周进给的铣床夹具时，应增加一个回转工作台。如图 5-16 所示，铣削拨叉上、下两端面，工件以圆孔、端面及侧面在定位销和挡销上定位，由液压缸驱动拉杆，通过快换垫圈将工件夹紧。夹具在圆周方向上装夹 12 个工件。

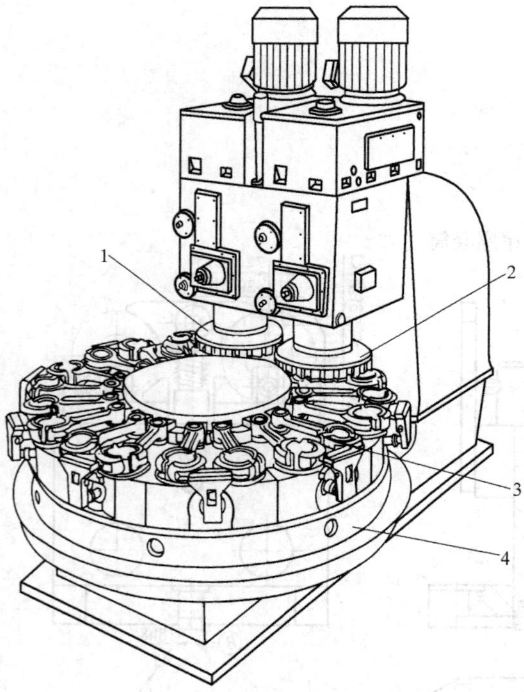

图 5-15　用于立式双头回转铣床的夹具
1—粗铣立铣头　2—精铣立铣头　3—夹具
4—回转工作台

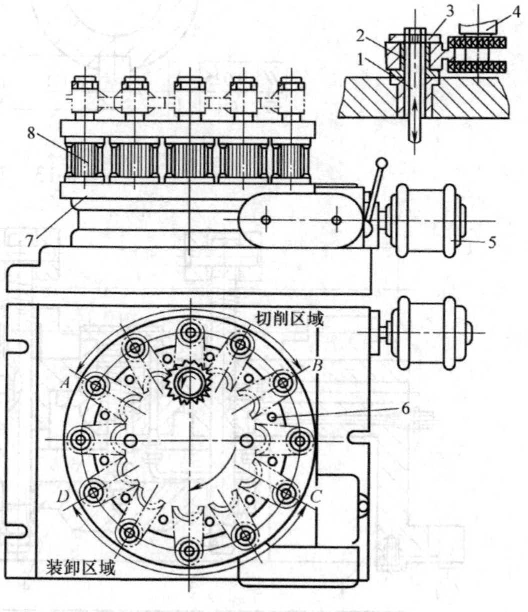

图 5-16　在通用铣床上应用的圆周进给铣床夹具
1—拉杆　2—定位销　3—快换垫圈　4—铣床主轴
5—电动机　6—挡削　7—回转工作台　8—液压缸

工作台由电动机通过蜗杆蜗轮机构传动回转，*AB* 是切削区域，*CD* 是装卸工件区域，可在不停车的情况下装卸工件，使切削的基本时间与辅助时间重合，生产率高。

3. 曲线进给铣床夹具

带有靠模装置的曲线进给铣床夹具用于加工各种成形面。靠模的作用是使主进给运动和由靠模获得的辅助运动合成加工所需的仿形运动，由铣刀切削成形。

目前，许多成形面加工已由数控铣床代替，故本教材仅举一例来说明靠模铣床夹具的结构。图 5-17 所示为靠模铣床夹具，用于加工车床溜板箱中的开合螺母操纵盘上的两条曲线

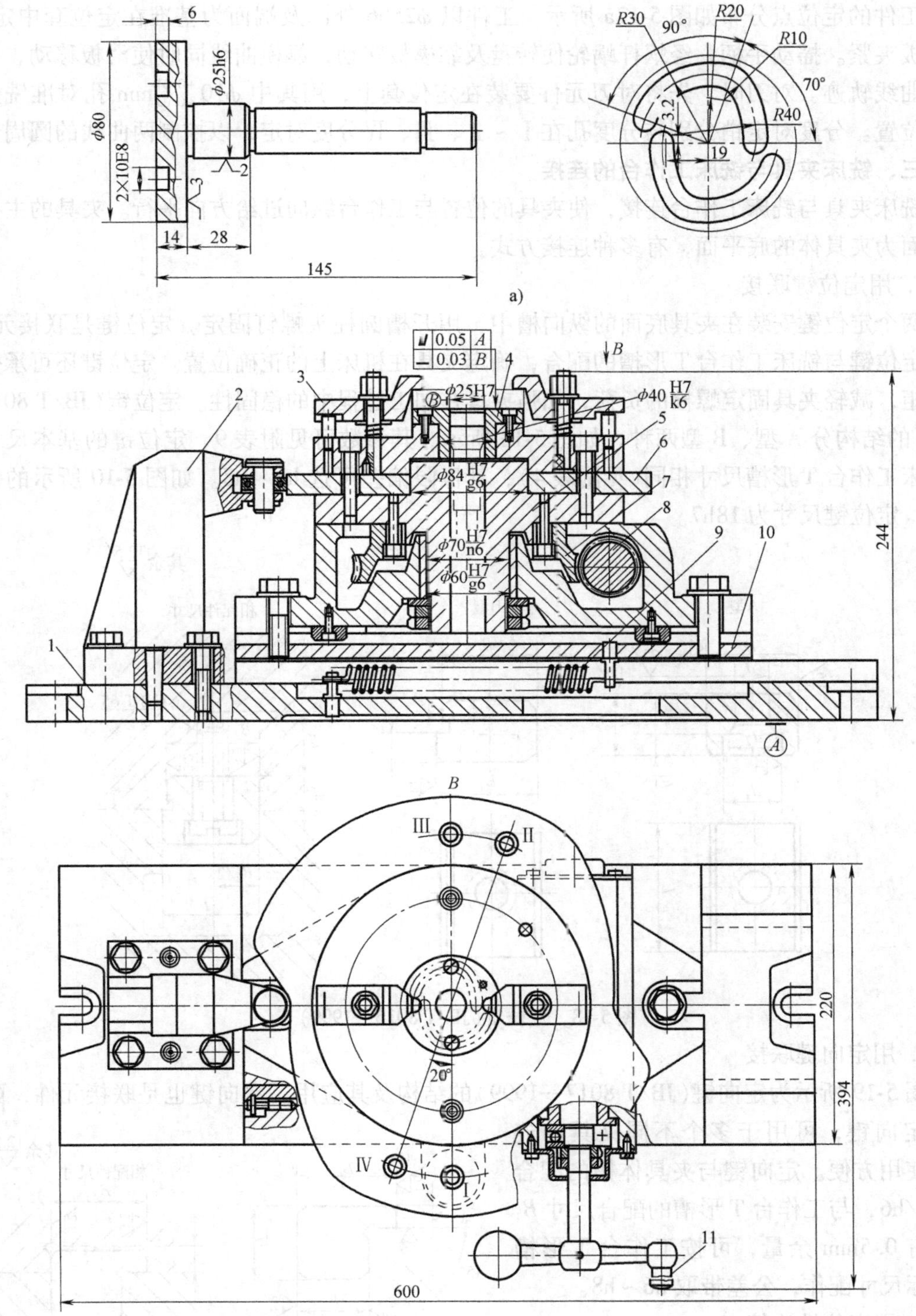

图 5-17　加工开合螺母操纵盘的靠模铣床夹具

a) 工件的定位点分布　b) 夹具

1—夹具体　2—支架　3—螺旋压板夹紧机构　4—定位套　5—转盘　6—靠模板

7—蜗轮　8—蜗杆　9—弹簧　10—滑板　11—手柄

槽。工件的定位点分布如图 5-17a 所示，工件以 $\phi25h6$ 外圆及端面为基准在定位套中定位，由压板夹紧。摇动手柄，经蜗杆蜗轮使转盘及靠模板转动，靠模曲线同时使滑板移动，从而合成曲线轨迹。对刀时，先将对刀元件要装在定位套上，用其中 $\phi10^{+0.04}_{+0.03}$mm 孔对准铣刀的径向位置。分度对定销分别与分度孔在Ⅰ～Ⅱ、Ⅲ、Ⅳ分度对定，以控制两曲线的圆周角。

三、铣床夹具与铣床工作台的连接

铣床夹具与铣床工作台连接，使夹具的位置与工作台纵向进给方向平行。夹具的主要连接表面为夹具体的底平面，有多种连接方式。

1. 用定位键联接

两个定位键安装在夹具底面的纵向槽中，用开槽圆柱头螺钉固定。定位键是联接元件，通过定位键与铣床工作台 T 形槽的配合，确定夹具在机床上的正确位置。定位键还可承受切削扭矩，减轻夹具固定螺栓的负荷，加强夹具在加工过程中的稳固性。定位键（JB/T 8016—1999）的结构分 A 型、B 型两种，如图 5-18 所示。其参数可见附表 9，定位键的基本尺寸应与铣床工作台 T 形槽尺寸相同（见附表 4），其极限偏差可选 h6～h8。如图 5-10 所示的铣床夹具，定位键尺寸为 18h7。

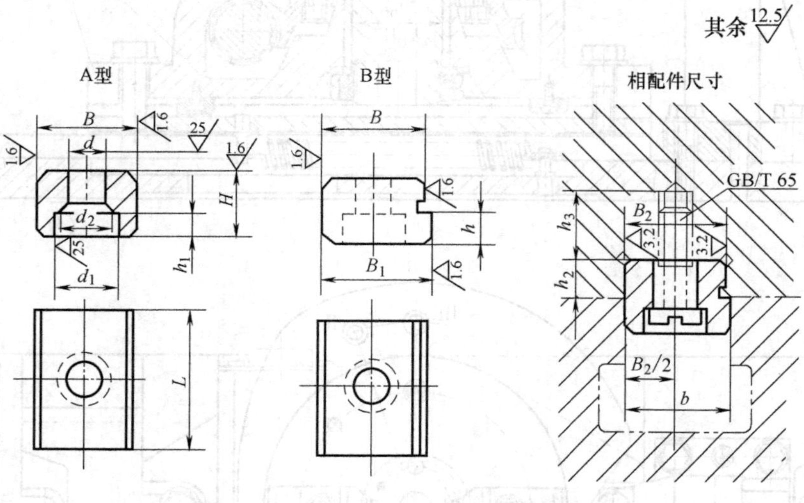

图 5-18　定位键（JB/T 8016—1999）

2. 用定向键联接

图 5-19 所示为定向键（JB/T 8017—1999）的结构及其应用。定向键也是联接元件，配备一对定向键，可用于多个不同夹具的连接，使用方便。定向键与夹具体槽的配合为 H7/h6，与工作台 T 形槽的配合尺寸 B_1 亦留有 0.5mm 余量，可按工作台 T 形槽的实际尺寸配作，公差带取 h6～h8。

3. 用定位销连接

定位销也可用作联接元件，如图 1-4 所示的铣床夹具，用两个定位销与 T 形槽配合，以确定夹具在机床上的正确位置。定位销的极限偏差取 h6～h8。

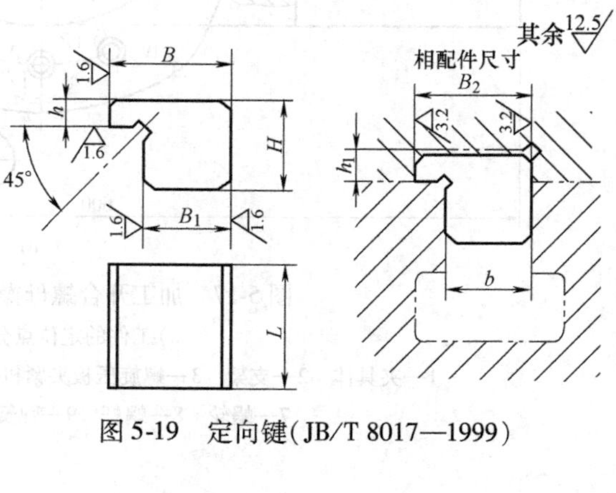

图 5-19　定向键（JB/T 8017—1999）

4. 找正连接

对于位置精度要求较高的夹具，常不设置定位键，而用找正的方法确定夹具的位置。如图 5-20 所示的 A 平面，即为在夹具体上设置的找正面。找正连接可消除机床的纵向导轨与 T 形槽的平行度误差对加工精度的影响，故连接精度较高。

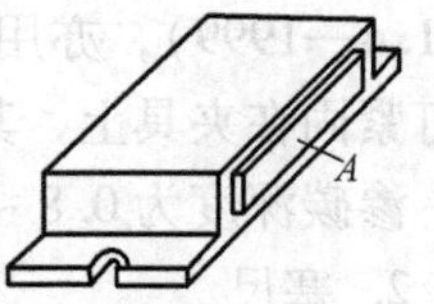

图 5-20　夹具位置的找正

四、铣床夹具的对刀

铣床夹具的对刀元件是对刀块和塞尺。对刀时，铣刀与对刀块的对刀面不能接触，留有一定的间距，用塞尺检验调整铣刀的位置来实现对刀，确定夹具与刀具间的相对位置。

1. 对刀块

图 5-21a 所示为圆形对刀块（JB/T 8031.1—1999），用于加工平面；图 5-21b 所示为方形对刀块（JB/T 8031.2—1999），用于调整组合铣刀的位置；图 5-21c 所示为直角对刀块（JB/T 8031.3—1999），用于加工两垂直面或铣槽的对刀；图 5-21d 所示为侧装对刀块（JB/T

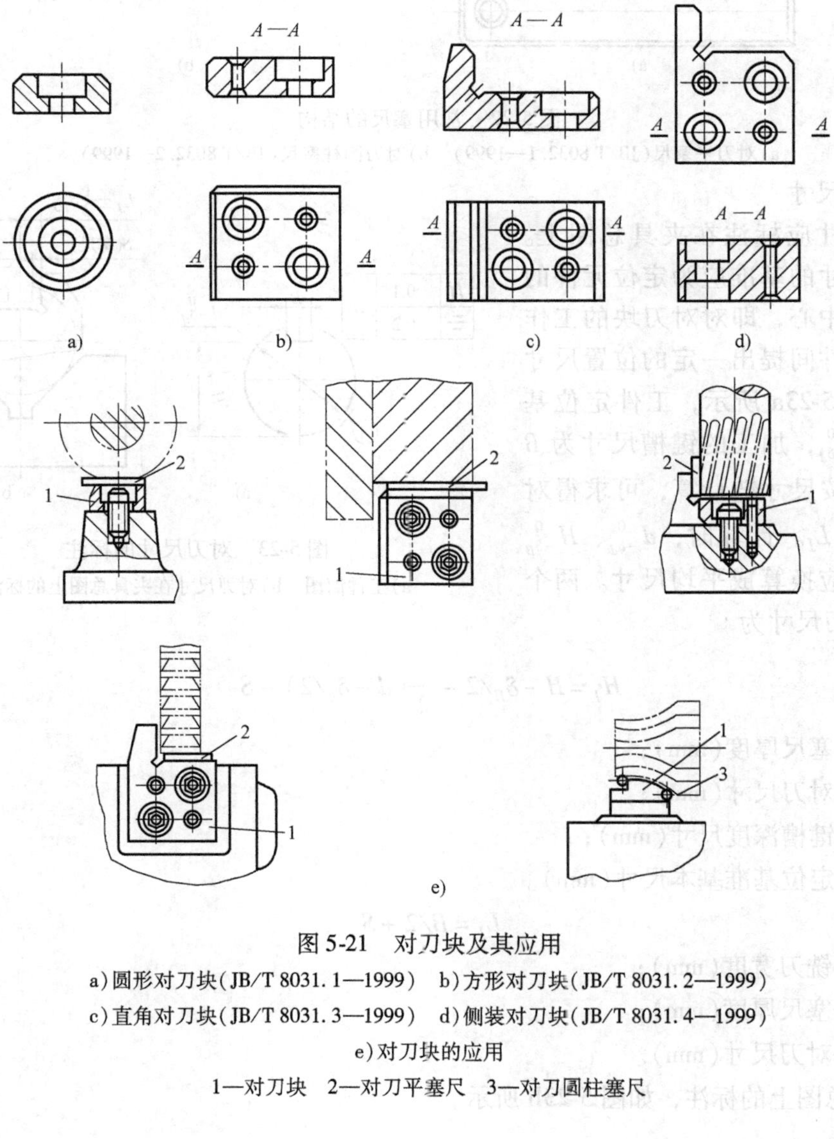

图 5-21　对刀块及其应用

a）圆形对刀块（JB/T 8031.1—1999）　b）方形对刀块（JB/T 8031.2—1999）

c）直角对刀块（JB/T 8031.3—1999）　d）侧装对刀块（JB/T 8031.4—1999）

e）对刀块的应用

1—对刀块　2—对刀平塞尺　3—对刀圆柱塞尺

8031.4—1999)，亦用于加工两垂直面或铣槽时的对刀。如图 5-21e 所示，对刀块用销钉和螺钉紧固在夹具上，其位置应便于使用塞尺对刀和不妨碍工件的装卸。对刀块的材料为 20 钢，渗碳深度为 0.8 ~ 1.2mm，淬火硬度为 58 ~ 64HRC。

2. 塞尺

图 5-22 所示为常用塞尺的结构。图 5-22a 所示为对刀平塞尺(JB/T 8032.1—1999)；图 5-22b 所示为对刀圆柱塞尺(JB/T 8032.2—1999)。平塞尺的基本尺寸 H 为 1 ~ 5mm；圆柱塞尺的基本尺寸 d 为 ϕ3mm 或 ϕ5mm，公差带为 h8。在夹具总图上应注明塞尺的尺寸。塞尺的材料为 T8，淬火硬度为 55 ~ 60HRC。

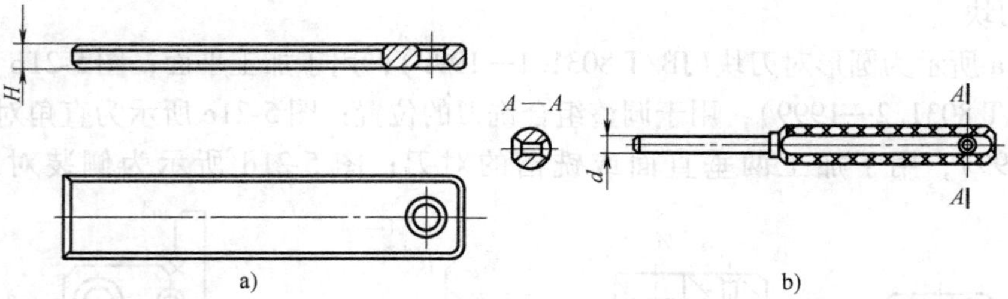

图 5-22　常用塞尺的结构

a) 对刀平塞尺(JB/T 8032.1—1999)　b) 对刀圆柱塞尺(JB/T 8032.2—1999)

3. 对刀尺寸

对刀尺寸应标注在夹具总图上。标注对刀尺寸的基准应为定位元件的工作面或其中心，即对对刀块的工作面与定位元件间提出一定的位置尺寸要求。如图 5-23a 所示，工件定位基准尺寸为 $d_{-\delta_d}^{\ 0}$，加工的键槽尺寸为 $B \times H_{-\delta_H}^{\ 0}$，则按尺寸链计算，可求得对刀尺寸 H_J、L_J。计算时，$d_{-\delta_d}^{\ 0}$、$H_{-\delta_H}^{\ 0}$ 的基本尺寸应换算成平均尺寸。两个方向上的对刀尺寸为

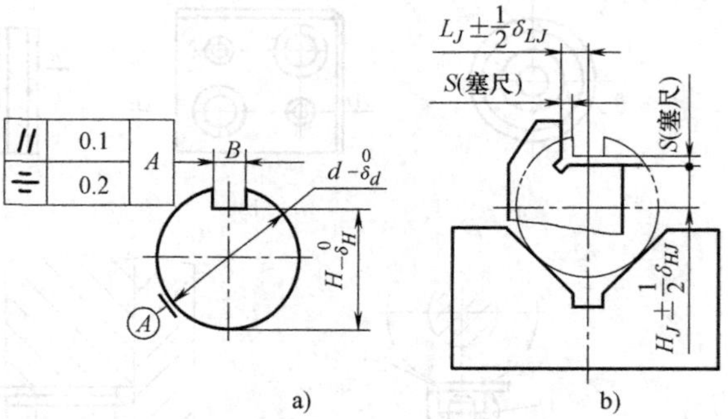

图 5-23　对刀尺寸的标注

a) 工件简图　b) 对刀尺寸在夹具总图上的标注

$$H_J = H - \delta_H/2 - \frac{1}{2}(d - \delta_d/2) - S \qquad (5\text{-}1)$$

式中　S——塞尺厚度(mm)；

H_J——对刀尺寸(mm)；

H——键槽深度尺寸(mm)；

d——定位基准基本尺寸(mm)。

$$L_J = B/2 + S \qquad (5\text{-}2)$$

式中　B——铣刀宽度(mm)；

S——塞尺厚度(mm)；

L_J——对刀尺寸(mm)。

在夹具总图上的标注，如图 5-23b 所示。

对刀块的材料为20钢，渗碳深度为0.8~1.2mm，淬火硬度为58~64HRC。塞尺材料为T8，淬火硬度为55~60HRC。

五、铣床夹具设计

1. 夹具设计要点

(1) 铣床夹具的工作位置　工件被加工表面应处于机床工作台纵向进给方向上，并对准铣刀。首先，按工作位置，用双点画线绘制工件轮廓，作为设计的模特绘制定位元件，使定位元件工作面与定位基准面接触，完成定位设计；然后，完成对刀设计。

(2) 夹具的基面　铣床夹具的底平面和定位键的两侧面是夹具的连接表面，亦为夹具的基面，是夹具精度设计的基准。定位元件应与之保持一定的位置精度要求。

(3) 夹紧设计要点　铣削加工是断续切削，切削力较大。在进行夹紧力计算时，要处理好切削力与夹紧力间的关系。在加工过程中还会发生强烈的冲击和振动，应增加辅助夹紧点，以减小振动。

(4) 总体结构　铣床夹具总体结构的抗振性要好。加工面应尽可能靠近工作台面，以降低夹具的重心。一般夹具的高宽之比应限制在 $H/B \leqslant 1 \sim 1.25$ 范围内。常用的夹具体为铸造的箱形、板形结构。铣床夹具的夹具体应具有足够的刚度和强度，必要时应设置加强肋。此外，还应合理地设置耳座，以便在夹具与工作台连接后，将夹具紧固。常见的耳座结构如图5-24所示。如果夹具体的宽度尺寸较大时，可在同一侧设置两个耳座。

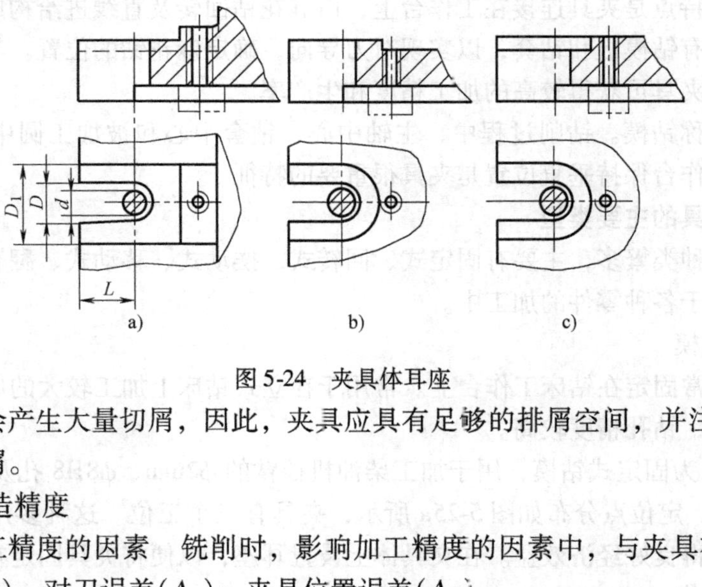

图5-24　夹具体耳座

铣削加工时会产生大量切屑，因此，夹具应具有足够的排屑空间，并注意切屑的流向，以便方便清理切屑。

2. 夹具的制造精度

(1) 影响加工精度的因素　铣削时，影响加工精度的因素中，与夹具有关的因素有三项：定位误差(Δ_D)；对刀误差(Δ_T)；夹具位置误差(Δ_A)。

对刀误差可按下式计算

$$\Delta_T = \delta_h + \delta_s \tag{5-3}$$

式中　Δ_T——对刀误差(mm)；

δ_h——对刀尺寸公差(mm)；

δ_s——塞尺厚度尺寸公差(mm)。

夹具位置误差 $\Delta_A = \Delta_{A1} + \Delta_{A2}$($\Delta_{A1}$——定位元件对夹具底面及两定位键侧面的位置误差；$\Delta_{A2}$——连接误差)。

连接误差可按下式计算

$$\Delta_{A2} = \frac{x_{max}}{L_J}L \tag{5-4}$$

式中 Δ_{A2}——定位键在工作台T形槽中的偏斜(mm);

x_{max}——定位键与工作台T形槽的最大配合间隙(mm);

L_J——两定位键工作侧面的总长度(mm);

L——被加工工件键槽长度。

实际生产中，可设法减小连接误差。

综合加工精度分析时，还应包括加工过程误差Δ_G。Δ_G主要是指铣床工作台T形槽与纵向导轨的平行度误差。

(2) 夹具制造精度的内容　在图样上应标注的尺寸及位置公差是：工件与定位元件之间的联系尺寸及公差；定位元件对夹具底面及定位键侧面的位置公差；定位键尺寸及公差；对刀尺寸和塞尺厚度尺寸。

第三节　钻床夹具

一、钻床夹具的特点

钻床夹具的特点是夹具连接在工作台上，由麻花钻回转及直线进给构成切削成形运动。

钻床夹具具有钻模板和钻套，以实现对刀导向，确定麻花钻的位置。与划线钻孔工艺相比较，使用钻床夹具可获得较高的加工精度和生产率。

钻床夹具又称钻模。钻削过程中，主轴中心、钻套中心和被加工圆中心的三者相互关联，且中心与工作台保持垂直位置是夹具很重要的特征。

二、钻床夹具的主要类型

钻床夹具的种类繁多，主要有固定式、回转式、摆动式、移动式、翻转式、盖板式、滑柱式等类型，用于各种零件的加工中。

1. 固定式钻模

这类钻模通常固定在钻床工作台上。常用于在立式钻床上加工较大的单孔或在摇臂钻床上加工平行孔系，钻孔精度较高。

图5-25所示为固定式钻模，用于加工柴油机摇臂的ϕ2mm、ϕ8H8孔及M10×1-6H螺纹孔的小径ϕ9mm。定位点分布如图5-25a所示，夹具有三个工位。这种多用途夹具为低成本夹具设计，可获得良好经济效益。在夹具体上设置耳座，以便将夹具固定在工作台上。

2. 回转式钻模

回转式钻模应用广泛，结构有多种。

(1) 采用一个钻套，带分度结构　它用于加工同一圆周上均布的平行孔或分布在圆周上的径向孔。用分度装置满足孔距精度要求，仅使用一个钻套对刀导向。按钻孔特点，夹具可制成立轴、卧轴和斜轴三种形式。特点是加工中刀具位置不变，故影响加工精度的因素主要是分度精度，分度比较费时。

图5-26所示为卧轴回转式钻模。定位元件为主轴上的ϕ25h6圆柱面。分度主轴轴承的尺寸为ϕ35H7/h6，配合间隙合适。轴承的轴向间隙由双螺母调整。轴承处能注入润滑油。

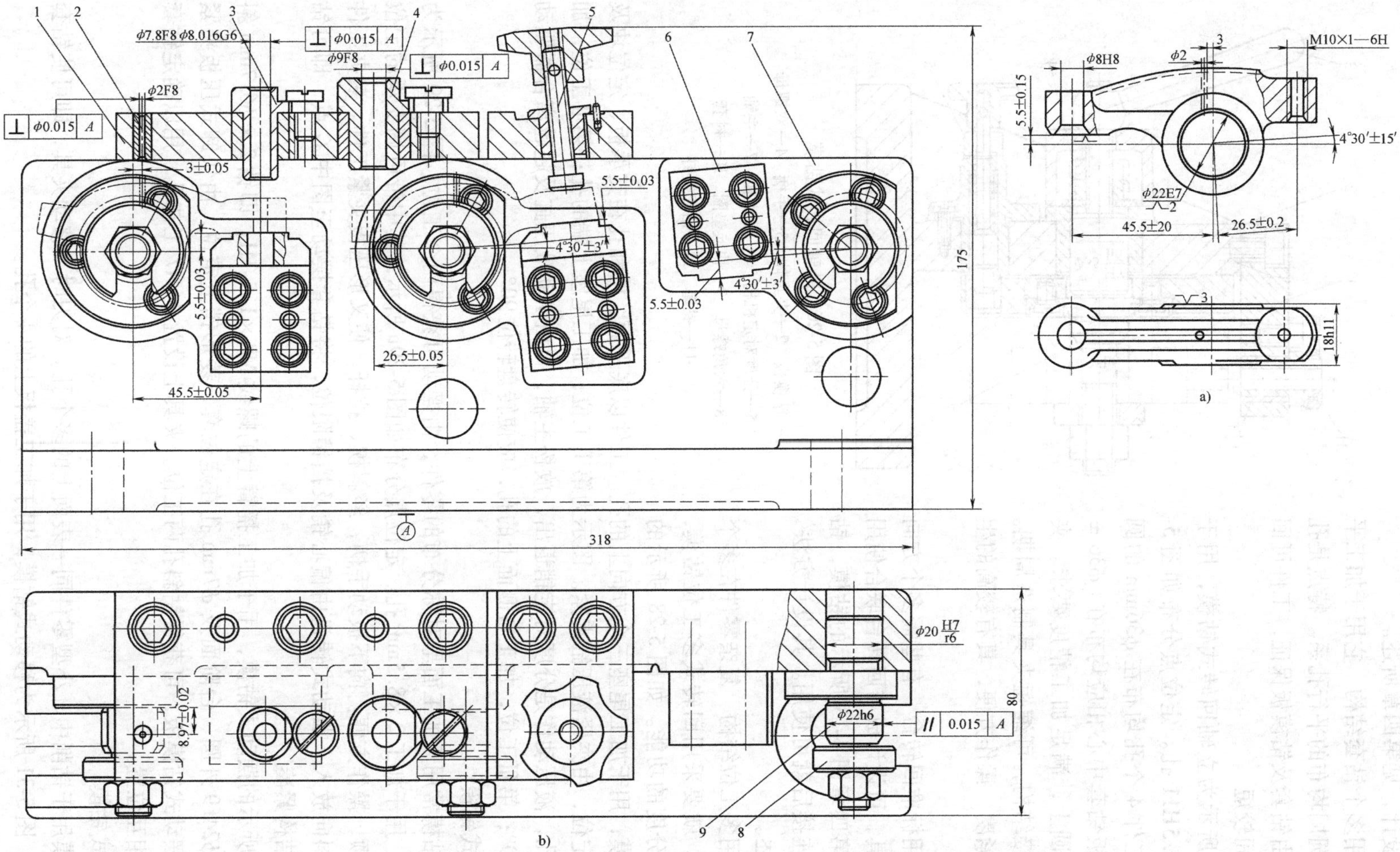

图 5-25　固定式钻床夹具

a)定位点分布　b)夹具

1—钻模板　2—固定式钻套　3、4—快换钻套　5—螺钉　6—支承块　7—夹具体　8—快卸垫圈　9—定位销

分度装置的设计，见第四章所述。

（2）采用多个钻套结构　它用于加工平面上的同一圆周均布的平行孔系。特点是孔距尺寸主要由钻套及钻模板保证，工件可回转，转位时间较短。

图5-27所示为立轴回转式钻模，用于加工4×ϕ9.5H11孔。定位点分布如图5-27a所示。工件4个孔均布在ϕ36mm的圆上，则钻模板钻套中心相应均布在(ϕ36±0.03)mm的圆上，满足加工精度要求。夹具体采用焊接结构，可缩短夹具制造周期。此夹具结构紧凑，操作方便，具有较高的生产率。

（3）采用标准回转台　有些需多个方向上钻孔的夹具，可设计成与回转台联合使用的钻模。如第四章图4-13所示的钻模，钻模与回转台连接后就可使用。其设计方法，见第四章所述。

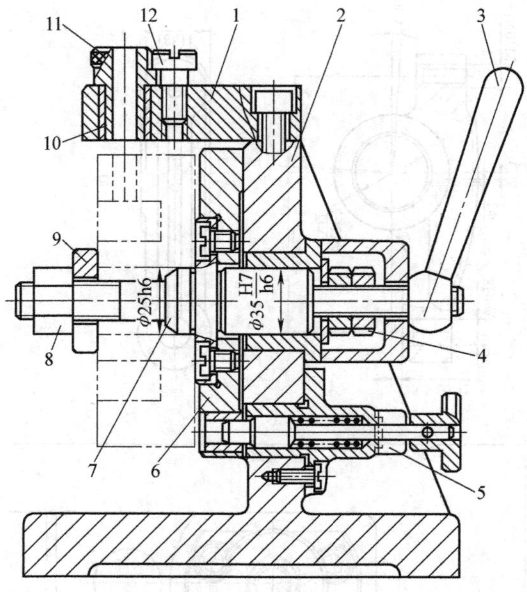

图5-26　卧轴回转式钻模

1—钻模板　2—夹具体　3—手柄　4—双螺母　5—分度对定机构　6—分度板　7—主轴　8—六角螺母　9—快换垫圈　10—衬套　11—钻套　12—钻套螺钉

（4）采用多工位结构　复杂零件在多个方向钻孔时，就要采用回转式多工位钻模，其亦应具有分度的功能。如图5-28所示的车床尾座钻模，用于加工尾座三个方向上的孔。工件以底平面、槽和孔在支承板、定位块及菱形插销上定位，由夹紧液压缸夹紧。图示为第Ⅰ工位，加工尾座上端的孔；第Ⅱ工位，加工底面上的孔，液压动作是分度对定销退出，放松主轴，再由摆动液压缸及超越离合器驱动转盘转位180°；第Ⅲ工位，加工右侧面上的孔，应使转盘转位90°。

3. 摆动式钻模

摆动式钻模常用于加工面呈对称分布的零件，由摆动可获得两个工位。图5-29所示为摆动式钻模，用于加工2×8.5mm孔。定位点分布如图5-29a所示，其中带可调支承的定位滑板设计新颖，操作方便。向下扳动手柄，经斜楔、拉杆，使叉形压板夹紧工件。装夹工件时，工件需斜向放入。摆动式转盘由偏心销及挡销限位，将钻套摆动至图中G点，即可钻两孔。夹具结构紧凑。

图5-30所示的摆动式钻模，用于加工摇臂上的螺纹M8×1.5-7H，即钻2×ϕ6.7mm斜孔。工件以ϕ24f9外圆、台阶面及ϕ7mm孔在定位套、菱形销上定位，由快卸式压板夹紧工件。采用摆动式钻模板，可获得钻斜孔两工位。夹具上设置ϕ6H7工艺孔，用以确定钻套与菱形销的相互位置。

4. 移动式钻模

这类钻模用于钻削中、小型零件同一表面上的多个孔。对刀时，移动夹具，即可使钻套与钻头对准。图5-31所示为移动式钻模，用于加工盖板上的4个孔。

5. 翻转式钻模

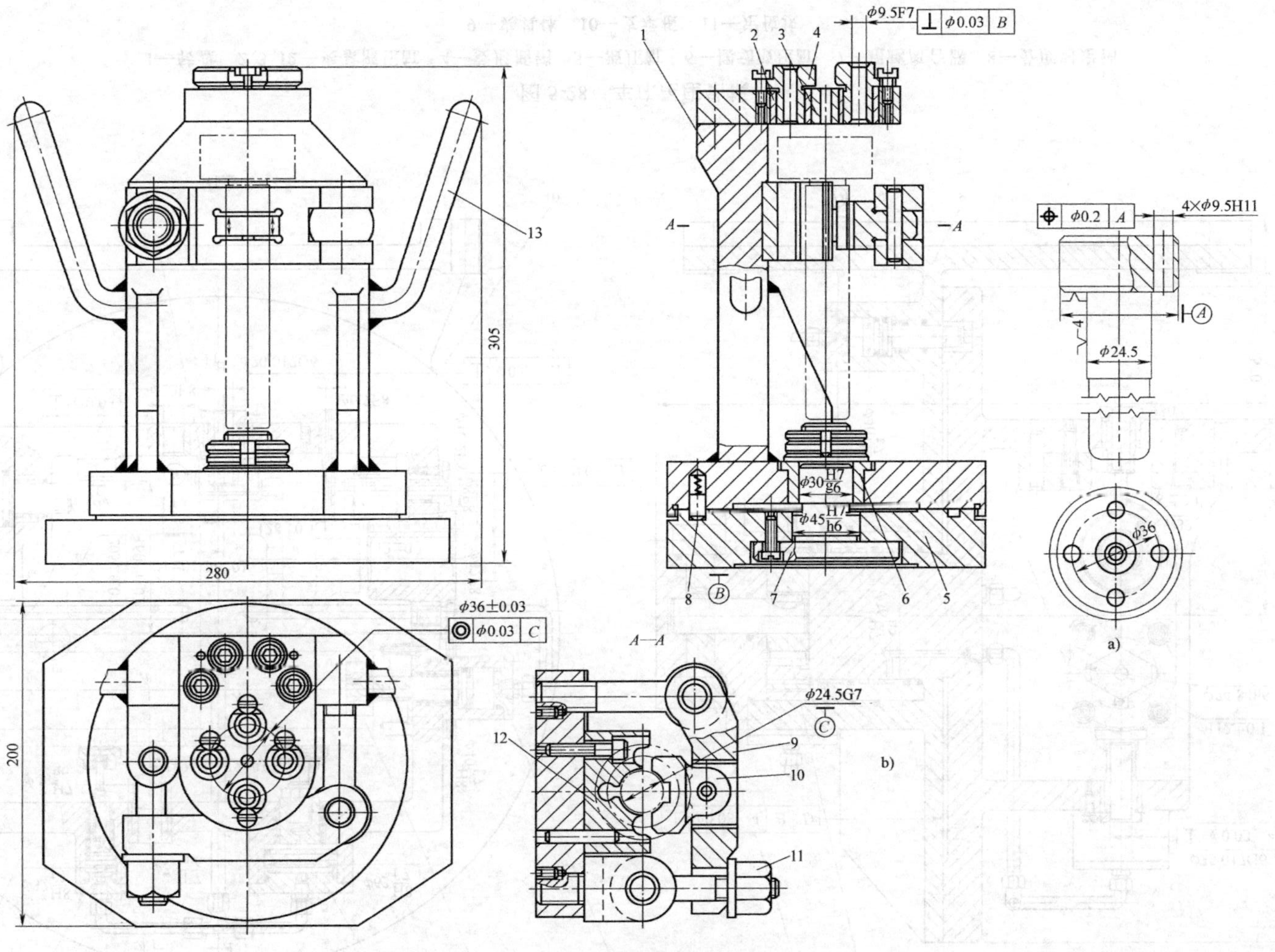

图 5-27 立轴回转式钻模

a)定位点分布 b)夹具

1—夹具体 2—衬套 3—钻模板 4—可换钻套 5—底板 6—套 7—轴 8—圆柱销 9—铰链式压板 10—浮动压块 11—六角螺母 12—定位块 13—手柄

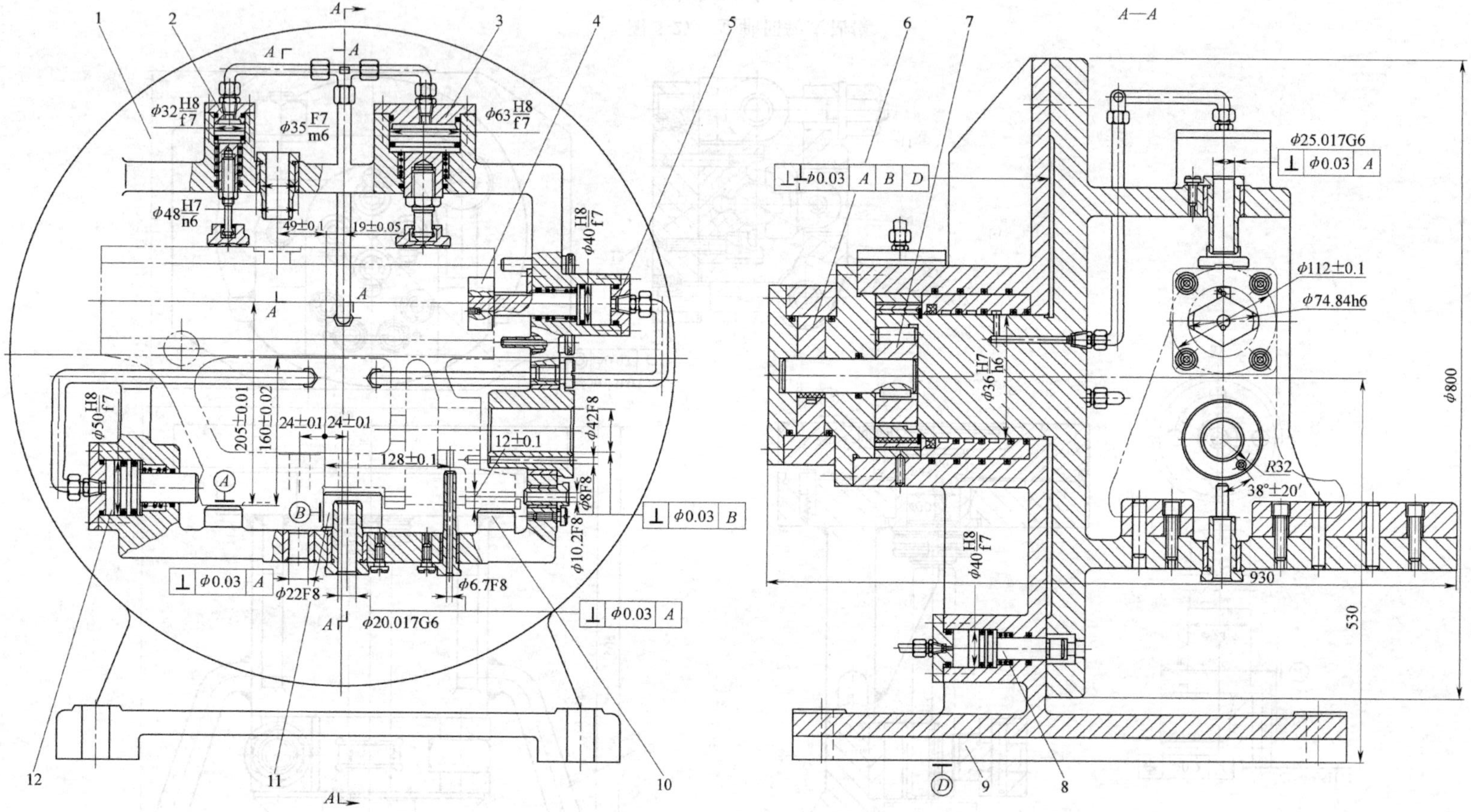

图 5-28　车床尾座钻模

1—转盘　2、3、12—夹紧液压缸　4—菱形插销　5—液压缸　6—摆动液压缸　7—超越离合器　8—分度对定销　9—夹具体　10—支承板　11—定位块

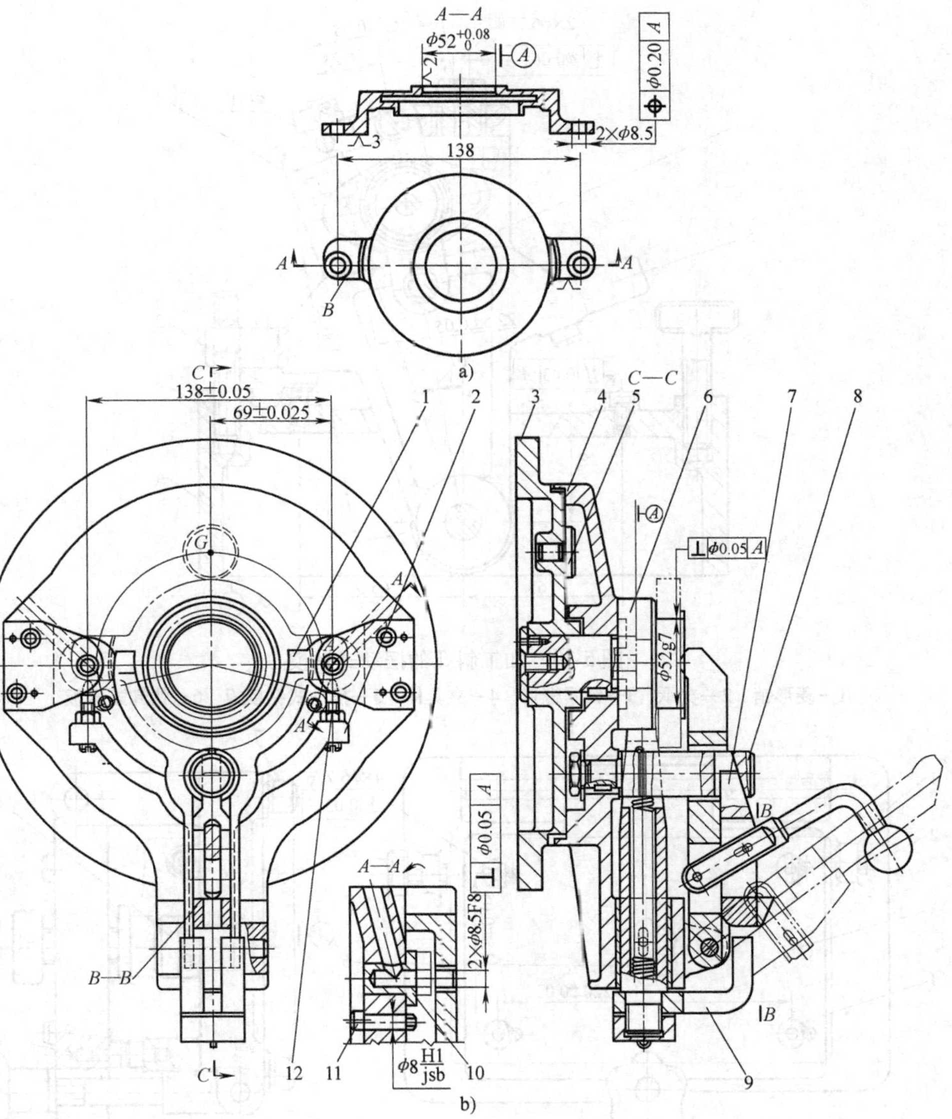

图 5-29　摆动式钻模

a)定位点分布　b)钻模

1—叉形压板　2—滑板　3—夹具体　4—摆动式转盘　5—挡销　6—定位销　7—斜楔

8—拉杆　9—联动滑块　10—支承块　11—偏心销　12—可调支承

这类钻模主要用于加工中、小型零件分布在不同表面上的孔。夹具连同工件的总重量不能太重，以便于翻转。夹具上还要设置几个所需的翻转基面，以满足钻孔时夹具与钻床工作台的连接。图 5-32 所示为翻转式钻模，用于加工杠杆臂的 $\phi10^{+0.10}_{0}$mm、ϕ13mm 孔。定位点分布如图 5-32a 所示。所加工的两孔轴线相互垂直，中心距尺寸为(78 ± 0.50)mm、(15 ± 0.5)mm、12.5mm。夹具的翻转基面为 *F*、*G* 面，所钻孔钻套的轴线与其相垂直，钻完一个孔后，翻转 90°再钻削另一个孔。

当同一圆周上翻转方向很多时，可增设一垫块，以增大翻转基面。图 5-33 所示为带垫块的翻转式钻模，在夹具体上有 4 个钻孔方向的翻转基面；钻另 4 个孔时，需将夹具置于 V

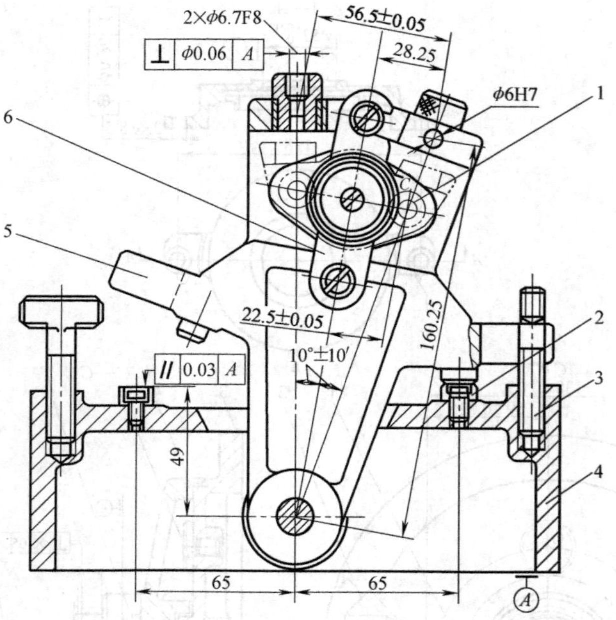

图 5-30　加工斜孔的摆动式钻模

1—菱形销　2—支承　3—锁紧螺钉　4—夹具体　5—摆动式钻模板　6—快卸式压板

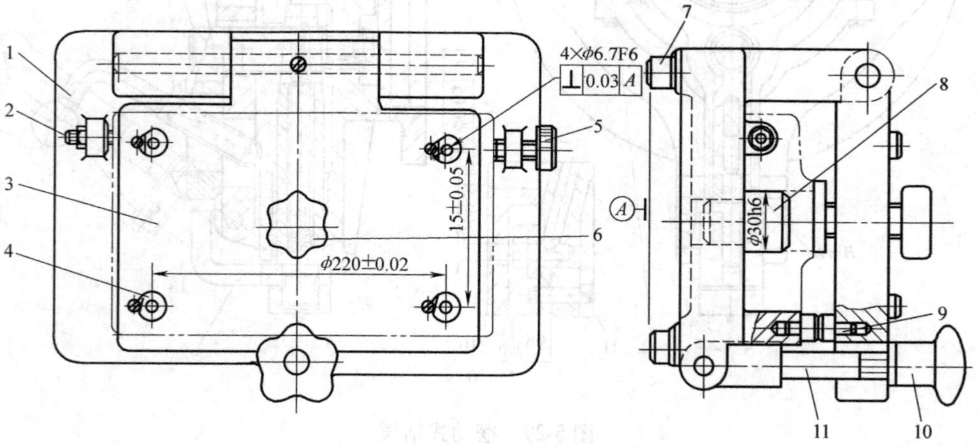

图 5-31　移动式钻模

1—夹具体　2—可调支承　3—铰链式钻模板　4—快换钻套　5—螺钉　6—夹紧螺钉　7—支脚　8—定位销　9—支承钉　10—铰链式螺钉　11—螺母

形垫块上(图 5-33 所示位置)，其钻套轴线与上述 4 个钻套成 45°角，即总共可完成 8 个均布孔的钻削。

6. 盖板式钻模

盖板式钻模没有夹具体，其覆盖在工件上即可进行加工。钻削时，以工件作为基体确定夹具的位置。夹具相对工件定位和夹紧。盖板式钻模结构简单，常用于加工大型零件上的小孔。为便于使用，夹具不宜太重，且较大的夹具还应设置手柄。减轻夹具重量的方法是设置加强肋以减小其厚度，设置减轻窗孔或用铸铝件制造。

图 5-34 所示为盖板式钻模。

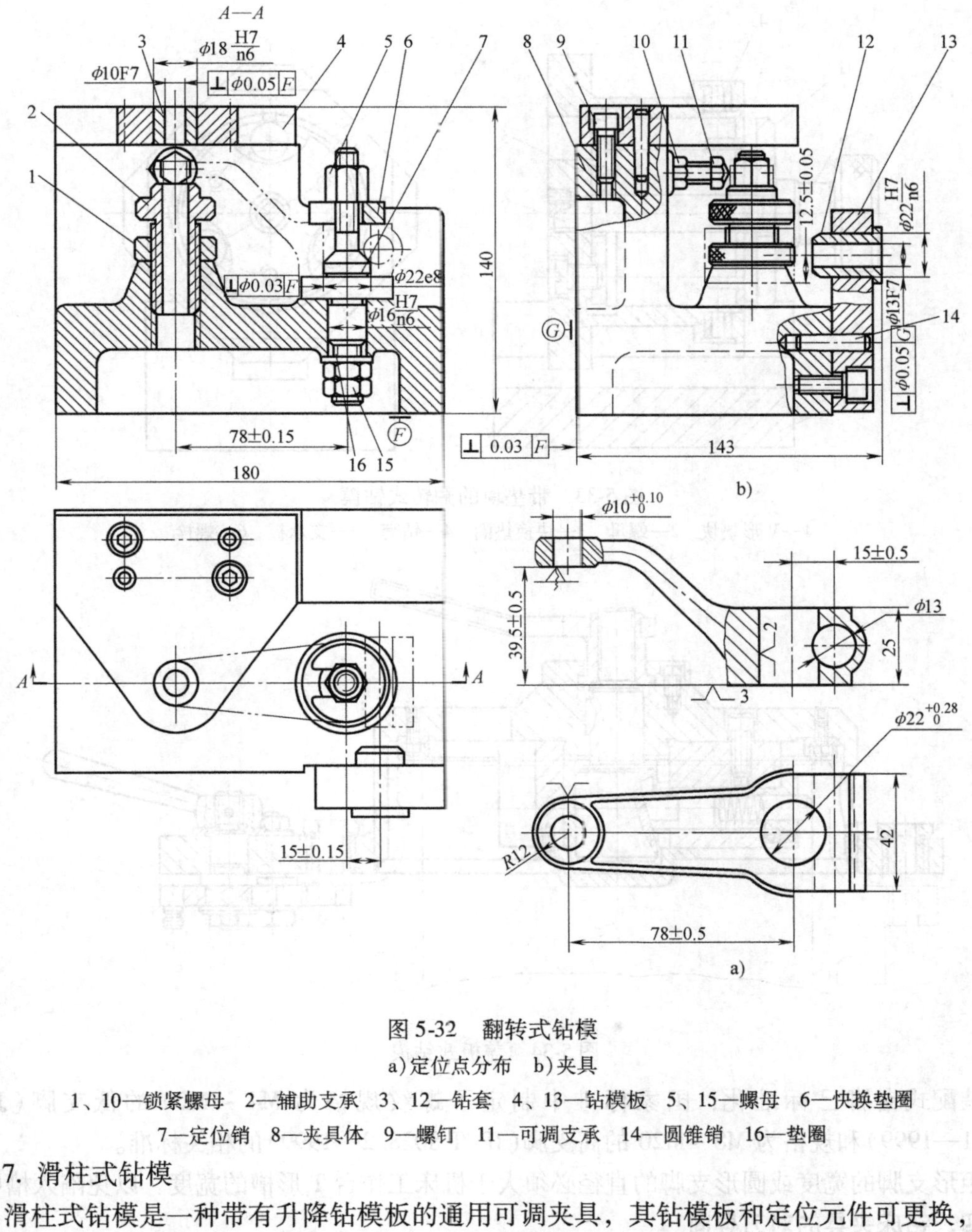

图 5-32　翻转式钻模

a）定位点分布　b）夹具

1、10—锁紧螺母　2—辅助支承　3、12—钻套　4、13—钻模板　5、15—螺母　6—快换垫圈　7—定位销　8—夹具体　9—螺钉　11—可调支承　14—圆锥销　16—垫圈

7. 滑柱式钻模

滑柱式钻模是一种带有升降钻模板的通用可调夹具，其钻模板和定位元件可更换，一个夹具可加工多种工件，是一种很经济的夹具，具有很多种结构。

图 5-35 所示为滑柱式钻模，用于加工杠杆零件。工件以 ϕ22H7 孔、端面及小端凸台在定位销、定位座平面、定位套锥面上定位。转动手柄使滑柱带动钻模板下降，夹紧工件。

三、钻床夹具与钻床工作台的连接

钻床夹具以夹具体的基面与钻床工作台相连接。翻转式钻模有多个基面。钻套的轴线与基面相垂直，从而确定了夹具的工作位置。

钻模的基面常用支脚或连接元件支脚代替。如图 5-36 所示，四个支脚共面，即可利用定位原理来检验工作台的平面度，使夹具不歪斜，放置平稳。

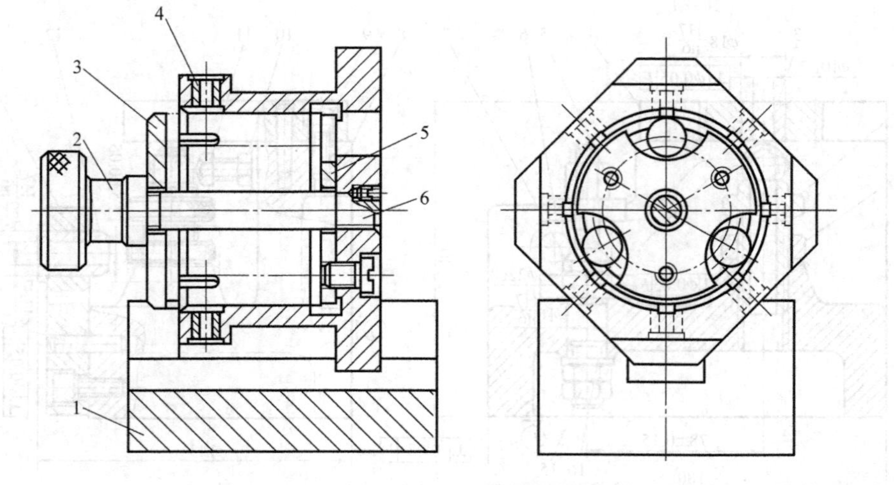

图 5-33　带垫块的翻转式钻模

1—V 形垫块　2—螺母　3—快换垫圈　4—钻套　5—支承板　6—螺栓

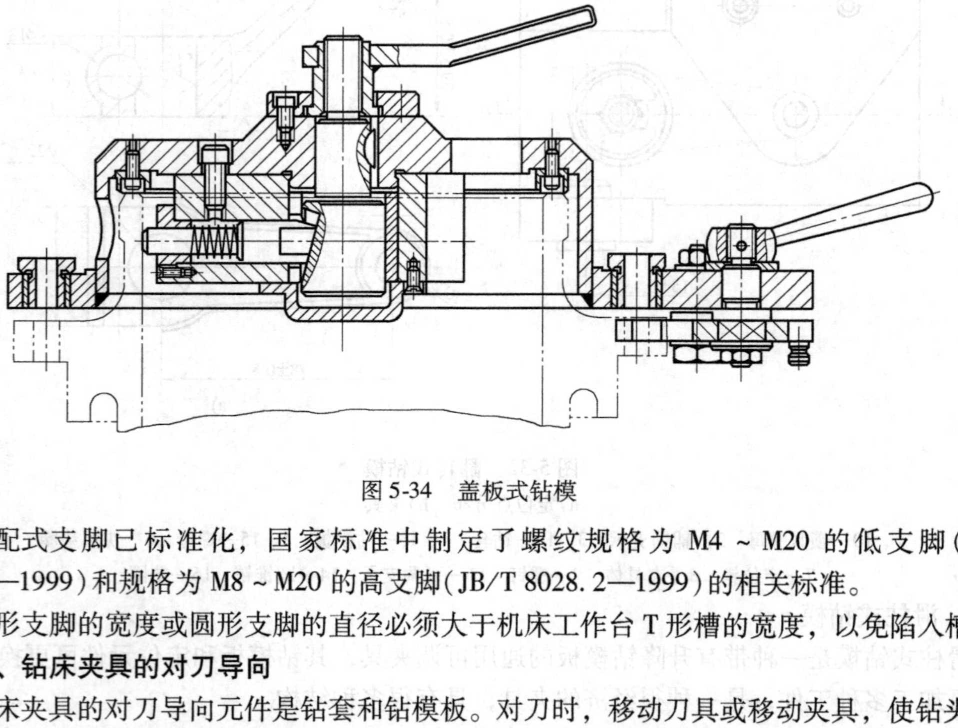

图 5-34　盖板式钻模

装配式支脚已标准化，国家标准中制定了螺纹规格为 M4 ~ M20 的低支脚（JB/T 8028.1—1999）和规格为 M8 ~ M20 的高支脚（JB/T 8028.2—1999）的相关标准。

矩形支脚的宽度或圆形支脚的直径必须大于机床工作台 T 形槽的宽度，以免陷入槽中。

四、钻床夹具的对刀导向

钻床夹具的对刀导向元件是钻套和钻模板。对刀时，移动刀具或移动夹具，使钻头与钻套的中心对准；加工时，钻套引导钻头切削，并达到图样的中心距尺寸要求。

1. 钻套的选择和设计

（1）钻套的类型　按其结构和使用情况，钻套可分为下列四种类型：固定钻套、可换钻套、快换钻套、特殊钻套，如图 5-37 所示。

1）固定钻套。如图 5-37a、b 所示，固定钻套标准为 JB/T 8045.1—1999，分 A、B 型两种。钻套按配合 H7/n6 或 H7/r6 装配在钻模板中。其结构简单，钻孔精度较高，适用于小批量生产。

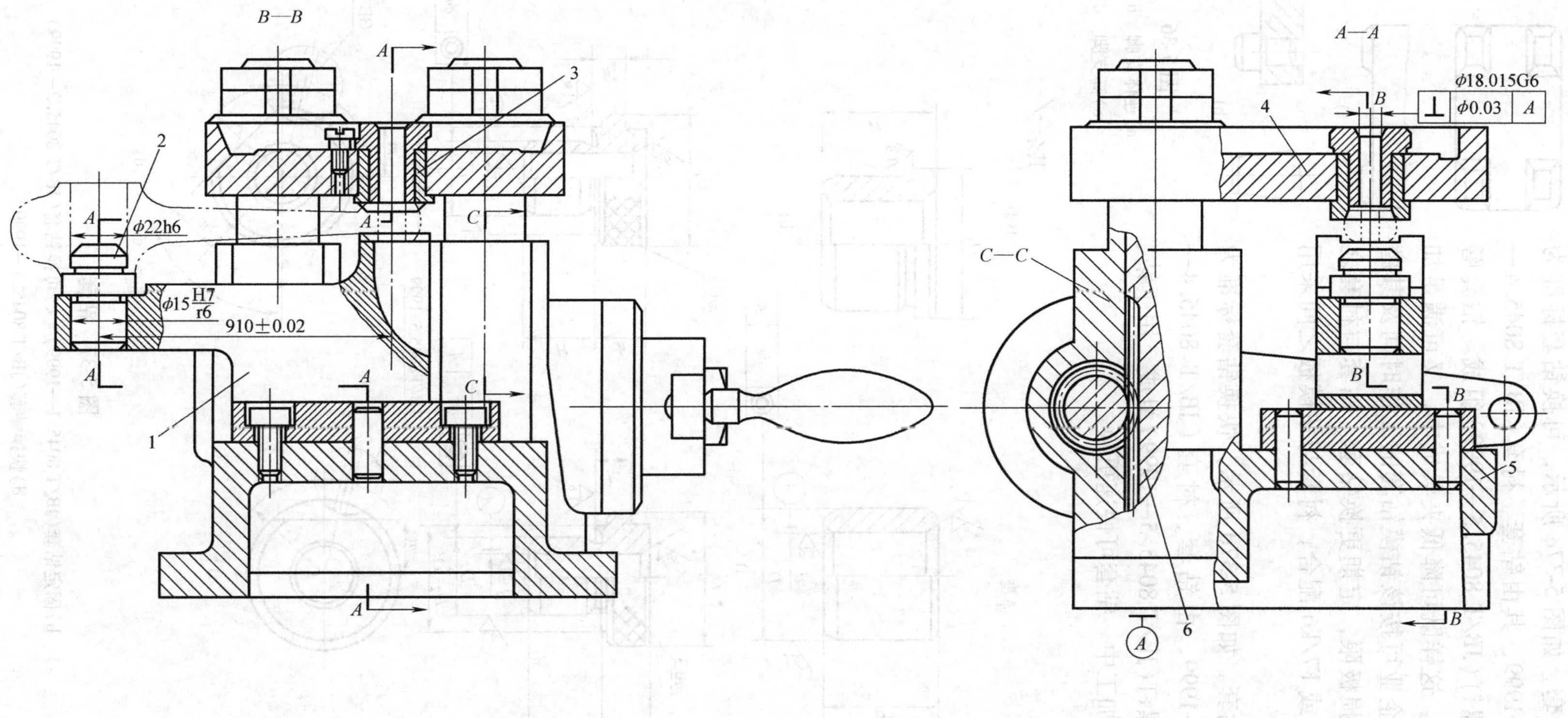

图 5-35 滑柱式钻模

1—定位座 2—定位销 3—定位套 4—钻模板 5—夹具体 6—齿条滑柱

2）可换钻套。如图 5-37c 所示，可换钻套标准为 JB/T 8045. 2—1999，其由钻套、衬套（JB/T 8045. 4—1999）、钻套螺钉（JB/T 8045. 5—1999）组成。钻套磨损后，可更换。这样既可降低夹具成本，又可满足加工精度要求。企业可按该钻模钻套的工作时间及其磨损量，制订磨损极限，定期更换钻套。钻套与衬套之间采用 F7/m6 或 F7/k6 配合，衬套与钻模板之间采用 H7/n6 配合。

3）快换钻套。如图 5-37d 所示，快换钻套标准为 JB/T 8045. 3—1999，由钻套、衬套（JB/T 8045. 4—1999）、钻套螺钉（JB/T 8045. 5—1999）组成，用于钻、扩、铰多工步加工中。钻套可快速更换。

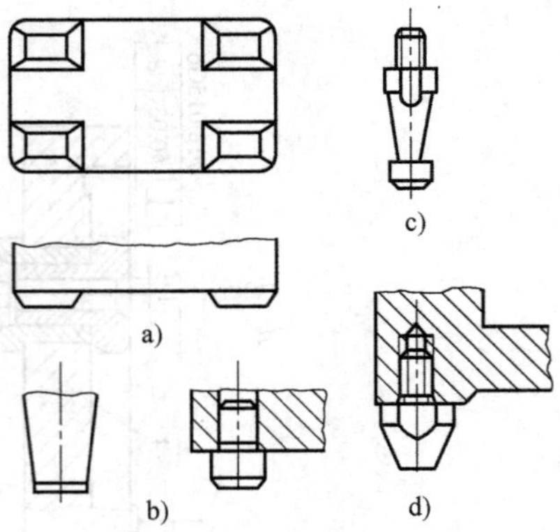

图 5-36　支脚

a）连体支脚　b）其他支脚　c）高支脚　d）低支脚

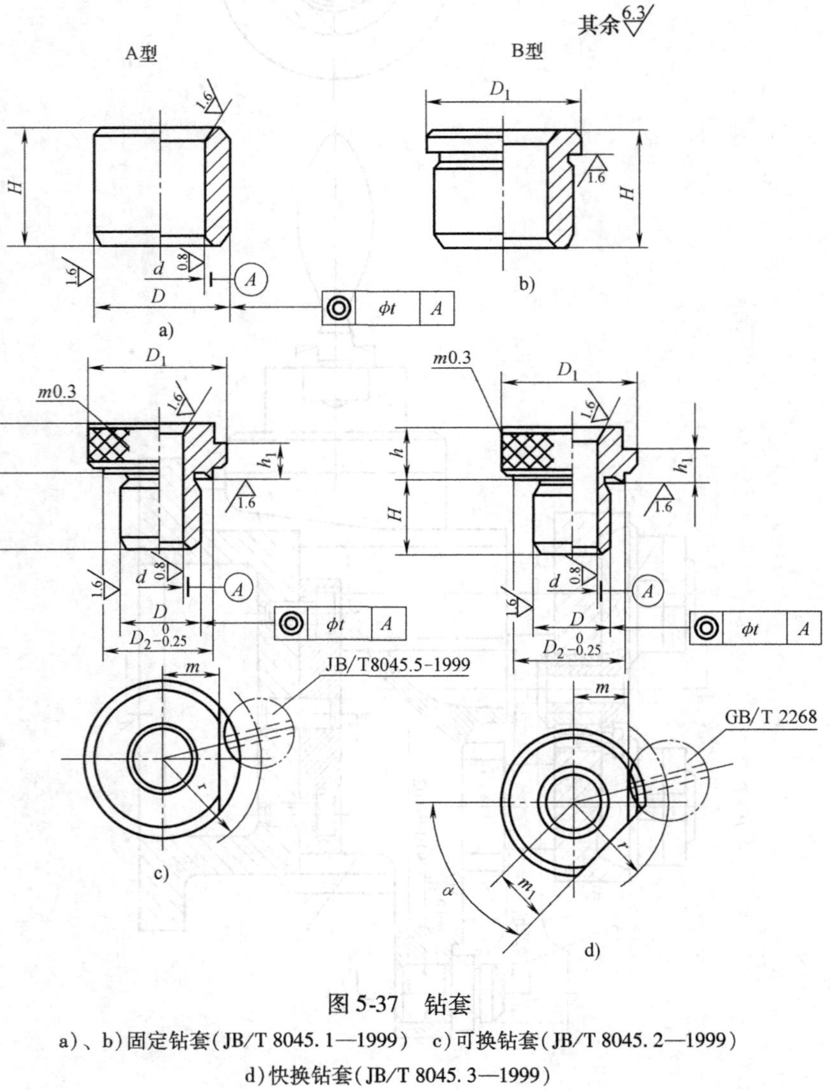

图 5-37　钻套

a）、b）固定钻套（JB/T 8045. 1—1999）　c）可换钻套（JB/T 8045. 2—1999）

d）快换钻套（JB/T 8045. 3—1999）

4）特殊钻套。由于工件形状或被加工孔位置的特殊性，需要设计特殊结构的钻套。图5-38所示为几种特殊结构的钻套。

（2）钻套导向孔的尺寸及公差　钻套导向孔的基本尺寸取刀具的最大极限尺寸，采用基轴制间隙配合。与钻头相配取F7或F8；与铰刀相配取G6或G7。刀具尺寸见附表5、附表6、附表7。例如，加工$\phi20$mm孔的麻花钻的尺寸为$\phi20_{-0.033}^{\ 0}$mm，则钻套导向孔尺寸为ϕ20F7。又如，加工ϕ25H7孔铰刀的尺寸为$\phi25_{+0.008}^{+0.017}$mm，则钻套导向孔尺寸为ϕ25.017G6。

（3）排屑空间　排屑空间是指钻套底部与工件之间的空间。通常取(0.3～1.5)d，d为钻套孔径。加工铸铁工件时取小值；加工钢材工件时则取大值。

（4）钻套材料及热处理　钻套孔径$d \leqslant$25mm，用T10A钢制造，热处理硬度为58～64HRC；$d>$25mm的钻套，用20钢制造，渗碳深度为0.8～1.2mm，热处理硬度为58～64HRC。

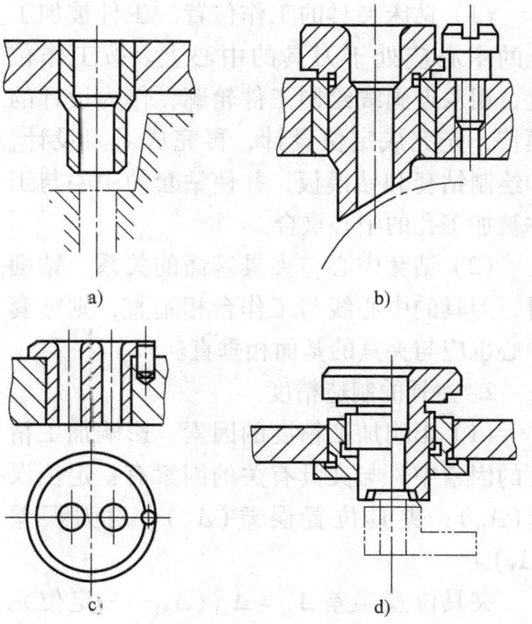

图5-38　特殊钻套
a）加长钻套　b）斜面钻套　c）小孔距钻套
d）可定位、夹紧钻套

2. 钻模板的选择和设计

常见的钻模板有以下几种：固定式钻模板、铰链式钻模板、可卸式钻模板、悬挂式钻模板。

（1）固定式钻模板　其钻模板固定在夹具体上。一般采用两个圆锥销和几个螺钉装配固定，对于简单的结构也可采用整体铸造或焊接结构。如图5-32所示的钻模，其钻模板采用装配固定的方式。这种钻模板的钻孔精度较高，因而使用广泛。因钻模板与工件靠得很近，使用时要注意不妨碍工件的装卸。

（2）铰链式钻模板　当钻模板妨碍工件装卸时，可采用铰链式钻模板。钻模板应相对定位和锁紧，其结构有多种形式。如图5-31所示钻模，其钻模板用支承钉相对定位，用螺母锁紧。又如第二章的图2-79所示夹具，钻模板采用专用螺钉锁紧，结构紧凑，操作方便。

（3）可卸式钻模板　这种钻模板也用于装卸工件时有障碍的场合。钻模板也应相对定位和锁紧。如图5-39所示，为箱形钻模，采用盖板式钻模板。其由定位销、菱形销作相对定位、用专用螺钉锁紧。特点是精度较低，操作较费时。

（4）悬挂式钻模板　这种钻模板常用于具有多轴传动头的专用立式钻床上。图5-40a所示为多轴传动头及其夹具，传动头以锥柄和钻床主轴连接，并用楔铁夹紧。可以浮动的导杆及钻模板布置在工件上方。当主轴下移时，钻模板夹紧工件。该夹具用于大批量生产的汽车制造厂，可同时钻削10个孔。

五、钻床夹具设计

1. 要点

（1）钻床夹具的工作位置　工件被加工孔的中心应处于刀具的中心上。按工作位置，用双点画线绘制工件轮廓，作为设计的模特，先完成定位设计，再完成对刀设计，即绘制钻套和钻模板，并使钻套的中心与工件被加工孔的中心重合。

（2）钻套中心与夹具基面的关系　钻削时，刀具的中心线与工作台相垂直，则钻套中心也应与夹具的基面相垂直。

2. 夹具的制造精度

（1）影响加工精度的因素　影响加工精度的因素中，与夹具有关的因素有：定位误差(Δ_D)；夹具位置误差(Δ_A)；对刀误差(Δ_T)。

夹具位置误差 $\Delta_A = \Delta_{A1}$（Δ_{A1}——定位元件对夹具基面的位置误差）。

钻模的对刀误差较大，主要由钻套的导向误差所致（见图 5-41）。对刀误差可按概率法计算

$$\Delta_T = \sqrt{\delta_L^2 + e_1^2 + e_2^2 + x_1^2 + (2x_3)^2} \tag{5-5}$$

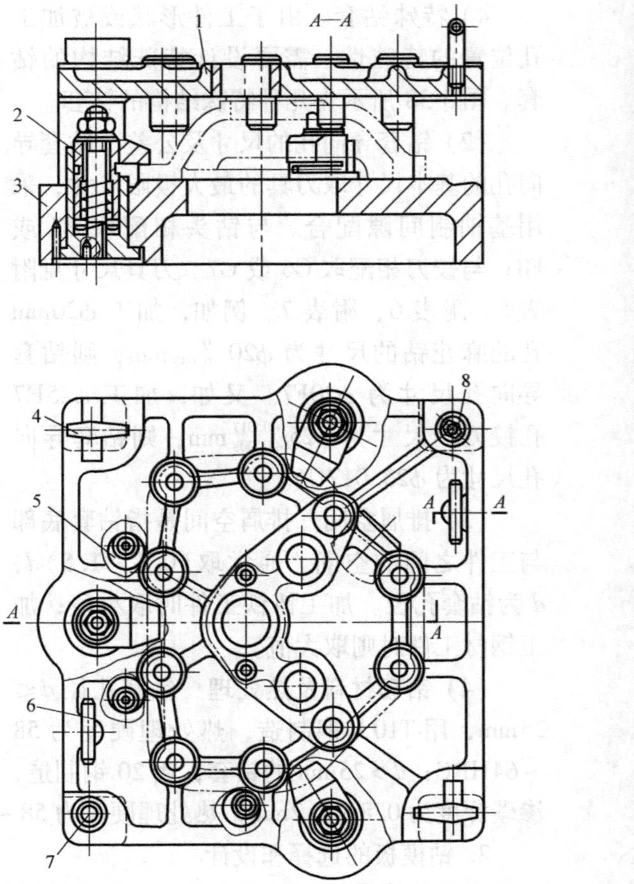

图 5-39　箱形钻模

1—盖板式钻模板　2—钩形螺旋压板夹紧机构　3—夹具体　4—专用螺钉　5—偏心支承　6—手柄　7—定位销　8—菱形销

式中　δ_L——钻套的中心距尺寸公差(mm)；

e_1——快换钻套的内、外圆同轴度公差(mm)；

e_2——衬套的内、外圆同轴度公差(mm)；

x_1——钻套与衬套的最大配合间隙(mm)；

x_3——刀具在钻套中的偏斜量(mm)。

x_3 按下式计算

$$x_3 = \frac{x_2}{H}(B + h + H/2) \tag{5-6}$$

式中　x_2——刀具与钻套的最大配合间隙(mm)；

H——钻模板厚度(mm)；

B——钻孔深度(mm)；

h——排屑空间(mm)。

（2）夹具制造精度的内容　在夹具总图上应标注的尺寸及位置公差有：工件与定位元件之间的联系尺寸及公差；定位元件对夹具基面的位置公差；钻套直径尺寸及中心距尺寸公差；钻套中心对夹具基面的位置公差。

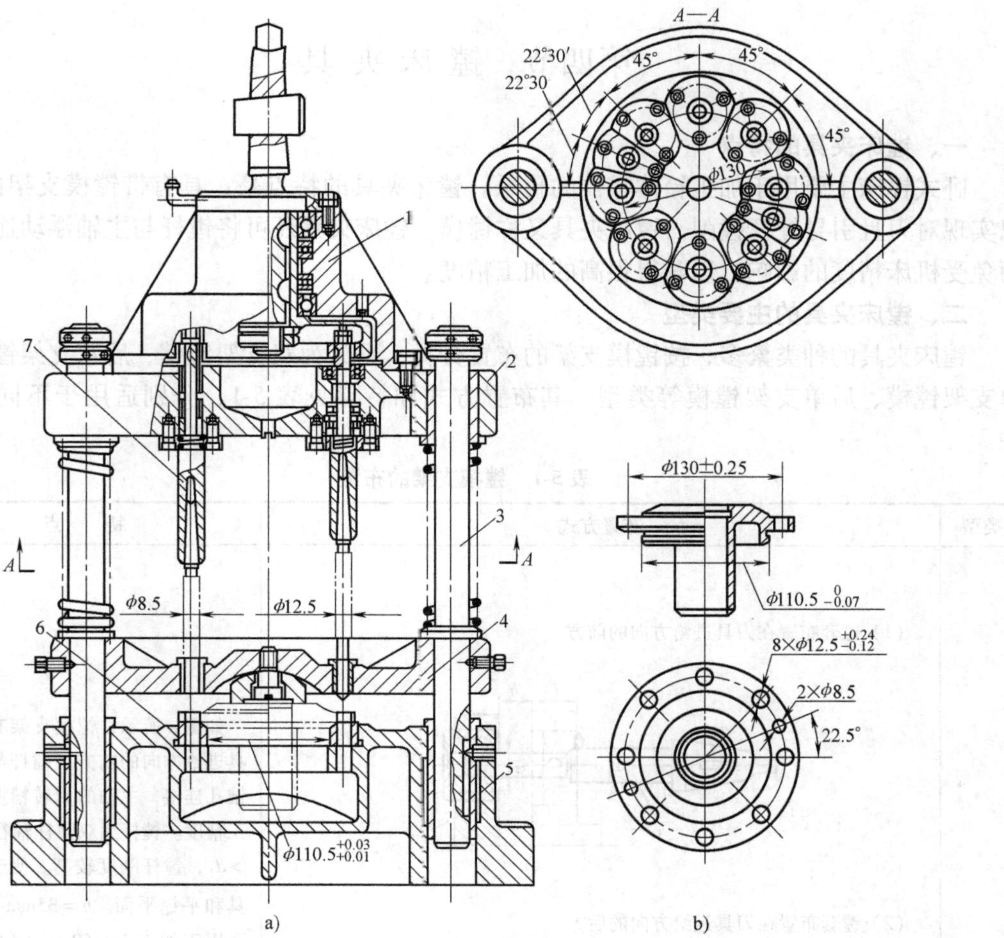

图 5-40　悬挂式钻模板

a) 多轴传动头及夹具　b) 工件简图

1—传动箱　2—传动箱盖板　3—导杆　4—悬挂钻模板　5—夹具体　6—定位套　7—小主轴

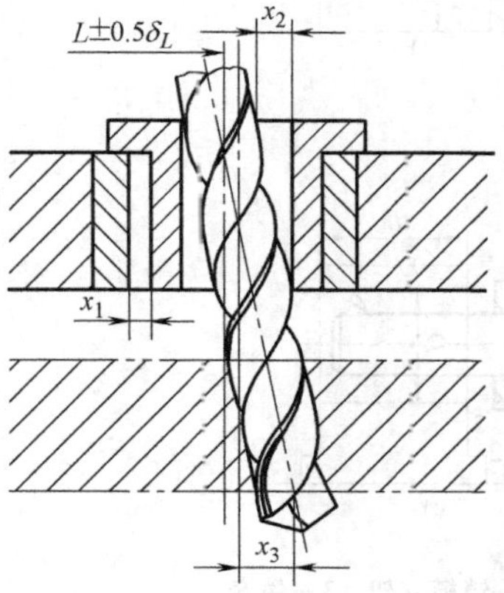

图 5-41　钻套的导向误差

第四节　镗 床 夹 具

一、镗床夹具的特点

卧式镗床主要用于加工箱体零件的孔系。镗床夹具的特点是：具有带镗模支架的镗套，以实现对刀且引导镗杆镗削。镗床夹具又称镗模。镗床夹具还可将镗杆与主轴浮动连接，从而免受机床精度的影响，以获得很高的加工精度。

二、镗床夹具的主要类型

镗床夹具的种类繁多，按镗模支架的布置分类，可分为双支架镗模、后双支架镗模、前单支架镗模、后单支架镗模等类型，其布置方式和特点见表 5-1，分别适用于不同的加工中。

表 5-1　镗模支架的布置

<table>
<tr><th>类型</th><th>布置方式</th><th>特　点</th></tr>
<tr><td>单镗模支架</td><td>
（1）镗套布置在刀具进给方向的前方

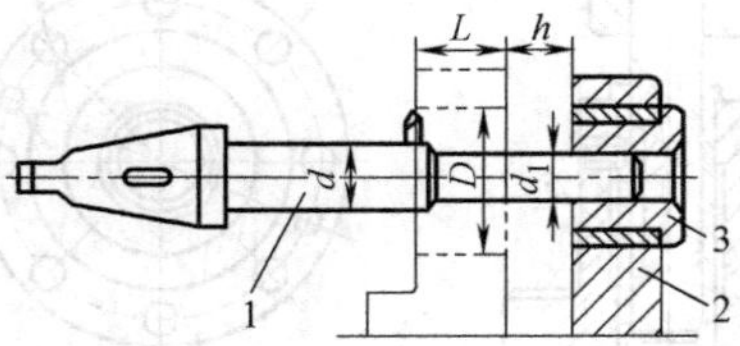

a)

（2）镗套布置在刀具进给方向的后方
双圆柱轴颈镗杆

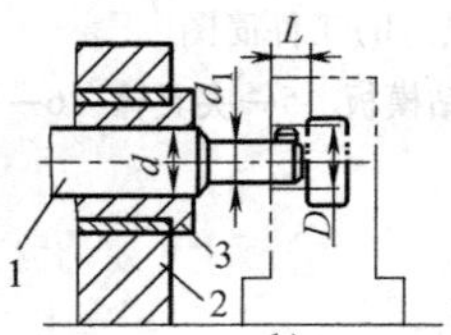

b)

单一圆柱轴颈镗杆

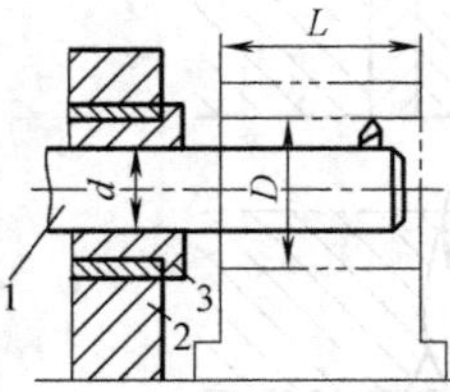

c)

1—镗杆　2—镗模支架　3—镗套
</td><td>
如图 a 所示，镗模支架布置在刀具进给方向的前方。镗杆与主轴的锥孔连接，主轴的回转精度影响加工精度。镗杆为双圆柱轴径，$D > d > d_1$，镗杆刚度较高。便于更换刀具和平锪平面。$h = 35\text{mm} \sim 70\text{mm}$。适用于加工 $D > 60\text{mm}$、$L/D < 1$ 的通孔

如图 b 所示，是常用的方法，镗模支架布置在刀具进给方向的后方。镗杆与主轴的锥孔连接，主轴的回转精度影响加工精度。镗杆为双圆柱轴径，$d > D > d_1$，镗杆刚度高，加工精度较高。便于更换刀具和装卸工件。适用于加工 $D < 60\text{mm}$ 的通孔或不通孔

如图 c 所示，当加工 $L/D > 1$ 的通孔或不通孔时，采用单一圆柱轴颈镗杆，可缩短镗杆长度，对加工有利。镗套上开有引刀槽，以便装卸镗杆
</td></tr>
</table>

（续）

类型	布置方式	特　点
双镗模支架	镗套布置在两端 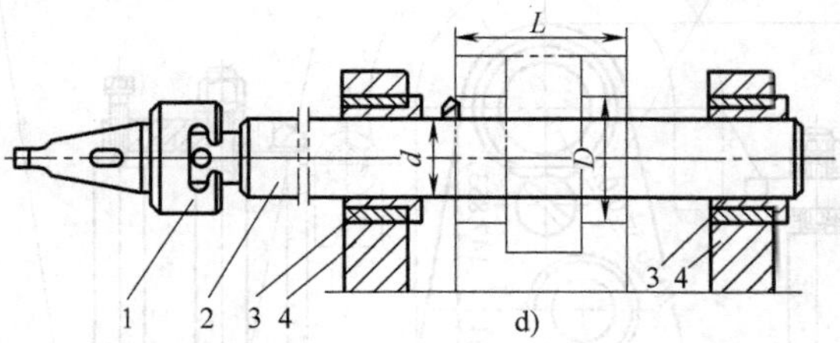 d) 镗套布置在一方 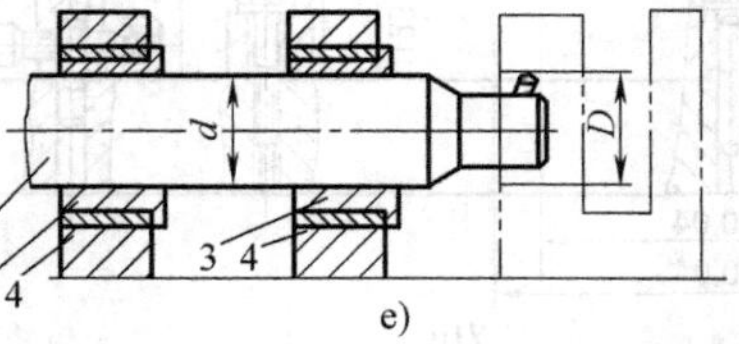 e) 1—浮动接头　2—镗杆　3—镗套　4—镗模支架	如图 d 所示，是常用的方法，镗套布置在工件孔的两端。镗杆与主轴浮动连接，镗杆与镗套构成独立的回转中心。镗杆由浮动接头传动，加工精度不受机床主轴回转精度的影响，加工精度较高。镗杆直径 $d=(0.6\sim0.8)D$，D 为被加工孔径。适用于直径较大通孔的加工中。镗杆刚度较低 如图 e 所示，镗套布置在刀具进给方向的后方，镗杆与主轴浮动连接。常在机床精度较低时采用，以提高加工精度

1. 双支架镗模

镗模支架布置在工件孔的两端。特点是镗杆与主轴浮动连接，主轴只提供动力，而由镗杆与镗套构成独立的回转中心，加工精度较高。常用于精密箱体零件的加工中。

镗杆直径 $d=(0.6\sim0.8)D$，式中 D 为被加工孔径。

图 5-42 所示为双支架镗模，用于加工变速箱体的 $\phi106^{+0.054}_{0}$mm、$\phi72^{+0.018}_{+0.012}$mm 孔。孔的中心距尺寸为(261.4 ±0.105)mm、(289.5 ±0.105)mm、(123.7 ±0.13)mm、147.853mm、(R150.5 ±0.08)mm，平行度公差为 0.06mm。工件以底面和侧面在夹具体及定位块上定位，用夹紧螺杆和压板夹紧。两镗杆直径尺寸为 ϕ70mm、ϕ50mm，其与镗套单边配合间隙 0.009mm。

图 5-43 所示为挂架式双支架镗模，其没有夹具体，镗模支架装在挂架上。镗孔时，镗模以工件为基体连接在镗床工作台上。夹具用于加工坐标镗床溜板上的 ϕ45H9、ϕ42H9、ϕ56mm、ϕ70mm 孔及台阶面。工件以平面 H 和 2 × ϕ62H7 孔在挂架和两定位销上定位，其中一个定位销装在槽中可浮动，以消除过定位。镗模挂在工件上，相对定位，并用四个螺钉固定。由于工件同轴上的四个孔间距较大，为缩短镗杆长度，可采用调头加工的方法。

2. 后双支架镗模

见表 5-1，两个镗套布置在刀具进给方向的后方，可在工件的一端进行加工。常在机床精度较低时采用，以提高加工精度。

3. 前单支架镗模

见表 5-1，镗模支架布置在刀具进给方向的前方。镗杆与主轴锥孔连接，主轴的回转精度影响加工精度。锥柄镗杆为双圆柱轴径，$D>d>d_1$。适用于加工 $D>60$mm、$L/D<1$ 的通孔。

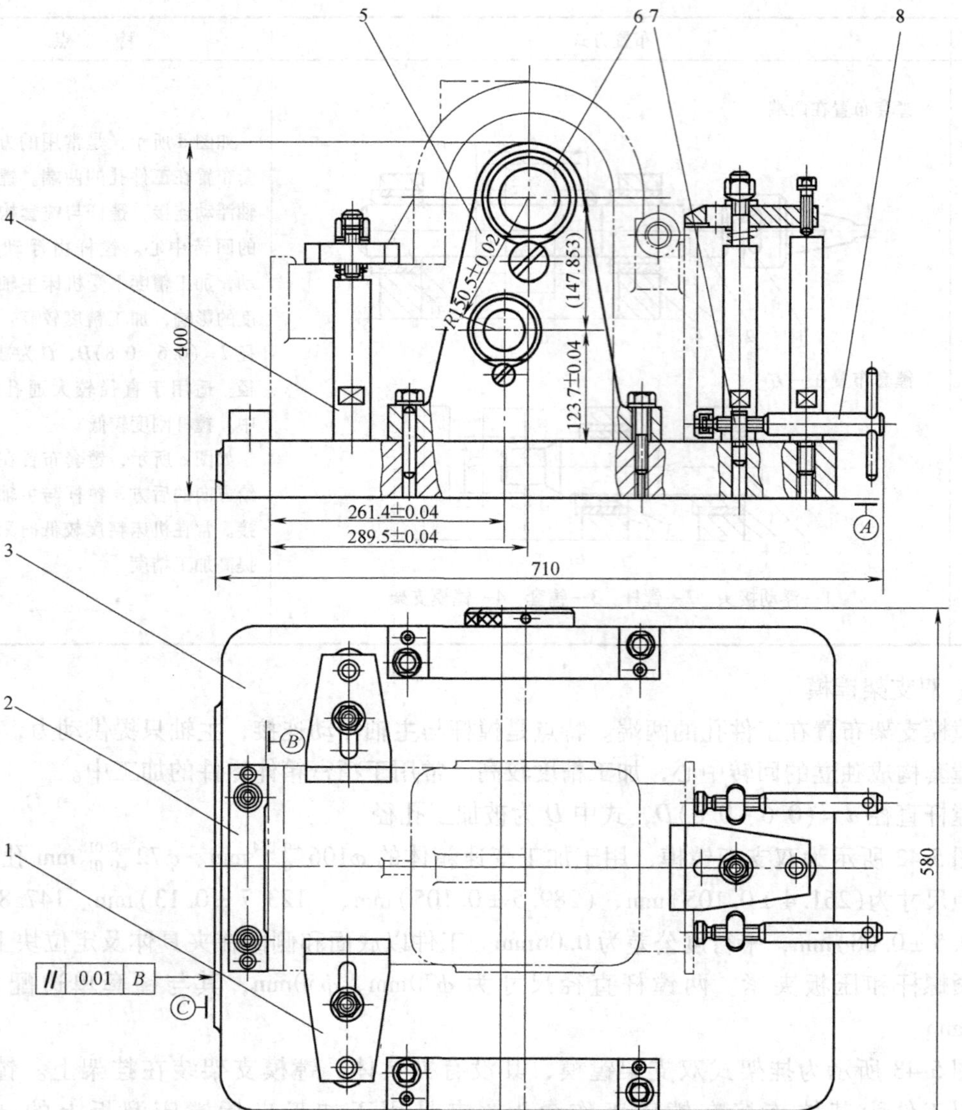

图 5-42　双支架镗模

1—螺旋压板夹紧机构　2—定位块　3—夹具体　4—支撑柱　5—镗模支架　6—镗套　7—螺钉座　8—夹紧螺杆

4. 后单支架镗模

见表 5-1，镗模支架布置在刀具进给方向的后方。镗杆与主轴锥孔连接。镗杆有两种结构。

（1）双圆柱轴颈镗杆　镗杆为双圆柱轴径，$d > D > d_1$，镗杆刚度高，加工精度较高。这种镗杆便于更换刀具和装卸工件，适用于加工 $D < 60$mm 的通孔或不通孔。

（2）单一圆柱轴颈镗杆　当加工 $L/D > 1$ 的孔时，采用单一圆柱轴颈镗杆，可缩短镗杆长度。镗套上开有引刀槽，以便装卸镗杆。

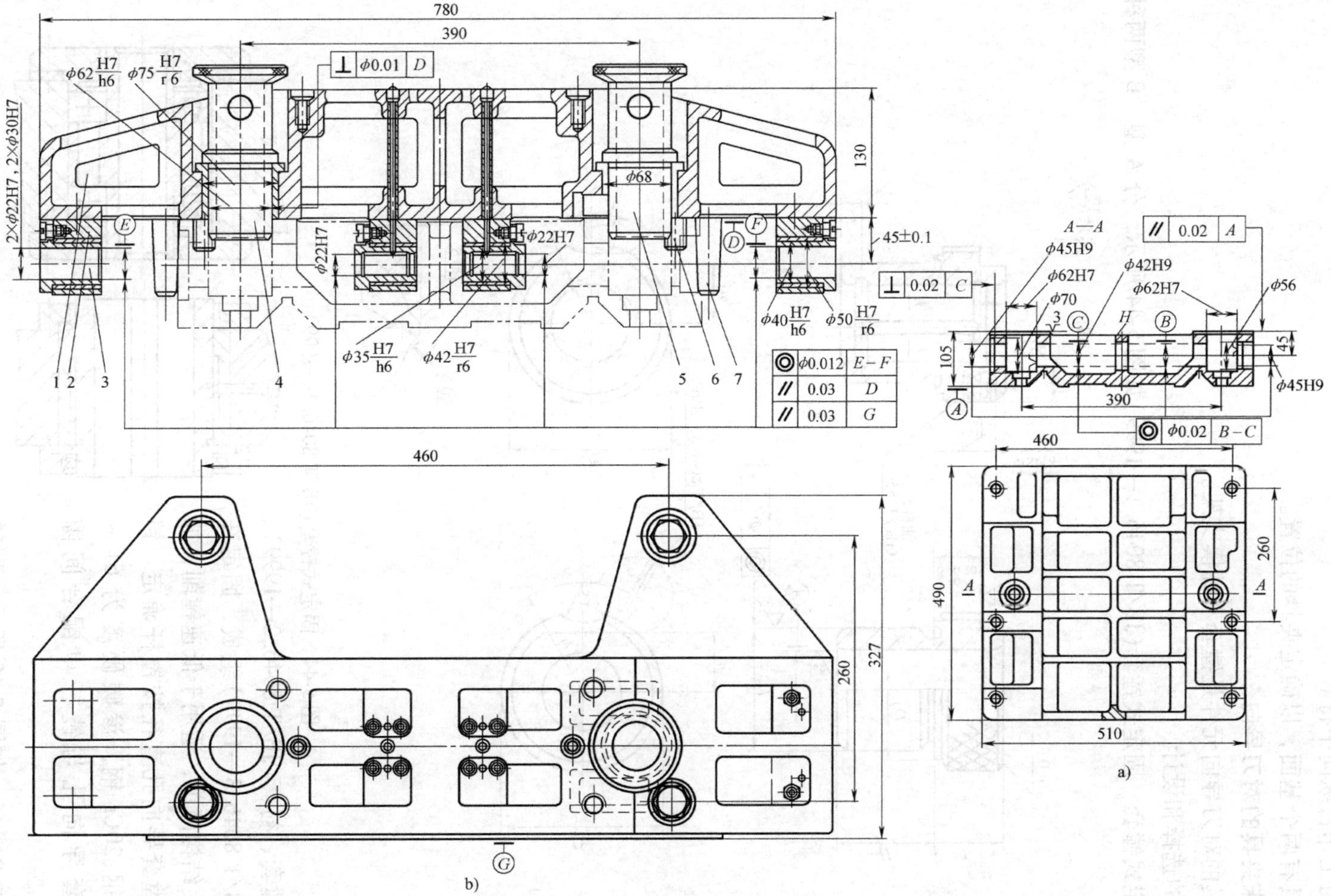

图 5-43　挂架式双支架镗模

a) 工序图　b) 夹具

1—挂架　2—镗模支架　3—镗套　4—定位销　5—浮动式定位销　6—螺钉　7—支架

三、镗床夹具与镗床工作台的连接

镗床夹具以夹具体的基面与镗床工作台相连接。在夹具体上设置找正基面，用百分表找正，使夹具与工作台纵向平行。

镗床夹具有两个基面，以确定夹具的位置。

四、镗床夹具的对刀导向

镗床夹具的对刀导向元件是镗套和镗模支架。

1. 镗套的选择和设计

（1）固定式镗套　固定式镗套（JB/T 8046.1—1999）如图 5-44 所示，分 A 型、B 型两种

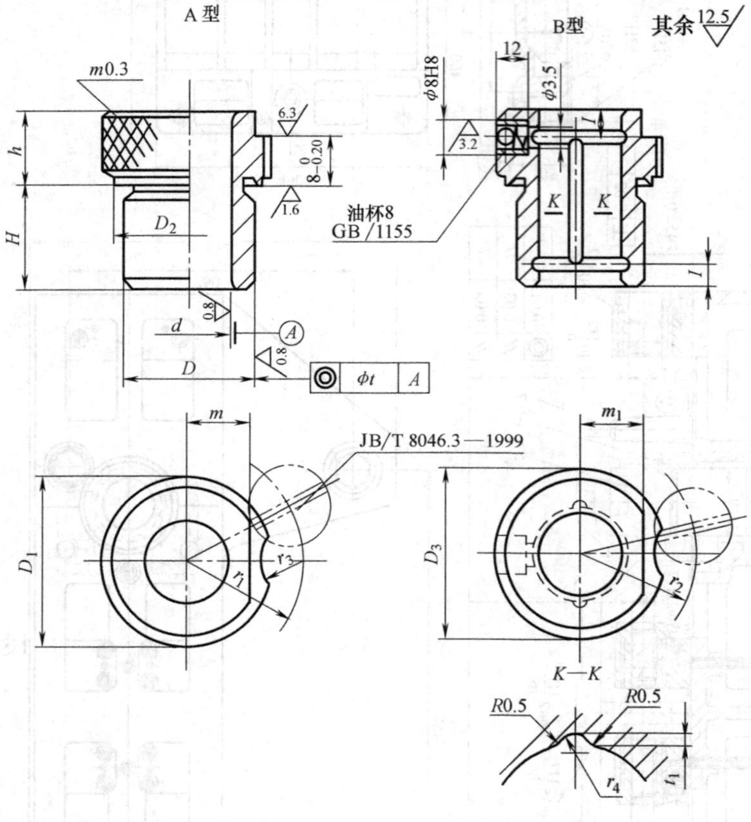

图 5-44　固定式镗套（JB/T 8046.1—1999）

结构。其由镗套、衬套（JB/T 8046.2—1999）、镗套螺钉（JB/T 8046.3—1999）组成，固定在镗模支架上，结构简单，适用于低速镗削，加工精度高。镗套导向孔直径按镗杆确定。镗套材料为 20 钢、20Cr 钢，渗碳硬度为 61 ~ 63HRC。镗套导向孔与镗杆单配合间隙 0.009mm。

（2）回转式镗套　如图 5-45 所示，回转式镗套的结构方式可分为滑动轴承或滚动轴承。

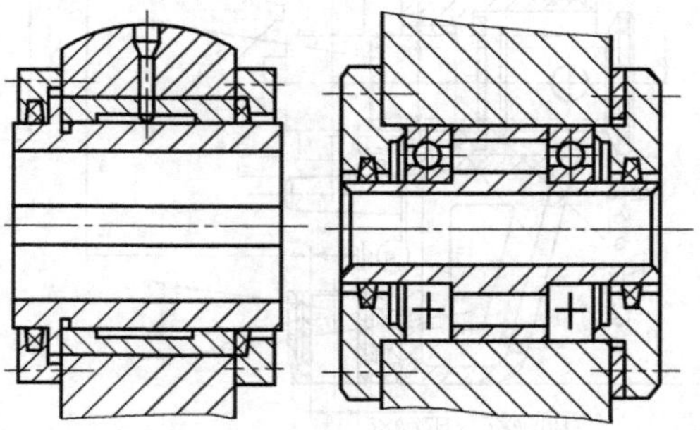

图 5-45　回转式镗套

a）滑动式回转镗套　b）滚动式回转镗套

图 5-45a 所示为滑动式回转镗套，其特点是结构尺寸较小，回转精度高，抗振性好，承载能力强，但需要充分的润滑，摩擦面的线速度不宜超过 0.3 ~0.4m/s。

图 5-45b 所示为滚动式镗套，其特点是回转线速度可大大提高，一般 $v>0.4\text{m/s}$。常用于高速粗镗的加工中。

2. 镗模支架的设计

镗模支架多为铸铁件，其典型结构和尺寸见表 5-2。镗模支架的壁厚及肋的设置都要合适，以满足支架的刚度、强度和抗振性要求。

表 5-2 镗模支架的典型结构和尺寸

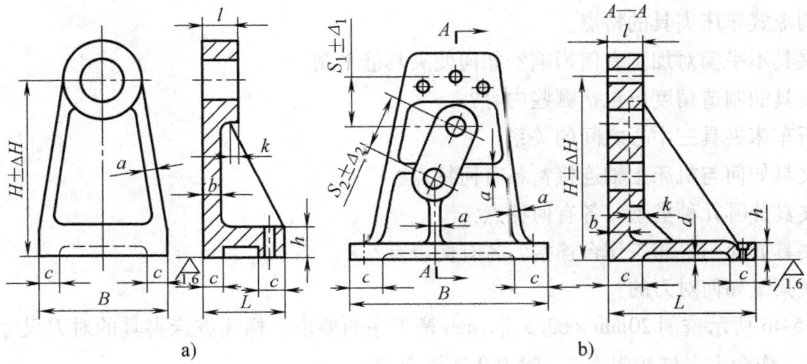

a)　　　　b)

(单位：mm)

结构	B	L	H	S_1，S_2	l	a	b	c	d	e	h	k
图 a	$\left(\frac{1}{2}\sim\frac{3}{5}\right)H$	$\left(\frac{1}{3}\sim\frac{1}{2}\right)H$	按工件相应尺寸取		按镗套相应尺寸选取	10 ~20	15 ~25	30 ~40	3 ~5	20 ~30	20 ~30	3 ~5
图 b	$\left(\frac{2}{3}\sim 1\right)H$	$\left(\frac{1}{2}\sim\frac{2}{3}\right)H$										

镗模支架上的主要尺寸是中心距 H，其应按总图的要求设计。

五、镗床夹具的设计

1. 要点

(1) 镗床夹具的工作位置　工件被加工孔的中心应在刀具的中心上。按工作位置，用双点画线绘制工件轮廓，作为设计的模特，完成定位设计，对刀导向设计。其中，镗套中心应与工件被加工孔的中心重合。

(2) 镗套中心与夹具基面的关系　镗削时，刀具的中心线与工作台相平行，则镗套的中心也应与夹具的基面相平行。

2. 夹具的制造精度

(1) 影响加工精度的因素　当采用双支架镗模时，可排除加工方法误差(Δ_G)对加工精度的影响。影响因素有：定位误差(Δ_D)；夹具位置误差(Δ_A)；对刀导向误差(Δ_T)。

夹具位置误差 $\Delta_A=\Delta_{A1}$(Δ_{A1}——定位元件对夹具基面的位置误差)。

镗模的对刀导向误差较小。按概率法计算

$$\Delta_T = \sqrt{\Delta_{T1}^2 + \Delta_{T2}^2} \tag{5-7}$$

式中　Δ_{T1}——镗套的中心距尺寸公差(mm)；

Δ_{T2}——镗套导向孔与镗杆间的最大间隙(mm)。

(2) 夹具制造精度的内容　夹具总图上应标注的尺寸及位置公差有：工件与定位元件之间的联系尺寸及公差；定位元件对夹具基面的位置公差；镗套直径尺寸及中心距尺寸公差；镗套中心的位置公差。

复 习 题

5-1　简述角铁式车床夹具的特点。

5-2　简述圆盘式车床夹具的特点。

5-3　车床夹具不平衡对加工有何影响？如何使夹具静平衡？

5-4　车床夹具的制造精度应包括哪些内容？

5-5　试分析车床夹具三中心之间的关系。

5-6　车床夹具如何与机床主轴连接？各有何特点？

5-7　铣床夹具分哪几种类型？各有何特点？

5-8　铣床夹具如何与机床工作台连接？各有何特点？

5-9　铣床夹具是如何对刀的？

5-10　按图5-46所示铣削20mm×62.5$_{-0.16}^{0}$mm槽工序的要求，标注铣床夹具的对刀尺寸。若夹具连接在X6130型铣床工作台上，试按附表4、附表9选择定位键。

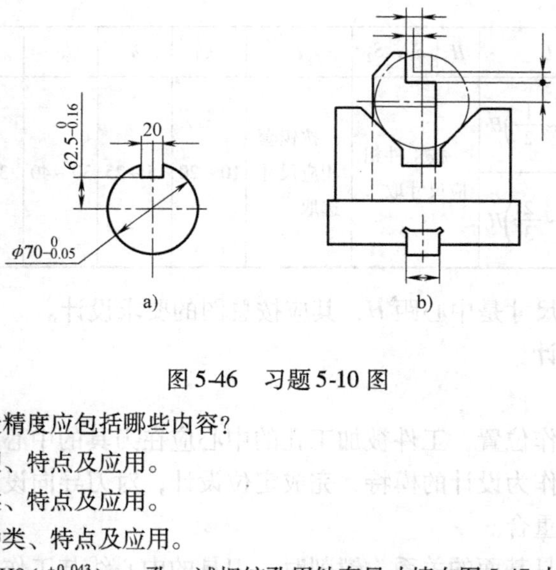

图5-46　习题5-10图

5-11　铣床夹具的制造精度应包括哪些内容？

5-12　简述钻模的类型、特点及应用。

5-13　简述钻套的种类、特点及应用。

5-14　简述钻模板的种类、特点及应用。

5-15　钻、扩、铰ϕ16H9($^{+0.043}_{0}$)mm孔。试把铰孔用钻套尺寸填在图5-47中(参见附表7、附表8)。

5-16　钻床夹具的制造精度应包括哪些内容？

5-17　镗模的支架有哪几种布置方式？各有何特点？

5-18　镗套分哪几种？各有何特点？

5-19　镗模的制造精度应包括哪些内容？

5-20　如图5-48所示零件，按成批生产和加工工艺要求，试设计加工$\phi15^{+0.035}_{0}$mm孔的车床夹具。使用设备为CA6140型卧式车床。

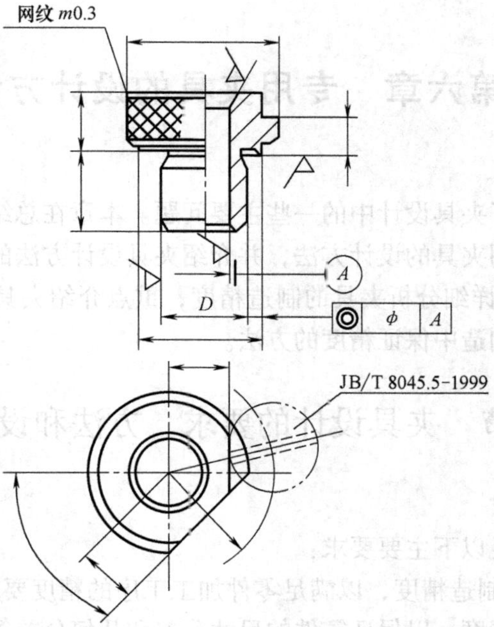

图 5-47　习题 5-15 图

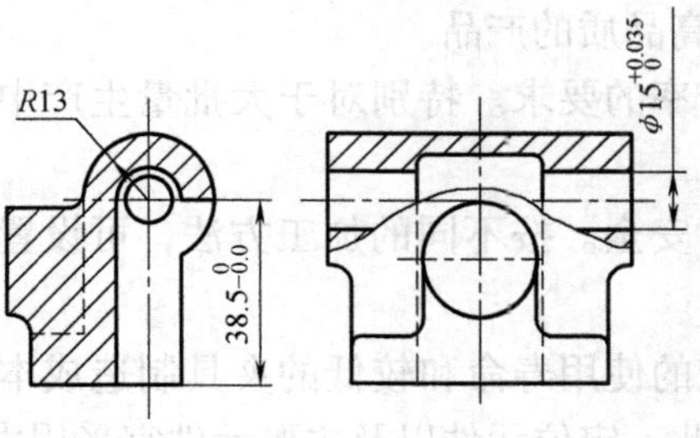

图 5-48　习题 5-20 图

第六章　专用夹具的设计方法

前面各章分别介绍了夹具设计中的一些主要问题。本章在总结归纳前面各章内容的基础上，将较完整地介绍专用夹具的设计方法，并介绍夹具设计方法的新发展——机床夹具的计算机辅助设计（CAD）。详细分析夹具的制造精度，重点介绍夹具总图尺寸、公差配合、技术要求的标注以及夹具制造中保证精度的方法。

第一节　夹具设计的要求、方法和设计步骤

一、夹具设计的要求

夹具设计时，应满足以下主要要求：

1）具有一定的夹具制造精度，以满足零件加工工序的精度要求。特别对于精加工工序，应适当提高夹具的制造精度，以保证零件的尺寸公差和几何公差等加工要求。满足加工精度要求，是检验夹具性能第一标准。设计的理念应是：事先防止不合格品的出现，而不是事后发现不合格品，致力于制造高品质的产品。

2）夹具应达到加工生产率的要求。特别对于大批量生产中使用的夹具，应设法缩短加工的基本时间和辅助时间。

3）夹具的操作要方便、安全。按不同的加工方法，可设置必要的防护装置、挡屑板以及各种安全器具。

4）能保证夹具具有一定的使用寿命和较低的夹具制造成本。夹具元件的材料选择将直接影响夹具的使用寿命，因此，定位元件以及主要元件宜采用力学性能较好的材料。夹具的低成本设计，目前世界各国都已相当重视。

5）要适当提高夹具元件的通用化和标准化程度。按《机床夹具零件及部件》（JB/T 8004.1—1999 ~ JB/T 10128—1999）选用标准元件，特别应选用商品化的标准元件，以缩短夹具制造周期，降低夹具成本。

6）具有良好的结构工艺性，以便于夹具的制造、使用和维修。

以上要求应在全面考虑的基础上，处理好主要矛盾，使之达到良好的效果。

二、夹具设计的方法

夹具设计主要是绘制所需的图样，同时制订有关的技术要求。夹具设计是一种相互关联的工作，它涉及到很广的知识面。通常，设计者在参阅有关典型夹具图样的基础上，按加工要求构思出设计方案，再经修改，最后确定夹具的结构。其设计流程如图 6-1 所示。

显然，夹具设计的过程中存在着许多重复的劳动。目前，迅速发展的机床夹具计算机辅助设计（CAD），为克服传统设计方法的缺点提供了新的途径。

三、夹具设计的步骤

夹具的设计步骤可以划分为六个阶段：设计的准备；方案设计；审核；夹具总装配图设计；夹具零件设计；夹具的装配、调试和验证。

1. 设计的准备

这一阶段的工作是收集原始资料，明确设计任务。

1）分析产品零件图及装配图，分析零件的作用、形状、重量、刚度、结构特点、材料硬度、材料导热性和技术要求。

2）分析零件的加工工艺规程、毛坯种类，特别是本工序半成品的形状、尺寸、加工余量、切削用量和所使用的定位基准。

3）分析工艺装备设计任务书。对任务书所提出的要求进行可行性研究，以便发现问题，及时与工艺人员进行磋商，并按操作规范进行操作分析，处理好夹具的可行性。

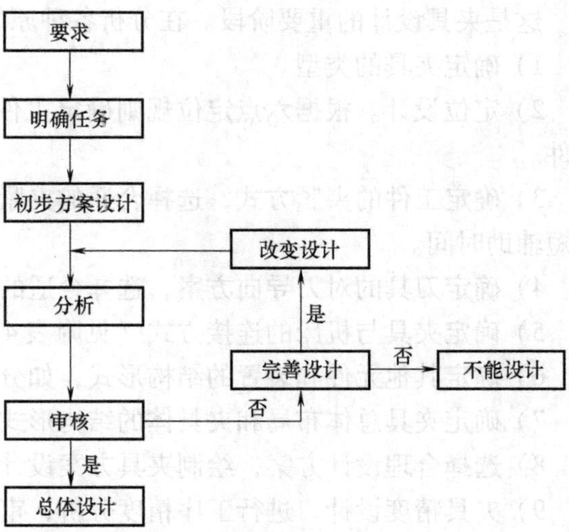

图 6-1　夹具的设计方法

图 6-2 所示为一种工艺装备设计任务书，其中规定了加工工序、使用机床、装夹件数、定位基准、工艺公差和加工部位等。任务书对工艺要求也作了具体说明，并用简图表示工件的装夹部位和形式。

4）了解分析所使用机床的规格、性能、精度以及与夹具连接部分结构的联系尺寸。

5）了解所使用刀具、量具的规格。

6）了解零件的生产纲领以及生产组织等有关问题。

7）收集有关设计资料，其中包括《机床夹具零件及部件》的国家机械行业标准（JB/T 8004.1—1999 ~ JB/T 10128—1999）、企业标准等以及典型夹具图册等资料。

8）熟悉本厂工具车间的制造工艺。

2. 方案设计

编号____

产品件号		装夹件数	
工具号		合用件号	
工具名称		参考形式	
使用工序		制造套数	
使用机床		完工日期	
定位基面及工艺公差：		加工部位：	
工艺要求及示意图：			
工艺员	产品工艺员	工艺组长	
年　月　日	年　月　日	年　月　日	年　月　日

图 6-2　工艺装备设计任务书

这是夹具设计的重要阶段。在分析各种原始资料的基础上，应完成下列设计工作：

1）确定夹具的类型。

2）定位设计。根据六点定位规则确定工件的定位方式及定位点分布，选择合适的定位元件。

3）确定工件的夹紧方式，选择合适的夹紧装置，使夹紧力与切削力静力平衡，并注意缩短辅助时间。

4）确定刀具的对刀导向方案，选择合适的对刀元件或导向元件。

5）确定夹具与机床的连接方式（见附表4）。

6）确定其他元件和装置的结构形式，如分度装置、靠模装置等。

7）确定夹具总体布局和夹具体的结构形式，并处理好定位元件在夹具体上的位置。

8）选择合理设计方案，绘制夹具方案设计草图。

9）夹具精度设计。进行工序精度分析，审核夹具的制造精度。

10）对动力夹紧装置进行夹紧力验算。

3. 审核

经主管部门、有关技术人员与操作者审核，以对夹具结构在使用上提出特殊要求并讨论需要解决的某些技术问题。

方案设计审核包括下列13项内容：

1）夹具的标志是否完整。

2）夹具的搬运是否方便。

3）夹具与机床的连接是否牢固和准确。

4）定位元件是否可靠和精确。

5）夹紧装置是否安全和可靠。

6）工件的装卸是否方便。

7）夹具与有关刀具、辅具、量具之间的协调关系是否良好。

8）加工过程中切屑的排除是否良好。

9）操作的安全性是否可靠。

10）夹具制造精度审核，其加工精度应符合工件图样所规定的要求。

11）生产率能否达到工艺要求。

12）夹具是否具有良好的结构工艺性和经济性。

13）夹具的标准化审核。

4. 夹具总装配图设计

夹具总装配图应按国家标准绘制，绘制时还应注意以下事项：

1）尽量选用1:1的比例，以使所绘制的夹具具有良好的直观性。

2）尽可能选择面对操作者的方向作为主视图。应符合机械制图视图最少原则。

3）总图应把夹具的工作原理、结构和各种元件间的装配关系表达清楚。

4）用双点画线绘制工件外形轮廓、定位基准面、夹紧表面和加工表面。

5）合理标注尺寸、公差和技术要求（见附表11）。

6）合理选择材料（见附表10）。

总装配图的绘图步骤如下：

1）用双点画线绘出工件轮廓线，作为设计的模特，并布置图面。

2）绘制定位元件的详细结构。

3）绘制对刀导向元件。

4）绘制夹紧装置。

5）绘制其他元件或装置。

6）绘制夹具体。

7）标注视图符号、序号、尺寸、技术要求。编制明细表。

四、设计示例

如图 6-3 所示摇臂零件，本工序是在立式钻床上钻削零件的 $\phi14$mm 孔，生产类型为中批量生产。试设计固定式钻模。

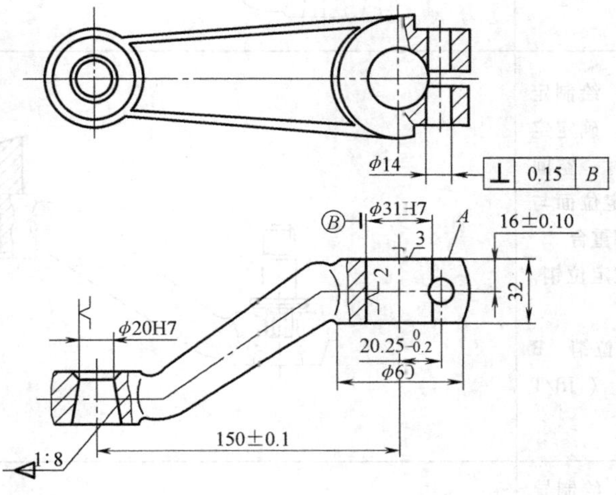

图 6-3　摇臂零件

1. 确定定位方案

工件的加工孔距尺寸为（16 ± 0. 10）mm、20. 25 $_{-0.2}^{\ 0}$ mm，加工孔与 $\phi20$H7 孔需保持位置关系。从基准重合原则和定位的稳定性出发，选择端平面 A 为主要定位基准，并选择 $\phi31$H7 孔、$\phi20$H7 孔为另两个定位基准。定位元件为定位销、菱形销。采用完全定位，定位点分布如图 6-3 所示。

2. 确定导向方案

钻削 $\phi14$mm 孔采用固定式钻套。钻模板为固定式结构。刀具选用 $\phi14_{-0.043}^{\ 0}$ mm 麻花钻。

3. 确定夹紧方案

钻削时各支承面上受力良好。采用端面斜楔夹紧机构。夹紧力方向指向主要定位基准面 A。该夹紧机构操作方便，在工件的夹紧端采用转动垫圈，以便于工件的装卸。

4. 确定夹具体结构方案

考虑夹具的刚度、强度和工艺要求，采用铸造夹具体结构。

5. 夹具精度设计

对定位元件、钻模板及钻套、夹具体提出一定的制造精度要求。

夹具总体设计的主要步骤见表 6-1。夹具总装配图尺寸标注如图 6-4 所示。

表 6-1　夹具总体设计的主要步骤

序号	设计阶段及所完成工作	已完成的图样或有关内容
1	布置图面：选择 1∶1 比例和 A1 图纸幅面，用双点画线绘出工件三个方向视图的轮廓线，作为设计的模特。各视图之间要留有足够的空间，以便绘制夹具	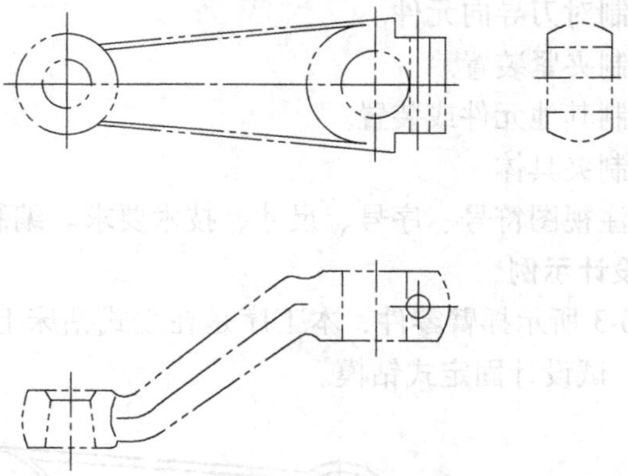
2	设计定位元件：　绘制定位元件的详细结构，确定定位元件的类型、尺寸、空间位置。使定位元件定位面与工件的定位基准面相重合 （1）绘制非标准定位销，内装夹紧机构 （2）绘制菱形定位销　B ϕ19.904　×　14　（JB/T 8014.2—1999）	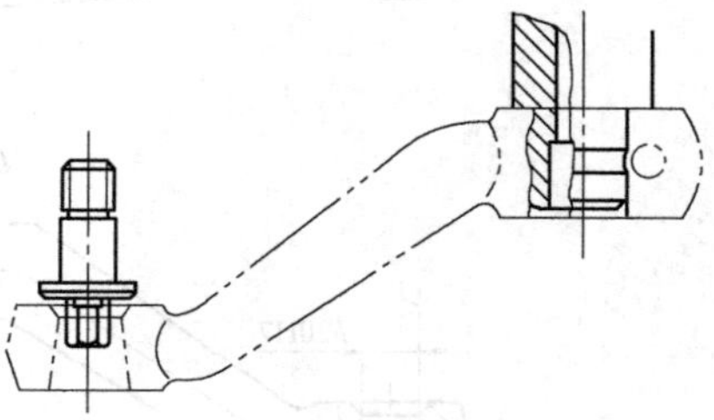
3	设计导向元件：　绘制导向元件结构，确定导向元件类型、尺寸、空间位置。使导向元件的轴线与被加工孔的轴线相重合。绘制时要兼顾与夹具体之间的装配关系 （1）绘制钻套 B ϕ14 ×16（JB/T 8045.1—1999） （2）绘制钻模板	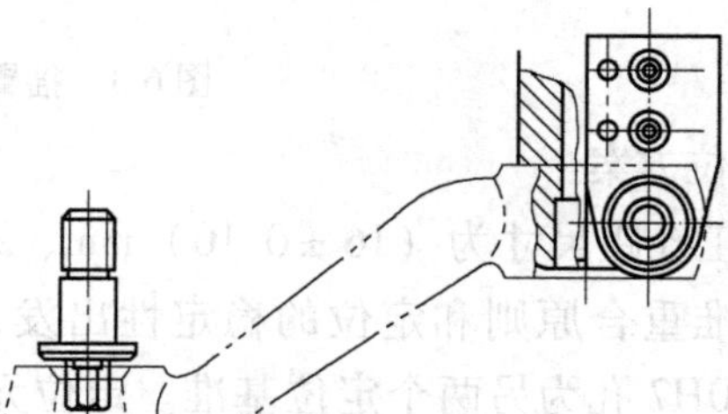
4	设计夹紧装置： （1）绘制夹紧端的转动垫圈及有关结构 （2）绘制端面斜楔夹紧机构，非标准结构，斜楔角 α =7°，手柄长度 190mm	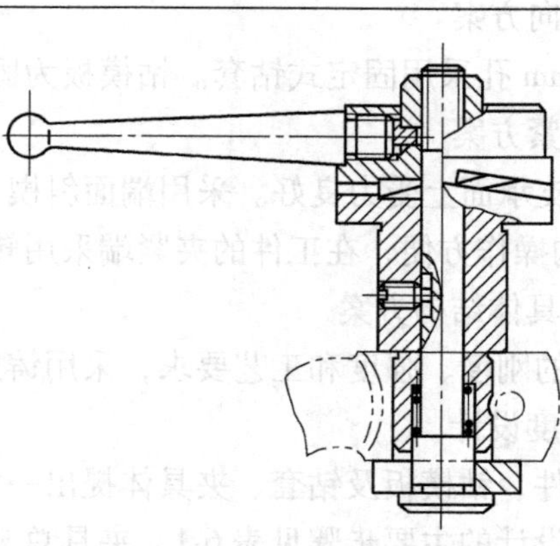

（续）

<table>
<tr><th>序号</th><th>设计阶段及所完成工作</th><th>已完成的图样或有关内容</th></tr>
<tr><td>5</td><td>设计夹具体：　将定位元件、导向元件、夹紧机构联系成一个整体。其空间无障碍，便于装卸工件。选取壁厚时应考虑夹具体的强度和刚度。同时选择好夹具体的基面</td><td>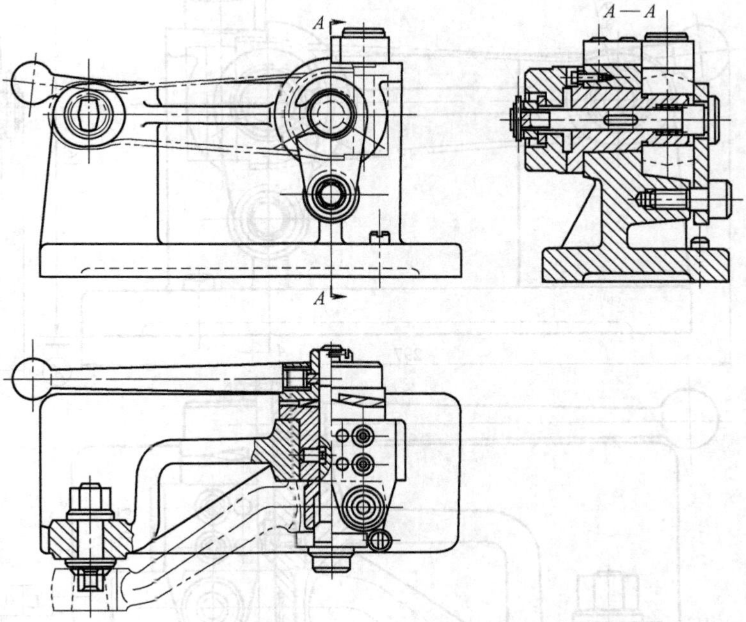
</td></tr>
<tr><td>6</td><td>标注视图符号、序号、尺寸、技术要求，编制明细表
标注配合尺寸：$\phi12\ \frac{H7}{r6}$，$\phi45\ \frac{H7}{r6}$，$\phi12\ \frac{H7}{f6}$
定位联系尺寸：φ19.95h6，φ31h6
导向尺寸：（16 ± 0.02）mm，（20.15 ± 0.02）mm，φ14F8
标注夹具轮廓尺寸：297mm × 145mm × 165mm
标注位置公差：定位销对夹具体基面的平行度公差0.015mm，钻套φ14F8中心对夹具体的垂直度公差φ0.015mm，定位支承平面对夹具体基面的垂直度公差0.015mm
审核夹具的制造精度，各项目与工件相应项目对照分析</td><td>工件与定位元件间联系尺寸、导向元件与定位元件间（夹具体基面）联系尺寸的确定
<table>
<tr><th>项目</th><th>数值/mm</th><th>工件相应项目</th><th>数值/mm</th></tr>
<tr><td>钻套至定位支承面距离</td><td>16 ± 0.02</td><td>φ14孔至端面孔距</td><td>16 ± 0.10</td></tr>
<tr><td>钻套至φ30h6定位销中心距</td><td>20.15 ± 0.02</td><td>φ14孔至φ31H7孔距</td><td>$20.25_{-0.20}^{\ 0}$</td></tr>
<tr><td>定位销至菱形销中心距</td><td>150 ± 0.02</td><td>φ31H7孔至φ20H7孔距</td><td>150 ± 0.10</td></tr>
<tr><td>φ31h6定位销对夹具体基面的平行度</td><td>0.015</td><td></td><td></td></tr>
<tr><td>钻套φ14F8孔对夹具体基面的垂直度</td><td>0.015</td><td rowspan="2">φ14孔对φ31H7孔的垂直度</td><td rowspan="2">0.15</td></tr>
<tr><td>定位支承面对夹具体基面的垂直度</td><td>0.015</td></tr>
</table></td></tr>
</table>

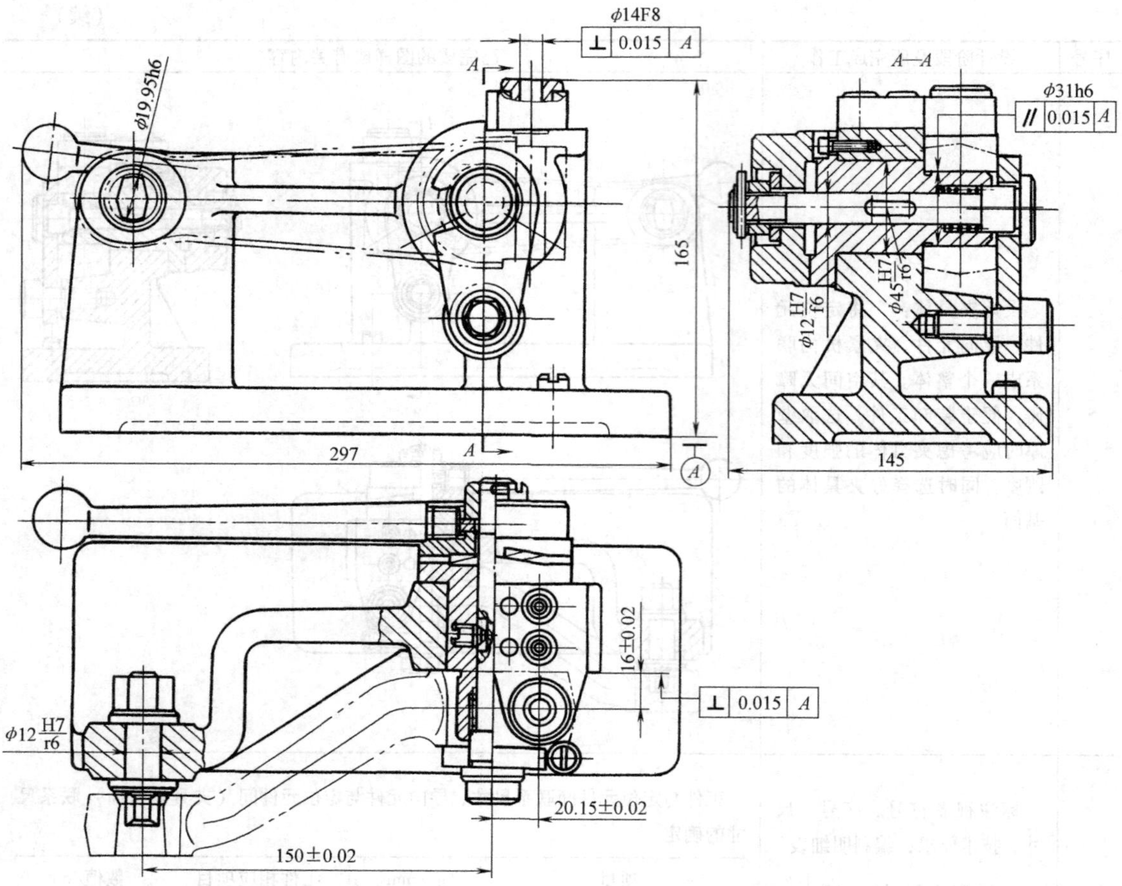

图 6-4　夹具总装配图的尺寸标注

第二节　夹具体的设计

一、夹具体的作用及基本要求

1. 夹具体的作用

夹具体是夹具的基础元件。夹具体的基面与机床连接，其他工作表面则装配各种元件和装置，以组成夹具的总体。

在加工过程中，夹具体要承受工件重力、夹紧力、切削力、惯性力和振动力的作用，所以夹具体应具有足够的强度、刚度和抗振性，以保证工件的加工精度。对于大型精密夹具，由于刚度不足引起的变形和残余应力产生的变形，应予以足够的重视。

2. 夹具体的基本要求

夹具体设计应符合以下基本要求：

1）夹具体的结构形式一般由机床的有关参数和加工方式而定，主要分两大类：车床夹具的旋转型夹具体，铣床、钻床、镗床夹具的固定型夹具体。旋转型夹具体与车床主轴连接，固定型夹具体则与机床工作台连接。

2）有一定的制造精度和良好的结构工艺性，夹具体的精度分析，如图 6-5 所示。夹具体上有三个重要表面，即夹具体在机床上的连接面、装配定位元件的表面和装配对刀或导向元件的表面等。连接表面，亦为夹具体基面。一般应以夹具体的基面为夹具的主要设计基准及工艺基准，这样有利于夹具的制造、装配、使用和维修。如图 6-5a 所示，夹具与机床连接后，在机床、夹具、工件、刀具组成的工艺系统中，坐标系 x_A、y_A、z_A 为夹具体基面所构成的空间位置，当其与机床坐标系 x、y、z 重合时，机床的误差将直接影响工件的加工精度。如图 6-5b 所示，铣床升降台的误差使工件产生相应的误差 θ。若夹具体也作相应的倾斜 θ（见图 6-5c），即调整定位元件 x_B、y_B、z_B 坐标与夹具体 x_A、y_A、z_A 坐标间的位置，则机床的误差可获得补偿。在单件制造高精度夹具时，应使夹具体位置精度有相应的补偿量。夹具体的制造精度主要取决于上述三个重要表面，应精确制造。

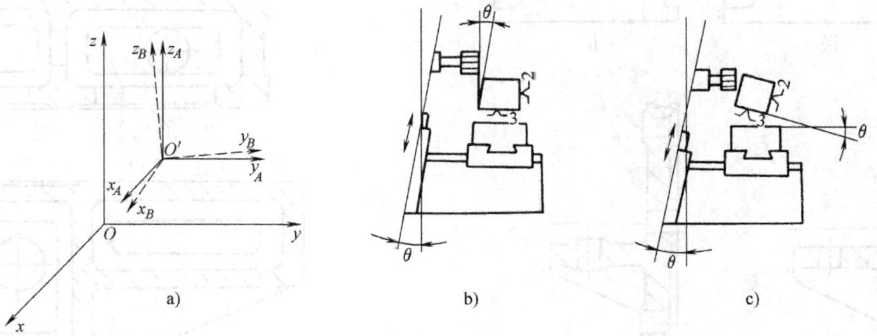

图 6-5　夹具体的精度分析

a）坐标系（x、y、z 为机床坐标系；x_A、y_A、z_A 为夹具坐标系；x_B、y_B、z_B 为工件坐标系）

b）机床误差　c）误差补偿

夹具体上的装配表面，一般应铸出 3～5mm 高的凸面，以减少加工面积。铸造夹具体壁厚要均匀，转角处应有 $R5$～$R10$ 的圆角。

需机械加工的各表面要有良好的工艺性，其结构工艺性对比如图 6-6 所示。图 6-6a 所示为焊接件局部结构的正误对比；图 6-6b 所示为局部加工工艺性正误对比；图 6-6c 所示为铸造夹具体的正误对比。

3）夹具体应具有足够的强度和刚度，其结构比较如图 6-7 所示。铸造夹具体的壁厚一般取 15～30mm；焊接夹具体的壁厚为 8～15mm。必要时可用加强肋来提高夹具体的刚度。肋的厚度取壁厚的 0.7～0.9 倍。图 6-7a 所示为镗模夹具体最初的结构，夹具体易产生变形。图 6-7b 所示为改进的结构。近年来采用的箱形结构（见图 6-7c）与同样尺寸的夹具体相比，刚度可提高几倍。对于批量制造的大型夹具体，则应做危险断面强度校核和动刚度测试。动刚度一般可由动柔度代替，按幅频特性曲线或动柔度曲线确定夹具动态基本参数，以减小夹具振动。

4）在机床工作台上连接的夹具，应使其重心尽量低，夹具体的高度尺寸要小。当夹具体长度大于工作台支承面长度时，可采用图 6-7d 所示的结构，其处延伸部分的长度应适当。

5）夹具体的结构应简单、紧凑，尺寸要稳定，残余应力要小。夹具的刚度与结构经常有矛盾，往往刚度提高了，而夹具体的结构复杂了。因此，必须提高整体设计水平，在保证强度和刚度的前提下，减小夹具体的体积尺寸和重量。翻转式钻模（包括工件）的总重量不宜超过 10kg。为了保持夹具体精度的稳定，对铸造夹具体应作时效处理；对焊接夹具体则应进行退火处理。

6）要有适当的容屑空间和良好的排屑性能，如图 6-8 所示。对于切削时产生切屑不多

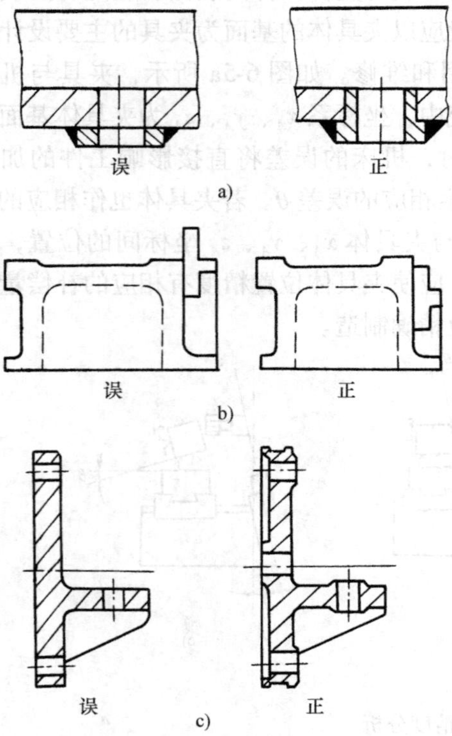

图 6-6　夹具体的结构工艺性对比

a）焊接结构　b）局部装配结构　c）铸造结构

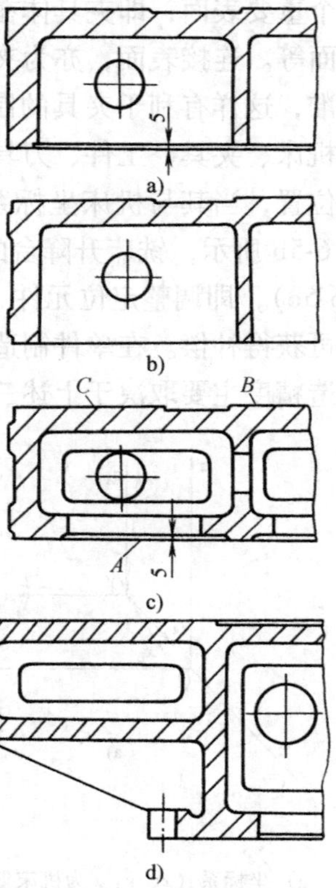

图 6-7　夹具体结构比较

a）一般结构　b）改进结构　c）箱形结构　d）延伸结构

的夹具，可加大定位元件工作表面与夹具体之间的距离或增设容屑沟槽（见图 6-8a），以增加容屑空间（见图 6-8b）；对于加工时产生大量切屑的夹具，可设置排屑缺口或斜面，如图 6-9 所示。图 6-9a 所示为钻床夹具所采用的一种排屑结构，在被加工孔的下部设置斜面，以使切屑自动滚落，避免切屑在夹具上积聚。车床夹具常用排屑孔，借离心力将切屑从孔中甩出（见图 6-9b）。

7）要有较好的外观。夹具体外观造型要新颖，钢质夹具体需发蓝处理或退磁，铸件未加工部位必须清理，并涂漆。

8）在夹具体适当部位用钢印打出夹具编号，以便于工艺装备的管理。

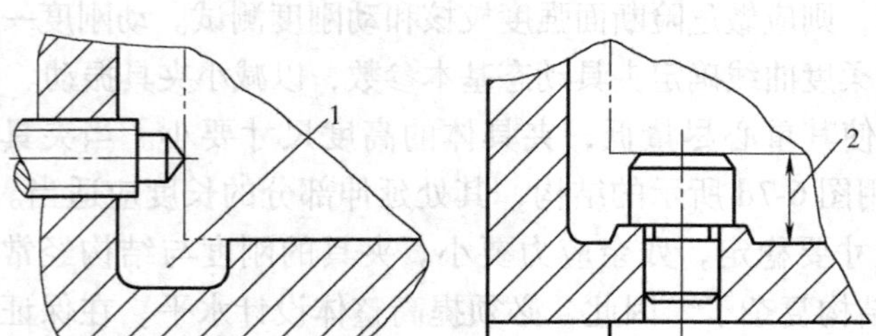

图 6-8　容屑空间

a）容屑沟槽　b）空屑空间

1—容屑沟　2—容屑空间

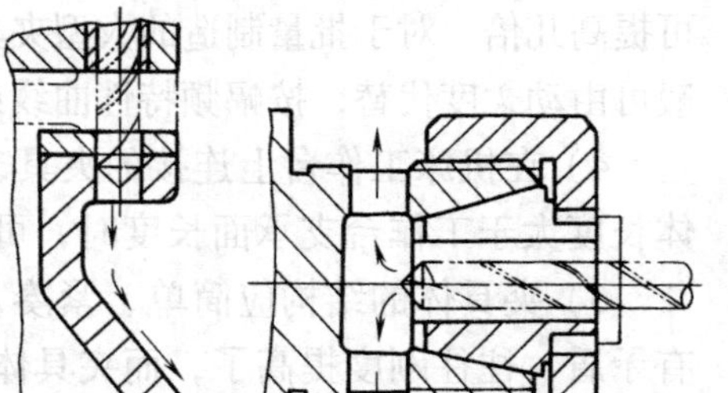

图 6-9　各种排屑结构

a）排屑斜面　b）排屑孔

二、夹具体的设计

1. 铸造结构

图 6-10 所示为铸造结构的夹具体。铸造结构的优点是工艺性好，容易获得形状复杂的内、外轮廓，且具有较好的强度、刚度和抗振性。缺点是制造周期长，单件制造成本较高。

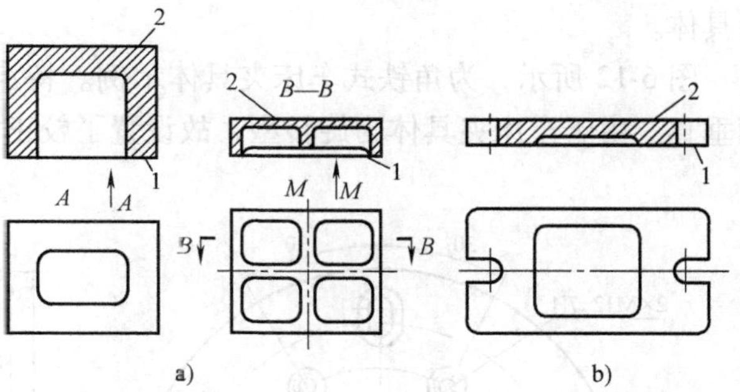

图 6-10　铸造结构的夹具体
a）箱形　b）板形
1—基面　2—装配面

铸件材料一般用灰铸铁 HT150 或 HT200。高精度夹具可用合金铸铁或高磷铸铁。用铸钢件有利于减轻重量，如铸钢 ZG310—570。轻型夹具可用铸铝件，如铸铝 ZAISi7Mg。铸件均需时效处理，精密夹具体在粗加工后需作第二次时效处理。图 6-10a 所示为箱形结构；图 6-10b 所示为板形结构。它们的特点是夹具体的基面 1 和夹具体的装配面 2 相互平行。

图 6-11a 所示为镗模的箱形夹具体，具有较高刚度和强度；图 6-11b 所示为钻模角铁式

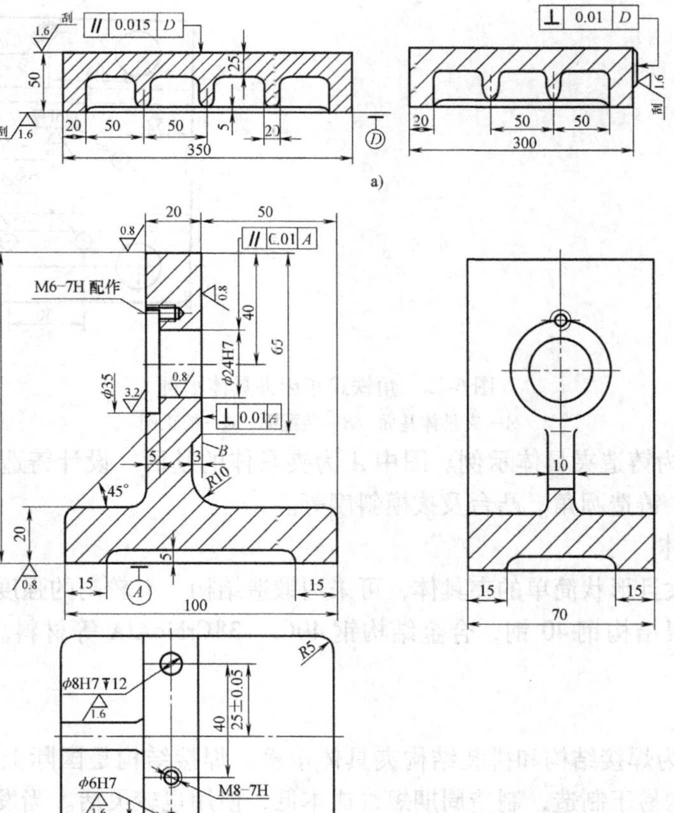

图 6-11　镗模和钻模夹具体示例
a）镗模夹具体　b）钻模夹具体

夹具体。

图 6-12 所示，为角铁式车床夹具体示例。特点是夹具体的基面 *A* 和夹具体的装配面 *B* 相垂直。由于车床夹具体为旋转型，故设置了校正圆 *C*，以确定夹具旋转轴线的位置。

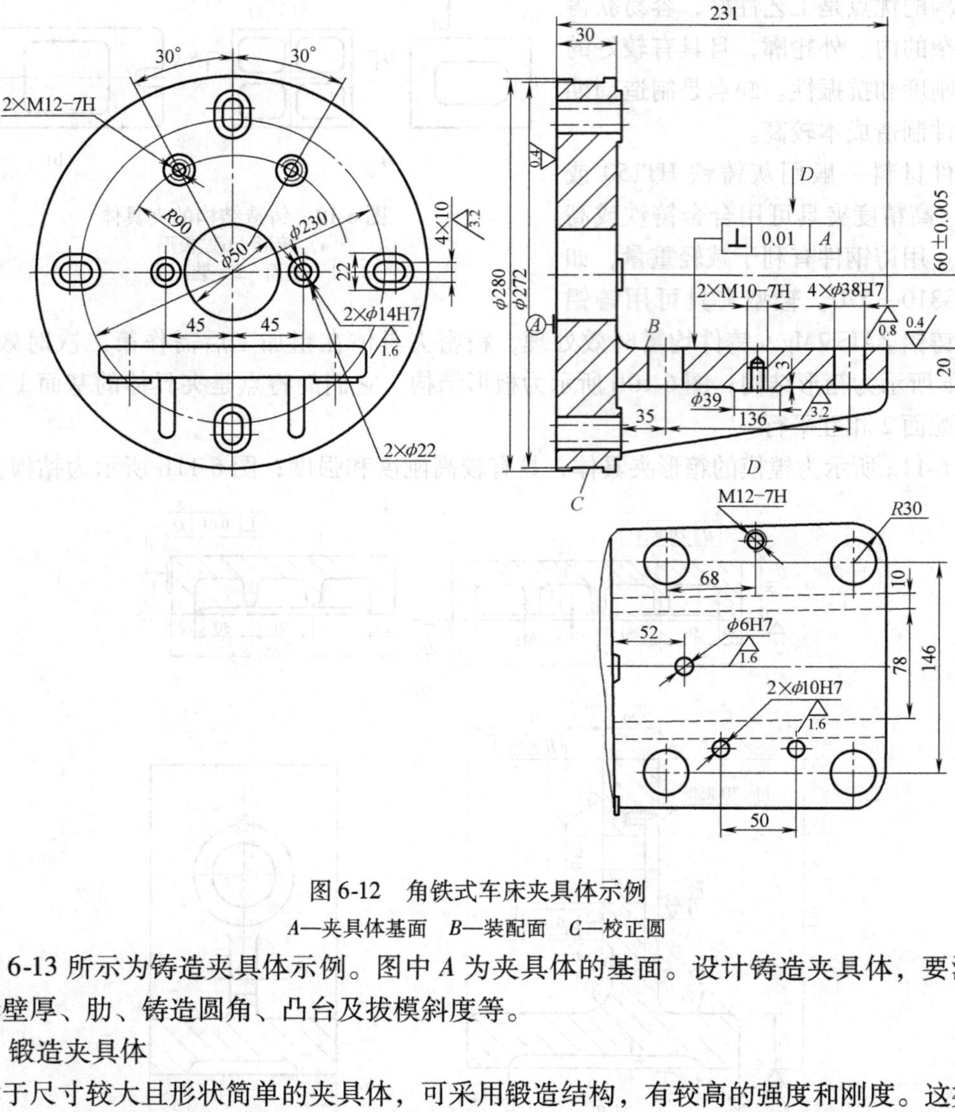

图 6-12　角铁式车床夹具体示例

A—夹具体基面　*B*—装配面　*C*—校正圆

图 6-13 所示为铸造夹具体示例。图中 *A* 为夹具体的基面。设计铸造夹具体，要注意合理选择壁厚、肋、铸造圆角、凸台及拔模斜度等。

2. 锻造夹具体

对于尺寸较大且形状简单的夹具体，可采用锻造结构，有较高的强度和刚度。这类夹具体常采用优质碳素结构钢 40 钢，合金结构钢 40Cr、38CrMoAIA 等材料。锻造后，经调质、正火或回火制成。

3. 焊接结构

图 6-14 所示为焊接结构和拼装结构夹具体示例。焊接结构是国际上一些工业国家常用的方法。这类结构易于制造，制造周期短，成本低，使用也较灵活。当发现夹具体刚度不足时，可补焊肋板和隔板。焊接件材料的可焊性要好，适用材料有：碳素结构钢 Q195、Q215、Q235，优质碳素结构钢 20 钢、15Mn 等。焊接后需经退火处理，局部热处理的部位则需在热处理后进行低温回火。图 6-14a 所示为用型材焊接成的钻模夹具体，其制造成本比铸造结构低 25%。常用的型材有工字钢、角铁、槽钢等。用型材可减少焊缝变形。焊接变形较大

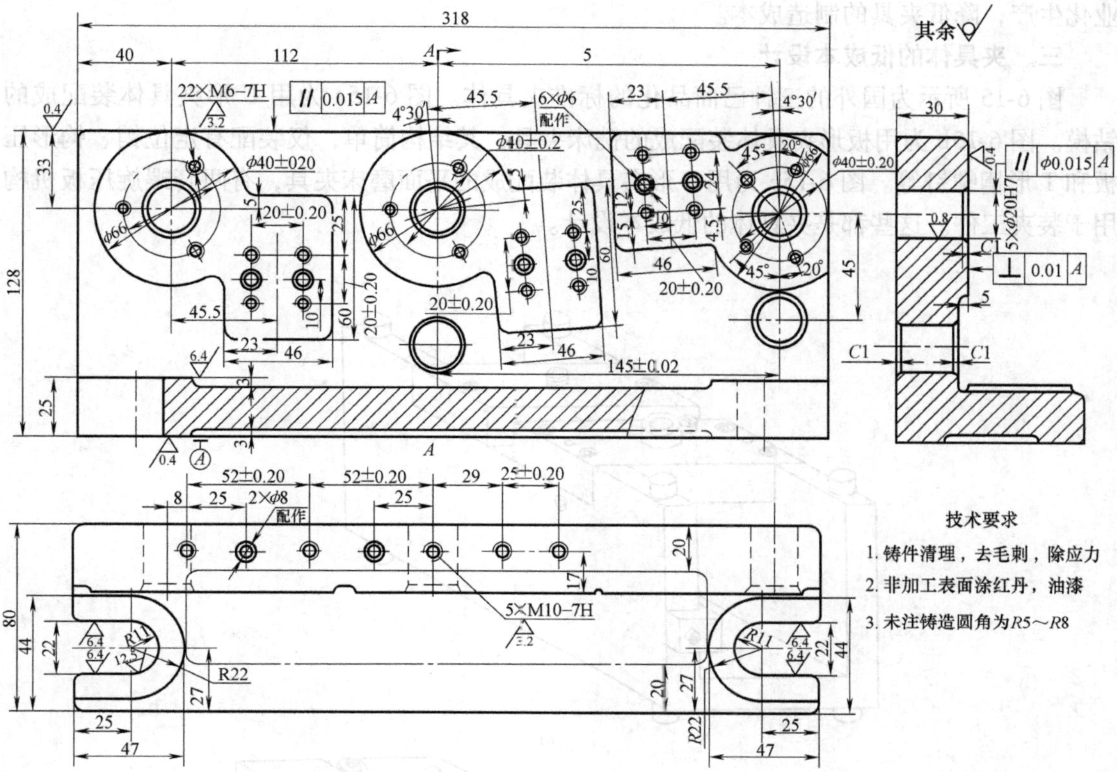

图 6-13　铸造夹具体示例

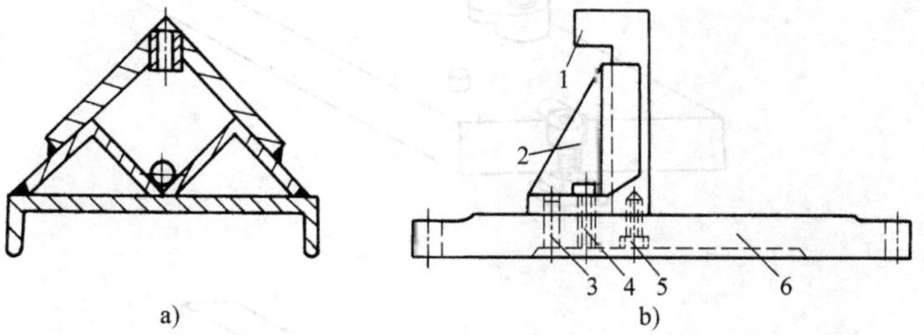

a)　　b)

图 6-14　焊接结构和拼装结构夹具体示例

a）焊接结构　b）拼装结构

1—直支架　2—角铁　3—圆柱销　4、5—螺钉　6—夹具体底板

时，可采用以下措施减少变形：

1）合理布置焊缝位置。

2）缩小焊缝尺寸。

3）合理安排焊接工艺。

4. 拼装结构

拼装结构是近年来发展起来的一种新型结构。这种结构选用标准零部件拼装成夹具体，可以缩短生产准备周期，降低生产成本。如图 6-14b 所示的拼装结构夹具体，主要由直支架 1、夹具体底板 6 和左侧的角铁 2 拼装而成。这种结构在大、中型企业是可行的。发展这种结构，将有利于夹具结构的标准化和系列化，提高夹具的制造水平；同时还可实现夹具的专

业化生产，降低夹具的制造成本。

三、夹具体的低成本设计

图 6-15 所示为国外的三种已商品化的标准夹具体。图 6-15a 为用 U 形夹具体装配成的钻模。图 6-15b 为用板形夹具体装配成的铣床夹具，其结构简单，仅装配有定位销、钩形压板和 T 形槽螺钉等。图 6-15c 为用 T 形夹具体装配成的平面磨床夹具，有两套螺旋压板机构用于装夹工件。这些都是夹具体的低成本设计。

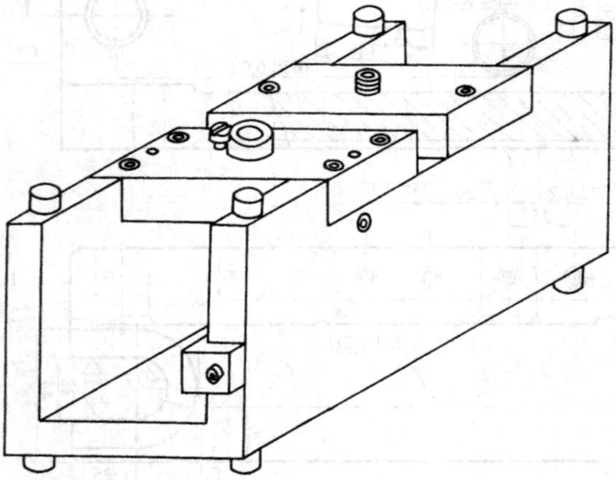

a)

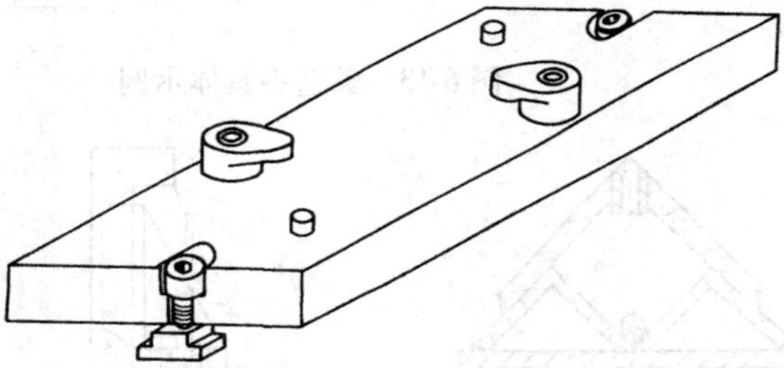

b)

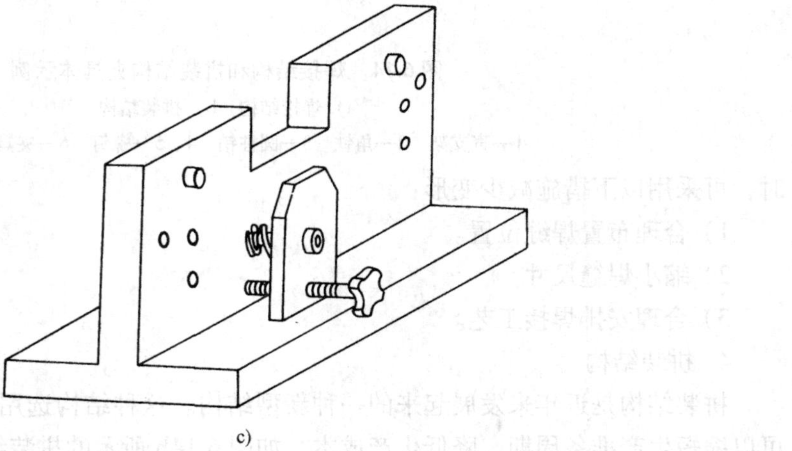

c)

图 6-15　国外的低成本设计夹具体

a）U 形结构　b）板形结构　c）T 形结构

第三节　夹具的精度及夹具总图尺寸、公差配合与技术要求的标注

一、夹具的精度分析及夹具的制造精度

为了保证夹具设计的正确性，首先要在设计图样上对夹具的精度进行分析，以审核夹具制造精度。

第一章中已指出，用夹具装夹工件进行加工时，其加工误差可用不等式（1-2）表示。由于各种误差均为随机的变量，故应该用概率法计算，即

$$\sqrt{\Delta_D^2+\Delta_A^2+\Delta_T^2+\Delta_G^2}\leqslant\delta_k \tag{6-1}$$

式中　Δ_A——夹具位置误差，它包括 Δ_{A1}——定位元件定位面对夹具体基面的位置误差；Δ_{A2}——夹具的连接误差；故 Δ_A 即为夹具定位元件对切削成形运动的位置误差；夹具的位置由夹具的连接和定位元件对连接表面的位置确定；

Δ_D——定位误差，它包括 Δ_B——基准不重合误差；Δ_y——基准位移误差；

Δ_T——刀具相对夹具的位置误差，即对刀导向误差；

Δ_G——与加工过程中机床、刀具、变形、磨损等有关的加工误差；

δ_k——工序尺寸公差。

上述各项误差中，与夹具直接有关的误差为 Δ_D、Δ_A、Δ_T 三项，设计时可用极限法计算，以审核夹具的制造精度。加工方法误差具有很大的偶然性，很难精确计算，通常，这项误差可按机床精度、并取 $\delta_k/3$ 作为估算的范围和储备精度之用。

二、总图尺寸、公差配合与技术要求的标注

1. 总图应标注的尺寸及公差配合

通常总装图应标注以下五种尺寸：

（1）夹具外形的最大轮廓尺寸　这类尺寸按夹具结构尺寸的大小和机床参数设计，以表示夹具在机床上所占据的空间尺寸和可活动的范围。

（2）工件与定位元件之间的联系尺寸　这类尺寸属制造精度，如圆柱定位销工作部分的配合尺寸公差等，以便控制工件的定位误差（Δ_D）。

（3）对刀或导向元件与定位元件之间的联系尺寸　这类尺寸主要是指对刀块的对刀面至定位元件之间的尺寸、塞尺的尺寸、钻套至定位元件间的中心距尺寸、钻套导向孔尺寸和钻套之间的孔距尺寸等。

（4）与夹具位置有关的尺寸　这类尺寸用以确定夹具体的基面相对于定位元件的正确位置。如铣床夹具定位键与机床工作台T形槽的配合尺寸、角铁式车床夹具连接表面的圆柱孔尺寸、角铁式车床夹具中心至定位元件定位面间的尺寸等。这些尺寸精度对夹具的位置误差（Δ_A）会有不同程度的影响。

（5）其他装配尺寸　如定位销与夹具体的配合尺寸和配合代号等，这类尺寸通常与加工精度无关或对其无直接影响。

上述五种尺寸中，（2）、（3）、（4）为夹具的制造精度要求。

2. 总图应标注的位置公差

通常总装图应标注以下三种位置公差：

(1) 定位元件之间的位置公差　这类位置公差直接影响夹具的定位误差（Δ_D）。

(2) 连接元件（含夹具体基面）与定位元件之间的位置公差　这类位置公差所造成的夹具位置误差（Δ_{A1}）也影响夹具的加工精度（见表6-2）。

表6-2　几种常见定位元件定位面对夹具体基面的技术要求

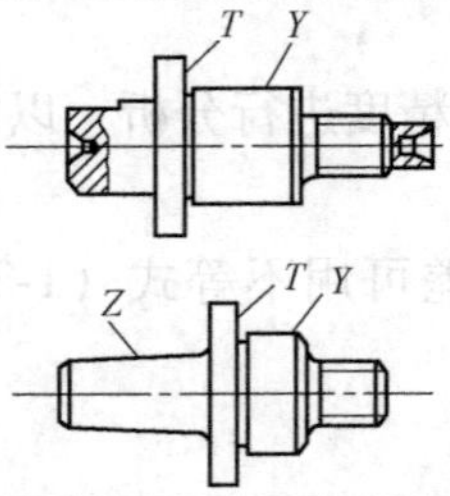	表面 Y 对表面 Z（或中心孔中心）的径向圆跳动公差 表面 T 对表面 Z（或中心孔中心）的端面圆跳动公差
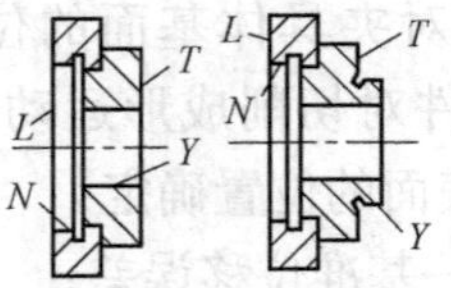	表面 T 对表面 L 的平行度公差 表面 Y 的中心对表面 L 的垂直度公差 表面 Y 对表面 N 中心的径向圆跳动公差
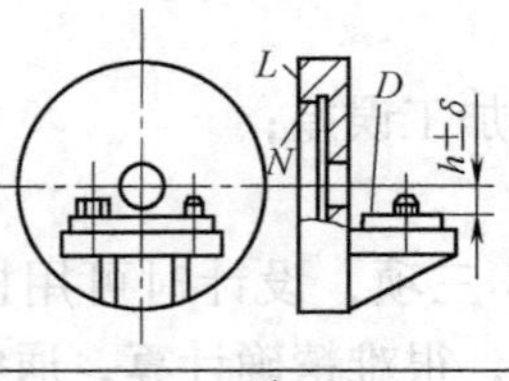	表面 D 对表面 L 的垂直度公差 两定位销的中心联线与表面 L 的平行度公差 表面 D 至表面 N 的中心距及公差
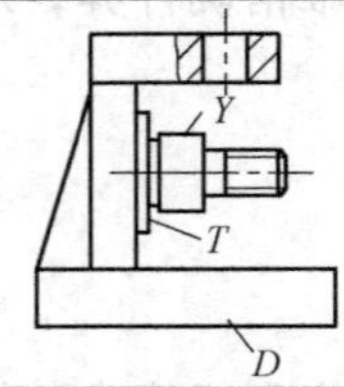	表面 T 对表面 D 的垂直度公差 表面 Y 的中心线对表面 D 的平行度公差
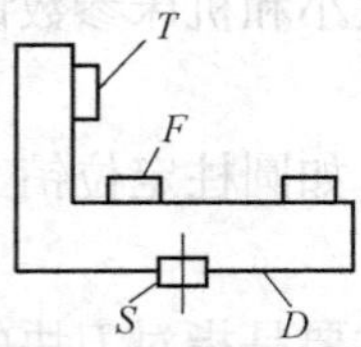	表面 F 对表面 D 的平行度公差 表面 T 对表面 S 的平行度公差

(3) 对刀或导向元件的位置公差　通常这类位置公差是以定位元件为对刀基准。为了使夹具的工艺基准统一，也可取夹具体的基面为对刀基准。

上述三项公差都是夹具的制造精度要求。

3. 公差数值的确定

由误差不等式可以看出，为满足加工精度的要求，夹具本身应具有较高的制造精度。由于目前分析计算方法还不够完善，因此，对于夹具公差仍然需根据实践经验来确定。如生产规模较大，要求夹具有一定使用寿命时，夹具有关公差可取得小些；对加工精度较低的夹具，则可取较大的公差。

公差值一般可按以下方式选取：

1) 夹具上的尺寸公差和角度公差取（1/2～1/5）δ_k。

2) 夹具上的位置公差取（1/2～1/3）δ_k。

3）当加工工件尺寸为未注公差时，夹具公差取 ±0.1mm。

4）工件为未注几何公差的加工面时，按 GB/T 1184 中 7、8 级精度的规定选取。

夹具有关公差都应在工件公差带的中间位置，即不管工件公差对称与否，都要将其化成对称公差，然后取其 1/2 ~ 1/5 以确定夹具的有关公差。

4. 公差配合的选择

导向元件的配合，可详见钻套、镗套的设计部分。常用夹具元件的公差配合可参见附表 11。

对于工作时有相对运动，但无精度要求的部分，如夹紧机构为铰链连接，则可选用 H9/d9、H11/c11 等配合；对于需要固定的构件可选用 H7/n6、H7/p6、H7/r6 等配合；若用 H7/js6、H7/k6、H7/m6 等配合，则应增设紧固螺钉使构件固定。

5. 夹具的其他技术要求

夹具在制造和使用上的其他要求，如夹具的平衡和密封、装配性能和要求、有关机构的调整参数、主要元件的磨损范围和极限、打印标记和编号以及使用中应注意的事项等，要用文字标注在夹具的总图上。

6. 夹具设计精度分析

夹具设计精度分析，即为对夹具制造精度的审核。

（1）车床夹具　图 6-16 所示为壳体零件简图。加工 ϕ38H7 孔的主要技术要求为：

1）孔距尺寸（60 ±0.02）mm（$\delta_{k1}=0.04$mm）。

2）ϕ38H7 孔的轴线对 G 面的垂直度公差为 ϕ0.02mm（δ_{k2}）。

3）ϕ38H7 孔的轴线对 D 面的平行度公差为 0.02mm（δ_{k3}）。

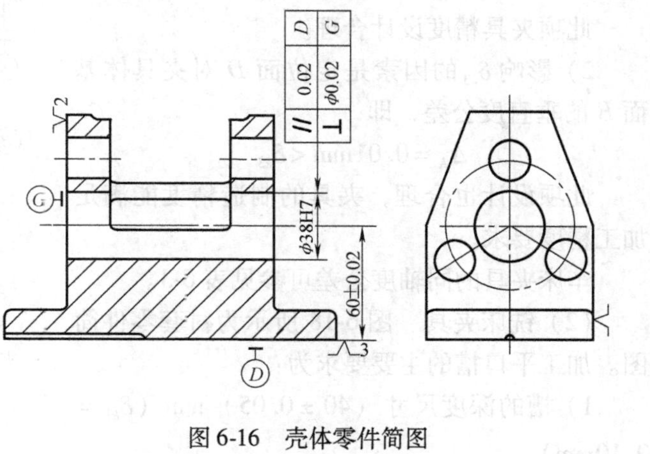

图 6-16　壳体零件简图

车床夹具的结构与标注如图 6-17 所示。夹具体基准面为 B 平面、ϕ272mm 外圆。

标注与加工尺寸（60 ±0.02）mm 有关的尺寸公差为：①定位面至夹具体找正圆中心距尺寸（与夹具位置有关尺寸），取 $\delta_{k1}/4=0.01$mm，标注（60 ± 0.005）mm；②找正圆 ϕ272mm 对 ϕ50mm 的同轴度公差，取 $\delta_{k1}/4=0.01$mm。

标注与工件垂直度有关的位置公差为：①侧定位面 G 对夹具体基面 B 的平行度，公差取 $\delta_{k2}/2=0.01$mm（$\delta_{k2}=0.02$mm）；②定位面 D 对夹具体基面 B 的垂直度，公差取 $\delta_{k2}/2=0.01$mm。

标注与工件平行度有关的位置公差为：主要定位面 D 对夹具体基面 B 的垂直度，公差取 $\delta_{k3}/2=0.01$mm（$\delta_{k3}=0.02$mm）。

尺寸公差（$\delta_{k1}=0.04$mm）校核如下：

1）$\Delta_D=0$（基准重合，且位移误差 $\Delta_Y=0$）。

2）$\Delta_T=0$。

3）设 $\Delta_G = 0.01\text{mm}$（CA6140 型卧式车床主轴定心颈的径向圆跳动量）。

4）$\Delta_{A1} = 0.01\text{mm}$（夹具体找正圆轴线至定位面 D 之间的尺寸公差）。

5）$\Delta_{A2} = 0.01\text{mm}$（夹具体找正圆的同轴度公差）。

6）按式（6-1）计算得

$$\sqrt{0.01^2 + 0.01^2 + 0.01^2}\text{mm} = 0.017\text{mm} < \delta_{k1}$$

夹具的精度设计较高，尺寸公差设计合理。

位置公差（$\delta_{k2} = 0.02\text{mm}$、$\delta_{k3} = 0.02\text{mm}$）校核如下：

1）影响 δ_{k2} 的位置精度有两项，即侧定位面 G 对夹具体基面 B 的平行度公差和定位面 D 对夹具体基面 B 的垂直度公差，它们分别作用在两个方向上，故得

$$\Delta_A = 0.01\text{mm} < \delta_{k2}$$

此项夹具精度设计合理。

2）影响 δ_{k3} 的因素是定位面 D 对夹具体基面 B 的垂直度公差，即

$$\Delta_A = 0.01\text{mm} < \delta_{k3}$$

此项设计也合理，夹具的制造精度能满足加工精度要求。

车床夹具的同轴度公差可参见表 6-3。

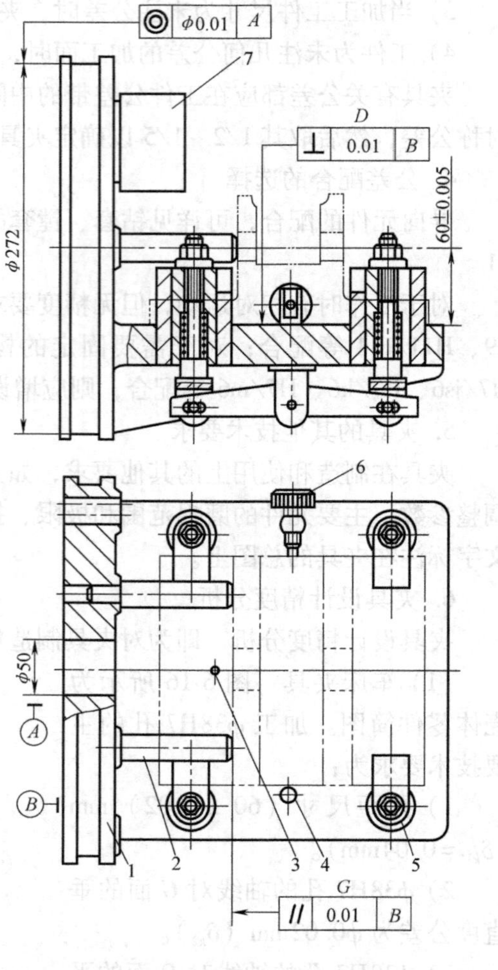

图 6-17　车床夹具的结构与标注

1—夹具体　2—支承钉　3—防误销　4—挡销　5—钩形压板螺旋点紧机构　6—螺钉　7—平衡块

（2）铣床夹具　图 6-18 所示为衬套零件简图。加工平口槽的主要要求为：

1）槽的深度尺寸（40 ±0.05）mm（$\delta_{k1} = 0.10\text{mm}$）。

表 6-3　车床夹具的同轴度公差　（单位：mm）

工件的公差	夹具公差	
	心轴	其他
0.05 ~0.10	0.005 ~0.01	0.01 ~0.02
0.10 ~0.20	0.01 ~0.015	0.02 ~0.04
>0.20	0.015 ~0.03	0.04 ~0.06

2）槽平面对（$\phi 100 \pm 0.012$）mm 的轴线的平行度公差为 0.05mm/100mm（δ_{k2}）。

铣床夹具的结构与标注示例，如图 6-19 所示。夹具体基准面为 B 面，定位键的连接面为 C 面。

标注加工尺寸（40 ±0.05）mm（$\delta_{k1} = 0.10\text{mm}$）有关的尺寸（对刀尺寸）为：（37 ±0.01）mm，其中对刀块尺寸公差取 $\delta_{k1}/5 = 0.02\text{mm}$；塞尺取 $3^{\ 0}_{-0.014}\text{mm}$。

标注与工件平行度（$\delta_{k2} = 0.05\text{mm}/100\text{mm}$）有关的位置公差，即定位套 $\phi 100\text{H6}$ 孔的轴

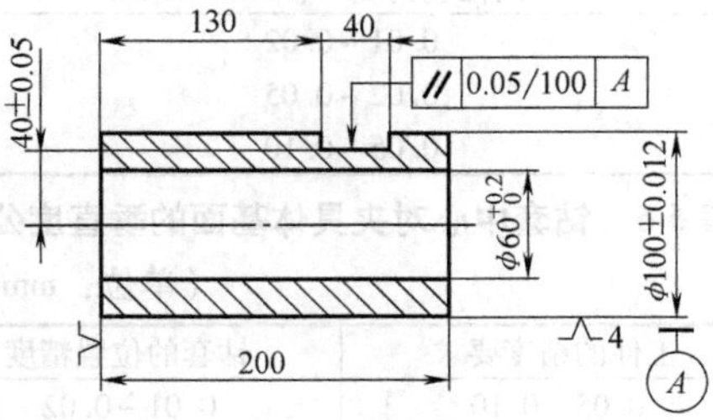

图 6-18　衬套零件简图

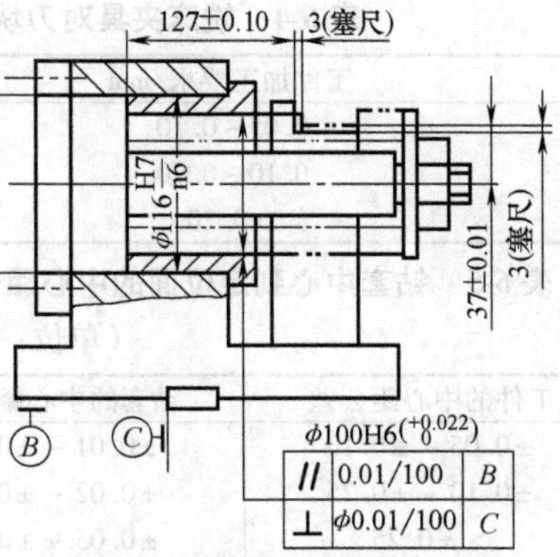

图 6-19　铣床夹具的结构与标注示例

线对夹具体基面 B 的平行度公差，取 $\delta_{k2}/5=0.01\text{mm}$。

标注与加工尺寸 130mm 有关的对刀尺寸为（127 ±0.10）mm，对刀基准为定位元件的定位面，塞尺取 $3_{-0.014}^{\ 0}$ mm。ϕ100H6 孔轴线对定位键侧面 C 的垂直度公差为 0.01mm/100mm。

尺寸公差校核（$\delta_{k1}=0.10\text{mm}$）如下：

1）$\Delta_D=\Delta_Y=(0.022+0.012)\ \text{mm}=0.034\text{mm}$

2）$\Delta_T=(0.014+0.02)\ \text{mm}=0.034\text{mm}$

3）$\Delta_A=0$

4）设 $\Delta_G=0.02\text{mm}$

5）按式（6-1）得

$$\sqrt{0.034^2+0.034^2+0.02^2}\text{mm}=0.05\text{mm}<\delta_{k1}$$

故夹具尺寸公差设计合理。

校核位置公差 $\left(\delta_{k2}=\dfrac{0.05\text{mm}}{100\text{mm}}\right)$：

1）$\Delta_D=\dfrac{(0.022+0.012)\ \text{mm}}{110\text{mm}}=\dfrac{0.034\text{mm}}{110\text{mm}}$（定位套长度 110mm）

2）$\Delta_A+\Delta_T=\dfrac{0.01\text{mm}}{100\text{mm}}$

3）按式（6-1）得

$$\sqrt{\left(\frac{0.034}{110}\right)^2+\left(\frac{0.01}{100}\right)^2}\text{mm}=\frac{0.032\text{mm}}{100\text{mm}}<\delta_{k2}$$

故此项设计也合理。夹具的制造精度，能满足加工精度要求。

铣床夹具对刀块工作表面及定位键侧面与定位表面的位置精度可参见表 6-4。

（3）钻床夹具　一般钻床夹具的加工精度较低，故当加工精度要求较高时，应采用导柱铰刀加工，以减小导向误差。

一般精度的钻套，其中心到定位面的中心距公差可见表 6-5，钻套中心对夹具体基面的垂直度公差，见表 6-6。

下面仅举例说明位置公差的标注方法以及对加工精度的影响。图 6-20 所示为短轴零件简图，加工 ϕ16H9 孔，加工的位置精度要求为：

表 6-4　铣床夹具对刀块工作表面及定位键侧面与定位表面的位置精度

工件加工要求/mm	夹具的位置精度/（mm/100mm）
0.05～0.10	0.01～0.02
0.10～0.20	0.02～0.05
>0.20	0.05～0.10

表 6-5　钻套中心到定位面的中心距公差

（单位：mm）

工件的中心距公差	钻套的中心距公差
±0.05～±0.10	±0.01～±0.05
±0.10～±0.25	±0.02～±0.05
>±0.25	±0.05～±0.10

表 6-6　钻套中心对夹具体基面的垂直度公差

（单位：mm）

工件的精度要求	钻套的位置精度
0.05～0.10	0.01～0.02
0.10～0.25	0.02～0.05
>0.25	0.05

1）ϕ16H9 孔对 ϕ50h7 外圆轴线的垂直度公差为 0.10mm/100mm。

2）ϕ16H9 孔对 ϕ50h7 外圆轴线的对称度公差为 0.1mm。

钻床夹具的结构和位置公差的标注示例，如图 6-21 所示。图中标注了三项位置公差。夹具体的基准面为 B 面。

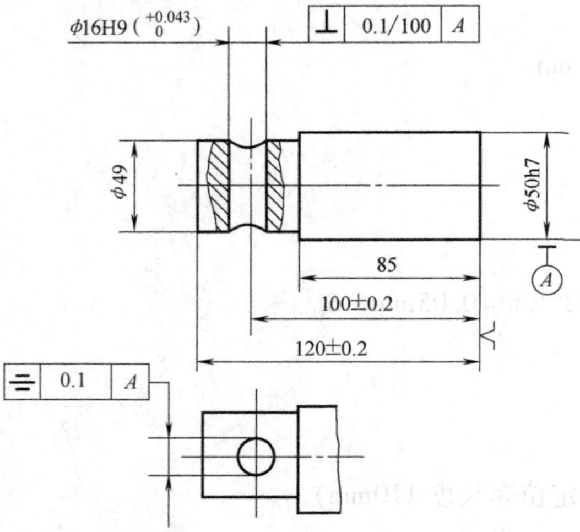

图 6-20　短轴零件简图

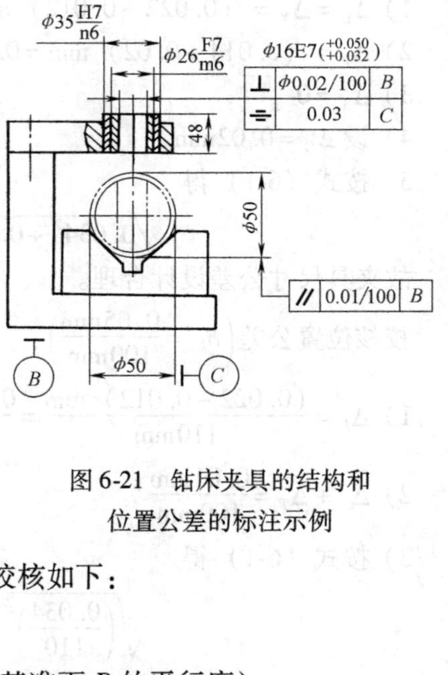

图 6-21　钻床夹具的结构和位置公差的标注示例

位置精度（δ_{k1} =0.10mm/100mm，δ_{k2} =0.10mm）校核如下：

1）影响位置公差 δ_{k1} 的因素有三项：

$$\Delta_A = \frac{0.01\text{mm}}{100\text{mm}}$$（V 形块标准圆对夹具体基准面 B 的平行度）

$$\Delta_A + \Delta_T = \frac{0.02\text{mm}}{100\text{mm}}$$（铰套轴线对夹具体基准面 B 的垂直度）

$$\Delta_T = \frac{(0.05 - 0.014)\ \text{mm}}{48\text{mm}} = \frac{0.075\text{mm}}{100\text{mm}}$$（铰刀尺寸为 $\phi16^{+0.026}_{+0.014}$mm 时的歪斜）

按概率法计算得

$$\sqrt{\left(\frac{0.01}{100}\right)^2 + \left(\frac{0.02}{100}\right)^2 + \left(\frac{0.075}{100}\right)^2}\ \text{mm} = \frac{0.078\text{mm}}{100\text{mm}} < \delta_{k1}$$

故其夹具的精度较低。

2）影响位置公差 δ_{k2} 的因素有两项：

$\Delta_{T1}=0.03mm$（铰套中心对 V 形块标准圆中心的对称度）

$\Delta_{T2}=(0.050-0.014)$ mm

$=0.036mm$（铰刀与铰套的配合间隙，不计刀具中心的倾斜）

将误差合成得

$\sqrt{0.03^2+0.036^2}mm=0.046mm<\delta_{k2}$

故夹具此项精度也较低，钻床夹具的加工精度有限，原因是对刀导向误差较大。

（4）镗床夹具　图 6-22 所示为镗床加工泵体零件简图，加工 ϕ60H7、ϕ55H7 孔及端面。主要技术要求为：

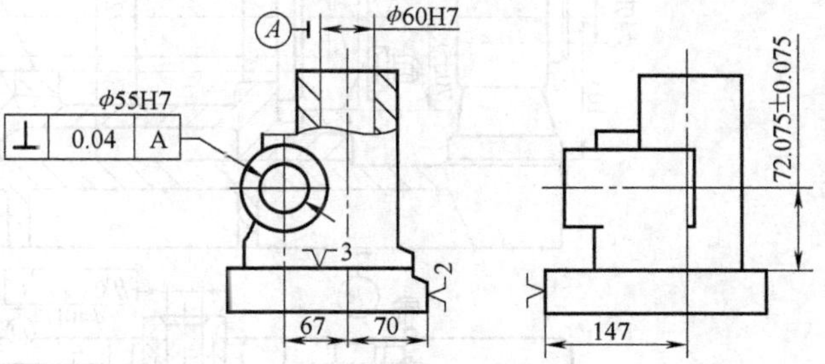

图 6-22　镗床加工泵体零件简图

1）ϕ55H7 孔的中心距尺寸为（72.075 ±0.0075）mm。

2）ϕ55H7 孔对 ϕ60H7 孔中心线的垂直度公差为 0.04mm。

镗床夹具结构及有关标注如图 6-23 所示。夹具体的基准面为 B 面、F 面。

镗床夹具主要校核对刀导向精度。

1）校核尺寸（72.075 ±0.075）mm（$\delta_{k1}=0.15mm$）：

$\Delta_D=0$

$\Delta_A=0$

$\Delta_{T_1}=0.03mm$

$\Delta_{T_2}=0.01mm$

$\Delta G=0$（镗杆与主轴浮动连接）

按式（6-1）得

$$\sqrt{0.03^2+0.01^2}mm=0.031mm$$

镗模的对刀导向误差较小且切削成形运动与机床主轴分离，故镗床夹具有很高的精度。

2）校核位置公差（$\delta_{k2}=0.04mm$）：

$\Delta_D=0$

$\Delta_A=0$

$\Delta_T=0.015mm$

按式（6-1）得

$$0.015mm<\delta_{k2}$$

故此精度设计合理。

（5）心轴　图 6-24a 所示为套筒零件简图。加工外圆 ϕ45e8，主要技术要求为同轴度公差 ϕ0.09mm。心轴结构如图 6-24b 所示。夹具体基准面为中心孔。校核同轴度公差 ϕ0.09mm 如下：

1）$\Delta_B=0$，$\Delta_Y=X_{max}=(0.021+0.013)$ mm $=0.034mm$，$\Delta_D=0.034mm$

2）$\Delta_{A1}=0.01mm$

3）$\Delta_G=0$（心轴与两顶尖连接）

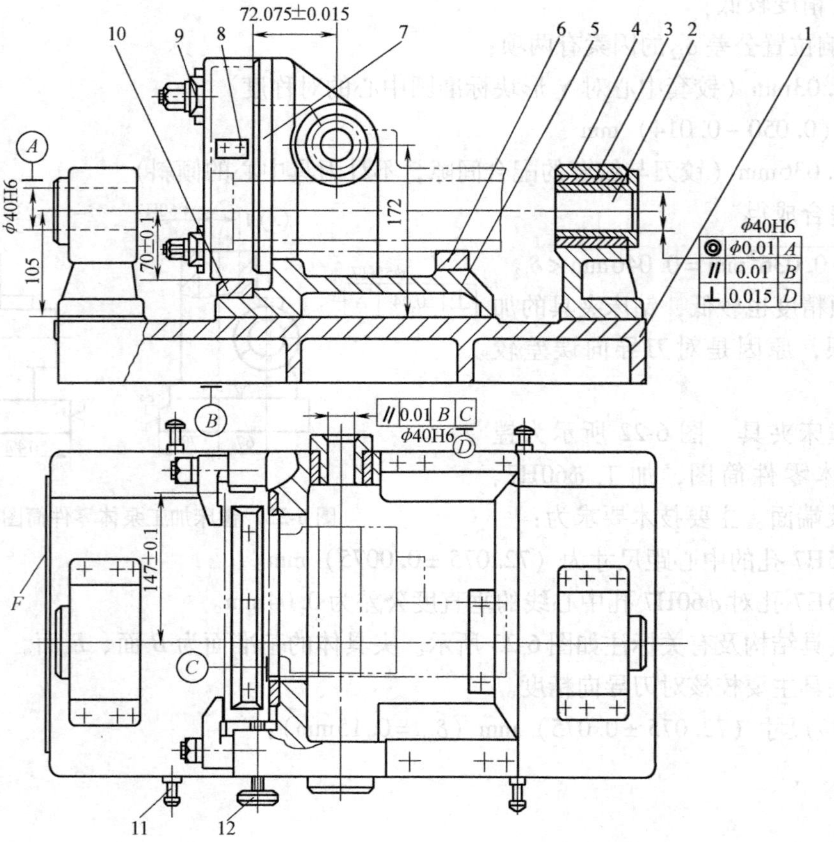

图 6-23 镗床夹具结构及有关标注

1—夹具体 2—镗套 3—衬套 4—镗模支架 5—板 6—预定位支承 7、8、10—支承板 9—钩形螺旋压板夹紧机构 11—吊环 12—螺钉

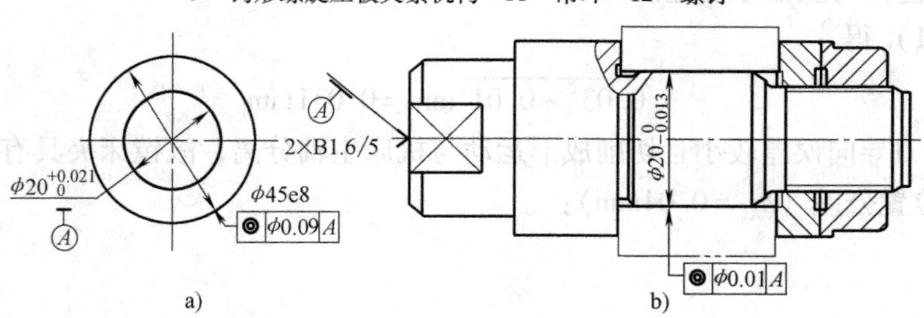

图 6-24 心轴的精度分析

a）套筒零件图 b）心轴

4）按式（6-1）得

$$\sqrt{0.01^2+0.034^2}\text{mm}=0.035\text{mm}<\delta_k$$

故心轴设计合理。圆柱心轴的加工精度有限，原因是定位误差较大。

（6）活塞零件夹具 图 6-25 所示为活塞零件及钻床夹具尺寸的标注，供设计标注尺寸时参考。该图尺寸标注完整，夹具体基准面为 *A* 面。夹具有关制造精度方面的内容是：与工件定位有关的联系尺寸公差，钻套尺寸、对刀尺寸公差，定位元件定位面对夹具基面的位置公差，钻套对定位元件及夹具基准面的位置公差。

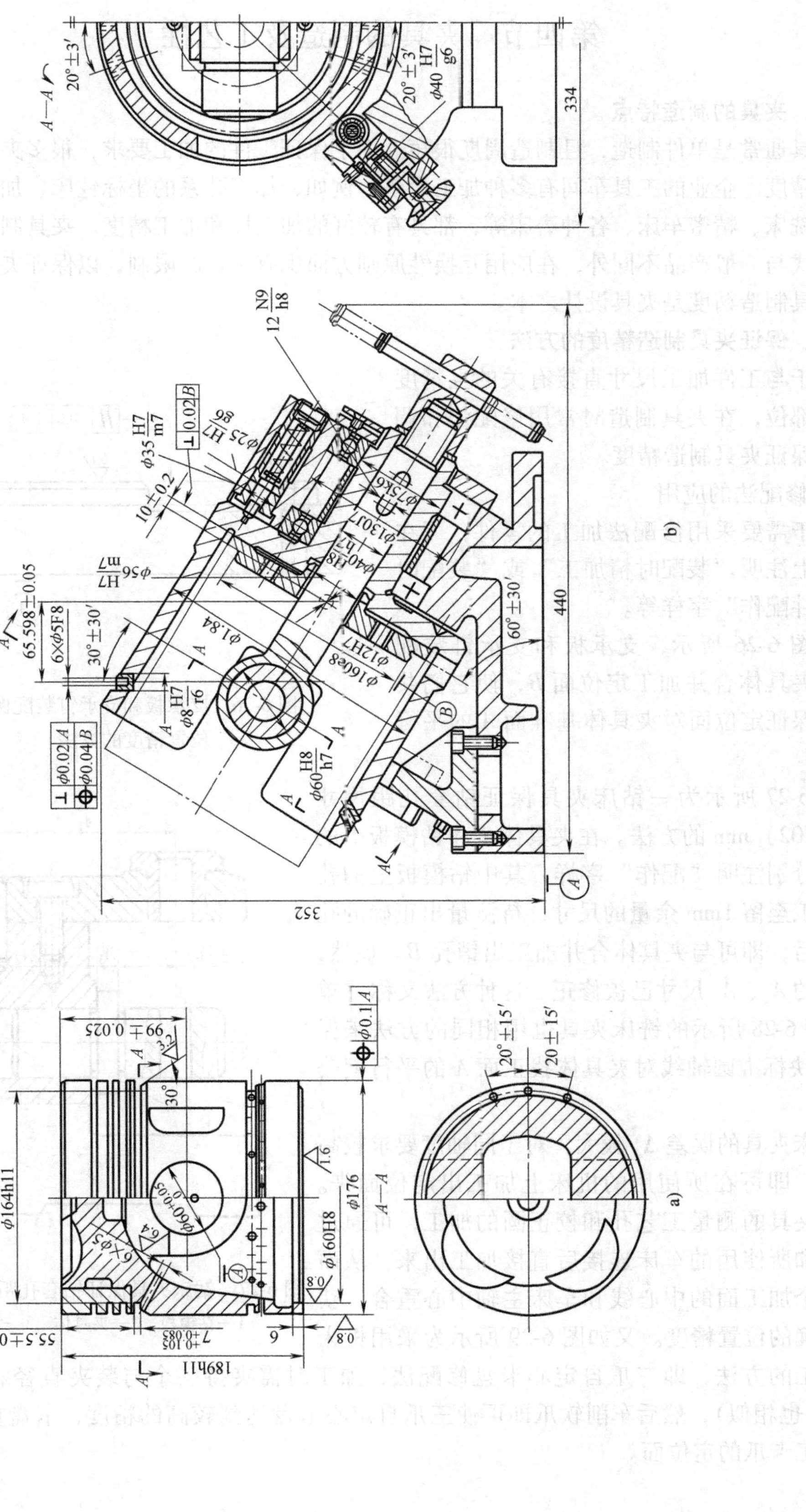

图 6-25 活塞零件及钻床夹具尺寸标注

a) 活塞零件图 b) 钻床夹具

第四节 夹具的制造及工艺性

一、夹具的制造特点

夹具通常是单件制造，且制造周期很短。为了保证工件的加工要求，很多夹具要有较高的制造精度。企业的工具车间有多种加工设备，例如，加工孔系的坐标镗床、加工复杂形面的万能铣床、精密车床、各种磨床等，都具有较好的加工性和加工精度。夹具制造中，除了生产方式与一般产品不同外，在应用互换性原则方面也有一定的限制，以保证夹具的制造精度。夹具制造精度是夹具设计之本。

二、保证夹具制造精度的方法

对于与工件加工尺寸直接有关的且精度较高的部位，在夹具制造时常用修配法和调整法来保证夹具制造精度。

1. 修配法的应用

对于需要采用修配法加工的零件，可在其图样上注明“装配时精加工”或“装配时与××件配作”字样等。

如图 6-26 所示，支承板和支承钉装配后，与夹具体合并加工定位面 *B*，使它们共面，以保证定位面对夹具体基准面 *A* 的平行度公差。

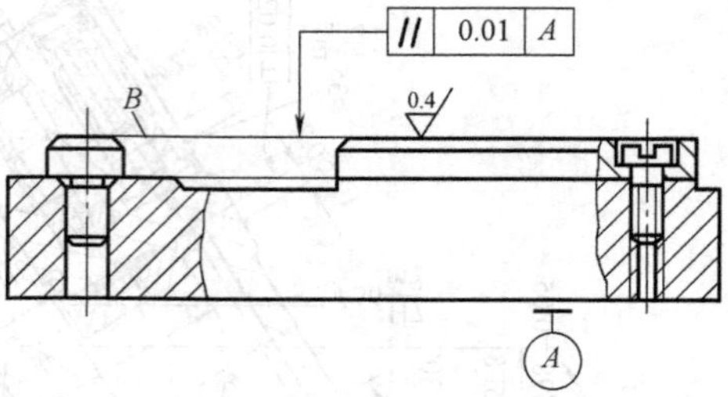

图 6-26 支承板和支承钉装配保证位置精度的方法

图 6-27 所示为一钻床夹具保证钻套孔距尺寸（10±0.02）mm 的方法。在夹具体 2 和钻模板 1 的图样上分别注明“配作”字样，其中钻模板上的孔可先加工至留 1mm 余量的尺寸，待测量出正确的孔距尺寸后，即可与夹具体合并加工出销孔 *B*。显然，原图上的 A_1、A_2 尺寸已被修正。这种方法又称“单配”。图 6-28 所示的铣床夹具也用相同的方法来保证 V 形块标准圆轴线对夹具体找正面 *A* 的平行度公差。

车床夹具的误差 Δ_A 较大，对于同轴度要求较高的加工，即可在所使用的机床上加工出定位面来。如车床夹具的测量工艺孔和校正圆的加工，可通过过渡盘和所使用的车床连接后直接加工出来，从而使该两个加工面的中心线和车床主轴中心重合，获得较精确的位置精度。又如图 6-29 所示为采用机床自身加工的方法，即三爪自定心卡盘修配法，加工时需夹持一个与装夹直径相同的试件（夹紧力也相似），然后车削软爪即可使三爪自定心卡盘达到较高的精度，卡盘重新安装时需再加工卡爪的定位面。

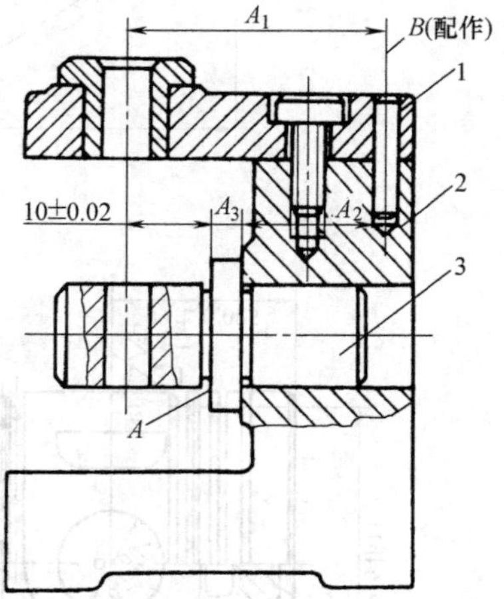

图 6-27 钻床夹具保证钻套孔距尺寸的方法
1—钻模板 2—夹具体 3—定位轴

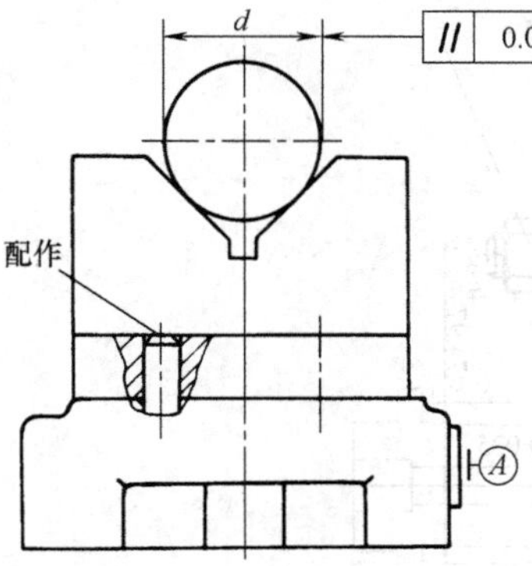

图 6-28 铣床夹具保证位置精度的方法

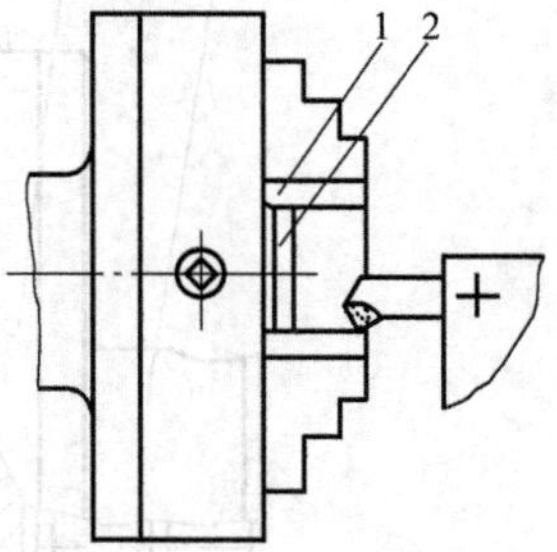

图 6-29 三爪自定心卡盘的修配法
1—软爪 2—试件

镗床夹具也常采用修配法。例如，将镗套的内孔与所使用的镗杆的实际尺寸单配间隙控制在 0.008 ~0.01mm 内，即可使镗模具有较高的导向精度。

夹具的修配法都涉及到夹具体的基准面，从而不致使各种误差累积，达到预期的精度要求。

2. 调整法的应用

调整法与修配法相似，夹具通常可设置调整垫圈、调整垫板、调整套等元件来控制装配尺寸。这种方法较简易，调整件选择得当即可补偿其他元件的误差，以提高夹具的制造精度。

如将图 6-27 所示的钻模改为可调整结构，则只要增设一个支承板（见图 6-30），待钻模板装配后再按测量尺寸修正支承板的尺寸 A 即可。

前面图 6-17 所示的角铁式车床夹具，由于角铁和夹具体做成整体式，要保证尺寸（60 ±0.005）mm 是比较困难的。若将角铁和夹具体分离，在装配时拼装调整或在整体式的角铁上加一调整垫板（支承板），通过这两种方法调整高度尺寸来保证尺寸（60 ± 0.005）mm 就较容易。

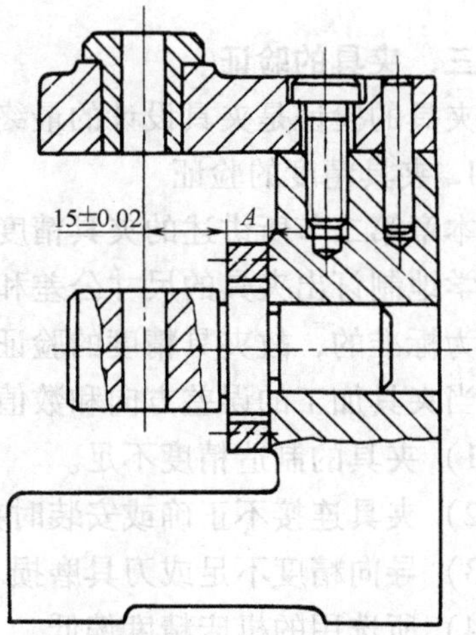

图 6-30 钻模的调整结构

3. 改进夹具结构的方法

夹具也可改用调整的结构，以提高夹具的加工精度。

图 6-31 所示为用于加工阀盖零件的车床夹具。该夹具由于定位间隙所造成的定位误差（Δ_D）较大。为提高夹具的精度，将定位套制成偏心，以补偿定位元件定位面对夹具的位置误差（Δ_A）。偏心定位套的偏心量为 0.055mm。当夹具与车床主轴连接后，由于中心套不在回转轴线上，必有一偏心量，通过偏心套圆周上的 12 个孔，可改变偏心套的圆周方向位置，故两个偏心量（Δ_D、Δ_A）可抵消一部分，以此来提高夹具加工精度。

有多种调整结构，可用于提高夹具的精度。

夹具的制造精度，主要内容包括：定位精度、对刀导向精度、夹具对定精度的设计。要设法提高夹具的制造精度。

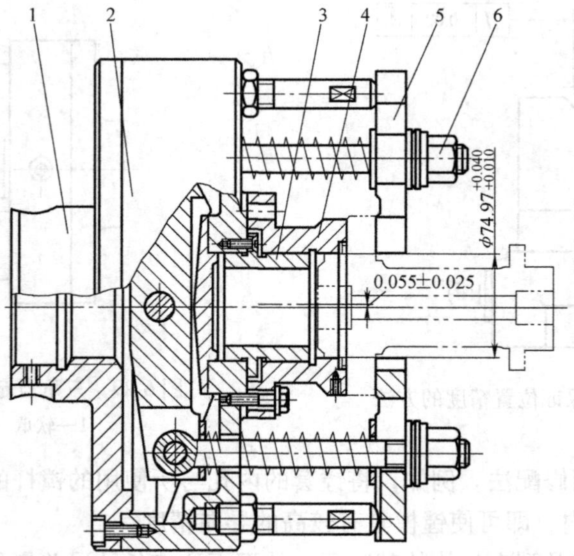

图 6-31　加工阀盖零件的车床夹具

1—过渡盘　2—夹具体　3—中心套　4—偏心定位套

5—压板　6—六角螺母

三、夹具的验证

夹具的验证是夹具设计的最终结果，主要包括精度验证和生产率验证两部分内容。

1. 夹具精度的验证

本章第二节所讲述的夹具精度分析是一种静态的分析方法，通过对各种误差的估算，得以科学地制订出夹具的尺寸公差和位置公差。然而，夹具真正的精度是以能否加工出合格的工件为标准的，故夹具精度的验证是一种动态的精度分析方法。

当夹具加工的误差方向和数值稳定时，可参照下列内容对夹具加以修正。

1）夹具的制造精度不足。

2）夹具连接不正确或安装时夹具体变形。

3）导向精度不足或刀具磨损。

4）所选用的机床精度偏低。

5）车床夹具受离心力的影响。

6）夹具体刚度不足。

7）机床刚度不足。

8）工件刚度不足。

当夹具加工的误差方向不变但数值不稳定时，可按以下情况分析查找。

1）工件基面的误差。

2）夹紧误差的影响。

3）由切削力引起的变形。

4）毛刺的影响。

5）夹紧时工件的移动。

6）由于基准不重合产生的影响。

为了提高夹具的整体精度，可采用以下几项主要措施：

1）提高关键元件的制造精度，减小由配合产生的误差。

2）关键元件间在可能的条件下尽量设置调整环节，以提高关键元件间的位置精度。

影响加工精度的因素是多方面的，设计时应抓住其中的主要因素，使所设计的夹具精度符合加工精度要求。

2. 夹具生产率的检证

影响生产率的主要因素有以下几点：

1）操作过程中需要装卸部分的配合间隙太小。

2）装夹工件的动作繁多，不能快速夹紧。

3）辅助支承的操作不方便。

4）切屑的排除不顺畅。

5）由于夹具的刚度不足而减小切削用量。

6）切削时空行程太长。

除了夹具本身的问题外，有时工艺路线的制订对夹具精度也有很大影响，必须全面考虑。

四、夹具的结构工艺性

夹具的结构工艺性主要表现为夹具零件制造、装配、调试、测量、使用等方面的综合性能，为满足这些要求，应对夹具结构进行改进。夹具零件的一般标准和铸件的结构要素等，均可查阅有关手册进行设计。以下就夹具零部件的加工、维修、装配、测量等工艺性进行分析。

1. 注意加工和维修的工艺性

图 6-32 所示为销、孔连接的工艺性。夹具主要元件的连接定位采用螺钉和销钉。图 6-32a 所示的销钉孔制成通孔，以便于维修时能将销钉压出；图 6-32b 所示的销钉则可以利用销钉孔底部的横向孔拆卸；图 6-32c 所示为常用的带内螺纹的圆锥销（GB/T 118—2000）。

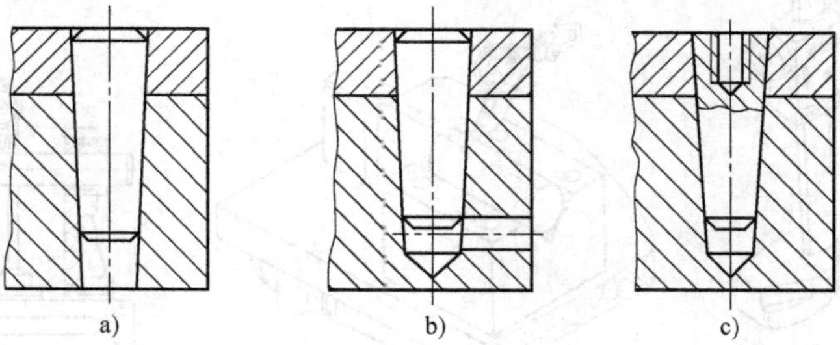

图 6-32　销、孔连接的工艺性

a）贯穿的销钉孔　b）便于拆卸的结构　c）带内螺纹的圆锥销

图 6-33 所示为两种可维修的衬套结构，它们在衬套的底部设计有螺孔或缺口槽，以便使用工具将其拔出。

图 6-34 所示为几种螺纹联接结构。图 6-34a 所示的螺孔太长；图 6-34d 所用的螺钉太长且突出在外表面，在设计时都要避免。

2. 注意装配测量的工艺性

夹具的装配测量是夹具制造的重要环节。

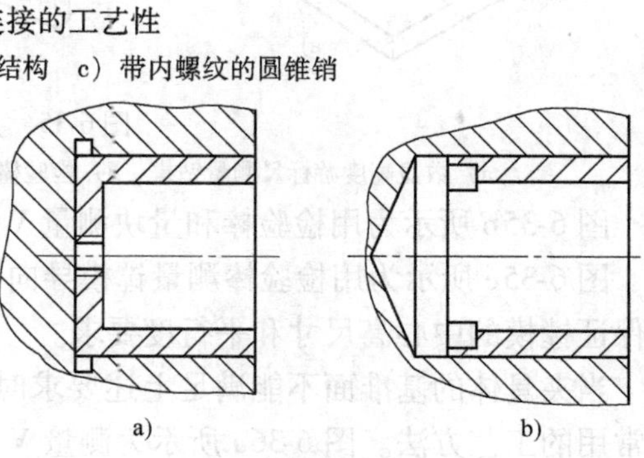

图 6-33　可维修的衬套结构

a）带螺孔的衬套　b）带缺口槽的衬套

无论是用修配法或调整法装配，还是用检具检测夹具精度时，都应处理好基准问题。

为了使夹具的装配、测量具有良好的工艺性，应遵循基准统一原则，以夹具体的基准面为统一的基准，以便于装配、测量，保证夹具的制造精度。

如图 6-17 所示的车床夹具，其垂直度、平行度公差的设计基准为夹具体的基准面 B；其同轴度的设计基准为夹具体的基准面 A，它们的基准统一且重合。图 6-19 所示的铣床夹具所标注的平行度公差以夹具体的底面为基准。图 6-21 所示的垂直度公差如按基准重合原则，则应以 V 形块的标准圆为基准，但这种方法的工艺性较差。图 6-23 所示的镗床夹具，其夹具体的基准面 B 从理论上而言与精度无关，但为了使夹具的制造方便，仍应以此为统一的工艺基准。

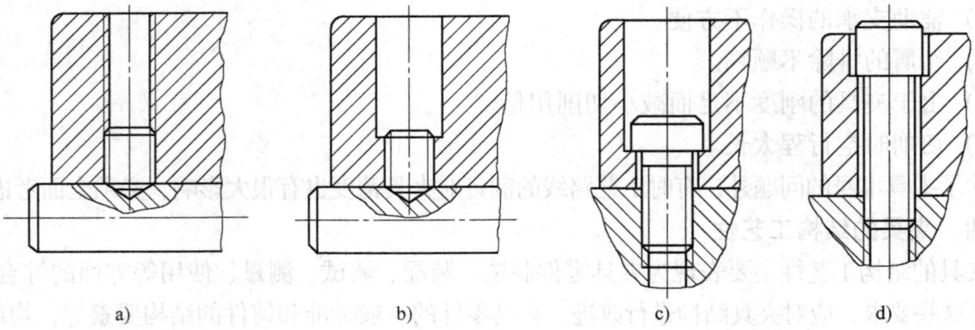

图 6-34　螺纹联接结构

a）成本较高　b）较好　c）好　d）较差

图 6-35a 所示为用数显高度游标尺测量钻模孔距的方法。由于盖板式钻模没有夹具体，故直接用钻模板及定位元件为测量基准。

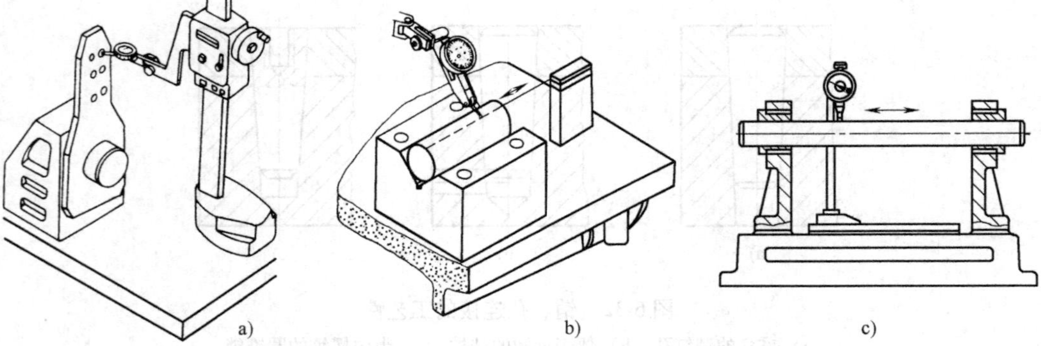

图 6-35　夹具精度的检测

a）数显高度游标尺测量钻模　b）检验棒和量块测量 V 形块　c）检验棒测量镗模导向孔

图 6-35b 所示为用检验棒和量块测量 V 形块标准圆中心高和平行度的方法。

图 6-35c 所示为用检验棒测量镗模导向孔平行度的方法。装配时可通过修刮支架的底面来保证镗模的中心高尺寸和平行度要求。

当夹具体的基准面不能满足上述要求时，可设置工艺孔或工艺凸台。图 6-36 所示为两种常用的工艺方法。图 6-36a 所示为测量 V 形块中心位置的工艺凸台，可控制其尺寸 A。当尺寸较复杂时，可用工艺孔控制，如图 6-36b 所示的测量定位销座位置的工艺孔 k。当工件中心高为 44mm 时，可先设定工艺孔至定位座底面的高度尺寸为（60 ± 0.05）mm，工艺孔水平方向的尺寸 x 可通过计算求得

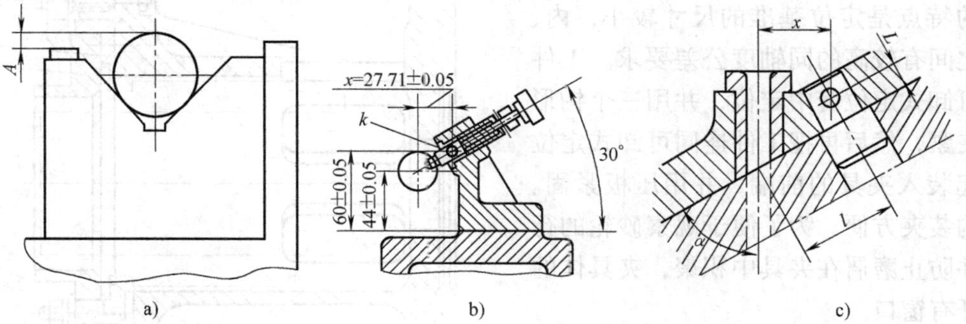

图 6-36　工艺凸台和工艺孔的应用

a）工艺凸台　b）、c）工艺孔

$$x = \tan 30°\ (60-44)\ \text{mm} = 27.71\text{mm}$$

图 6-36c 所示为测量钻套位置的工艺孔，图中 l、α 为已知尺寸，L 为设定尺寸，则

$$x = \left(l - \frac{L}{\tan\alpha}\right)\sin\alpha$$

工艺孔的直径一般为 ϕ6H7、ϕ8H7、ϕ10H7 等。使用工艺孔或工艺凸台可以解决上述装配、测量中的问题。

3. 注意夹具的使用性能

夹具的结构应保证使用方便，并协调好与加工的关系，防止工件产生热变形或受力变形。图 6-37 所示为用于外圆磨床的内冷却心轴的冷却液通道，冷却液从 a 孔注入至 b 腔，冷却工件后由 c 孔排出，以减小工件热变形对加工精度的影响，此结构设计构思巧妙。图 6-38 所示为采用顶尖定中心、端面夹紧的心轴，以减小薄壁工件受力变形对加工精度的影响。

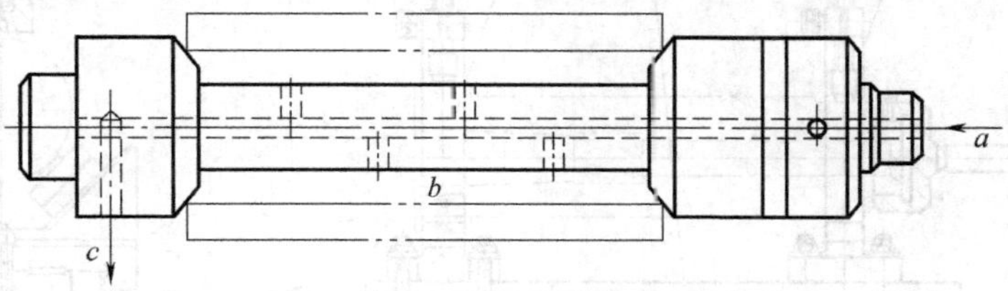

图 6-37　内冷却心轴的冷却液通道

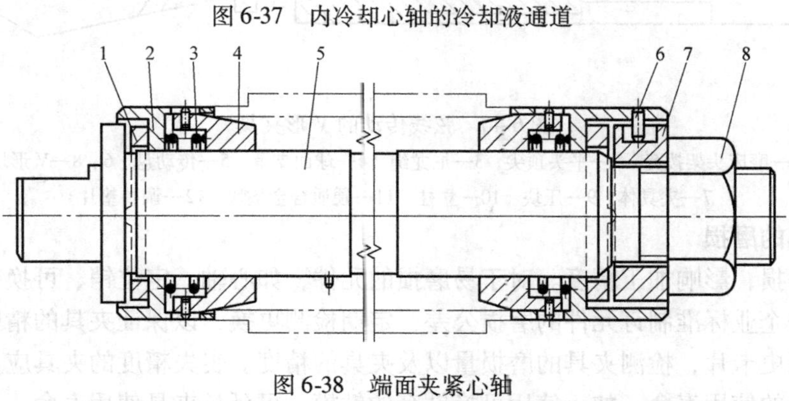

图 6-38　端面夹紧心轴

1—十字垫圈　2—压环　3—弹簧　4—顶尖　5—心轴　5—圆柱销　7—垫圈　8—螺母

夹具结构要便于工件的装夹。图6-39所示为带可卸定位元件的内圆磨床夹具。工件的特点是定位基准的尺寸较小，内、外圆之间有较高的同轴度公差要求。工件先在可卸式定位套中定位，并用三个钩形压板夹紧，然后再把工件连同可卸式定位套一起装入夹具的前端，并用压板紧固。此结构装夹方便。为了便于观察砂轮的行程，并防止磨屑在夹具中积聚，夹具体的后部开有窗口。

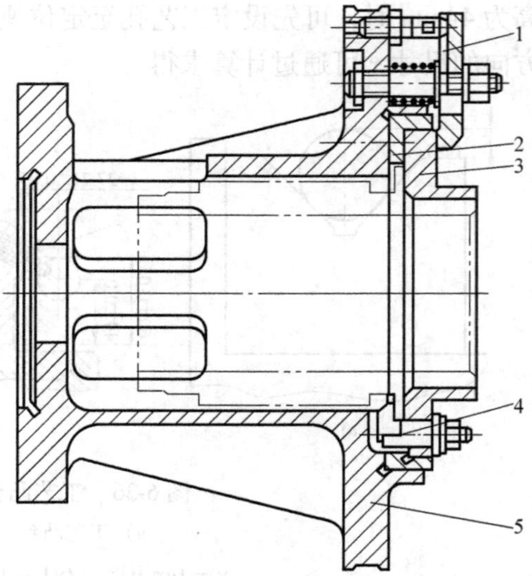

图6-39　带有可卸定位元件的内圆磨床夹具

1—压板　2—定位套　3—可卸定位套　4—钩形压板　5—夹具体

夹具使用性能要求的重要点是确保加工精度。

如高精度内圆磨削时，夹具设计还要设法消除惯性力对加工精度的影响。图6-40所示为弦线传动的V形夹具，用于磨削高精度主轴、套筒的内圆表面。拨盘的传动盘上有32个小孔，由一根尼龙绳连接，同时在磨床头架有一平头顶尖支承。拨盘转动时，传动力由弦线传至传动盘，传动极平稳。加工精度（圆度公差）可达到1μm。最高加工精度，同轴度达0.3μm。

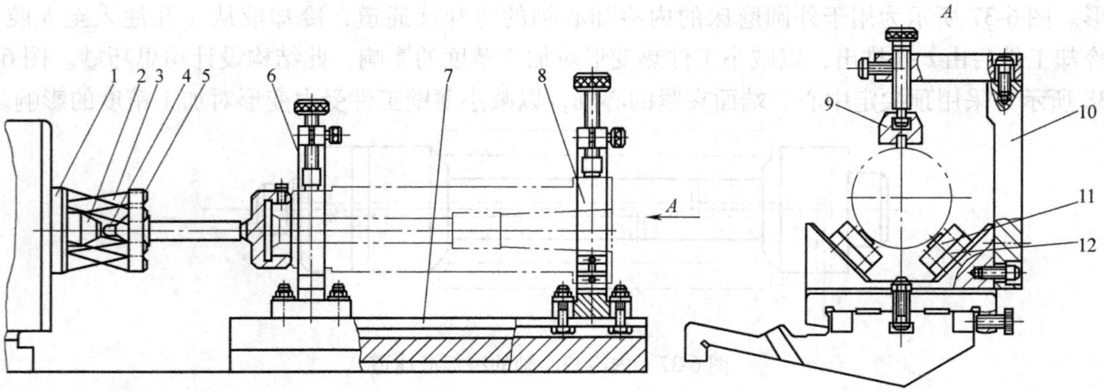

图6-40　弦线传动的V形夹具

1—磨床头架拨盘　2—平头顶尖　3—尼龙绳　4—球面支承　5—传动盘　6、8—V形块　7—夹具体　9—压块　10—立柱　11—硬质合金垫块　12—调整垫片

五、夹具的磨损

夹具的磨损，影响加工精度。对于易磨损的元件，如心轴、定位销、可换钻套、V形块等元件，应按企业标准制订元件的磨损公差，定期检测更换，以保证夹具的精度。也可以制订夹具检测历史卡片，检测夹具的磨损量以及夹具的精度。丧失精度的夹具应及时更换。专用夹具有一定的使用寿命。如，使用可换钻套的钻模，可延长夹具使用寿命。

第五节　机床夹具的计算机辅助设计

一、概述

计算机辅助设计（CAD）是一个正在发展的技术领域。传统的机床夹具设计需要检索许多资料，并花费许多绘图时间，设计的效率低，且成本高。机床夹具设计往往还需借助于设计者的经验。机床夹具 CAD 技术的开发和应用，既可缩短设计周期，又能促进机床夹具的标准化和系列化。图 6-41 所示为 CAD 工作站的计算机图形显示系统和绘图仪。机床夹具的 CAD 软件包括夹具结构软件和夹具绘图软件等。设计时按工件形状尺寸绘出轮廓（见图 6-42a），然后绘制定位元件和夹紧装置（见图 6-42b）的相关视图。通常，在计算机数据库中还可存放典型元件和装置的图形、数据以及相关的标准、资料等数据。

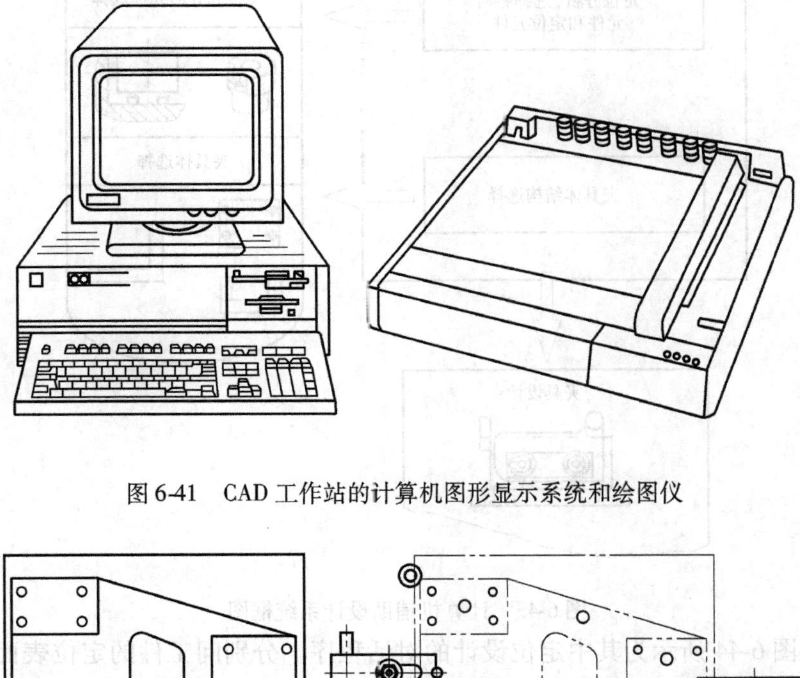

图 6-41　CAD 工作站的计算机图形显示系统和绘图仪

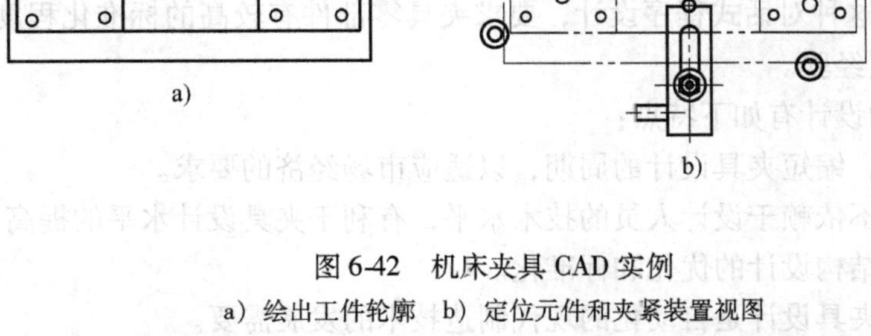

图 6-42　机床夹具 CAD 实例

a）绘出工件轮廓　b）定位元件和夹紧装置视图

图 6-43 所示为一种计算机辅助设计系统框图。这是一种人机对话式程序，可完成定位元件、夹紧装置、夹具体和总体设计。程序先按工件加工要求、材料，确定所使用的机床；由切削用量和有关系数计算切削力，选择夹紧螺钉的参数和夹紧机构；然后再设计定位元件

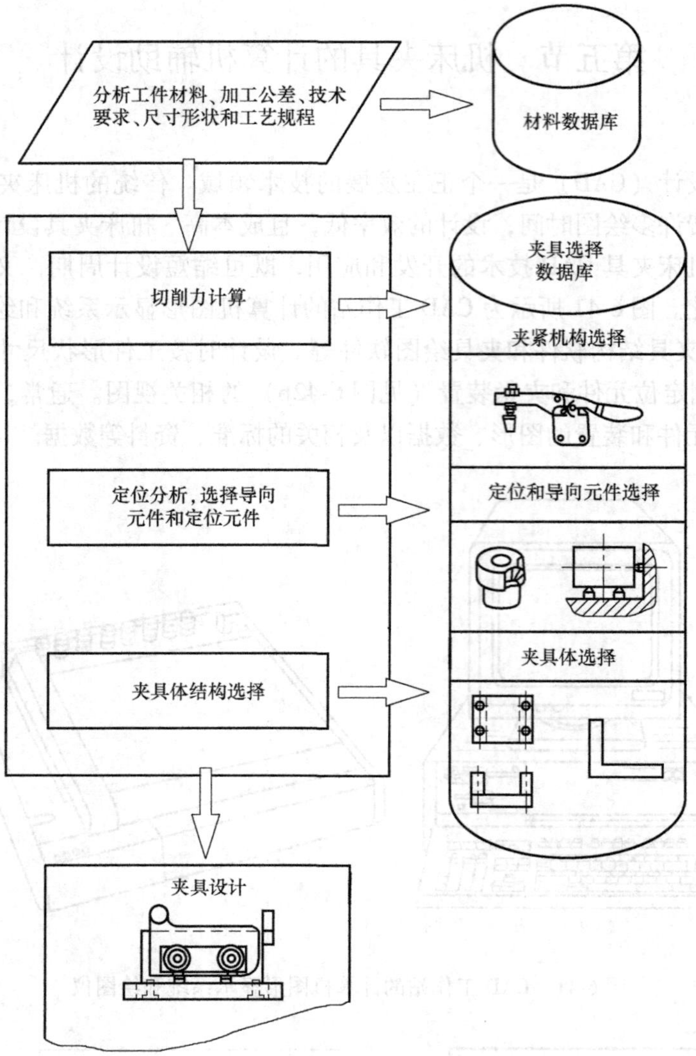

图 6-43　计算机辅助设计系统框图

和夹具体等。图 6-44 所示为其中定位设计的对话程序。分别问工件的定位表面是已加工面或是毛坯，问毛坯是铸件或是锻件，问工件定位基准的形状，选择定位元件为 V 形块，并确定尺寸为 25mm。这种对话式程序设计，要求夹具零部件有较高的标准化程度，程序设计者要有较丰富的工艺经验。

夹具计算机辅助设计有如下特点：

1）能提高效率，缩短夹具设计的周期，以适应市场经济的要求。

2）设计的水平不依赖于设计人员的技术水平，有利于夹具设计水平的提高。

3）有利于夹具结构设计的优化和标准化。

4）计算机辅助夹具设计是自动化的现代制造技术的发展需要。

5）夹具计算机辅助设计，可以信息共享，以 CAD/CAM 集成，用于夹具元件的制造。

图 6-45 所示为 CAD/CAM 集成的数控加工程序。孔位坐标和工件加工轨迹化码均可作为夹具元件制造及工件数控加工的 CAM 信息。

```
*******************************
THIS IS A PROGRAMME FOR THE SELECTION OF LOCATOR
*******************************
WHAT SURFACE IS AVAILABLE FORLOCATIONING? (PREMACHINED/UNMACHINED)
?
'Premachined'
IS IT (W/P) A CASTING OR FORGED? (CASTING/FORGED)
?
'Casting'
WHAT IS THE PRINCIPAL SHAPE OF THE W/P? (FLAT/ROUND/HOLES)
?
'Round'
HAVE YOU ANSWERED CORRECTLY TO ALL THE QUESTIONS (Y/N)
?
'Y'
VEE LOCATOR
PRINT THE NAME OF THE SELECTED LOCATOR
Selects the type of locator
?
'Vee locator'
DID YOU ENTER THE NAME CORRECTLY? (Y/N)
?
'Y'
* * *          25mm
* * *          38mm          Vee locator avai lable in stock
* * *          50mm * * * is space allocated for later variation
PRINT THE SELECTED SIZE FROM THE LIST
?
'25mm'
DID YOU CORRECTLY ENTER THE SIZE? (Y/N)
?
'Y'
```

图 6-44　定位设计的对话程序

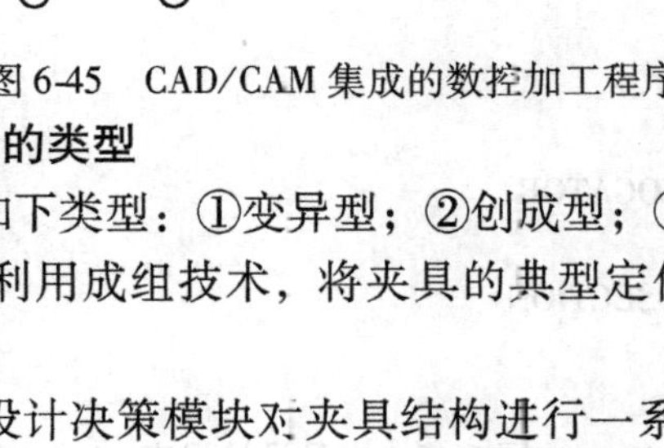

图 6-45　CAD/CAM 集成的数控加工程序

二、夹具计算机辅助设计的类型

夹具计算机辅助设计有如下类型：①变异型；②创成型；③综合型；④交互型。

（1）变异型　变异型是利用成组技术，将夹具的典型定位、夹紧装置存入数据库中，以便选用。

（2）创成型　创成型由设计决策模块对夹具结构进行一系列决策，从无到有地生成夹具结构。创成型适用于设计专用夹具。

（3）综合型　综合型是变异型与创成型的合成，是目前使用较为广泛的一种计算机辅助夹具设计类型。综合型可用于设计专用夹具、成组夹具等。

（4）交互型　交互型是以人机对话的方式完成夹具的设计（图6-43）。

三、夹具计算机辅助设计的基本模块

夹具计算机辅助设计包括以下基本模块：

（1）控制模块　用于协调控制各模块的运行，也是人机交互的窗口。

（2）零件信息模块　用此模块可输入零件的有关信息。

（3）相似性判别模块　用于选择相似的夹具结构单元。

（4）修改模块　用此模块可修改原有的设计。

（5）设计策划模块　设计策划模块为创成模块，其中包括定位元件、对刀导向元件、夹紧装置及夹具体的设计。

（6）输出模块　输出夹具图样和文件。图6-46所示为夹具设计报表。夹具计算机辅助设计框图如图6-47所示。

```
****************************************
****************************************
DETAIL REPORT ON J1GS & FIXTURE DESIGN
****************************************
****************************************
W/P MATERIAL IS : BRASS
TYPE OF FIXTURE IS: DEILLING FIXTURE
CONVE NCIONAL DRILLING MACHINE IS REQUIRED
TYPE OF CLAMP : SLOW
SIZE OF THE CLAMP: MIO
SELECTED ALAMP: HOOK CLAMP
***********
JIG BUSH
***********
BEARING LEGTH: 1. 10710620
WALL THICKNESS: 0. 181421279          Dimension of drill bush is
BODY DIAMETER : 0. 862842559          calculated from empirical
CORNER RADIUS                         proportions
AT INLET END: 0. 892933607E-01
HEIGHT OF HEAD: 0. 504537820
DIAMETER OF HEAD: 1. 30488014
CONDIIION OF
LOCAT ING SURFACE: PREMACHINED
CONDIIION OF
THE WORR-RIECE: CASTING
PRINGIPAL SHAPE: ROUND
SELECTED LOCATOR: VEE LOCATOR
DIMENS1ON: 25MM
TYPE OF FIXTURE BODY: H-SECTION
DIMENSION UF
FIXTURE BODY: 76. 0000000
```

图6-46　夹具设计报表

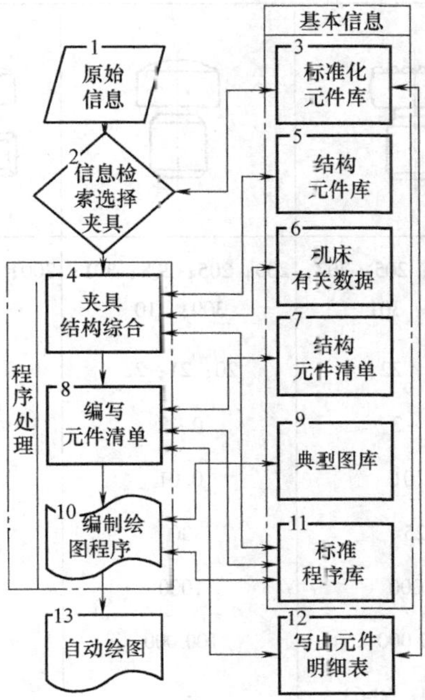

图 6-47　夹具计算机辅助设计框图

四、夹具计算机辅助设计的数据库

夹具计算机辅助设计的数据库包括下列七个部分：

1）材料及切削力计算数据库。

2）刀具数据库。

3）机床资料数据库。

4）夹具体结构元素数据库。

5）定位元件元素数据库。

6）夹紧机构元素数据库。

7）对刀导向元件数据库。

数据库结构要标准化、规格化、典型化。

五、夹具计算机辅助设计的零件信息描述及输入

零件的信息描述及输入应有利于编码输入和自动生成夹具总图。

1. 信息输入

要输入的信息有零件的结构、尺寸、加工精度要求、生产批量、刀具、机床及基准种类等。零件信息包括两个方面内容：零件的几何信息和工艺信息。这些信息是夹具设计的依据。数量数据可直接输入；工艺和几何参数则要经过转换方可输入。转换常用编码法。表 6-7 为平面支承编码，表示平面支承各种结构及有关工艺信息。上述信息可采用综合零件工艺信息输入。

表 6-7　平面支承编码

校核条件	采　用　支　承				
	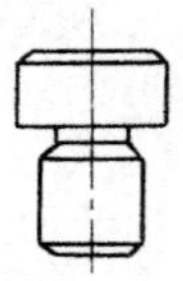	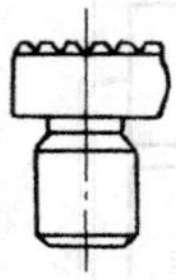	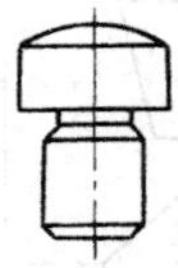	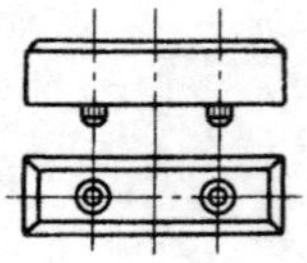	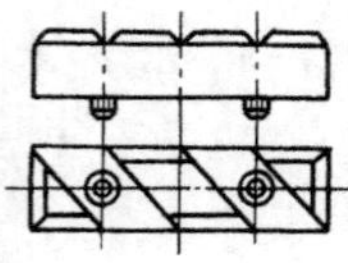
$M=$	200；202；205；207；208；301；309	200；202；205；207；208；301	200；205；208；301；309；310	200；207；208；301；309；310	200；205；207；208；301 ÷ 310
$\delta=$	20；21；22	21；22	20；21；22	21；22	20
$Q=$	3 ~ 9	0 ~ 3	0 ~ 2	4 ~ 9	4 ~ 9
$G>$	0.01	0.01	0.01	—	20
$G<$	30	25	30	—	60
$F\geqslant$	1 000	3 000	1000	10 000	20 000
$F<$	100 000	100 000	100 000	200 000	250 000
$J\neq$	—	20 ~ 24；60-63	—	—	—

注：M——定位表面种类；δ——定位表面的工艺特征编码；Q——表面粗糙度；G——工件重量；F——定位表面面积（mm^2）；J——加工种类（例如钻削时 $J=20\sim24$）。

2. 零件信息的描述

零件分类的描述可用要素描述法和拓扑描述法。拓扑描述法将三维的几何体分解成有限量的点、线、面、体的一组单元，因而可详尽地描述几何体的形状。

数据的结构有多种。数据的线性结构是有限个元素的有序集合，可采用顺序存储法存入，用于查找一些标准数据。数据的队列结构用于绘制线段、圆弧等。数据的数组结构常用于描述机床数据等。使用高级程序语言有 C、BASIC、FORTRAN。数据图的逻辑结构如图 6-48 所示。图是一种复杂的逻辑结构，每个结点可能有多个直接前驱，多个直接后继，其中，

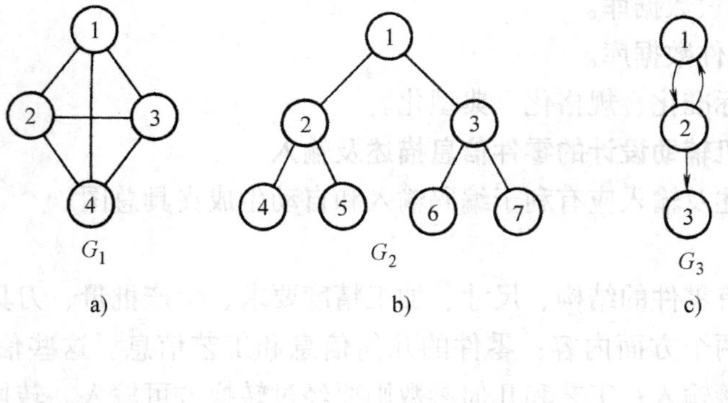

图 6-48　图的逻辑结构

a）准逻辑结构　b）树状结构　c）支状结构

图 6-48b 为树状结构。数据的树状结构用于描述非线性数据及决策夹具的定位元件结构及其位置。图 6-49 所示为树的图形表示。树是由多个结点组成的层次结构。树有一个根，且结点间由线相连，结点的连线称为边。树中结点最大的层次称为树的深度。树中结点的直接前驱称为其双亲，直接后继称其为孩子。以一孩子的结点为根又构成子树。

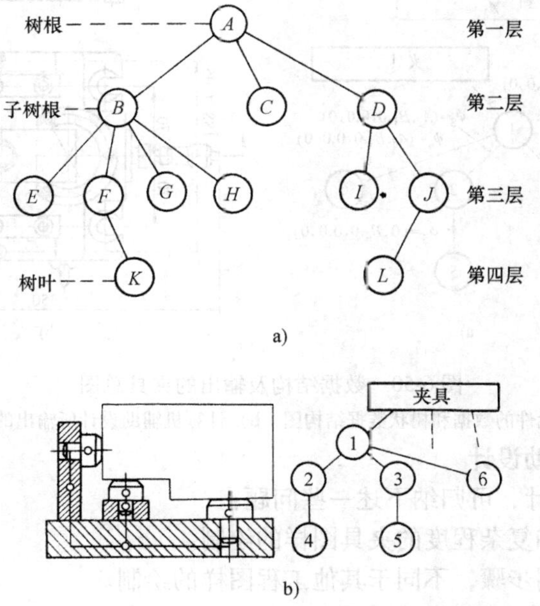

图 6-49　树的图形表示
a）树的层次结构　b）实例

六、夹具结构的数学模型

夹具结构的数学模型是夹具结构元素的集合。其中每个结构都有其几何的、物理的、功用的、结构的和工艺的特征。

夹具的结构元素可以用相对应的编码表示。其数学模型可写成

$$S(x) = \{N, A, \psi\}$$

数学模型中，N 是指不用转换的信息，如名称、符号、尺寸、技术资料等；A 是指完成辅助功能的信息；ψ 是指夹具的结构信息。上述数学模型包括夹具定位元件及其位置的元素等。ψ 表示的夹具结构信息，即夹具在空间直角坐标中的三个坐标值（x、y、z）和三个角度值（α、β、γ），其数学模型为

$$\psi = \{x_i, y_i, z_i, \alpha_i, \beta_i, \gamma_i\}$$

夹具结构是多种多样的。采用综合型计算机辅助设计可满足夹具典型结构和非典型结构设计。图 6-50a 所示为定位元件的数据和树状数据结构图。图 6-50b 所示为综合型计算机辅助设计所输出的夹具总图。

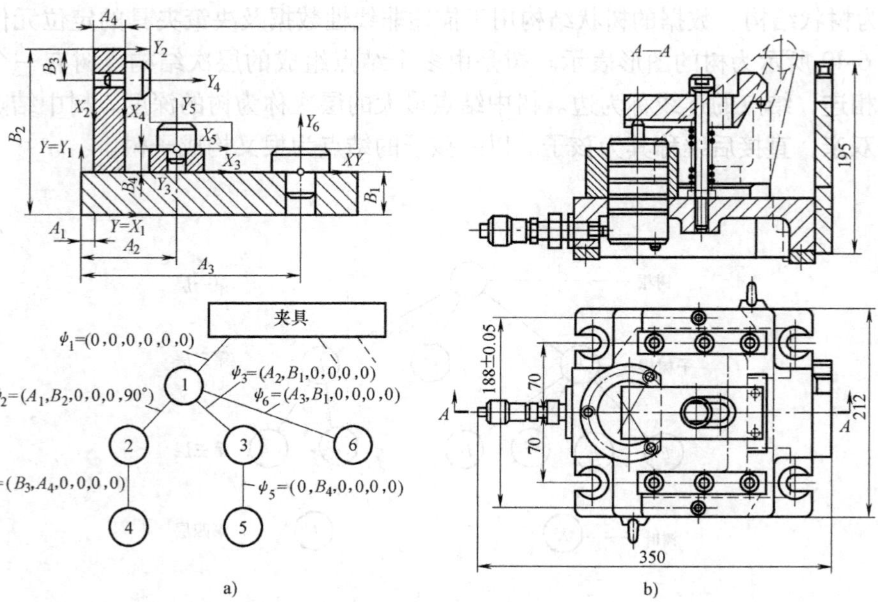

图6-50　数据结构及输出的夹具总图

a）定位元件的数据和树状数据结构图　b）计算机辅助设计所输出的夹具总图

七、夹具计算机辅助设计

夹具计算机辅助设计，可归纳下述一些问题：

1）完成不同尺寸和复杂程度的夹具图样的绘制。

2）夹具图样的绘制步骤，不同于其他工程图样的绘制。

3）需备有汇编程序以及详细绘图程序库。

4）有详细绘图代码，减少视图数量。

5）用 CAD 绘制夹具图前，先作草图，可减少许多设计问题。

6）需要有夹具构件设计程序的汇编系统。主要是支架、机构、钻套、定位元件等方面的夹具结构软件。

7）按需要调用软件绘图。可选择商用软件。选用先进软件，可优化夹具设计。

8）尺寸和公差验收，应符合标准。

9）使用 CAD/CAM 夹具计算机设计程序库，是最佳设计模式。

复　习　题

6-1　夹具设计有哪些要求？

6-2　在夹具方案设计时，要考虑哪些主要问题？试述夹具设计的步骤。

6-3　夹具总图上应标注哪些尺寸和位置公差？如何确定公差值？

6-4　影响夹具精度的主要因素有哪三项？

6-5　夹具的制造有何特点？如何保证夹具制造精度？夹具制造精度主要包括哪些要求？

6-6　什么叫夹具的验证？夹具的验证有哪些内容？

6-7　什么叫夹具的结构工艺性？

6-8　图 6-51a 所示为凸轮轴导块简图，铣槽工序尺寸为 $30^{+0.14}_{0}$mm、(74 ±0.13) mm；位置公差：槽对称中心面对 $\phi24.7^{+0.033}_{0}$mm 孔轴线的垂直度公差为 0.1mm、槽的对称中心面对 $\phi60.5^{0}_{-0.074}$mm 外圆轴线的对称度公差为 0.15mm。导块铣槽夹具如图 6-51b 所示，试按工序要求，标注有关尺寸、尺寸公差以及位置公差。

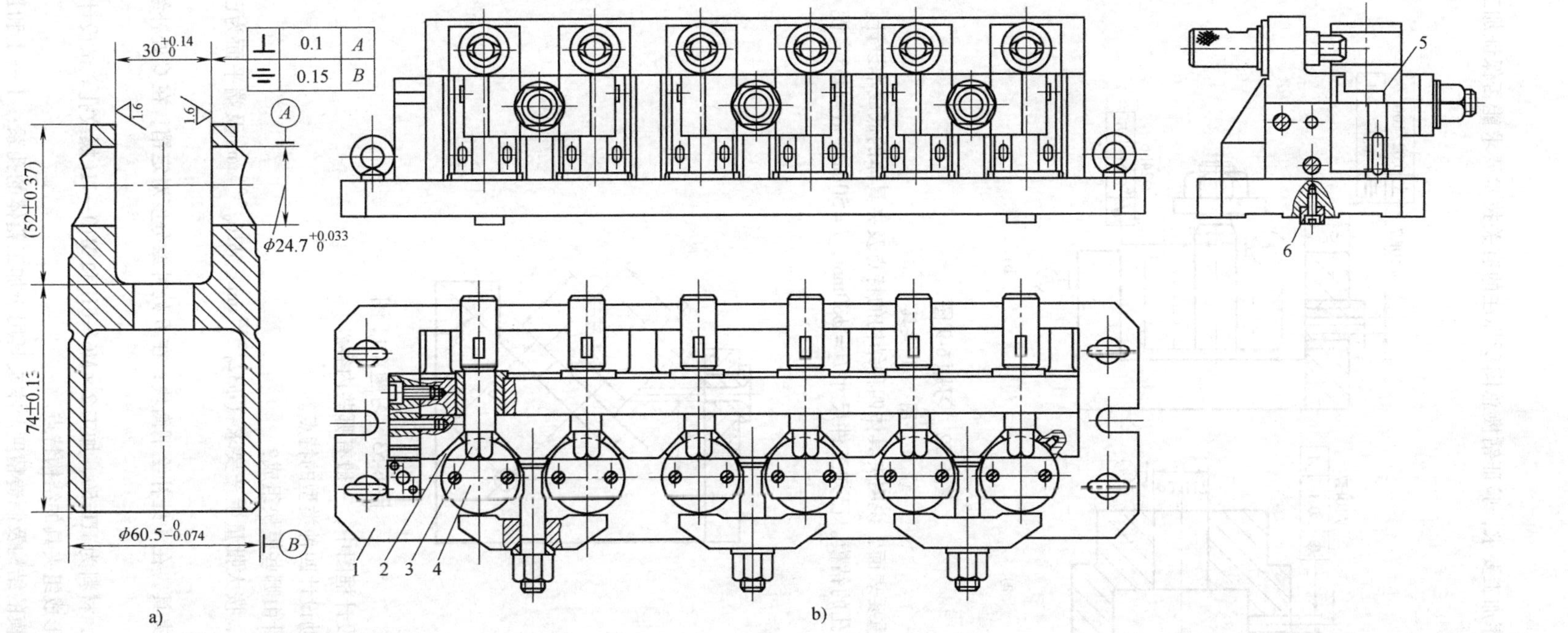

图 6-51　习题 6-8 图

a) 凸轮轴导块简图　b) 导块铣槽夹具

1—夹具体　2—V 形块　3—锥形菱形销　4—支承板　5—对刀块　6—定位键

6-9 按图6-52所示的工序加工要求，验证钻模总图所标注的有关技术要求能否保证加工要求（见图6-52b）。

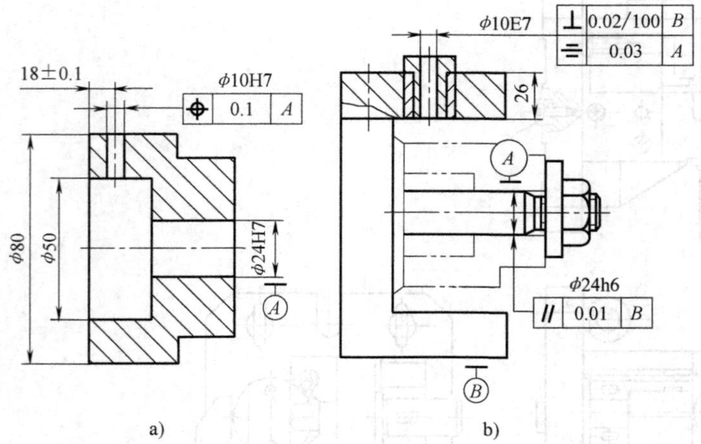

图6-52 习题6-9图

a）工序图 b）夹具

6-10 夹具体上有哪三个重要表面？说明夹具体四种结构的特点及夹具体的低成本设计。

6-11 图6-53所示为钻斜孔的钻模。已知工件尺寸 $D=\phi80\text{mm}$，$l=50\text{mm}$，$\alpha=45°$。设 $L=70\text{mm}$，求工艺孔尺寸 k 值？

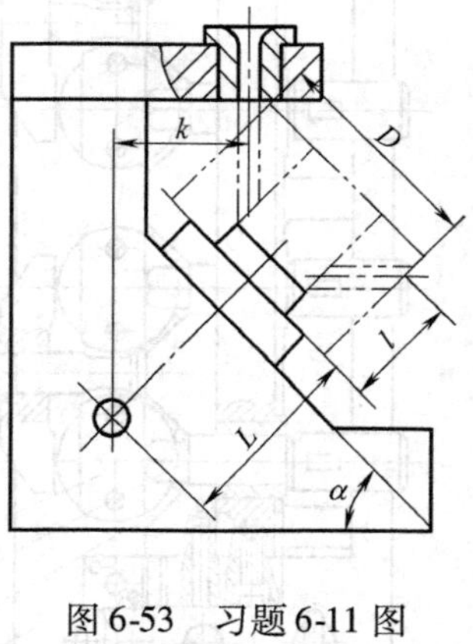

图6-53 习题6-11图

6-12 在夹具计算机辅助设计框图中，一般有哪些内容？

6-13 简述夹具计算机辅助设计四种类型的特点。

6-14 夹具计算机辅助设计由哪些模块组成？

6-15 如图6-54所示零件，按大批量生产要求（$\phi32_0^{+0.027}$ mm、$\phi16_0^{+0.019}$ mm 及端平面为已加工表面）。设计一铣6mm槽的铣床夹具。

6-16 如图6-55所示车床夹具，在 A 处补绘平衡块；在 B 处补绘分度对定销；在 C 处补绘过渡盘（机床为CA6140型车床）。

6-17 如图6-56所示拨叉，材料为HT150，加工 2×M6—6H 和 M10—7H 螺纹孔。试设计钻床夹具。

6-18 简述弦线传动的V形成组夹具的结构特点。

6-19 识读图6-57所示镗模的结构及制造精度。本夹具用于加工箱体的孔系：Ⅰ—Ⅰ和Ⅳ—Ⅳ轴线上的两列平行孔系；Ⅲ—Ⅲ轴线上互成90°的孔系。

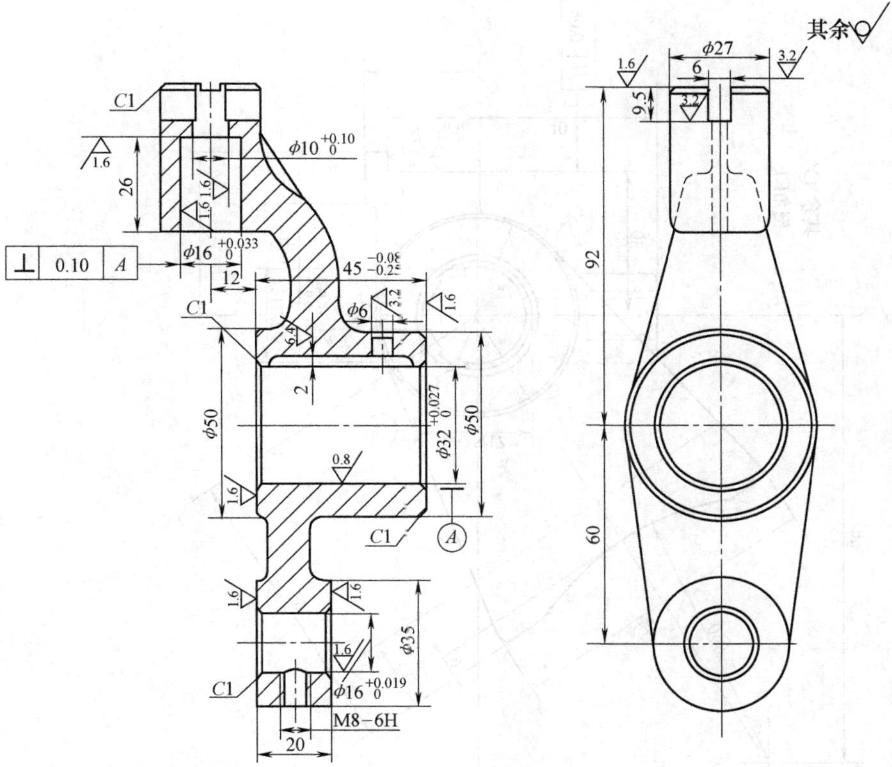

图 6-54　习题 6-15 图

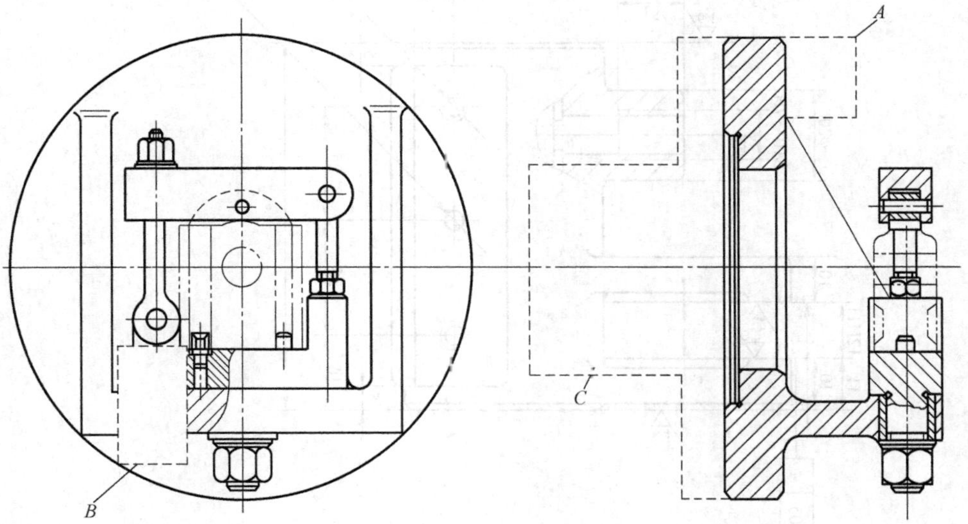

图 6-55　习题 6-16 图

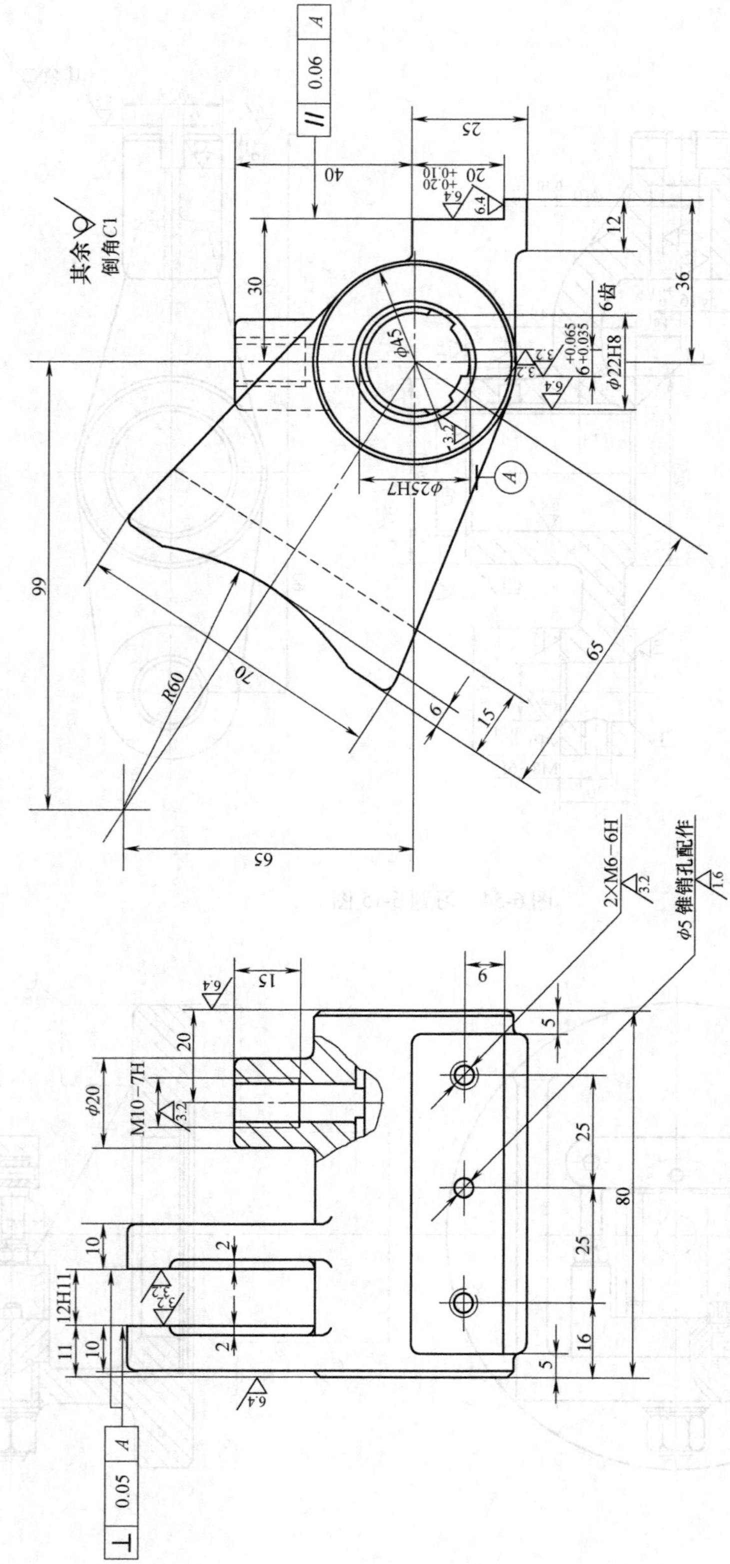

图 6-56 习题 6-17 图

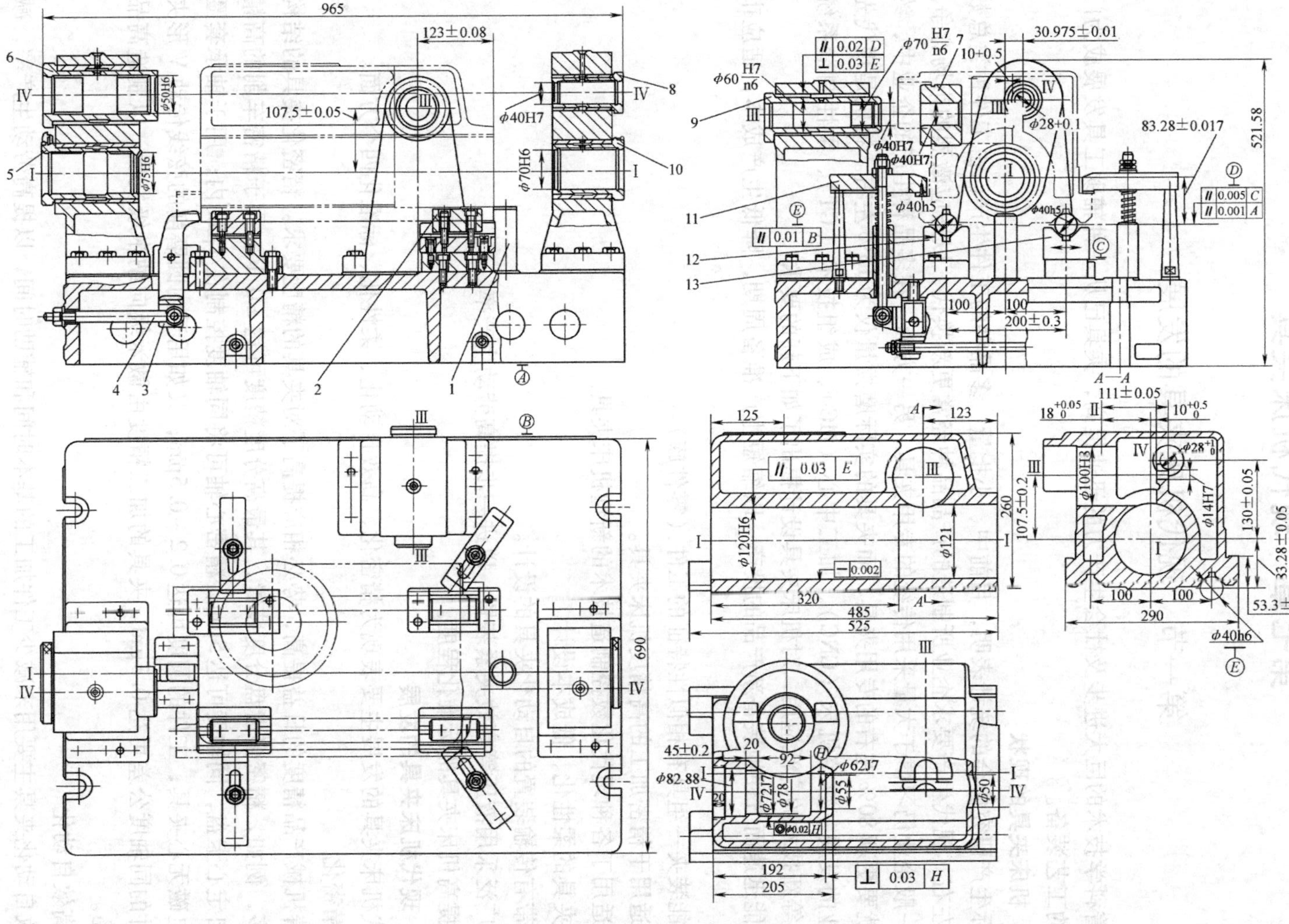

图 6-57　习题 6-19 图

1—挡销　2—定位圆柱　3—压板　4—拉杆　5、6、8、9、10—镗套　7—中间支承套　11—联动螺纹压板夹紧机构　12—V 形块　13—浮动 V 形块

第七章　现代机床夹具

第一节　现代机床夹具的发展

随着科学技术的巨大进步及社会生产力的迅速提高，夹具已从一种辅助工具发展成为门类齐全的工艺装备。

一、机床夹具的现状

国际生产研究协会的统计表明，目前中、小批量、多品种的工件生产已占工件种类总数的85%左右。现代生产要求企业所制造的产品品种经常更新换代，以适应激烈的市场竞争。然而，一般企业仍习惯于大量采用传统的专用夹具。另一方面，在多品种生产的企业中，约隔4年就要更新80%左右的专用夹具，而夹具的实际磨损量仅为15%左右。特别是现代先进制造业的发展，数控机床（CNC）、加工中心（MC）、成组技术（GT）、柔性制造系统（FMS）等新技术的广泛应用，对机床夹具设计提出了如下新的要求：

1）能迅速而方便地装备新产品的投产，以缩短生产准备周期，降低生产成本，适应市场竞争。

2）能装夹一组具有相似性特征的工件（零件族）。

3）适用于精密加工的高精度机床夹具。

4）适用于各种现代化数控制造技术的新型机床夹具。

5）夹具的柔性化、低成本设计。

6）带有传输装置的自动化夹具的设计。

7）广泛采用液压等高效夹紧装置，以进一步提高劳动生产率。

8）提高机床夹具的标准化程度。

二、现代机床夹具的发展

现代机床夹具的发展主要表现为精密化、高效自动化、柔性化、标准化四个方面。

1. 精密化

随着机械产品精度的日益提高，势必相应提高了对夹具的精度要求。精密化夹具的结构类型很多，例如，精密多齿盘分度装置，其最高分度精度可达±0.1″；用于精密车削的高精度三爪自定心卡盘，同轴度可达5μm；精密心轴可将同轴度控制在1μm内；用于轴承套圈磨削的电磁无心夹具，工件的圆度可达0.2～0.5μm；又如用于内圆磨削的弦线传动V形夹具，工件的同轴度公差可达0.3μm。夹具的加工精度由微米级向纳米级发展，以制造高品质的产品。

2. 高效自动化

高效自动化夹具主要用来减少工件加工的基本时间和辅助时间，以提高劳动生产率，减轻工人的劳动强度。常见的高效自动化夹具有：自动化夹具、高速化夹具、具有夹紧动力装置的夹具等。例如，在铣床上使用电动虎钳装夹工件，效率可提高5倍左右；在车床上使用的高速三爪自定心卡盘，可保证卡爪在（试验）转速为9000r/min的条件下仍能牢固地夹紧工件，从而使切削速度大幅度提高；在柔性加工单元中使用机器人装卸工件，实现加工自动化、高效化。

3. 柔性化

机床夹具的柔性化与机床的柔性化相似，它是指机床夹具通过调整、拼装、组合等方式，以适应可变因素的能力。工艺可变因素主要有：工序特征、生产批量、装夹方式、工件的形状和尺寸等。具有柔性化特征的新型夹具种类主要有：组合夹具、通用可调夹具、成组夹具、拼装夹具、数控机床夹具及非标夹紧组件等。在较长时间内，数控机床夹具的柔性化将是世界夹具发展的主要方向，在夹具设计中占有主导地位。

4. 标准化

机床夹具的标准化与通用化是相互联系的两个方面。在制订典型夹具结构的基础上，首先进行夹具元件和部件的通用化，建立类型尺寸系列或变型，以减少功能用途相近的夹具元件和部件的形式，摒除一些功能低劣的结构。通用化方法包括夹具、部件、元件、毛坯和材料的通用化。夹具的标准化阶段是通用化的深入，主要是确立夹具零件或部件的尺寸系列，为夹具工作图的审查创造良好的条件。我国有机床夹具零件及部件的机械行业标准（JB/T 8004.1 ~ JB/T 10128—1999）以及各类通用夹具、组合夹具标准等。机床夹具的标准化，有利于夹具的商品化生产，有利于缩短生产准备周期，降低生产总成本。

三、夹具的低成本设计

夹具的成本，影响产品制造的经济效益。

夹具的成本主要包括设计费用和材料、制造费用等。夹具的低成本设计，取决于企业的市场环境、产品设计环境、产品制造环境等因素。在工业发达国家，已有许多成功的经验。

1. 大批量生产的经济效益分析

在产品相对稳定、批量较大的生产中，使用专用夹具可获得较高的生产率和加工精度。企业的经济效益也很好。夹具的低成本设计可采用以下方法：

1）增加专用夹具的功用，使一个夹具能代替多个夹具使用，从而可降低夹具的总成本。

2）夹具体、连接元件、液压缸等夹具元件的低成本设计。

3）将专用夹具改为可调整夹具，如成组夹具、滑柱式钻模等，可减少夹具数量，降低夹具成本。

4）采用新型夹具，如组合夹具、通用可调夹具，可减少专用夹具的数量，降低夹具成本。

5）简化专用夹具的结构，并减少夹具的材料、制造费用。

2. 现代机械制造的经济效益分析

现代机械制造的特点是市场竞争加剧。产品的制造环境是多品种、中小批量生产。生产中广泛采用数控机床作为制造设备，其夹具的低成本设计如下：

1）广泛采用组合夹具，减少专用夹具的数量。

2）设计拼装夹具。

3）设计成组夹具、通用可调夹具。

4）设计非标夹紧组件。这类设计的核心是夹紧元件的模块化设计。

5）制造系统夹具的柔性化设计。

上述内容，将在本章中阐述。

第二节　成组夹具

一、成组夹具的结构及特点

1. 成组夹具的结构

图 7-1 所示为一种成组车床夹具，用于车削阀片零件族的外圆。多件阀片以内孔和端面为定位基准在定位套 4 上定位，由气压传动拉杆，经滑柱 5、压圈 6、快换垫圈 7 使工件夹紧。加工不同规格的阀片时，只需更换定位套 4 即可。定位套 4 与心轴体 1 按 H6/h5 配合，由键 3 紧固。

成组夹具是一种可调夹具，成组夹具的结构由基础部分和可调部分组成。

（1）基础部分　基础部分包括夹具体、动力装置和控制机构等。基础部分是一组工件共同使用的部分，因此，基础部分的设计，决定了成组夹具的结构、刚度、生产效率和经济效益。如图 7-1 中的件 1、2、5 及气压夹紧装置等，均为基础部分。

（2）可调部分　成组夹具的可调部分包括可调整的定位元件、夹紧元件和对刀导向、分度装置等。按照加工需要，这一部分可作调整，是成组夹具中的专用部分。如图 7-1 中的件 3、4、6 均为可调整元件。可调整部分是成组夹具的重要特征标志之一，它直接决定了夹具的精度和效率。

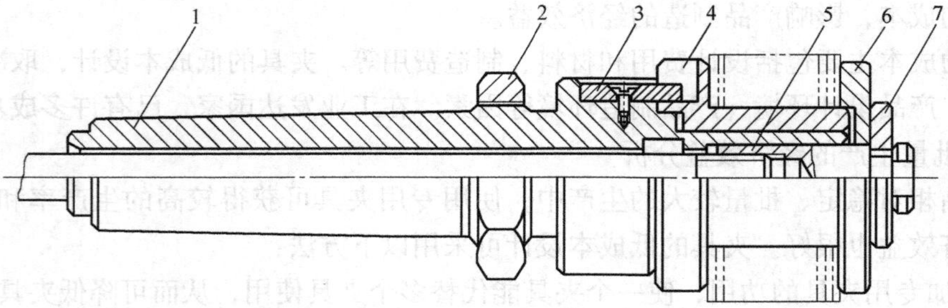

图 7-1　成组车床夹具

1—心轴体　2—六角螺母　3—键　4—定位套　5—滑柱　6—压圈　7—快换垫圈

2. 成组夹具的特点

成组夹具使加工工件的种类从一种发展到多种，因此有较高的技术经济效益。如我国航空系统某厂，仅用 14 套成组夹具便代替了 509 套专用夹具，使设计时间减少 88%，制造时间减少 64%，材料消耗减少 73%。

成组夹具的主要特点有：

1）由于夹具能适用于一零件族的多次使用，因此可大幅度降低夹具的设计、制造成本，降低工件的单件生产成本，特别适合在数控机床上使用。

2）缩短产品制造的生产准备周期。

3）更换工件时，只需对夹具的部分元件进行调整，从而减少总的调整时间。

4）对于新投产的工件，夹具只需添制较少的调整元件即可满足生产要求，从而节约大量金属材料，减少夹具的库存量。

5）具有现代先进制造技术、夹具柔性化的特征。

二、成组夹具的设计原理

成组夹具是在成组工艺基础上，针对一零件族的一个或几个工序，按相似性原理专门设计的可调整夹具。

1. 工件的相似性原理

（1）工艺相似　工艺相似是指工件加工工艺路线相似，并能使用成组夹具等工艺装备。工艺相似程度不同的零件族，所用的机床也不相同。工艺相似程度较高的零件族使用多工位机床进行加工；工艺相似程度较低的零件族，则使用通用机床或单工序专用机床进行加工。

（2）装夹表面相似　因为夹紧力一般应与主要定位基准垂直，因此，定位基准的位置是确定成组夹具夹紧机构的重要依据之一。

（3）形状相似　形状相似包括工件的基本形状要素（外圆、孔、平面、螺纹、圆锥、槽、齿形等），如几何表面位置的相似。显而易见，工件的形状要素是成组夹具定位元件设计的依据。

（4）尺寸相似　尺寸相似是指工件之间的加工尺寸和轮廓尺寸相近。工件的最大轮廓尺寸决定了夹具基体的规格尺寸。

（5）材料相似　材料相似包括工件的材料种类、毛坯形式和热处理条件等。考虑到企业对非铁金属切屑的回收，一般不宜将非同种材料的工件安排在同一成组夹具上加工。对具有不同力学性能的材料，则要求夹具设置夹紧力可调的动力装置。

（6）精度相似　精度相似是指工件对应表面之间位置公差等级相近。为了保持成组夹具的稳定精度，不同精度的工件不应划入同一成组夹具中加工。

2. 工件的分类归族

设计前，先要按相似性原理将工件分类归族和编码，建立加工工件组并确定工件组的综合工件。

（1）工件组（零件族）　工件组是一组具有相似性特征的工件群，称“族”，它们原分别属于各种不同种类的产品工件。图 7-2 所示就是按相似性建立的两个拨叉零件族。图 7-2a、b 两个零件族在外形上的主要差异是叉臂的宽窄不同和叉臂弯曲与否。工艺相似特征

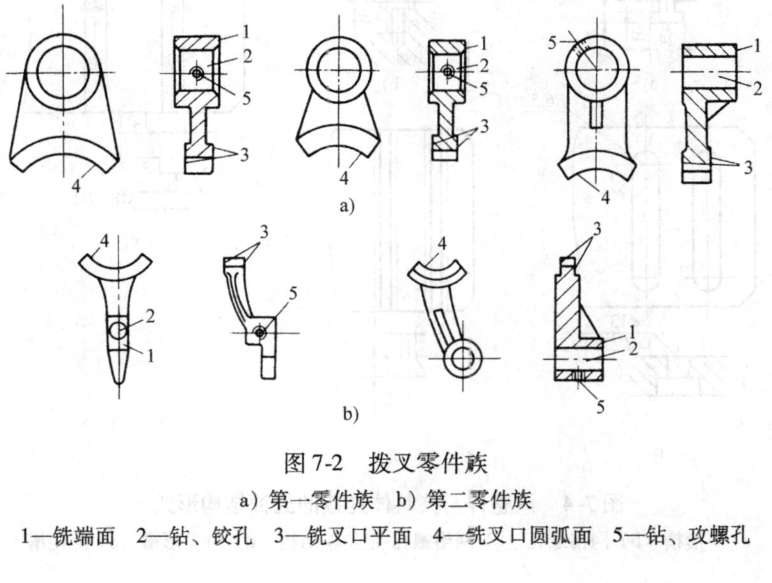

图 7-2　拨叉零件族

a）第一零件族　b）第二零件族

1—铣端面　2—钻、铰孔　3—铣叉口平面　4—铣叉口圆弧面　5—钻、攻螺孔

为：铣端面，钻、铰孔，铣叉口平面，铣叉口圆弧面，钻、攻螺孔。用于这类工件的成组夹具，其调整方式较有规则。

(2) 综合工件　综合工件又称合成工件或代表工件。综合工件可以是零件族中一个具有代表性的工件，也可以是一个人为假想的工件。它们都必须包含零件族内所有工件的相似特征要素。假想的综合工件则需另行绘制工件图。图 7-3 所示为拨叉第一零件族的综合工件图，将其划分为四个定位夹紧调整组（Ⅰ、Ⅱ、Ⅲ、Ⅳ），实现铣端面、粗铣叉口平面、钻孔、精铣叉口平面、铰孔、镗叉口圆弧面六工位加工。

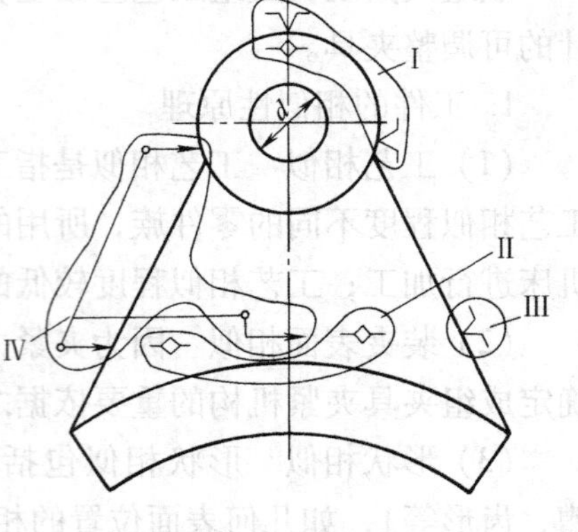

图 7-3　拨叉综合工件图

三、成组夹具的结构设计

1. 基础部分设计

基础部分的主要元件是夹具体。设计时应注意结构的合理性和稳定性，应保证在加工零件族内轮廓尺寸较小的工件时，结构不至过于笨重；而加工轮廓尺寸较大工件时，要有足够的刚度。成组夹具的刚度不足往往是影响加工精度的主要原因之一，因此，夹具体应采用刚度较好的结构。

基础部分的动力装置，一般制成内装式。根据我国工艺技术的发展要求，应优先采用液压装置。

调整件与夹具体连接的五种结构形式如图 7-4 所示。图 7-4a 所示为 T 形槽结构，其优

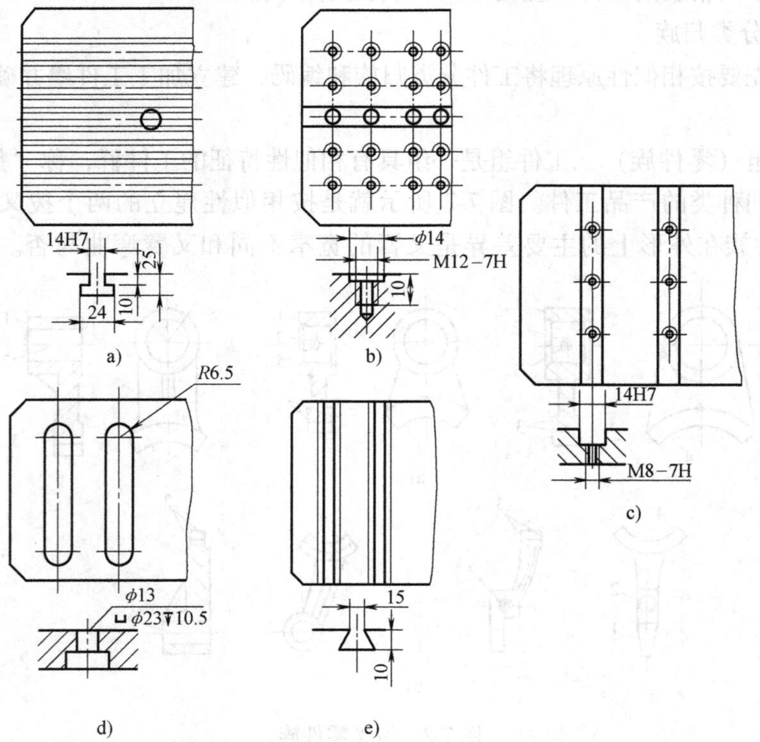

图 7-4　调整件与夹具体连接的五种结构形式

a) T 形槽　b) 网格螺孔　c) 网格螺孔-定位槽结构　d) 短 T 形槽　e) 燕尾槽

点是更换调整迅速，用定位键定位可保证调整件的准确位置；缺点是尺寸较大，会增加夹具体厚度。图 7-4b 所示为网格螺孔结构，调整费时，定位精度较低，清除切屑困难，但结构较紧凑。图 7-4c 所示的网格螺孔-定位槽结构则可弥补上述两种结构的部分缺点。图 7-4d 所示的短 T 形槽和图 7-4e 所示的燕尾槽结构均较紧凑，但工艺性较差。

2. 调整部分设计

（1）设计要求　为了保证调整元件快速、正确地更换和调节，对调整元件的设计提出以下要求：

1）结构简单，调整方便、可靠，元件使用寿命长，操作安全。

2）调整件应具有良好的结构工艺性，能迅速装拆，满足生产率的要求。

3）定位元件的调整应能保证工件的加工精度和有关的工艺要求。

4）提高调整件的通用化和标准化程度，减少调整件的数量，以便于成组夹具的使用和管理。

5）调整件必须具有足够的刚度，尤其要注意提高调整件与夹具体间的接触刚度。

（2）调整方法　成组夹具的调整方法有下列四种：

1）连续调节式调整　这种方式使调整件在导孔或导轨中移位调节。这种方法的调整时间较长，调整误差较大，一般适宜于局部的小调整。

2）分段调节式调整　这种方式通常是使调整件在网格孔系中相对定位调整。常用于基准尺寸相同，且结构形状相似的零件族。

3）更换式调整　这种方式常用于相似性较差的零件族的定位调整，即将定位点集中在一个调整件上，该调整件相当于一个子夹具的功能，能稳定地保证工件的加工精度。

4）综合式调整　综合式调整是上述方法的综合，调整要求较高。

为了减少调整时间，可酌情采用图 7-5 所示的快速更换调整结构。图 7-5a 所示为钥匙孔式快换结构，更换件 1 与基础板 3 由螺钉 2 连接，更换时拧松螺钉 2，再将更换件 1 右移即可卸下。图 7-5b 所示为人字形心棒式更换件，可换钳口 6 制成人字形花键孔，并由钢球 4 保持其对压块 5 的工作位置，更换时拧松螺母将钳口 6 回转 60°即可。图 7-5c 所示为可调压板式，压板 7 的高度由齿条板 10 控制，并可由连接杆 11 更换调整。弹簧 9 使调整部分的齿块 8 嵌入齿条板 10 的齿纹中。调整时将压板 7 转一角度，齿块 8 即退出齿纹，调节至所需高度使齿块复位即可。该结构设计紧凑，调整较为方便。图 7-5d 所示为楔块式结构，定位销 15 由楔块 13 紧固在衬套 14 中，更换时只需放松内六角螺钉即可。

四、成组夹具的典型结构

成组夹具的结构形式取决于成组加工的生产组织形式。通常，成组加工的形式有单机成组和成组加工单元等。单机成组是使用单一（通用或专用）机床完成工件组的单工序或多工序加工；成组加工单元是将机床布置在一个封闭单元中，以完成两个或多个零件族加工。加工单元中的主要设备为多工位专用机床或加工中心。

1. 用于单机成组加工的成组夹具

图 7-6 所示为用于双孔立式专用镗床成组夹具，用于加工支架类零件族的垂直孔（见图 7-7）。

本夹具采用更换式调整（见图 7-6b），辅以局部的调节式调整。在夹具的基础部分（见图 7-6a）设置两套相同的连接元件和夹紧装置，液压动力装置压力为 20MPa。可更换的子

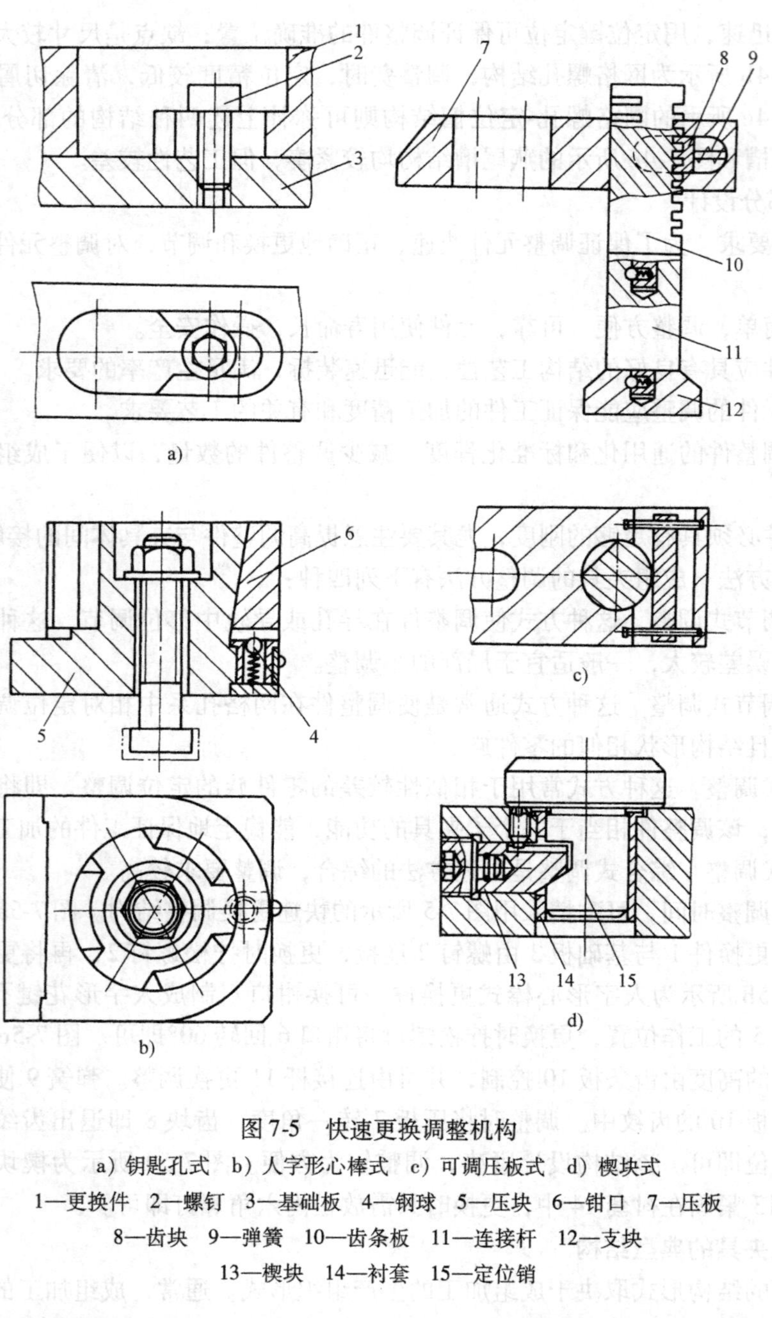

图 7-5 快速更换调整机构

a）钥匙孔式 b）人字形心棒式 c）可调压板式 d）楔块式

1—更换件 2—螺钉 3—基础板 4—钢球 5—压块 6—钳口 7—压板 8—齿块 9—弹簧 10—齿条板 11—连接杆 12—支块 13—楔块 14—衬套 15—定位销

夹具按不同工件设计。图 7-6b 所示为两种子夹具结构，使用时将子夹具在基础部分的定位块 7 和菱形销 12 上相对定位，再用内六角螺钉紧固。这种结构更换方便、调整简单。为增加工件定位的刚度，将辅助支承 10 上的支承套 13 支承于工件下端，调整螺钉 8 可改变支承套 13 的支承位置。液压操纵程序要求先将工件夹紧，然后再锁紧辅助支承。上述程序的工作过程为：扳动手柄 6，压力油由管道 D 经分配阀 5 进入液压缸 16，推动活塞 14 使活塞杆 15 移动，通过杠杆机构使压块 11 将工件夹紧（图示为夹紧状态时的油路通道位置）。随后，另一路高压油进入锁紧液压缸，推动锁紧活塞 2 使锁紧块 1 把辅助支承 10 锁紧，便可进行加工。

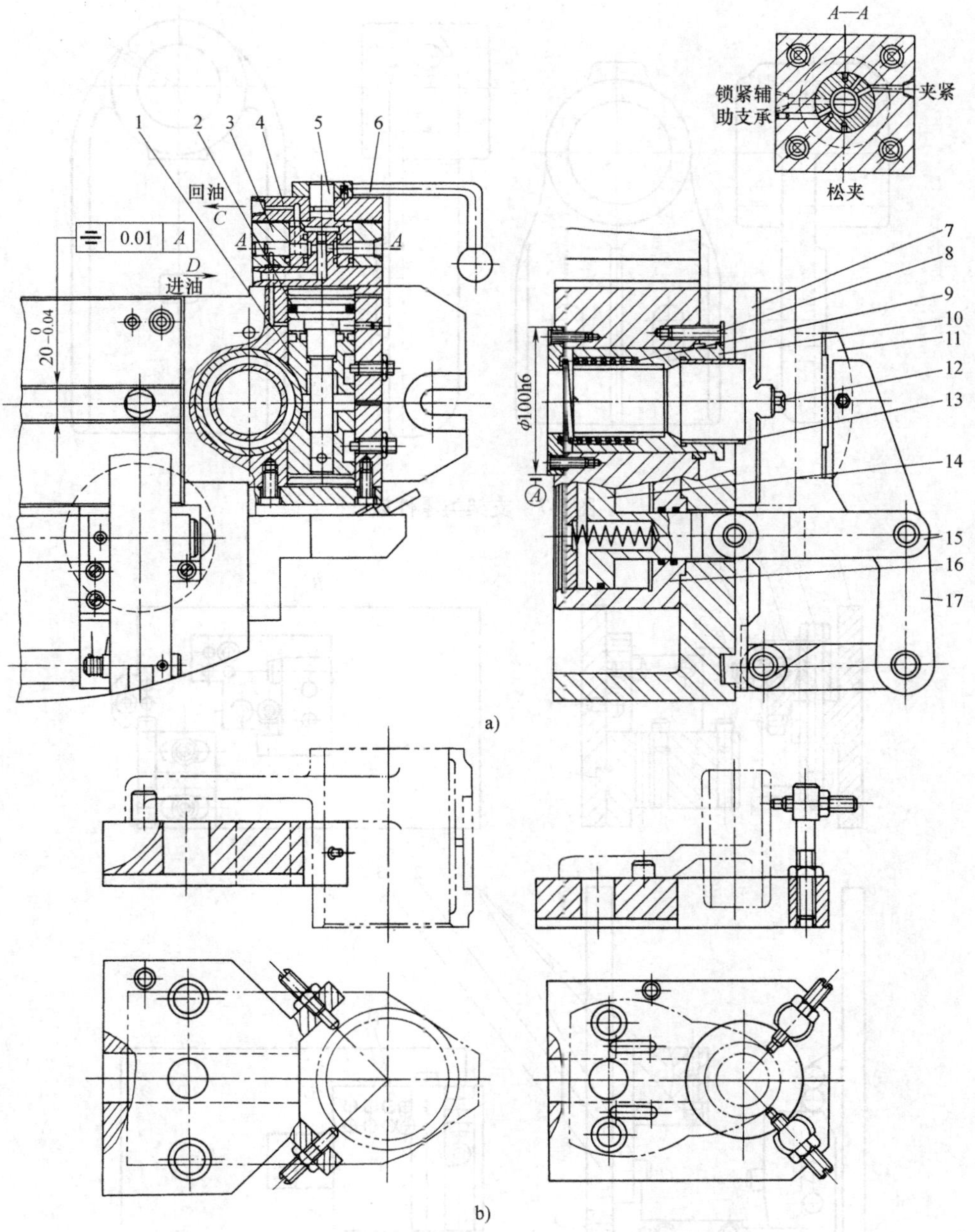

图 7-6　双孔立式专用镗床成组夹具

a）基础部分　b）子夹具

1—锁紧块　2—活塞　3—阀体　4—阀盖　5—分配阀　6—手柄　7—定位块
8—螺钉　9—弹簧　10—辅助支承　11—压块　12—菱形销　13—支承套
14—活塞　15—活塞杆　16—液压缸　17—压板

2. 用于成组加工单元主要机床的成组夹具

图 7-8 所示为用于拨叉多工位成组加工单元的成组夹具。拨叉综合工件（见图 7-3）的相似性良好。其调整部分由四个调整组组成：第Ⅰ调整组由三个支承钉 1 组成，其中，支承钉 C 可在坐标孔系中调节相应位置。第Ⅱ调整组由两个支承钉 6 组成，可在定位板 5 的坐标

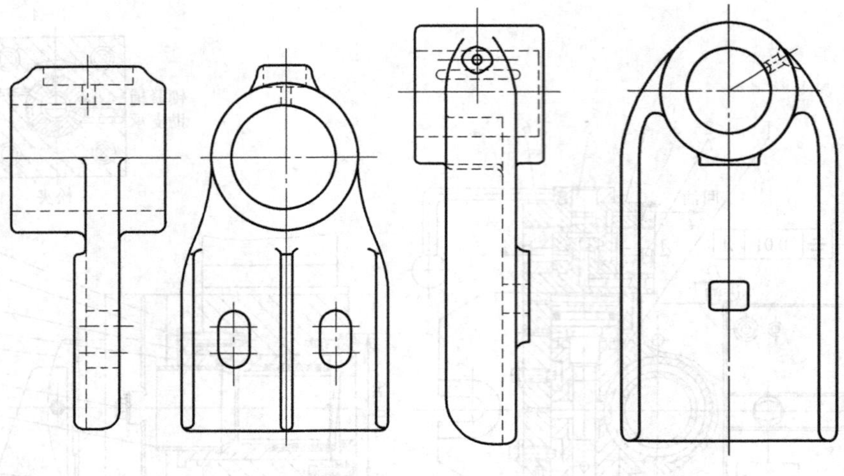

图 7-7　支架类零件族

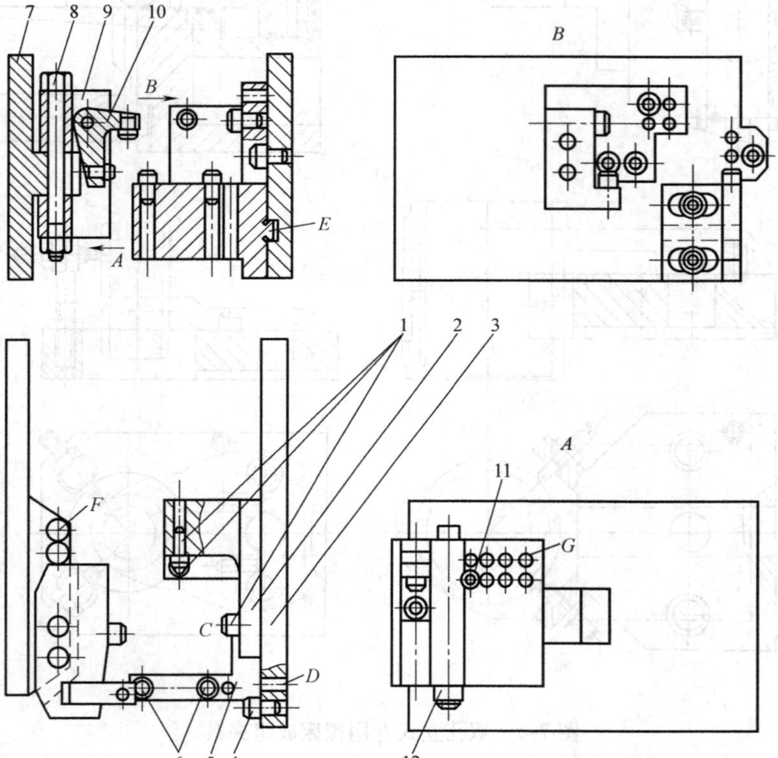

图 7-8　拨叉多工位成组加工单元的成组夹具

1、4、6—支承钉　2、5—定位板　3、7—钳口　8—螺杆　9—过渡板

10—压板　11—夹紧点　12—六角螺母

孔系中作间断调节，其定位板 5 的凸键 E 可在钳口 3 的槽中移位调整。第Ⅲ调整组由支承钉 4 组成。第Ⅳ调整组为夹紧调整。工件由液压传动的钳口 7 实现夹紧。摆动式压板 10 上有两个夹紧点，调整时取下螺母 12，将螺杆 8 插入钳口 7 的坐标孔系 F 的孔中，然后再锁紧

螺母 12 即可。夹紧点 11 的位置可在过渡板 9 的坐标孔系 *G* 中调整。

五、成组夹具的设计步骤

1. 建立成组夹具设计的资料系统

设计成组夹具的资料主要包括：工件分类、分组资料以及零件族加工清单；零件族的全部图样；零件族的成组工艺规程；成组夹具所使用的机床和刀具资料；成组夹具图册和有关标准资料；同类型新产品工件资料及成组夹具设计任务书等。

2. 确定综合工件

在对同组工件结构工艺分析的基础上确定的综合工件必须符合两个基本要求：①有相同的装夹方式；②工件的被加工面位置相同。通过对组内工件的定位夹紧分析，确定综合工件的定位、夹紧方案。

3. 确定夹具形式

它包括确定成组的形式和使用的机床。考虑到机床负荷和夹具规格的大小，可对工件尺寸进行分段。尺寸范围较大且批量较大的零件族可分解成几个小零件族，以使夹具结构紧凑。

4. 结构设计

结构设计主要包括以下六个方面内容：

1）确定夹具调整部分的结构。

2）确定夹具基础部分的结构。

3）夹具的精度分析和夹紧力计算。

4）绘制夹具总体结构草图。

5）绘制夹具总图。

6）成组夹具工艺审查。

下面用两例通用机床使用的成组夹具来说明成组夹具的设计。

图 7-9 所示为杠杆类零件族，工件以平面为主要定位基准，其他基准有三种：双孔（见图 7-9a）、一孔一外圆弧面（见图 7-9b）、一外圆面（见图 7-9c）。经分析选择图 7-9a 所示杠杆为综合工件。零件族被加工孔径 *D* 的尺寸范围为 $\phi10 \sim \phi25$mm，拟在通用立式钻床上加工，采用手动夹紧。图 7-10 所示为杠杆类零件族的成组钻模，分五个调整组：第Ⅰ调整组以定位销 2 和 T 形滑块 1 在 T 形基础板 3 上移位调整；第Ⅱ调整组采用更换式调整，压爪 5 与工件接触时通过锥面锁紧定心，更换压爪可满足多种定位夹紧要求；第Ⅲ调整组采用可移

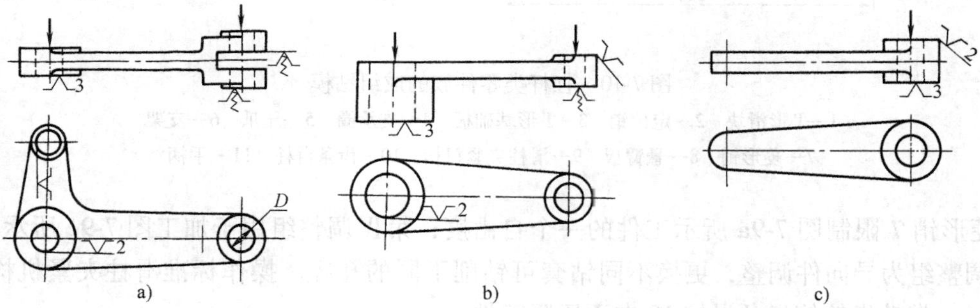

图 7-9　杠杆类零件族

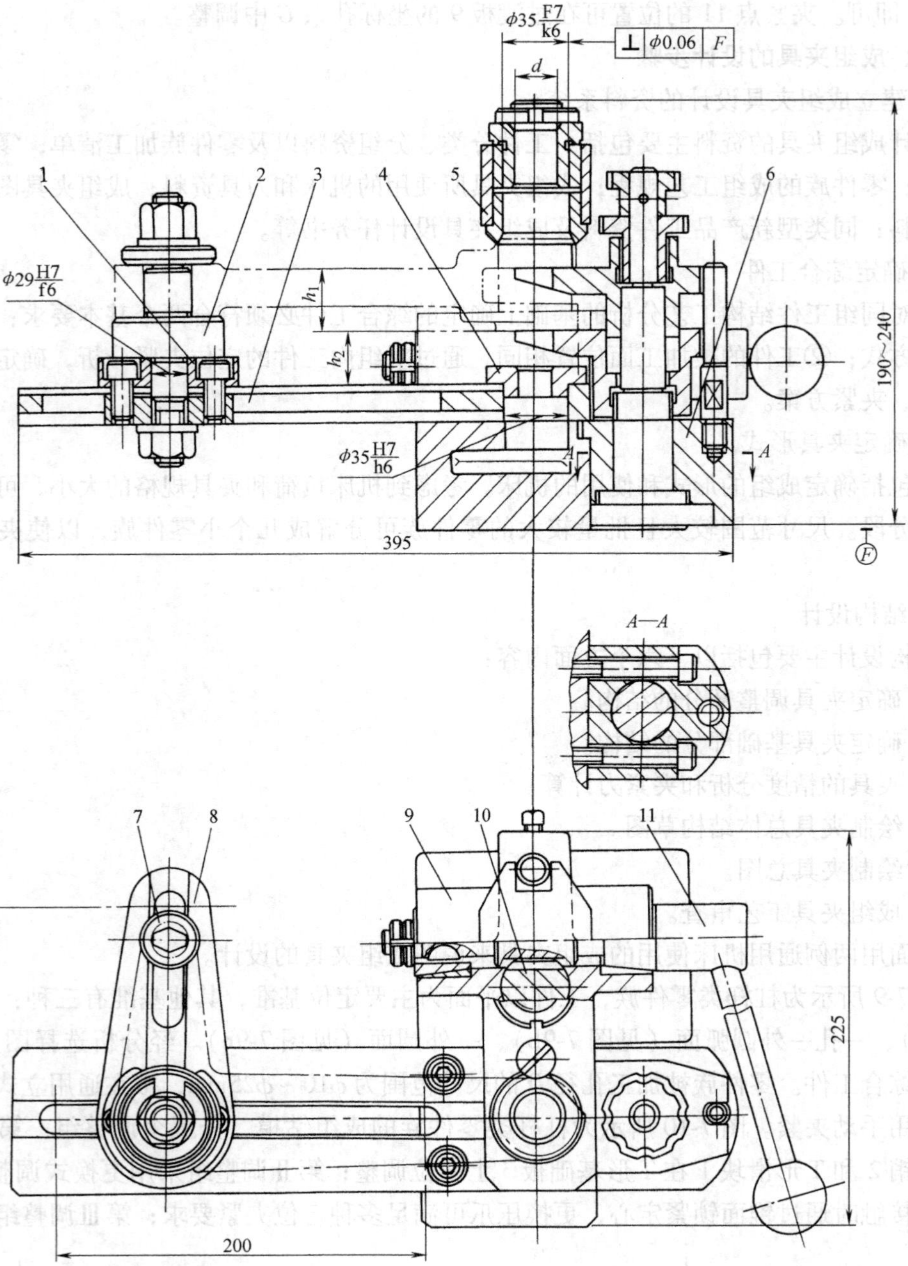

图 7-10　杠杆类零件族的成组钻模

1—T形滑块　2—定位销　3—T形基础板　4—支承圈　5—压爪　6—支架
7—菱形销　8—悬臂板　9—滑柱夹紧机构　10—齿条滑柱　11—手柄

位的菱形销 7 限制图 7-9a 所示工件的一个自由度；第Ⅳ调整组用于加工图 7-9c 所示工件；第Ⅴ调整组为导向件调整，更换不同钻套可钻削不同的孔径。操作标准滑柱夹紧机构 9 的手柄 11，带动齿轮使齿条滑柱 10 向下压紧工件。

图 7-14 所示为支架类零件族，用图 7-11 所示的成组车床夹具车削支架的支承孔径。压

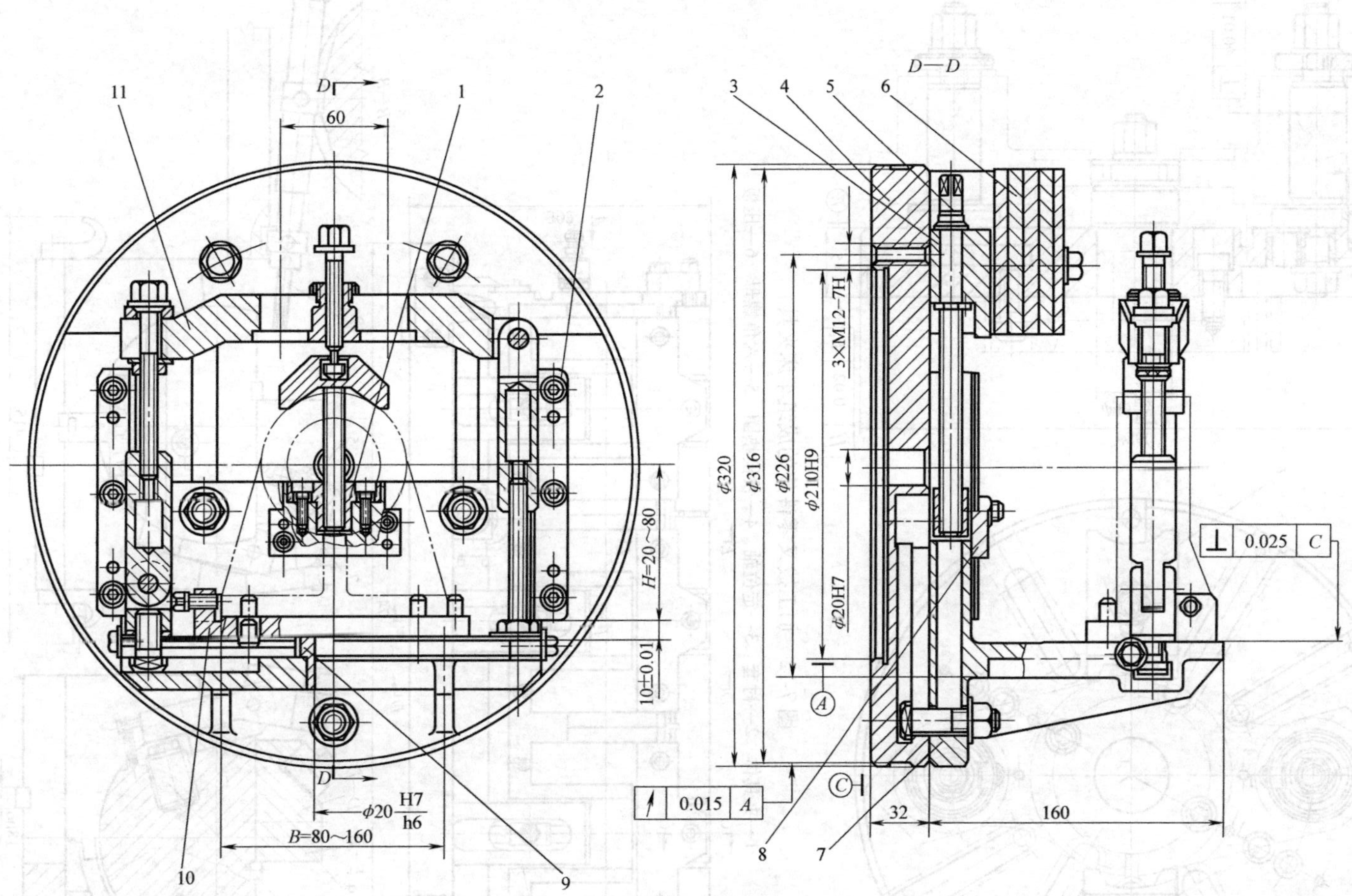

图 7-11　成组车床夹具

1—螺母　2—导向块　3、8—固定测量座　4—夹具体　5—螺杆　6—平衡块
7—角铁　9—定位衬套　10—定位组件　11—压紧组件

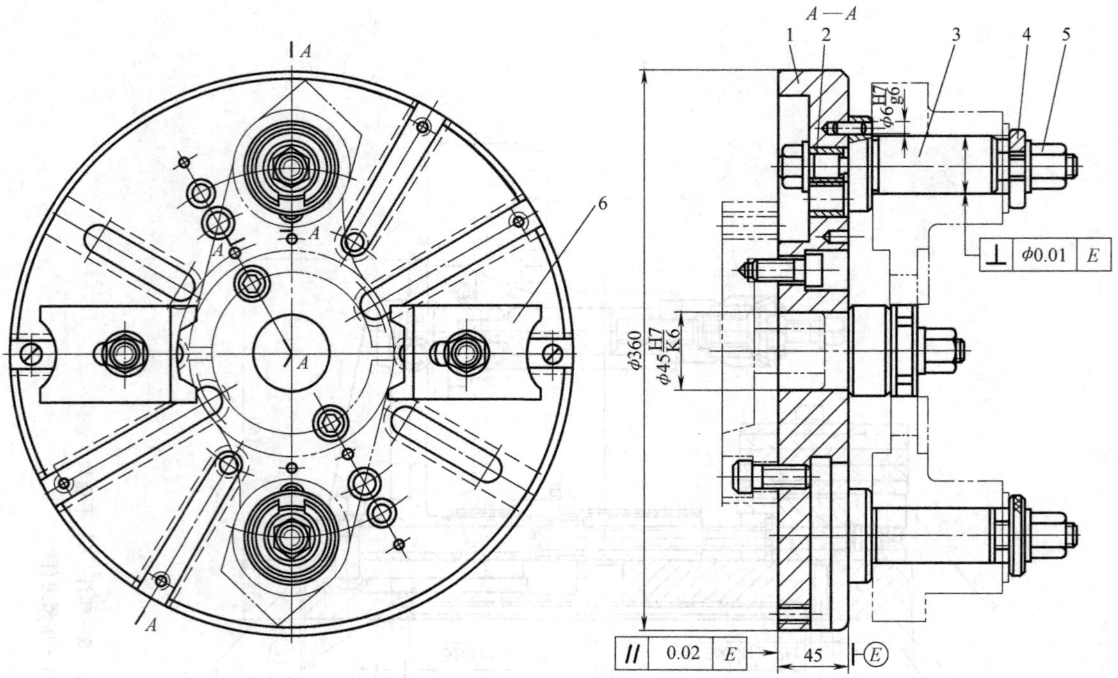

图 7-12　加工拨叉零件族的成组车床夹具

1—夹具体　2—衬套　3—定位轴　4—快换垫圈　5—六角螺母　6—压板

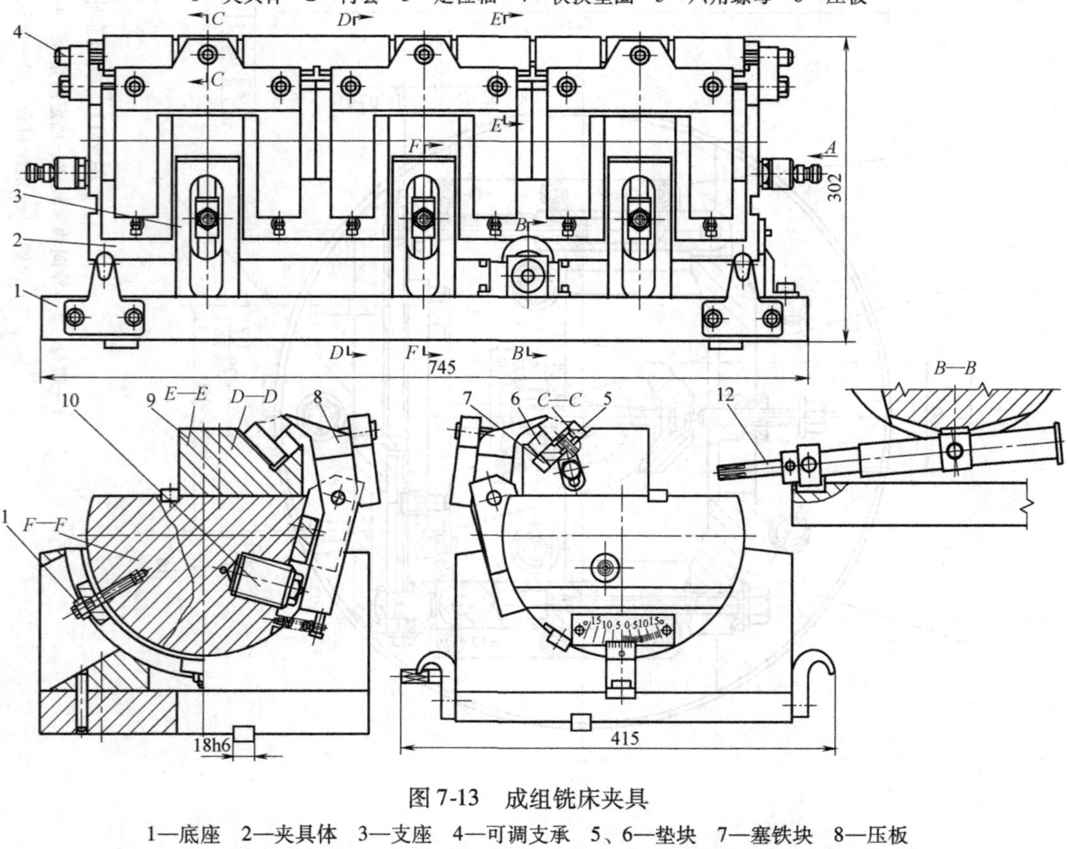

图 7-13　成组铣床夹具

1—底座　2—夹具体　3—支座　4—可调支承　5、6—垫块　7—塞铁块　8—压板

9—V 形块　10—微型液压缸　11—紧定螺母　12—螺杆

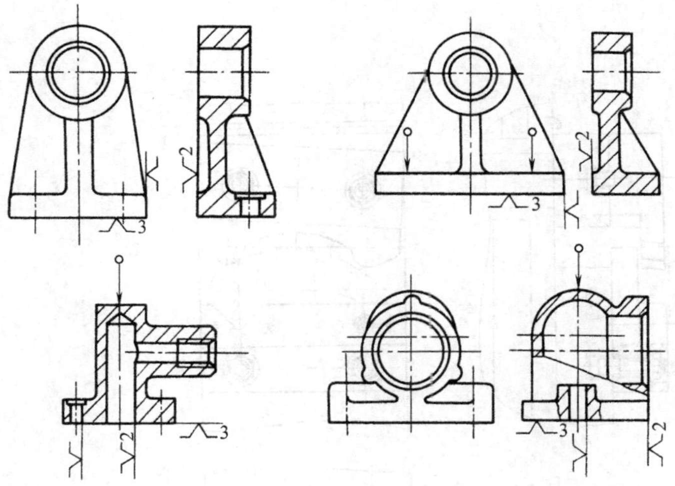

图 7-14　支架类零件族

紧组件 11 中的压块可更换并可调整夹紧高度。定位组件 10 通过 ϕ20h6 和 ϕ12h6 两圆柱销安装在角铁 7 上。定位组件采用更换调整。角铁 7 由螺杆 5 调整，在固定测量座之间可按工件所需中心距垫上测量块进行调整。调整的中心距 $H=20\sim80$mm。

六、成组夹具的应用

成组夹具的应用极为广泛。图 7-12 所示为加工拨叉零件族的成组车床夹具，用于加工拨叉零件族叉口的圆弧面。工件主要以孔在定位轴上定位。夹具体上有四对衬套，可用于四种中心距尺寸的调整；若将定位轴在 T 形槽内调整，则可加工中心距在一定范围内的零件。夹具可同时加工两个工件，用压板、螺母夹紧。

图 7-13 所示成组铣床夹具，用于加工气轮机叶片零件族的圆弧面。工件以平面分别在 V 形块的垫块和可调支承上定位。加工不同规格的叶片时，可调整塞铁块和垫块，且工件的角度可在 45°~59°内调整。夹具采用高压小流量液压泵站和微型液压缸夹紧工件。

第三节　通用可调夹具

一、通用可调夹具的特点

通用可调夹具是在通用夹具的基础上发展起来的一种可调夹具，其具有以下特点：

1）通用可调夹具适应的加工范围更广。

2）通用可调夹具可用于不同的生产类型中。

3）调整的环节较多，调整较费时间。

4）可降低夹具成本。

二、通用可调夹具的典型结构

通用可调夹具常见的结构有：通用可调虎钳、通用可调三爪自定心卡盘、通用可调钻模等。

图 7-15a 所示为采用机械增力机构的通用可调气动虎钳。当气源压力为 0.45MPa 时，夹紧力达 1270N。夹紧时活塞 7 左移，使杠杆 6 作逆时针方向摆动，并经活塞杆 5、螺杆 4、

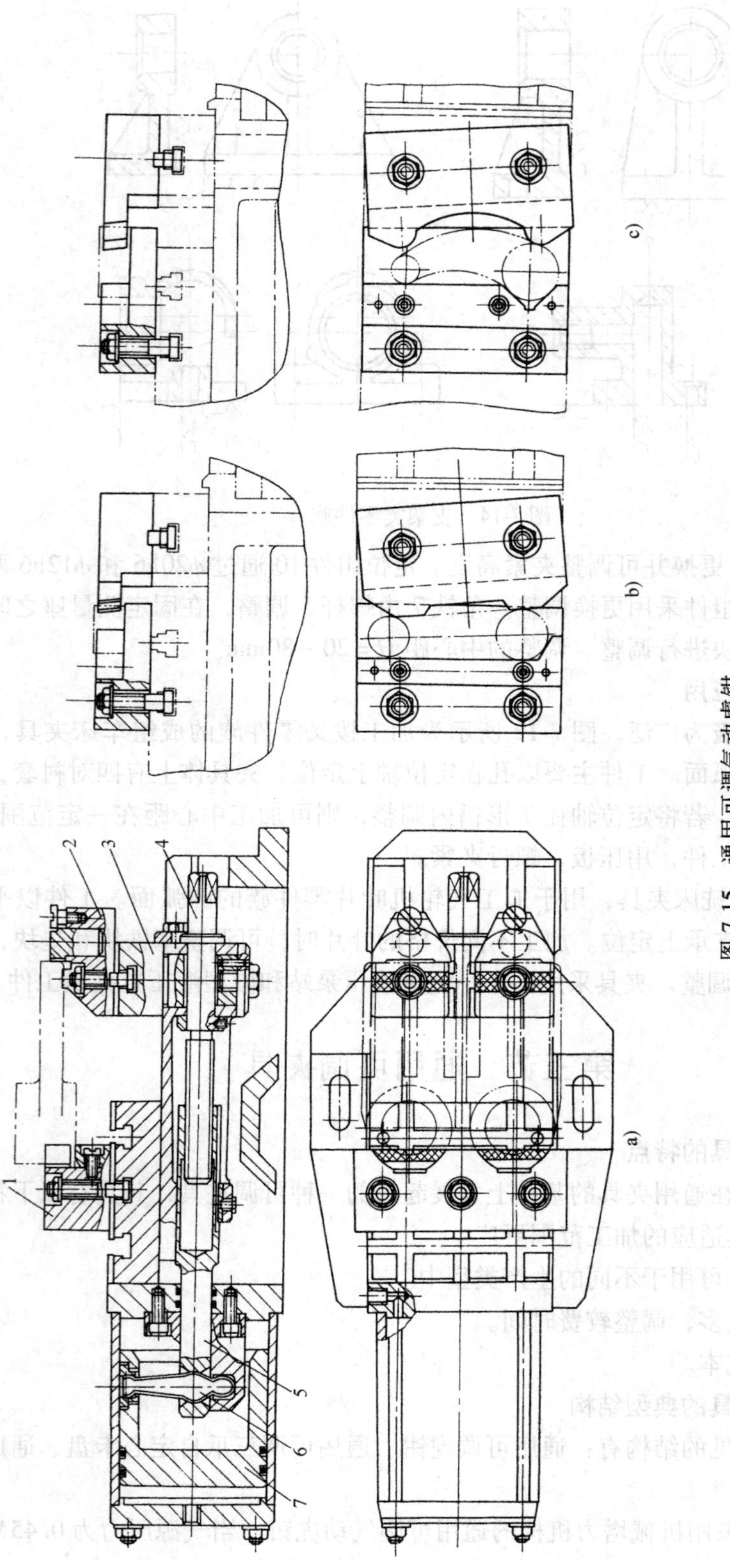

图 7-15 通用可调气动虎钳

a) 采用机械增力机构的通用可调气动虎钳 b)、c) 更换调整件

1、2—可更换调整件 3—活动钳口 4—螺杆 5—活塞杆 6—杠杆 7—活塞

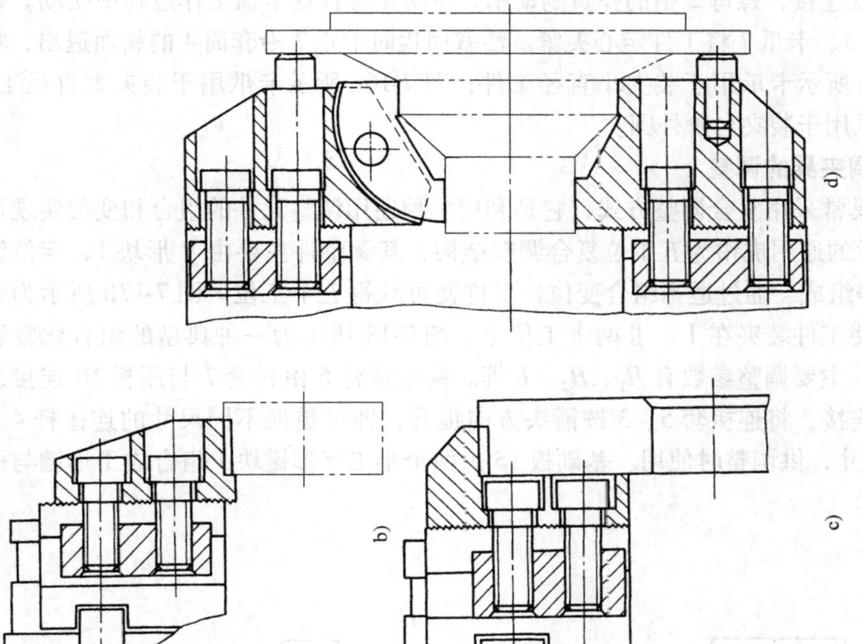

图 7-16 通用可调三爪自定心卡盘

a) 卡盘 b)、c)、d) 可调卡爪

1—螺杆 2—螺母 3—弹簧制动销 4—套筒 5—杠杆 6—卡爪座 7—卡爪 8—卡盘体

活动钳口 3 夹紧工件。活动钳口可作小角度摆动，以补偿毛坯面的误差。钳口夹紧范围为 20 ~ 100mm，最大加工长度为 200mm。按照工件的不同形状可更换件 1、2，更换件部分为 T 形槽结构。图 7-15b、c 所示为两种更换调整件，供设计时参考。

图 7-16a 所示为通用可调三爪自定心卡盘，规格有 ϕ250mm、ϕ320mm、ϕ400mm 三种。螺杆 1 与气压装置连接，螺母 2 中的弹簧制动销 3 可防止螺杆在卡盘工作过程中松动。螺杆 1 经套筒 4、杠杆 5、卡爪 7 将工件定心夹紧。活塞回程时卡爪 7 沿套筒 4 的斜面退出，将工件松开。图 7-16b 所示卡爪用于装夹小直径工件；图 7-16c 所示卡爪用于装夹大直径工件；图 7-16d 所示卡爪用于装夹台阶外圆。

三、通用可调夹具的调整

通用可调夹具常采用复合调整方式，它是利用多种通用调整元件的组合和变位实现调整的。图 7-17a 所示的通用虎钳为五工位复合调整结构，其调整件主要由 V 形块 1、定位钳口 2 和夹紧钳口 3 等组成。通过适当组合变位，工件便可获得五个工位。图 7-17b 所示为又一实例，其钳口可使工件装夹在Ⅰ、Ⅱ两个工位上。图 7-18 所示为一种典型的组合化复合可调螺旋压板机构，主要调整参数有 H_1、H_2、L 等。钩形螺杆 6 由衬套 7 与压板 10 连接，另一端与连接杆 4 连接，将连接套 5、3 按箭头方向提升，即可更换不同尺寸的连接杆 4。支撑杆 13 有几种尺寸，供调整时使用。基础板 15 由两个半工字形键块 1 组合成 T 形键与机床 T 形槽连接。

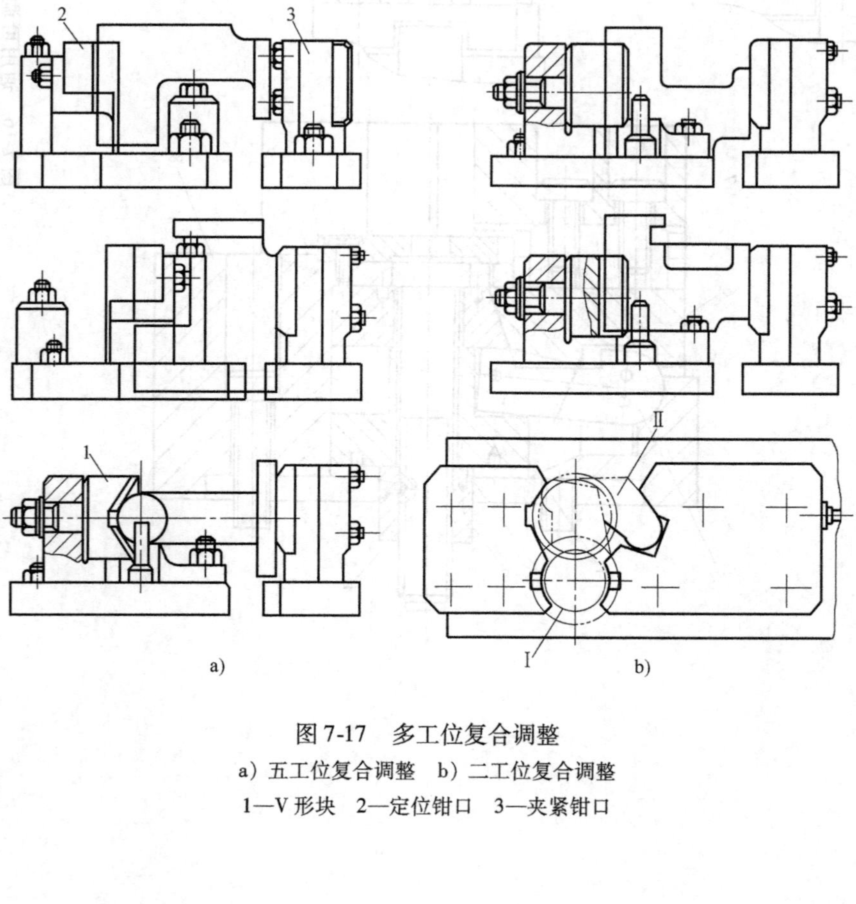

图 7-17 多工位复合调整

a）五工位复合调整 b）二工位复合调整

1—V 形块 2—定位钳口 3—夹紧钳口

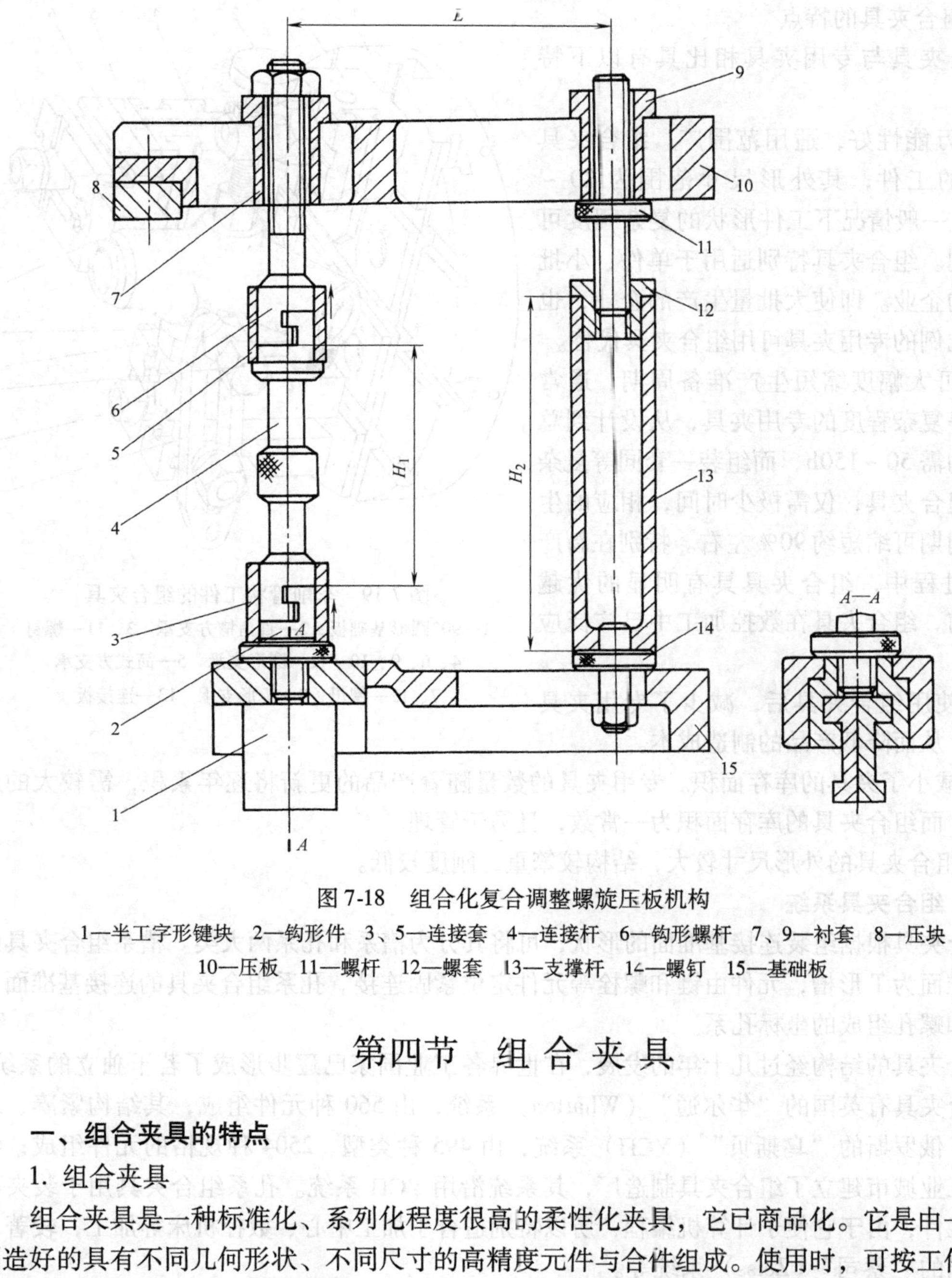

图 7-18　组合化复合调整螺旋压板机构

1—半工字形键块　2—钩形件　3、5—连接套　4—连接杆　6—钩形螺杆　7、9—衬套　8—压块　10—压板　11—螺杆　12—螺套　13—支撑杆　14—螺钉　15—基础板

第四节　组合夹具

一、组合夹具的特点

1. 组合夹具

组合夹具是一种标准化、系列化程度很高的柔性化夹具，它已商品化。它是由一套预先制造好的具有不同几何形状、不同尺寸的高精度元件与合件组成。使用时，可按工件的加工要求，采用组合的方式组装成所需的夹具；使用完毕后，可将夹具拆开，擦洗并归档保存，以便于以后使用时再组装。组合夹具元件的使用寿命为 15 ~ 20 年，选用得当，可成为一种很经济的夹具。一个中型工厂备置 2 万个元件，即可建立组装站，平均每月可组装 400 多套夹具。图 7-19 所示为车削管状工件的组合夹具，组装时选用 90°圆形基础板 1 为夹具体，以长、圆形支承 4、6、9 和直角槽方支承 2、简式方支承 5 等组合成夹具的支架。工件在支承 10、9 和 V 形支承 8 上定位，用螺钉 11、3 夹紧。各主要元件由平键和槽通过方头螺钉紧固连接成刚体。

2. 组合夹具的特点

组合夹具与专用夹具相比具有以下特点：

1）万能性好，适用范围广。组合夹具可加工的工件，其外形尺寸范围为 20 ~ 600mm，一般情况下工件形状的复杂程度可不受限制。组合夹具特别适用于单件、小批量生产的企业。即使大批量生产的企业，也有相当比例的专用夹具可用组合夹具代替。

2）可大幅度缩短生产准备周期。通常一套中等复杂程度的专用夹具，从设计到总装完毕约需 50 ~ 150h，而组装一套同等复杂程度的组合夹具，仅需极少时间，相应的生产准备周期可缩短约90%左右。特别在新产品试制过程中，组合夹具具有明显的优越性。目前，组合夹具在数控加工中已广泛应用。

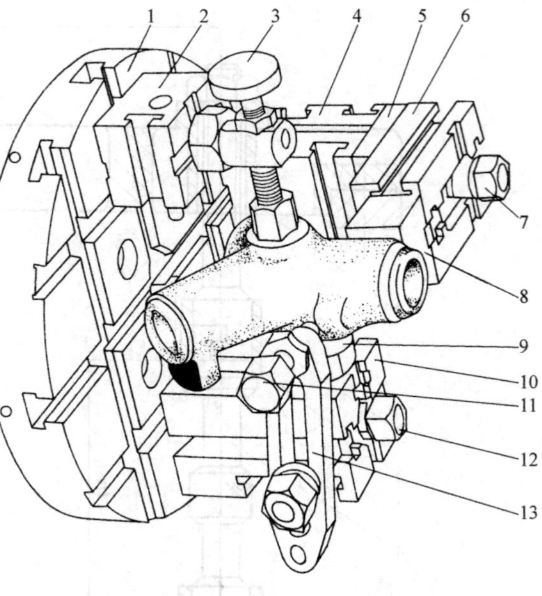

图 7-19 车削管状工件的组合夹具

1—90°圆形基础板 2—直角槽方支承 3、11—螺钉 4、6、9、10—长、圆形支承 5—筒式方支承 7、12—螺母、8—V 形支承 13—连接板

3）使用组合夹具后，减少了专用夹具的成本，从而降低产品的制造成本。

4）减小了夹具的库存面积。专用夹具的数量随着产品的更新将逐年累积，需较大的库存面积；而组合夹具的库存面积为一常数，且易于管理。

5）组合夹具的外形尺寸较大，结构较笨重，刚度较低。

二、组合夹具系统

组合夹具根据组装连接基准面的形状，可将其分为槽系和孔系两大类。槽系组合夹具的连接基准面为 T 形槽，元件由键和螺栓等元件定位紧固连接。孔系组合夹具的连接基准面为圆柱孔和螺孔组成的坐标孔系。

组合夹具的结构经过几十年的发展，在世界各工业国家已逐步形成了若干独立的系统。槽系组合夹具有英国的“华尔通”（Wharton）系统，由 560 种元件组成，其结构紧凑、通用性好；俄罗斯的“乌斯贝”（УСП）系统，由 495 种类型、2504 种规格的元件组成；我国不少工业城市建立了组合夹具制造厂，其系统沿用 УСП 系统。孔系组合夹具用于装夹小型精密工件，由于它便于计算机编程，所以特别适合于加工中心、数控机床等加工，较著名的有德国的“蔡司”（Zeiss）系统等。

三、T 形槽系组合夹具的系列和基本要素

1. T 形槽系组合夹具的系列

T 形槽系组合夹具分大型、中型、小型三种系列，见表 7-1。一般机床制造、飞机制造、拖拉机制造、纺织机械制造等企业常用中型系列。大型系列用于重型机械制造、造船等生产部门。仪表、仪器和电信电子等部门主要用小型系列。组合夹具两相邻系列可混合组装。在大批量生产中，也可采用半组合夹具，补充个别专用元件，以提高组装精度。

三种系列的区分标志是螺栓直径、定位键宽度、槽距以及外形尺寸（见表 7-1）

2. T 形槽系组合夹具的基本要素

图 7-20 所示为我国 ZJ—12 型系列组合夹具元件的结构要素。基础件 T 形槽唇部厚度 $H = (10 \pm 0.1)$ mm，其他元件 $H = (6 \pm 0.1)$ mm。T 形槽唇部有较高的强度，允许载荷达 110000N。定位键与键槽的配合尺寸为 12H7/h6。主要支承件的截面为 60mm × 60mm，并以此为基础，派生出其他截面尺寸。

表 7-1　T 形槽系组合夹具系列　（单位：mm）

系列	槽宽	槽距	槽栓	支承件截面
大型	16	60	M16 × 1.5—7H	90 × 90
中型	12	60	M12 × 1.5—7H	60 × 60
小型	8	30	M8 × 1.25—7H	30 × 30

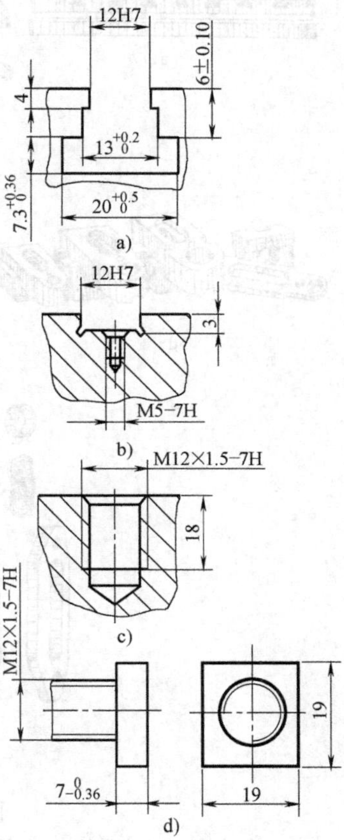

图 7-20　ZJ—12 型系列组合夹具元件的结构要素

a) T 形槽　b) 键槽　c) 紧固螺孔　d) 槽用螺钉

四、T 形槽系组合夹具元件的分类

T 形槽系组合夹具元件，如图 7-21 所示。按组合夹具元件功能要素的不同可分为基础件、定位件、支承件、导向件、夹紧件、紧固件、其他件以及合件共 8 大类。

（1）基础件　基础件是组合夹具中尺寸最大的元件，它包括圆形、方形、矩形基础板和基础角铁等四种结构（见图 7-21a）。基础件主要用作夹具体，也是各类元件组装的基础。方形和长方形基础板的各个工作面均有 T 形槽，用键和槽用螺栓可组装其他元件，其底面的一条平行于侧面的槽，可安装定位键。基础板两端设有耳座。圆形基础板工作面上的 T 形槽按 90°、60°、45°三种角度排列，其中心部位有一基准圆柱孔和一个能与机床主轴法兰配合的定位圆柱孔及台阶面。

（2）支承件　支承件的规格较多，主要包括各种方形支承、长方形支承、伸长板、角铁、角度支承和角度垫板等（见图 7-21b）。支承件主要用作不同角度的支承或角度关系的支承。在一般情况下，支承件和基础件可共同组成夹具体。

（3）定位件　定位件主要用于工件的定位和确定元件与元件之间的相对位置，如各种定位销、定位盘、定位支承、V 形支承、定位键等。其中，用于组装连接的定位键有平键、T 形键、偏心键、过渡键四种。组装时，定位键用量较大，除了能够确定元件之间位置外，还能提高组装强度和整个夹具的刚度（见图 7-21c）。

（4）导向件　导向件是用来确定刀具与工件间相对位置的元件，包括各种尺寸规格的钻套、钻模板、导向支承、镗孔支承等（见图 7-21d）。

（5）夹紧件　夹紧件专指各种形式的压板，用于夹紧工件（见图 7-21e）。

（6）紧固件　其作用是用来连接组合夹具元件和紧固工件，它包括各种螺钉、螺母、垫圈等。其中，紧固用螺栓所用材料为 40Cr，它具有较高的抗拉强度（见图 7-21f）。

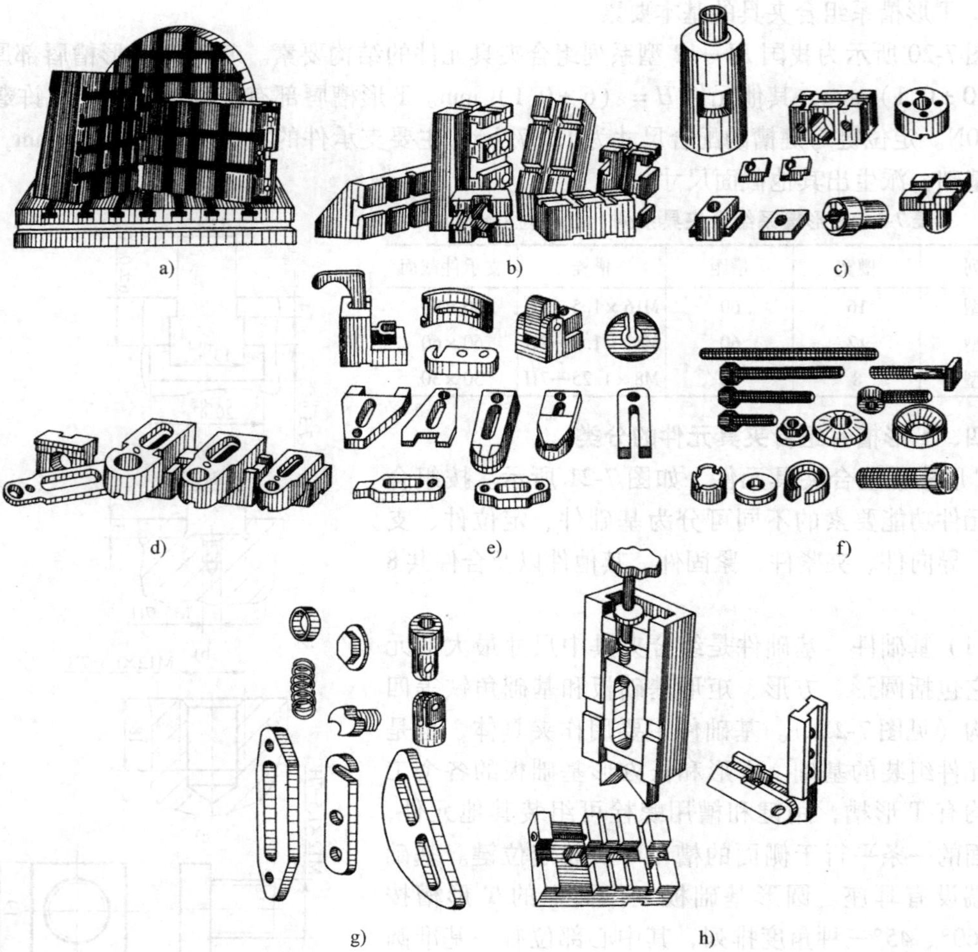

图 7-21　T 形槽系组合夹具元件

a）基础件　b）支承件　c）定位件　d）导向件　e）夹紧件　f）紧固件　g）其他件　h）合件

（7）其他件　这类元件为一些辅助元件，如连接板、摇板、滚花手柄、各种支承帽、弹簧、平衡块等（见图 7-21g）。其中有些有较明显的用途，而有些则无固定的用途。

（8）合件　合件是一种由多种元件组成的独立的且结构较复杂的标准部件（见图 7-21h）。按其用途可分为定位合件、分度合件、支承合件、导向合件及夹紧合件等。合件是组合夹具的重要组合元件，在现有基础上已逐步发展为可调整合件、多功能合件和高效夹紧合件等。

五、T 形槽系组合夹具的组装

1. 组装步骤

按一定的步骤和要求，把组合夹具的元件和合件组装成加工所需要的夹具的过程，称为组合夹具的组装。组装的费用主要取决于组装的复杂程度，如审图、确定组装方案、组装相关数据计算、尺寸调整和组装等。组装工作量分基本级和附加级两部分，前者由夹具的基本技术参数确定；后者则由夹具的结构形式和工件的尺寸、精度要求等特殊因素而定。组装后，夹具应有足够的刚度，同时力求结构紧凑、轻巧、灵活，（如图 7-22 所示）。正确的组装过程一般按下列步骤进行。

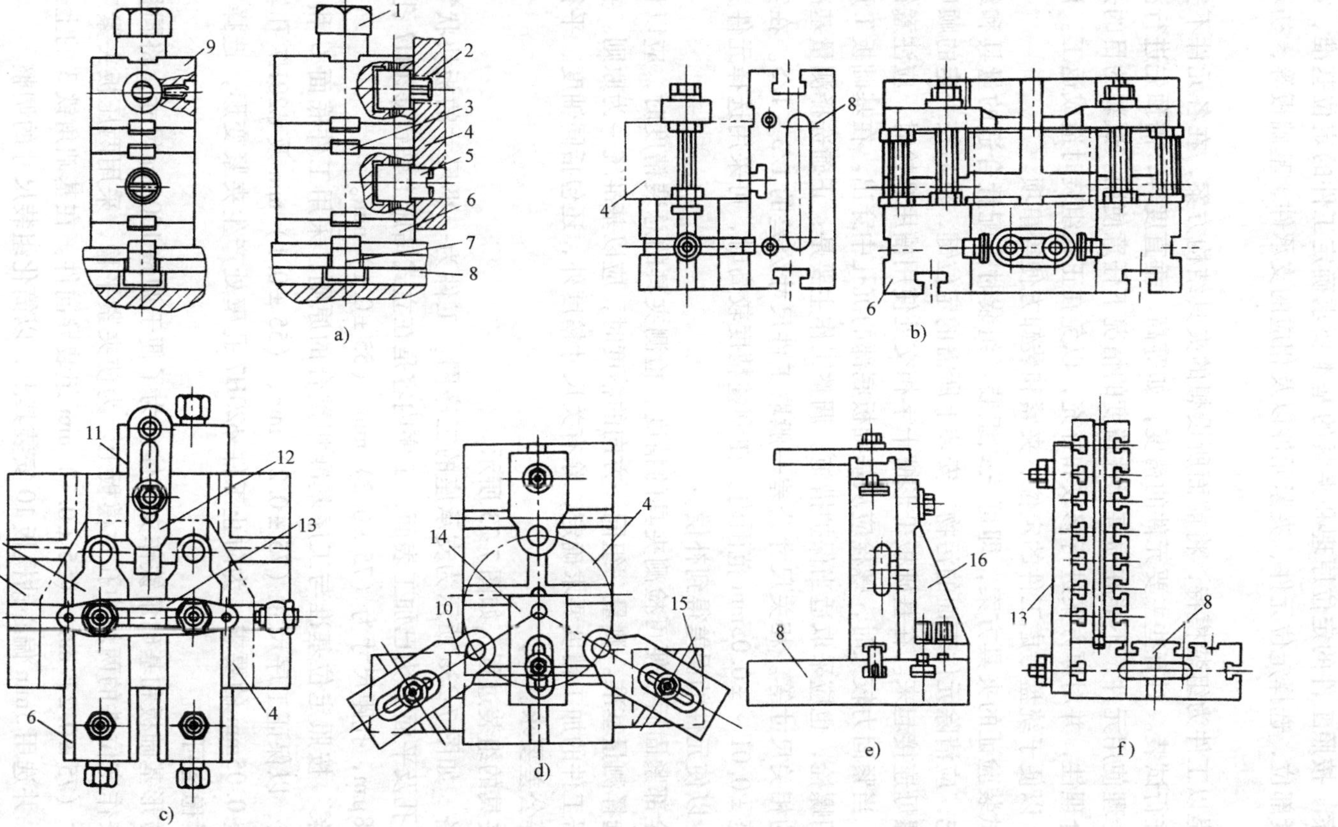

图 7-22　组合夹具组装示例

a) 工件以两孔一面定位的夹具组装　b) 夹紧减少元件变形的方法　c) 用连接板连接钻模板加强夹具刚度　d) 由 30°角度角铁组装三等分钻模　e) 用支承角铁加强夹具刚度　f) 用连接板加强夹具刚度

1—加厚螺母　2—菱形销　3—键　4—工件　5—圆形定位销　6—方形支承　7—槽用螺钉　8—基础板　9—定位支承　10—钻模板　11—长方形支承　12—伸长压板　13—连接板　14—压板　15—角度垫板　16—支承角铁

（1）组装前的准备　组装前必须熟悉组装工作的原始资料，即工件的图样和工艺规程，了解工件的形状、尺寸和加工要求以及所使用机床、刀具等情况。

（2）确定组装方案　按照工件的定位原理和夹紧的基本要求确定工件的定位基准、需限制的自由度以及夹紧部位，选择定位元件、夹紧元件以及相应的支承件、基础板等，初步确定夹具的结构形式。

（3）试装　试装是以工件为组装模特，将前面所设想的夹具结构方案，在各元件不完全紧固的条件下，先进行试装。对有些主要元件的精度，如等高、垂直度等，需预先进行测量和挑选。组装时应合理使用元件，不能在损害元件精度的情况下任意使用。试装的目的是检验夹具结构方案的合理性，并对原方案进行修改和补充，以免在正式组装时造成返工。试装时最好有工件实物，以便于统盘考虑工件的定位、夹紧和装卸方便等事项。

（4）连接　经过试装验证的夹具方案，即可正式组装。组装时需配置合适的量具和组装用工具、辅具。首先，应清除元件表面的污物，安装上所需的定位键，然后按一定的顺序将有关元件用螺钉和螺母连接起来。在基础板T形槽十字相交处使用槽用螺栓时，应注意保护T形槽唇部的强度。当紧固力较大时，螺栓应从基础板底部的沉孔中穿出。在基础板T形槽十字相交处附近使用螺栓，也应采取适当保护措施。调整工作主要是：正确选择测量基准面，正确测定元件间的相关尺寸等。相关尺寸公差一般取工件尺寸公差的1/3～1/5。在实际调整中一般可调整至±0.01～±0.05mm范围内。在调整精度较高时，可采用选择元件并调整元件的装配方法，以使元件的误差得到补偿。

（5）检测　元件全部紧固后，便可检测夹具的精度。检测夹具的总装精度时，应以积累误差最小为原则来选择测量基准。测量一组同一方向的精度时，应以基准统一为原则。夹具的检测项目，可根据工件的加工精度要求确定，除有关尺寸精度外，还包括同轴度、平行度、垂直度、位置度等公差要求。

现举例说明组合夹具的组装过程，如图7-23所示。

（1）组装前的准备　如图7-23a所示为支承座的工序图。工件为一小尺寸的板块状零件。工件的2×ϕ10H7孔及平面C为已加工表面，工序内容是在立式钻床上钻铰ϕ20H7孔，表面粗糙度值R_a为0.8μm，孔距尺寸为（75±0.2）mm、（55±0.1）mm。

（2）确定组装方案　按照定位基准与工序基准相重合的原则，采用工件底面C和2×ϕ10H7孔为定位基准，以保证工序尺寸（75±0.2）mm、（55±0.1）mm及ϕ20H7孔轴线对平面的平行度公差0.05mm的要求。为防止工件ϕ20H7孔壁处产生夹紧变形，选择d面为夹紧面，以使夹紧稳定可靠。

（3）试装　选用方形基础板和基础角铁作夹具体。为了便于调整100mm尺寸，将圆柱销和菱形销分别装在兼作定位件的两块中孔钻模板上。为使夹紧平稳，采用两压板夹紧工件。按工件的孔距尺寸（75±0.2）mm、（55±0.1）mm组装导向件。在基础角铁3的上T形槽上组装导向板11，并选用5mm偏心钻模板10安装其上，以简化组装尺寸的调整。

（4）连接　组合夹具的连接过程如下：

1）组装基础板1和基础角铁3（见图7-23b）。在基础板上安装T形键2，并从基础板的底部贯穿螺栓将基础角铁紧固。

2）在中孔钻模板4上组装ϕ10mm圆柱销6，在中孔钻模板4的定位键槽中放入定位键5，然后用紧固件将其紧固在基础角铁上（见图7-23c）。

3）组装工件孔 b 用的中孔钻模板 8 和 ϕ10mm 菱形销 9。用标准量块及百分表检测调整菱形销 9 相对于圆柱销 6 的中心距尺寸（100 ±0.02）mm，然后用紧固件紧固（见图 7-23d）。

4）组装导向件。导向板 11 用定位键 12 定位装至基础角铁 3 上端，再在导向板 11 上装入 5mm 偏心钻模板 10。在偏心钻模板的定位孔中插入量棒 14，借助标准量块及百分表，调整中心距尺寸至（55 ±0.02）mm（见图 7-23e）。同理，调整孔距尺寸至（75 ±0.04）mm（见图 7-23f）。

5）组装压板。组装两平压板，使夹紧力指向 C 面。

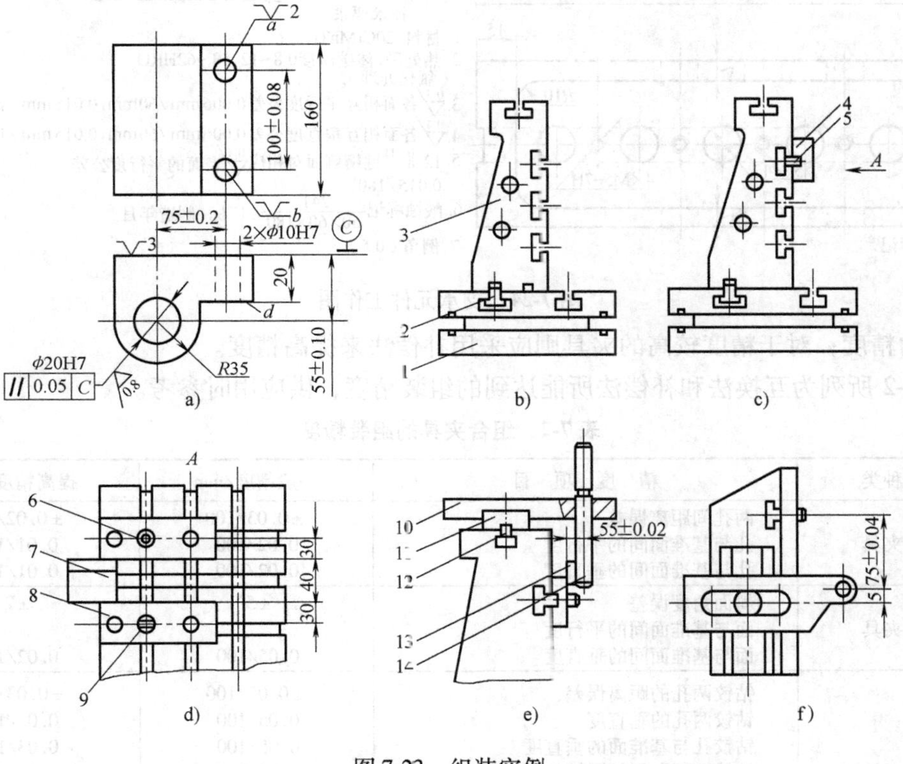

图 7-23　组装实例

a）工序图　b）组装基础板和基础角铁　c）组装圆柱销
d）组装中孔钻模和菱形销　e）组装导向件　f）调整孔距尺寸
1—基础板　2—T 形键　3—基础角铁　4、8—中孔钻模板　5、12—定位键　6—圆柱销
7、13—标准量块　9—菱形销　10—钻模板　11—导向板　14—量棒

（5）检测　检查各元件的紧固情况以及工件装卸是否方便。检测距离尺寸：（75 ±0.04）mm、（55 ±0.02）mm、（100 ±0.02）mm；中孔钻模板支承面对基础板 1 底面的垂直度公差为 0.01mm。

2. 组装精度

组合夹具的精度由元件精度和组装精度两部分组成。组合夹具元件的精度很高。配合面公差等级为 IT6 ~ IT7，主要元件的平行度、垂直度公差为 0.01mm，槽距公差为 0.02mm，槽对外形的对称度公差为 0.005mm，工作表面的表面粗糙度值为 R_a0.4μm。为了减少变形和磨损，主要元件用 12CrN13A、20CrMnTi 经热处理淬硬至 58 ~ 62HRC。图 7-24 所示为支承元件的工作图。

组合夹具的组装精度可由互换法和补偿法实现。用互换法时，组合夹具的精度取决于元

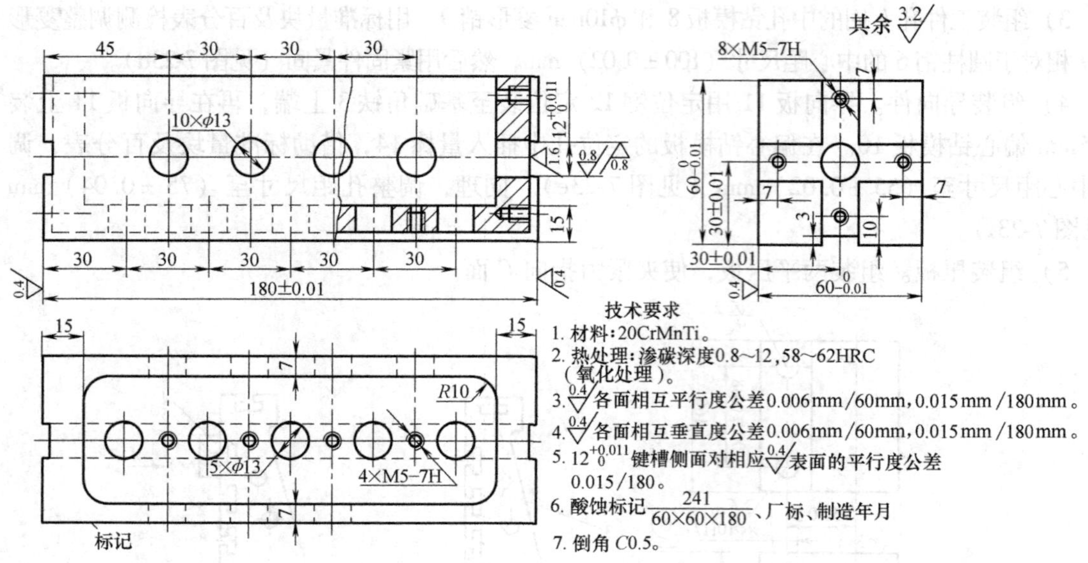

图7-24　支承元件工作图

件自身的精度；对于精度较高的夹具则应采用补偿法来提高精度。

表7-2所列为互换法和补偿法所能达到的组装精度，供应用时参考。

表7-2　组合夹具的组装精度

夹具种类	精度项目	一般精度/mm	提高精度/mm
车床夹具	两孔间距离误差 孔与基准面间的平行度 孔与基准面间的垂直度	±0.03/100 0.02/100 0.02/100	±0.02/100 0.01/100 0.01/100
铣床夹具	斜面角度误差 面与基准面间的平行度 面与基准面间的垂直度	±5′ 0.05/100	±2′ 0.02/100
钻床夹具	钻铰两孔的距离误差 钻铰两孔的垂直度 钻铰孔与基准面的垂直度 钻铰上下孔间的同轴度 钻铰圆周各孔距离误差 钻铰圆周各孔间角度误差 钻斜孔的角度误差	±0.05/100 0.05/100 0.05/100 0.03/100 ±0.03 ±2′ ±2′	±0.03/100 0.03/100 0.03/100 0.02/100 ±0.02 ±30″ ±1′
镗床夹具	镗两孔的距离误差 镗两孔的平行度 镗两孔的垂直度 镗两孔的同轴度	±0.02/100 0.01/100 0.01/100 0.03	±0.01/100 0.01/200 0.01/200 0.01
平面磨床夹具	斜面的角度误差 面与基准面的平行度 面与基准面的垂直度	±2′ 0.02/100 0.02/100	±20″ 0.01/100 0.01/100

六、孔系组合夹具

孔系组合夹具元件的连接用两个圆柱销定位，一个螺钉紧固。孔系组合夹具较槽系组合夹具有更高的刚度，且结构紧凑。图7-25所示为我国近年研制的KD型孔系组合夹具，其定位孔径为ϕ16.01H6，孔距为（50±0.01）mm，定位销直径为ϕ16k5，用M16—7H的螺钉联接。图7-26所示为德国的一种孔系组合夹具，它有四种系列：ϕ10mm系列，孔距为（30±0.01）mm，用M10—7H的螺钉联接；ϕ12mm系列，孔距为（40±0.01）mm，用M12—

7H 的螺钉联接；ϕ16mm 系列，孔距为（50 ± 0.01）mm，用 M16—7H 的螺钉联接；ϕ24mm 系列，孔距为（80 ± 0.01）mm，用 M24—7H 的螺钉联接。元件的平行度公差为 0.01mm/500mm，垂直度公差为 0.01mm/300mm。

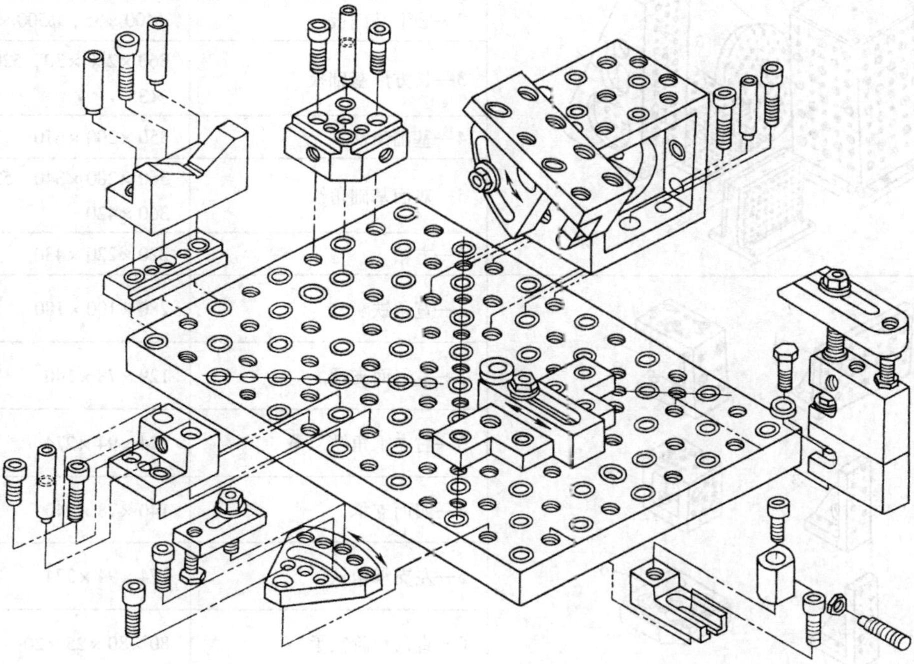

图 7-25　KD 型孔系组合夹具

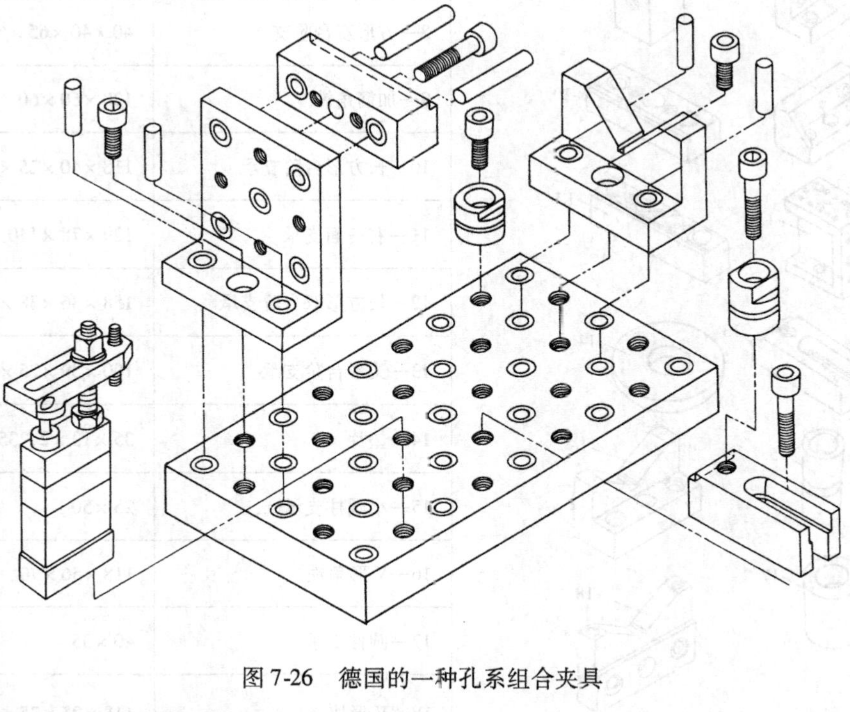

图 7-26　德国的一种孔系组合夹具

表 7-3 为孔系组合夹具元件，供使用时参考。

表 7-3　孔系组合夹具元件

简　图	名　称	外形尺寸/mm
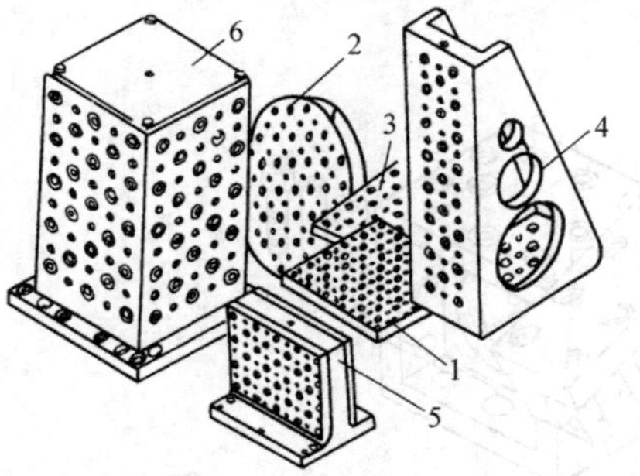	1—方形基础板	440×440×35
	2—圆形基础板	ϕ400×35，ϕ500×40
	3—长方形基础板	360×280×30，520×360×35
	4—基础角铁	350×200×670
	5—双面基础角铁	360×280×340，520×360×420
	6—方箱	220×220×430
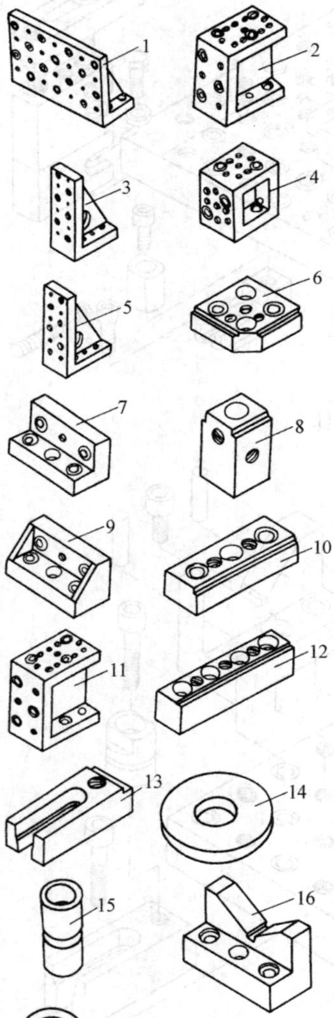	1—宽角铁	280×100×180
	2—左三面支承	129×78×140
	3—右支承角铁	174×94×274
	4—四面支承	140×78×140
	5—左支承角铁	174×94×274
	6—直角台阶支承	80×80×25×20
	7—角铁	118×60×60
	8—方形双台阶支承	40×40×65×60×55
	9—加筋角铁	120×60×60
	10—长方形台阶支承	118×40×25×20
	11—右三面支承	129×78×140
	12—长方形双台阶支承	158×36×38×35
	13—叉形台阶支承	100×39×25×20
	14—垫片	35×13×2，35×13×2.5
	15—小圆柱支承	25×50
	16—V 形角铁	118×56×70
	17—圆柱支承	40×35
	18—V 形块	118×25×75

（续）

简　　图	名　　称	外形尺寸/mm
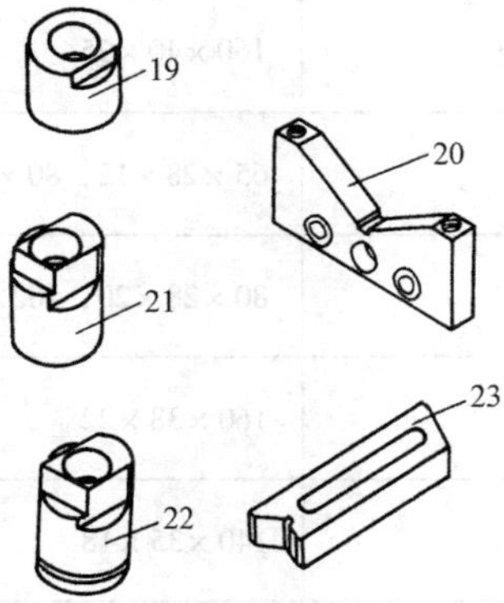	19—台阶圆柱支承	40×25×20
	20—长 V 形块	160×20×70
	21—三台阶圆柱支承	40×40×35×30×25
	22—可调圆柱支承	40×41~46
	23—移动 V 形块	140×40×20
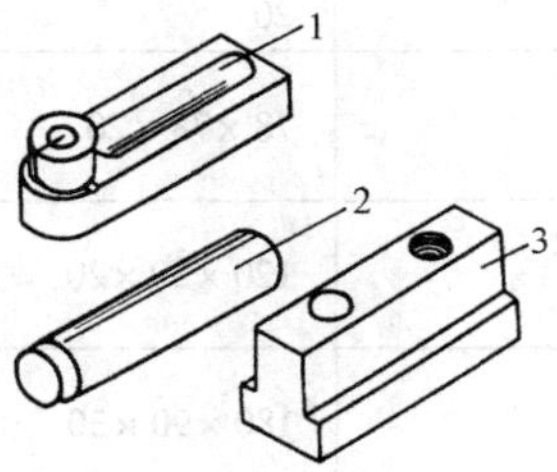	1—可调定位板	132×40×35
	2—定位销	ϕ12×32，ϕ12×50
	3—定位键	18×14，18×13
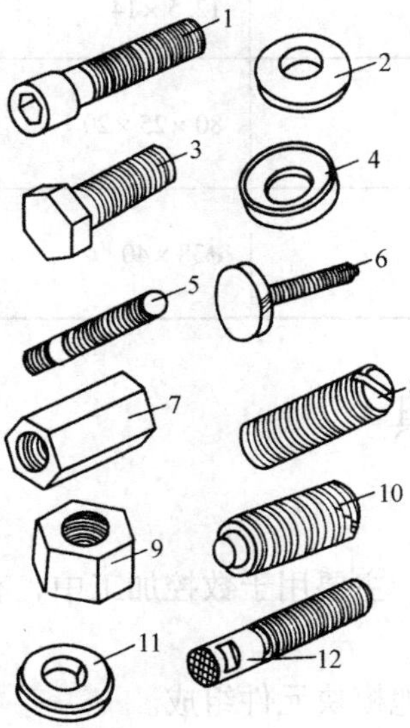	1—圆柱头内六角螺钉	M12×20-7H，M12×30-7H
	2—凸球面垫圈	ϕ13×ϕ28
	3—螺钉	M12×42-7H
	4—凹球面垫圈	ϕ15×ϕ28
	5—双头螺栓	M12×70-7H，M12×80-7H
	6—压紧螺钉	M12×50-7H，M12×60-7H
	7—厚螺母	M12×36-7H
	8—螺栓	M12×40-7H，M12×63-7H
	9—螺母	M12×6-7H，M12×14-7H
	10—球头螺钉	M12×40-7H，M12×63-7H
	11—平垫圈	ϕ13×ϕ28
	12—螺钉	M12×65-7H

（续）

简　　图	名　　称	外形尺寸/mm
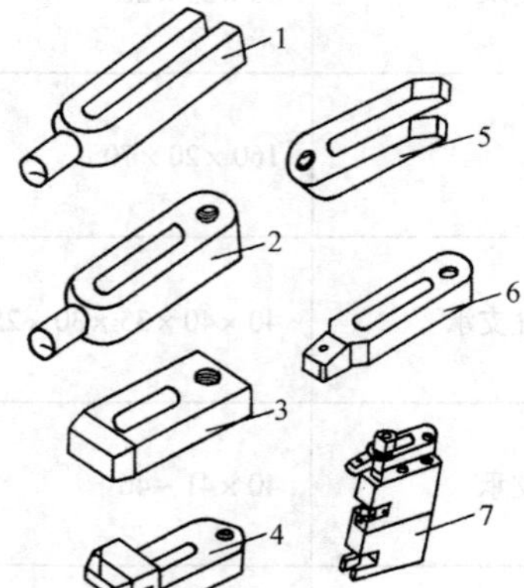	1—圆头开口压板	160×40×25
	2—圆头闭口压板	160×40×25
	3—平压板	65×28×12，80×35×16
	4—弯压板	80×28×20，100×35×28
	5—U 形压板	160×38×22
	6—伸长压板	140×35×18
	7—组合压板	90×25×45，90×25×60
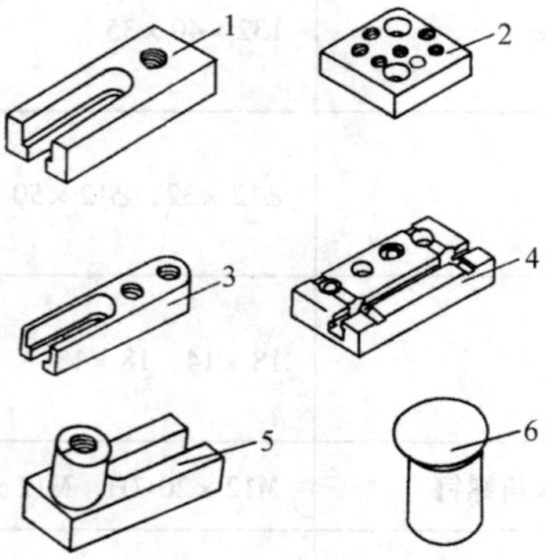	1—单孔连接板	100×40×20，160×40×20
	2—方形连接板	78×78×20
	3—双孔连接板	120×30×20
	4—槽孔连接板	180×90×30
	5—高连接板	100×40×45
	6—防尘堵	12.5×14
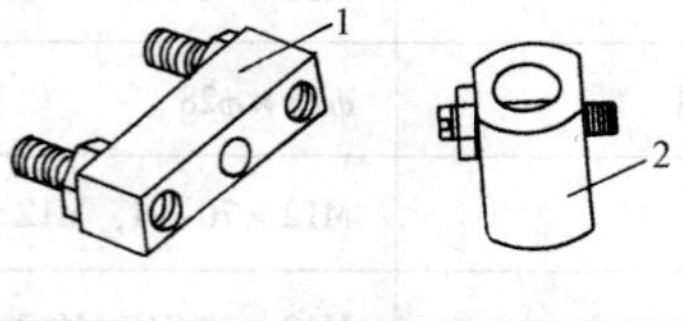	1—压紧板	80×25×20
	2—可调定位支承	ϕ38×40

第五节　拼 装 夹 具

一、拼装夹具的特点

拼装夹具是一种模块化夹具，它由组合夹具发展而来，主要用于数控加工中，有时应用在普通机床上。

模块化夹具是一种柔性化的夹具，通常由基础件和其他模块元件组成。

所谓模块化是指将同一功能的单元，设计成具有不同用途或性能的、且可以相互交换使用的模块，以满足加工需要的一种方法。同一功能单元中的模块，是一组具有同一功能和相同连接要素的元件，也包括能增加夹具功能的小单元。同一模块也可作不同的应用，因此，具有通用化特性。拼装夹具可装夹多种工件。

拼装夹具与组合夹具之间有许多共同点，它们都具有板式、六面体形、方形等基础件，如图 7-27 所示。在基础件表面有网格孔系。两种夹具的不同点：组合夹具的万能性好，标准化程度高；而拼装夹具则为非标准的，一般是为本企业产品工件的加工需要而设计的。产品品种不同或加工方式不同的企业，所使用的模块结构会有较大差别。按企业的制造产品，将有多种模块设计。当模块的系列较完整时，同一模块也用于不同的夹具之中。

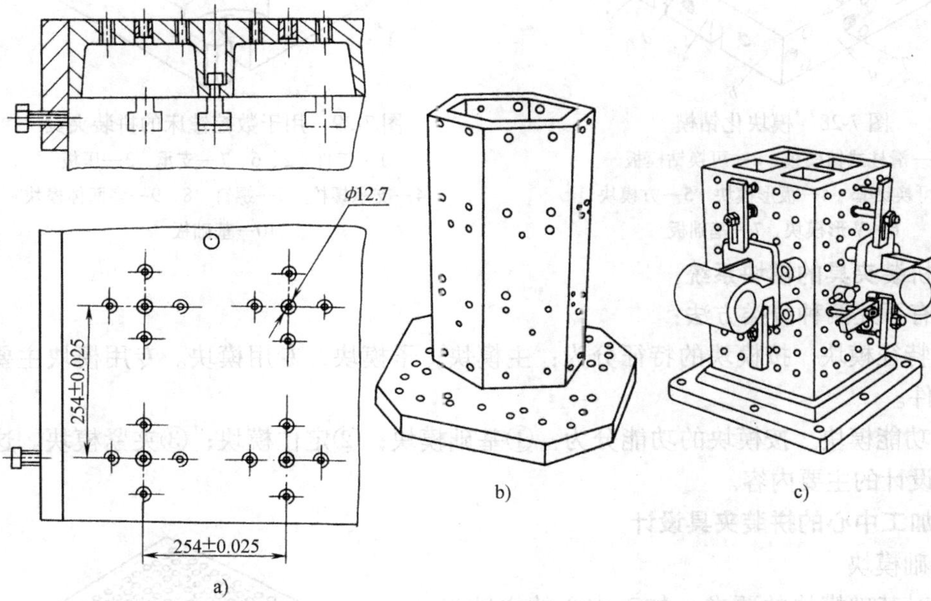

图 7-27　拼装夹具的基础件

a）板式　b）六面体形　c）方形

二、拼装夹具的典型结构

图 7-28 所示为一种模块化钻模，主要由基础板 7、滑柱式钻模板 1 和模块 4、5、6 等组成。基础板 7 上有网格系孔 c 和螺孔 d，在其平面 e 和侧面 a、b 上可拼装模块元件。图中所配置的 V 形模块 6 和板形模块 4 的作用是使工件定位。按照被加工孔的位置要求用方形模块 5 可调整模块 4 的轴向位置。可换钻套 3 和可换钻模板 2 按工件的加工需要加以更换调整。

图 7-29 所示为用于数控镗床的拼装夹具，主要由基础板 10 和多面体模块 8、9 组成。多面体模块常用的几何角度为 30°、60°、90°等，按照工件的加工要求，可将其安装成不同的位置。左边的工件 1 由支承 2、6、7 定位，用压板 3 夹紧。右边的工件为另一工位。

拼装夹具适用于成批生产的企业。使用模块化夹具可大大减少专用夹具的数量，缩短生产周期，提高企业的经济效益。模块化夹具的设计依赖于对本企业产品结构和加工工艺的深入分析研究，如对产品加工工艺进行典型化分析等。在此基础上，合理确定模块的基本单元，寻求更有发展潜力的结构，以建立完整的模块功能系统。模块化元件应有较高的强度、刚度和耐磨性，常用 20CrMnTi、40Cr 等材料制造。

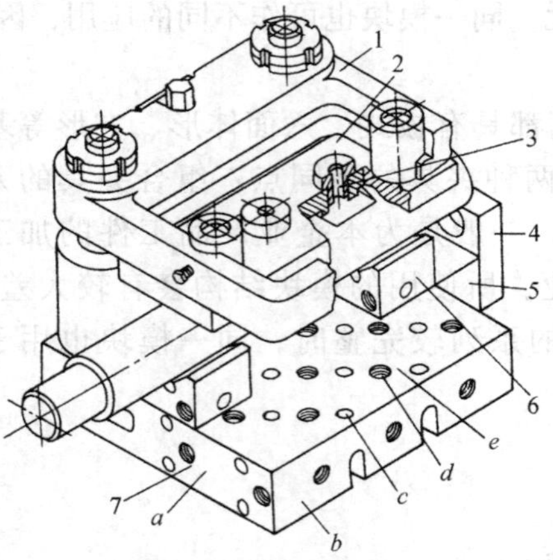

图 7-28　模块化钻模

1—滑柱式钻模板　2—可换钻模板　3—可换钻套　4—板形模块　5—方模块　6—V 形模块　7—基础板

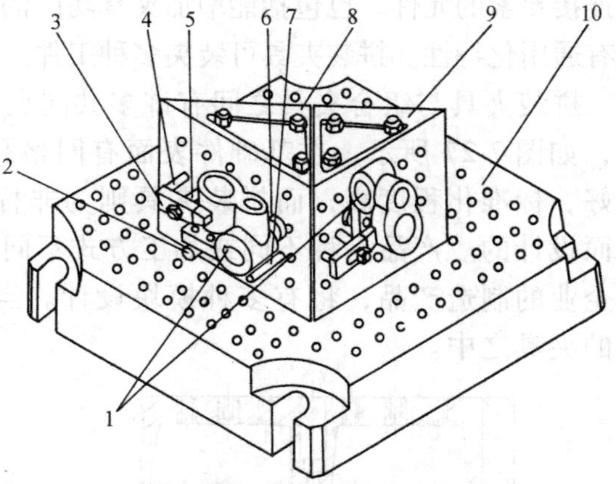

图 7-29　用于数控镗床的拼装夹具

1—工件　2、6、7—支承　3—压板　4—支承螺栓　5—螺钉　8、9—多面体模块　10—基础板

三、拼装夹具的模块系统

模块有下述两种分类方法：

（1）特征模块　按模块的特征分为：主模块；子模块；专用模块。专用模块主要是专用定位元件。

（2）功能模块　按模块的功能分为：①基础模块；②定位模块；③夹紧模块。这三种模块也是设计的主要内容。

四、加工中心的拼装夹具设计

1. 基础模块

（1）对基础模块的要求　加工中心的主轴与工作台之间的工作空间有限，故基础模块的结构设计，应有利于工件的装夹，能在几个方向上加工工件；并且，基础模块可代替托盘，省去托盘的费用。

（2）平台　平台是很常用的基础模块，适合中、小型工件的装夹，工作区间较大，可缩短装夹时间。基础模块的平台结构如图 7-30 所示，可实现各种拼装。图 7-30a 所示为网格孔平台；图 7-30b 所示为 T 形槽平台。

2. 定位模块

定位模块的功能是实现对工件的支承，也包括辅助支承。图 7-31 所示为定位模块的几种结构，有拼装板、支承镶块、半镶块等。

3. 夹紧模块

夹紧模块有多种结构，如图 7-32 所示，其拼装在基础模块上。

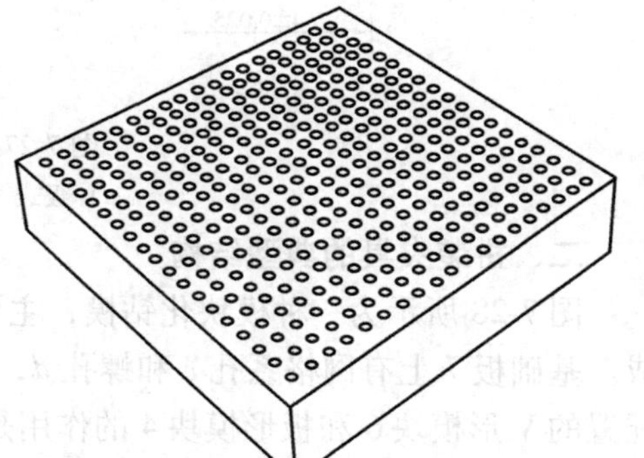

a)

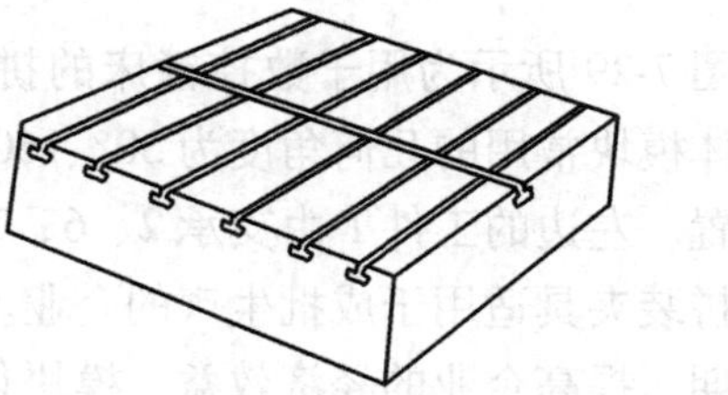

b)

图 7-30　基础模块的平台结构

a）网格孔平台　b）T 形槽平台

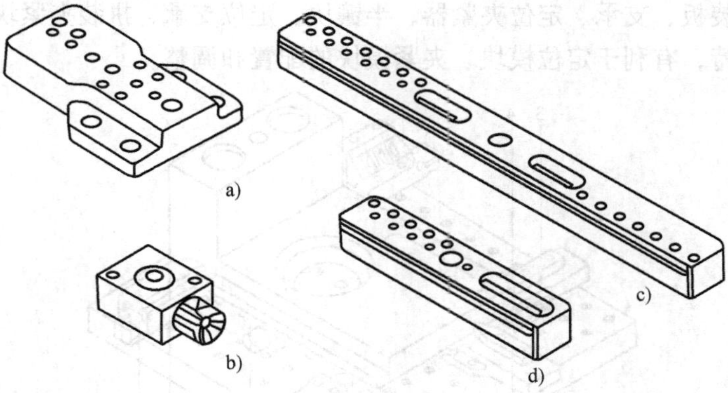

图 7-31　定位模块的几种结构

a）拼装板　b）支承　c）镶块　d）半镶块

图 7-32a 所示为杠杆式夹紧模块；图 7-32b 所示为具有微型液压缸的压板模块，结构紧凑；图 7-32c 所示为一种夹紧模块在基础模块上的拼装；图 7-32d 所示为拼装式虎钳，它由两个部分组成。

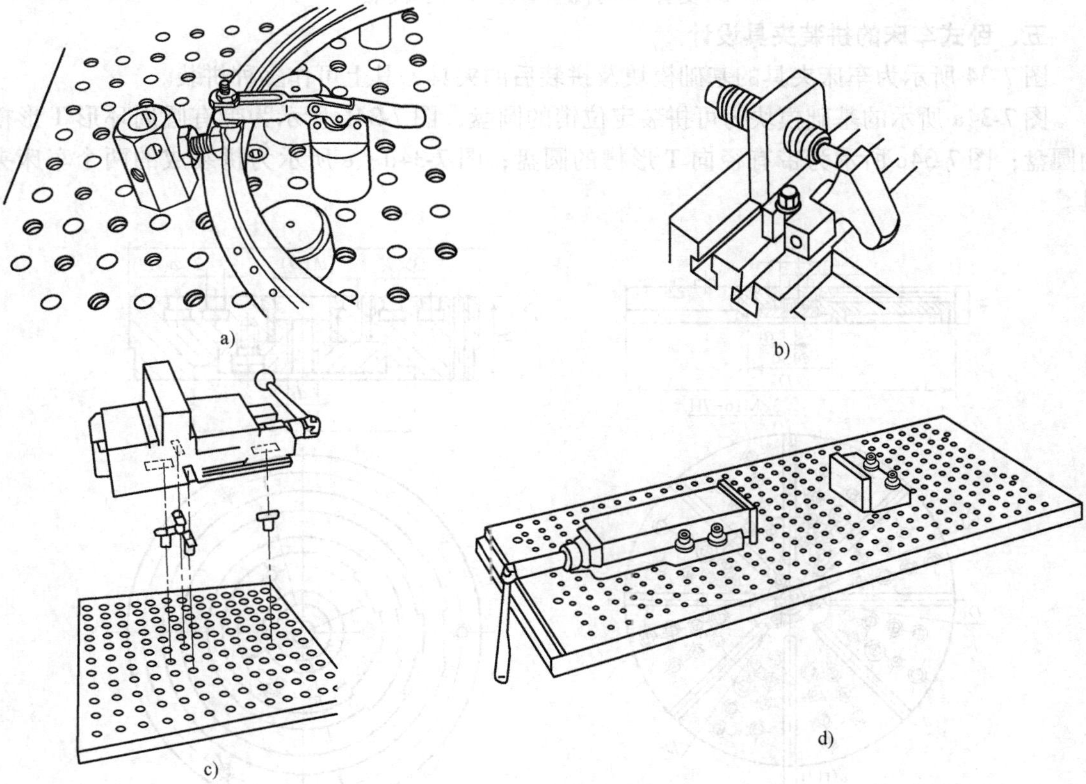

图 7-32　夹紧模块

a）杠杆式夹紧模块　b）微型液压缸压板模块　c）夹紧模块在基础模块上的拼装　d）拼装式虎钳

4. 夹具的拼装

夹具的拼装是将各模块拼装在基础件合适的位置上。

图 7-33 所示为按工作位置拼装模块的方法，此夹具用于立式加工中心中。拼装的模块主要是平台、拼装板、支承、定位夹紧器、半镶块、定位支承、拼装夹紧块、夹紧器等。以工件为拼装的模特，有利于定位模块、夹紧模块的配置和调整。

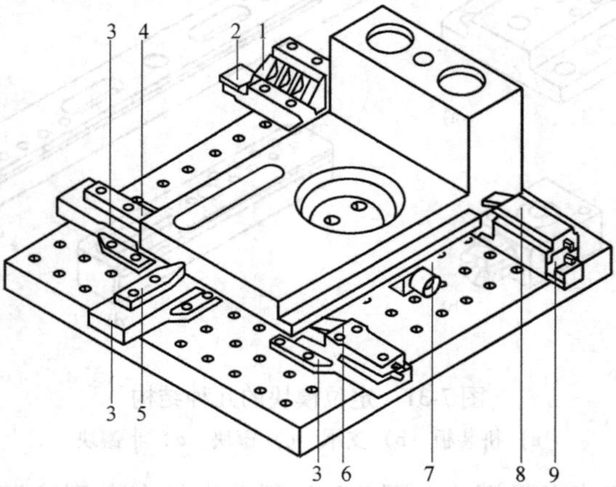

图 7-33　按工作位置拼装模块的方法

1—定位夹紧器　2—半镶块　3—拼装板　4—夹紧器　5—定位支承　6—夹紧块　7—支承　8—拼装夹紧块　9—夹紧导板

五、卧式车床的拼装夹具设计

图 7-34 所示为车床夹具的基础模块及拼装后的夹具，其上可作多种拼装。

图 7-34a 所示的基础模块为可拼装定位销的圆盘；图 7-34b 所示为带有圆周环形 T 形槽的圆盘；图 7-34c 所示为带有径向 T 形槽的圆盘；图 7-34d、e 所示为拼装成的两个车床夹具。

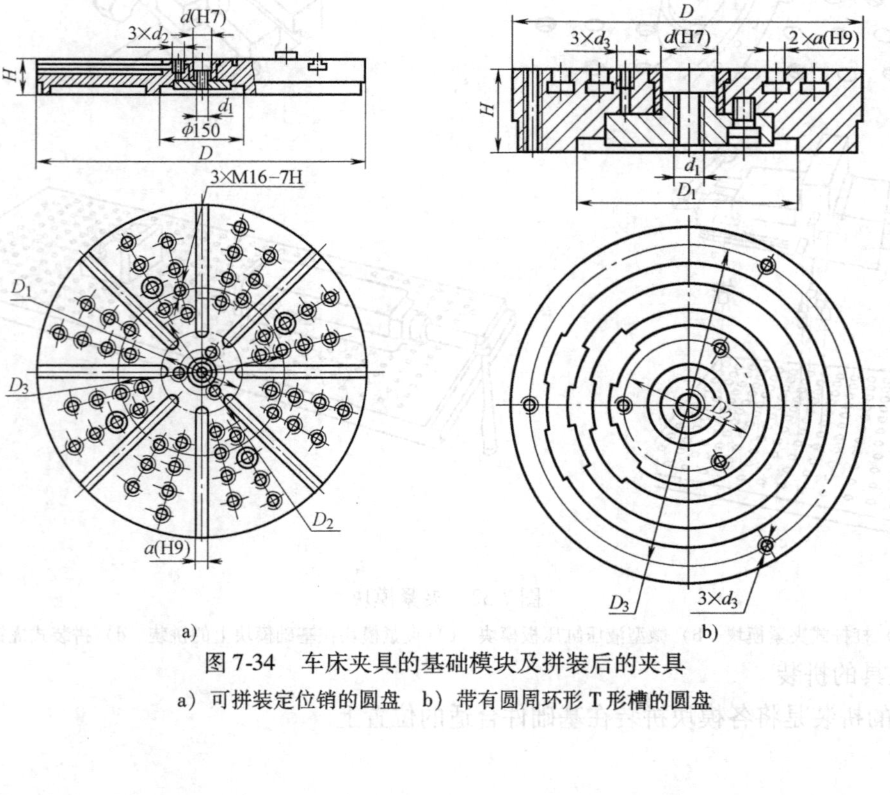

图 7-34　车床夹具的基础模块及拼装后的夹具

a）可拼装定位销的圆盘　b）带有圆周环形 T 形槽的圆盘

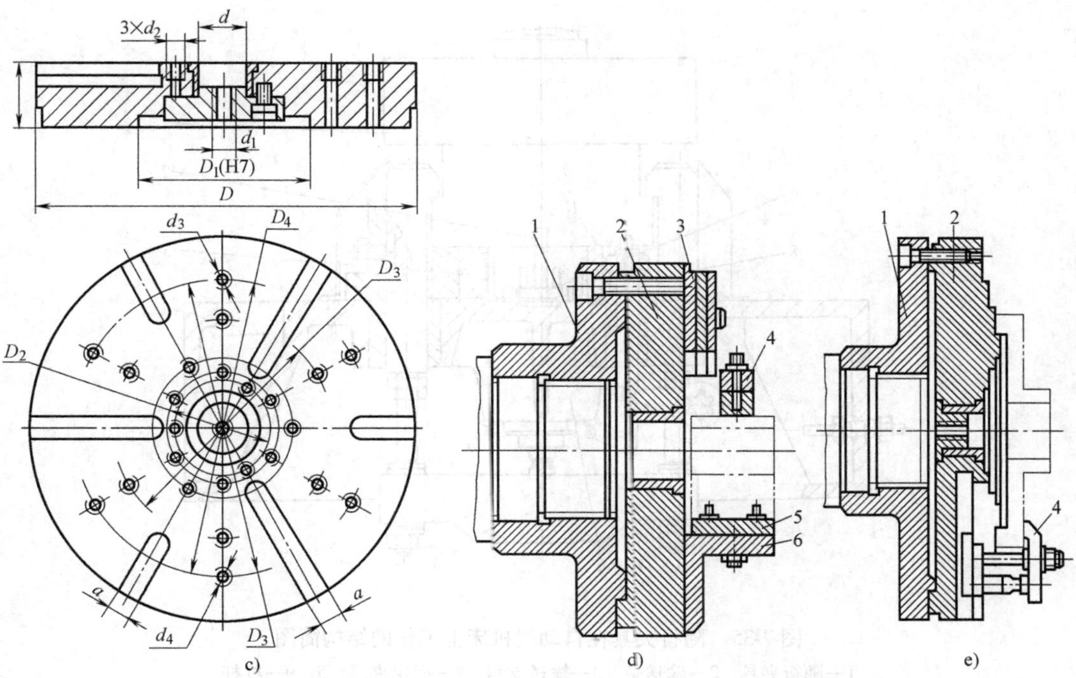

图 7-34　车床夹具的基础模块及拼装后的夹具（续）

c）带有径向 T 形槽的圆盘　d）、e）拼装成的两个车床夹具

1—过渡盘　2—基础圆盘　3—平衡块　4—压板　5—支承板　6—角铁

第六节　随 行 夹 具

一、概述

自动线是由多台自动化单机，借助工件自动传输系统、自动线夹具、控制系统等组成的一种全线自动化加工系统。目前，我国机械行业的企业已拥有 477 条自动线，用于箱体、架件、轴类、盘类零件的加工，生产效率高。常见的自动线夹具有随行夹具和固定自动线夹具两种。随行夹具是间接输送，固定自动线夹具是直接输送。

自动线按排列方式有：直线排列、折线排列、框形封闭式排列等多种形式。

现以随行夹具为例介绍自动线夹具的结构。随行夹具常用于形状复杂且无良好输送基面，或虽有良好的输送基面，但材质较软的工件。使用随行夹具时，工件随夹具一起由输送带依次送到各工位。

图 7-35 所示为随行夹具在自动线机床上工作的结构简图。随行夹具 1 由带棘爪的步伐式输送带 2 运送到机床上。固定夹具 4 除了在输送支承 3 上用一面两销定位以及夹紧装置使随行夹具定位并夹紧外，它还提供输送支承面 A_1。图 7-35 中件 7 为定位机构，液压缸 6、杠杆 5、钩形压板 8 为夹紧装置。

直线排列型自动线，随行夹具借返回装置将随行夹具连同工件送至自动线的初始位置上，完成循环自动加工。

二、随行夹具的结构

图 7-36 所示为加工汽车万向节的随行夹具。它可完成万向节叉部及法兰四个平面、主

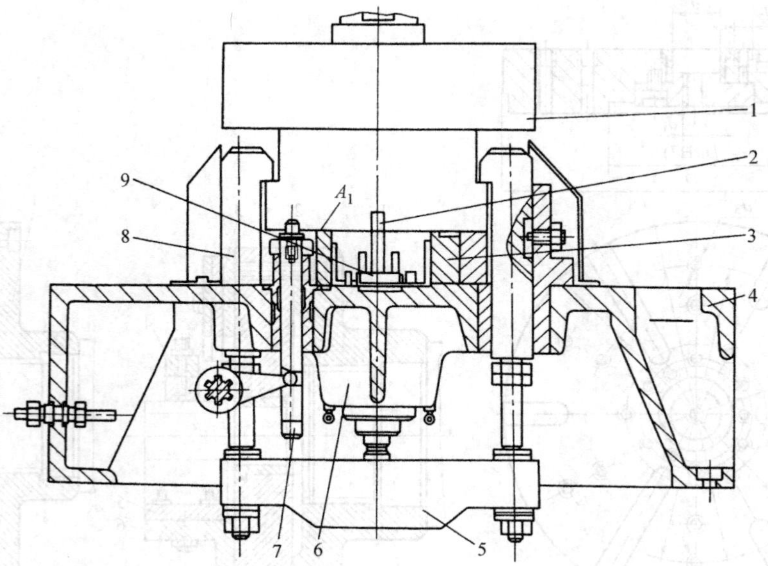

图 7-35　随行夹具在自动线机床上工作的结构简图

1—随行夹具　2—输送带　3—输送支承　4—固定夹具　5、9—杠杆

6—液压缸　7—定位机构　8—钩形压板

销孔、螺孔、法兰孔以及定位孔的铣、钻、扩、锪、铰、攻螺纹、拉削等 17 道加工工序。工件（见图 7-36a）以法兰端面、杆部外圆和工艺孔为基准，用支承板 3、定位套 4、菱形销 1 定位，并用钩形压板 2 夹紧。为了保持随行夹具的精度，使其定位基面 B 和输送基面 A 分开，粗加工用的定位销孔与精加工用的定位销孔 C 也分开（见图 7-36b）。随行夹具还设有集屑盆 5，将每道工序的切屑集中在盆中，当随行夹具行至倒屑工位时，倒屑机构便将其翻传 180°实现振荡倒屑。

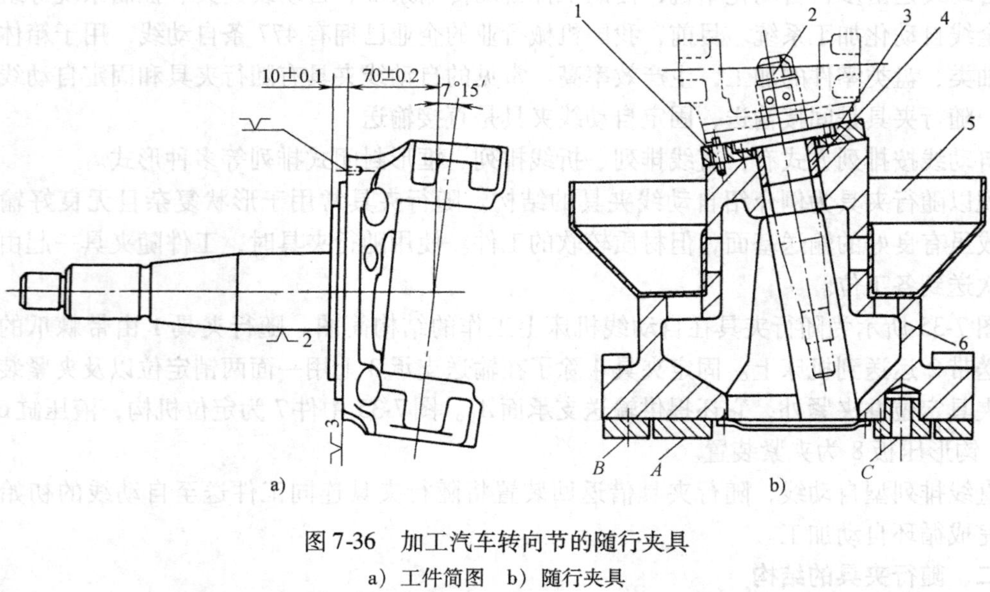

图 7-36　加工汽车转向节的随行夹具

a）工件简图　b）随行夹具

1—菱形销　2—钩形压板　3—支承板　4—定位套　5—集屑盆　6—夹具体

第七节　数控机床夹具

一、概述

数控机床需确立坐标系统，以便于零件的编程。图 7-37 所示为数控铣床（NC 铣床）的坐标轴。

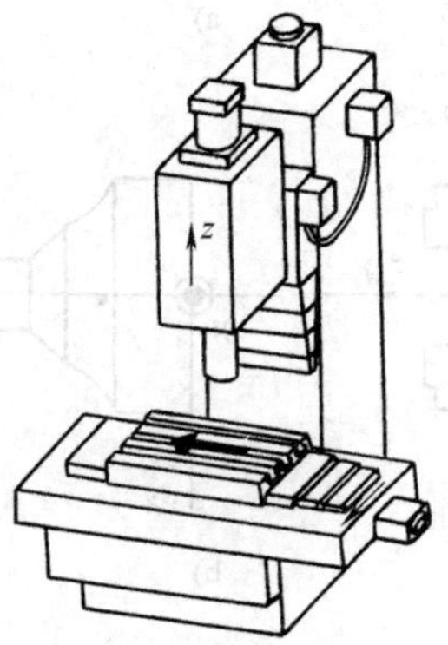

图 7-37　数控铣床的坐标轴

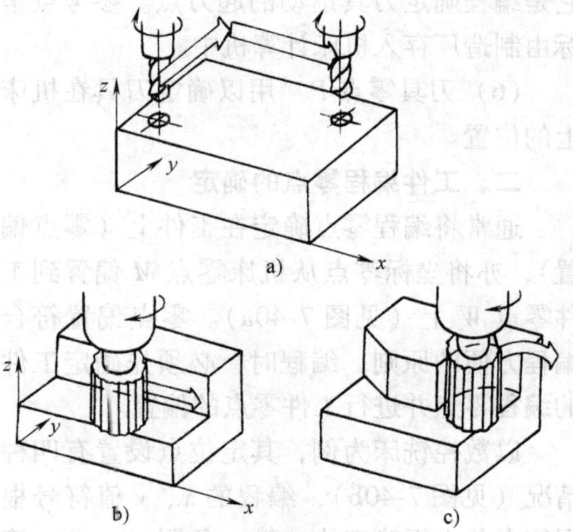

图 7-38　数控机床的三种运动控制方式
a）点位控制　b）直线控制　c）轮廓控制

1. 数控运动的控制方式

为了完成工件的加工，工件和刀具间总是要作相对运动。数控机床有以下三种运动控制方式，如图 7-38 所示。

（1）点位控制　点位控制的主要功能是在坐标系中，将刀具从一点移至另一点，如图 7-38a 所示；它只控制刀具相对于工件从一点运动到另一点间的准确性，而不考虑两点间的运动路径。

（2）直线控制　除了控制刀具从始点到终点的准确性之外，还要保证运动轨迹为一条直线，如图 7-38b 所示。

（3）轮廓控制　除了可以完成点位控制和直线控制外，还可以对多于一个方向上的运动实施仿真模拟控制，用以加工二维或三维曲线形面，如图 7-38c 所示；刀具的路线是由连续轨迹控制的，如数控铣床、数控车床、加工中心等。

2. 数控的基准点

数控机床工作区应确定下列基准点：机床零点、工件零点、定位点、夹具零点、参考点等，如图 7-39 所示。

（1）机床零点 *M*　机床零点是机床坐标系的坐标原点。机床零点由机床制造厂设定。

（2）工件零点 *W*　工件零点是工件坐标系的坐标原点。它由编程员选定。

（3）定位点 *A*　定位点 *A* 是夹具定位元件的定位点。当工件的定位基准与工序基准重合时，定位点即为工件零点。

（4）夹具零点 W_2　夹具零点 W_2 是夹具坐标系的原点。由夹具设计员设计在夹具的合适位置。

（5）参考点 R　参考点是刀具在机床工作区的一点，是刀具零点与机床零点的相对位置，它与机床零点的相对位置必须知晓。它是编程确定刀具运动的起刀点。参考点坐标由制造厂存入机床计算机中。

（6）刀具零点 P　用以确定刀具在机床上的位置。

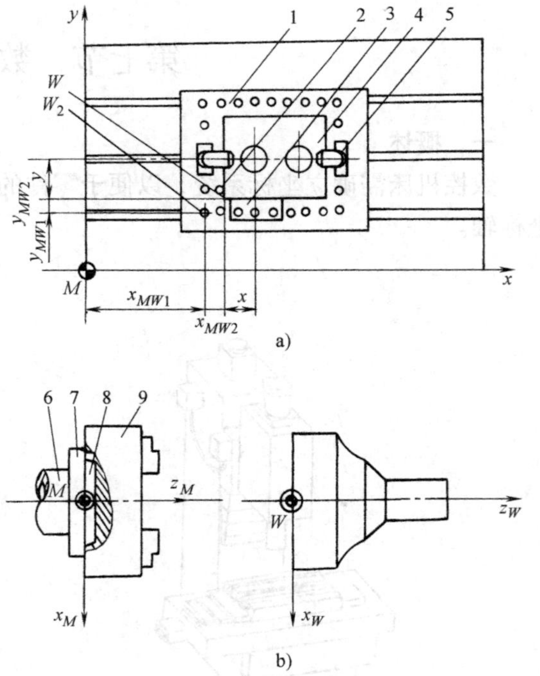

图 7-39　数控的基准点

a）立式加工中心的基准点　b）数控车床的基准点

1—网格孔系平台　2、3—定位元件　4—工件　5—夹紧装置　6—车床主轴　7—主轴凸缘　8—定心锥　9—卡盘

二、工件编程零点的确定

通常将编程零点确定在工件上（零点偏置），亦将坐标零点从机床零点 M 偏置到工件零点 W 上（见图 7-40a）。零点偏置符合编程方便的原则。编程时，必须先确定工件的编程零点并进行工件零点的偏置。

以数控铣床为例，其定位点设置有四种情况（见图 7-40b），编程的 x、y 值符号根据笛卡儿坐标确定为：第一象限 $+x+y$；第二象限 $-x+y$；第三象限 $-x-y$；第四象限 $+x-y$。当工件以精基准定位时，应使工件零点 W 与定位点 A 重合。工件零点偏置可按要求，用 G54、G55、G57、G58、G59 指令将偏置量输入机床的偏置寄存器中。在夹具上应设立编程零点，如图 7-39a 所示，在网格孔系平台上，选择一个精密的孔为基准点 W_2，通常它在夹具的左下角处。此孔的位置要便于机床位置测量，以便测出其在机床上的坐标位置。如图 7-41 所示，在夹具的一端，用一个衬套孔的中心为基准点 W_2，并标注出其至定位点的距离，以便编程。此孔在机床上的坐标位置数值也可用机床位置测量获得。

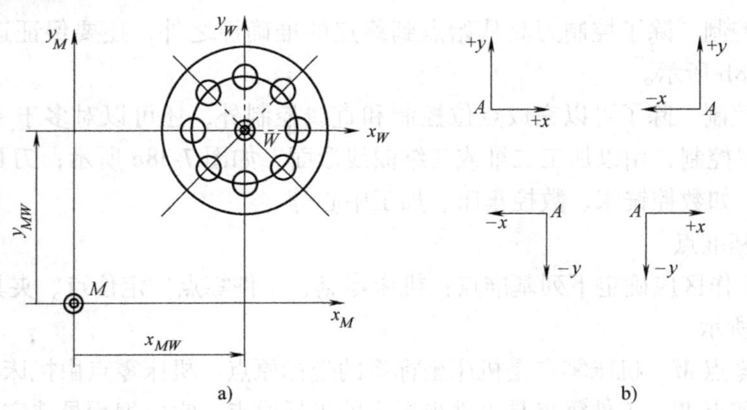

图 7-40　工件编程零点

a）工件坐标原点对机床坐标原点的移位　b）定位点设置

三、数控机床的夹具系统

数控机床夹具的设计重点是提高劳动生产率，降低生产的总成本。

数控机床对夹具的要求是小型化、自动化、系列化和柔性化。数控机床的应用已有几十年的历史，数控机床夹具设计也有许多成功的经验，从而已建立了一个完善的夹具系统。数控机床的夹具系统包括下列七类：通用夹具、通用可调夹具、组合夹具、成组夹具、拼装夹具、专用夹具、非标夹紧组件。

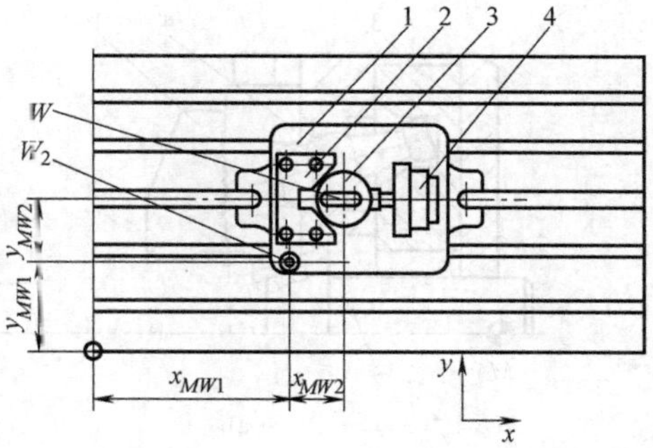

图 7-41　数控铣床上的基准点

1. 通用夹具

这类夹具已标准化、系列化，如虎钳、通用角铁、动力卡盘等，可满足简单零件的装夹。生产成本较低，但夹具的柔性化较差。

图 7-42 所示为通用角铁在卧式加工中心上的应用。箱体工件装夹在角铁上，镗削平行孔系。图 7-43 所示为用于数控车床的中空式液压动力卡盘；在高速车削时，卡爪的夹紧力约损失 10% 左右；平衡块 3 所产生的离心力经杠杆 4 给卡爪 1 一个附加的力，以补偿卡爪夹紧力的损失；卡爪由活塞 12 经拉杆 6 和楔槽滑块 7 的作用将工件夹紧。

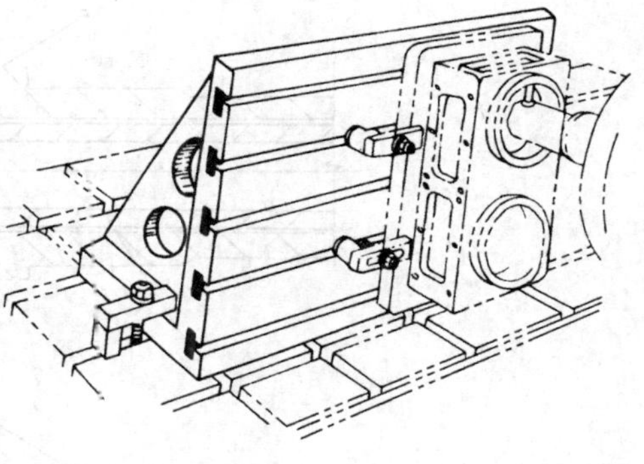
图 7-42　通用角铁在卧式加工中心上的应用

图 7-44 所示为用于数控铣床的虎钳。图中分别表示了机床零点 M、夹具零点 W_2 和工件的零点 W。

2. 通用可调夹具

常见的通用可调夹具有通用可调卡盘和通用可调虎钳两种形式，有较广的加工范围，可装夹形状较复杂的零件。这类夹具的柔性化有所改善。例图 7-45 所示的通用可调平台，用于装夹以两孔一面定位的箱体零件。两转盘 2 上的插销 3 可调整。圆周调整经轴 5、蜗杆 6 传动蜗轮实现；直线调整经齿轮轴 7、滑板 4 实现。工作台上的 T 形槽中可配置夹紧机构。这类夹具适用于相似箱体零件族的装夹。

3. 组合夹具

组合夹具有良好的柔性，也是最早实现柔性化的夹具，用于装夹形状较复杂的零件，是一种很经济的夹具。特别是孔系组合夹具的应用，是一种很理想的夹具。图 7-46 所示为箱体零件在孔系组合夹具上的装夹。使用时，应在夹具上选择一个编程零点，并注意防止刀具与夹具发生碰撞。

4. 成组夹具

目前，多品种，中、小批量生产的企业都采用成组技术，成组夹具广泛应用于数控加工单元和柔性制造系统中，它是按企业的典型零件族设计的专用可重调夹具。如本章第二节所述，成组夹具的柔性化良好。

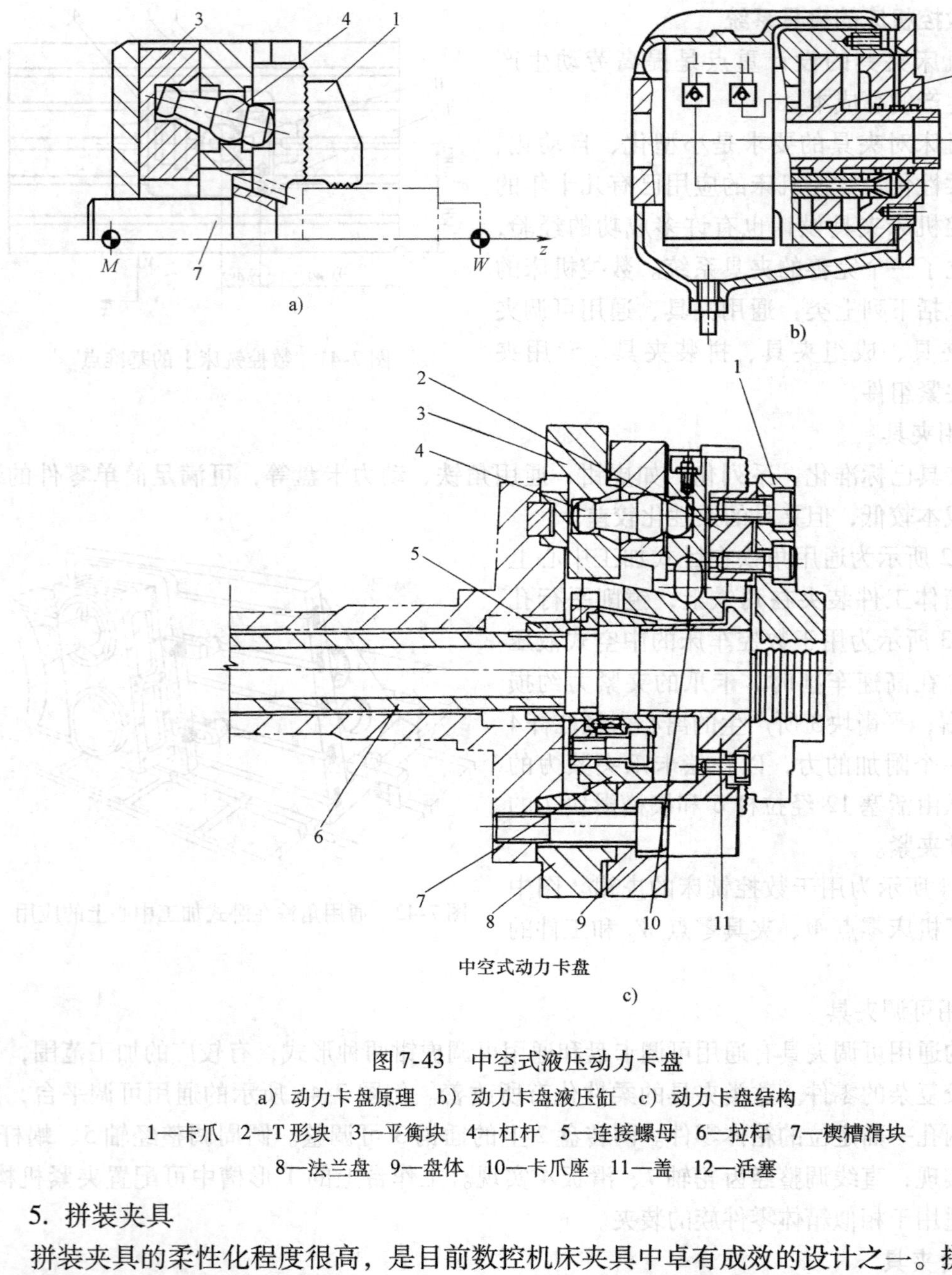

图 7-43　中空式液压动力卡盘

a）动力卡盘原理　b）动力卡盘液压缸　c）动力卡盘结构

1—卡爪　2—T 形块　3—平衡块　4—杠杆　5—连接螺母　6—拉杆　7—楔槽滑块　8—法兰盘　9—盘体　10—卡爪座　11—盖　12—活塞

5. 拼装夹具

拼装夹具的柔性化程度很高，是目前数控机床夹具中卓有成效的设计之一。拼装夹具由标准模块组成，它还包含夹紧装置系统。目前，拼装夹具只有企业标准。标准模块的基础件有网格孔系四方立柱、T 形槽四方立柱、网格孔系角铁和平台等。在拼装夹具上允许使用专用定位元件。

6. 专用夹具

专用夹具的柔性化差，在数控加工中应尽量少采用专用夹具。在产品较稳定的大批量生产中，对一些形状复杂的零件，允许使用专用夹具。

在专用夹具上需设置夹具零点。如图 7-47 所示，为卧式加工中心所使用的专用夹具，设置夹具零点 W_2 和工件零点 W。

7. 非标夹紧组件

非标夹紧组件也是按柔性化要求设计的，种类繁多。特点是通用性强，能适合多种工件的夹紧要求。常见的有液压夹紧模块、螺旋压板夹紧模块等柔性化夹紧组件。非标夹紧组件的结构紧凑，在数控机床上的应用具有良好的夹紧功能，如液压组合夹紧压板等。由于可重复使用，故也是一种低成本设计。

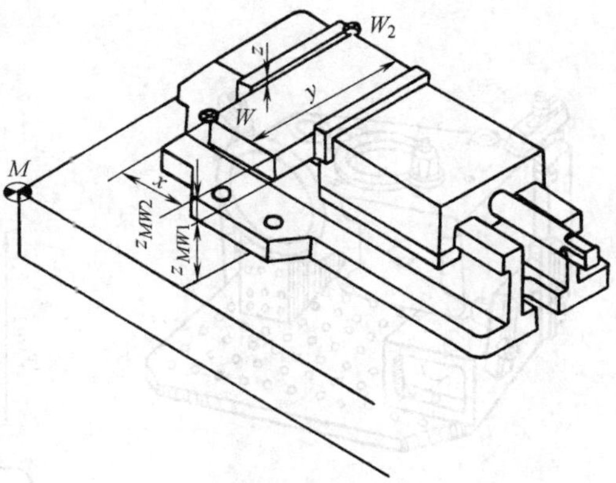

图 7-44　用于数控铣床的虎钳

四、数控机床夹具的设计要求

用于数控机床（CNC）、加工中心（MC）、柔性制造系统（FMS）的夹具设计，应满足下列要求：

（1）缩短装夹的辅助时间　由于数控机床的自动化加工过程只需很少的时间，所以要特别注意不要把装夹的时间拖得太长，以减少机床停车等工时间。夹紧装置要具有良好的柔性，调整方便、迅速。

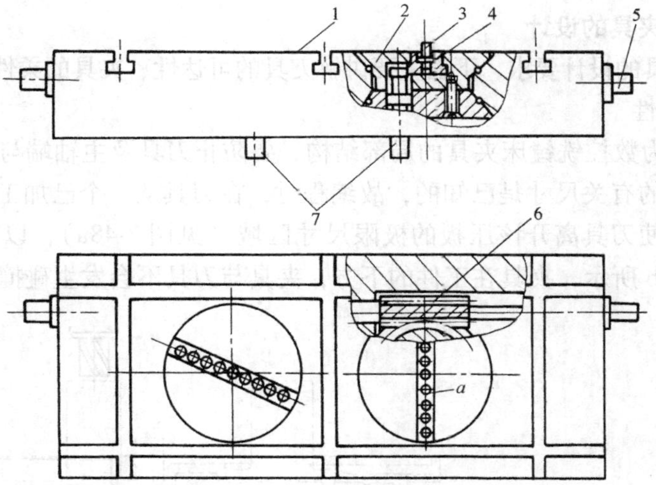

图 7-45　通用可调平台

1—工作台　2—转盘　3—插销　4—滑板　5—轴　6—蜗杆　7—齿轮轴

（2）夹具结构的柔性化　如采用拼装夹具、成组夹具、通用可调夹具的设计。这类柔性化夹具设计能满足多品种中、小批量生产的要求，可缩短企业的生产准备时间。

（3）优先采用夹紧动力装置　采用夹紧动力装置实现夹紧的自动化，并使夹紧可靠。

（4）托盘及工件的传输　托盘在加工中心机床工作台上能迅速更换和精确定位紧固。在自动夹具中要设计工件的传输装置。

（5）夹具的低成本设计　该设计方式力求于简化夹具结构，且多功能、系列化，以多功能的结构代替单一功能的夹具元件。这些夹具可重复使用，可加工一族相似的零件，以降低夹具成本和生产的总成本。

（6）满足刀具的可达性要求　刀具在运动时应不受障碍，应防止夹具与刀具发生碰撞。

（7）夹具的精度　通常数控加工的精度是很高的，如加工中心的加工精度为 0.015mm。

因而，应设法减小夹具的定位误差和位置误差。

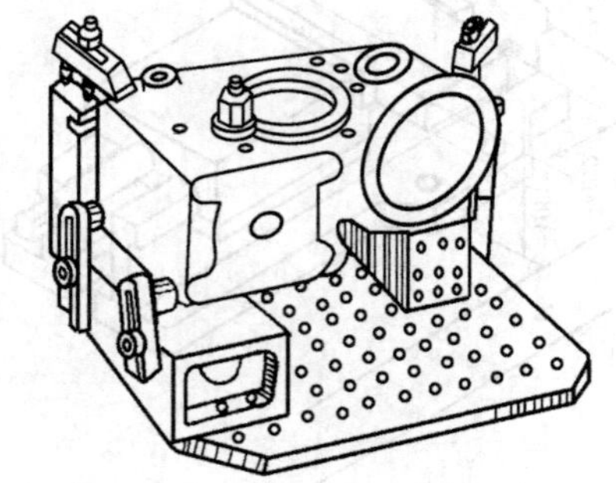

图 7-46　箱体零件在孔系组合夹具上的装夹

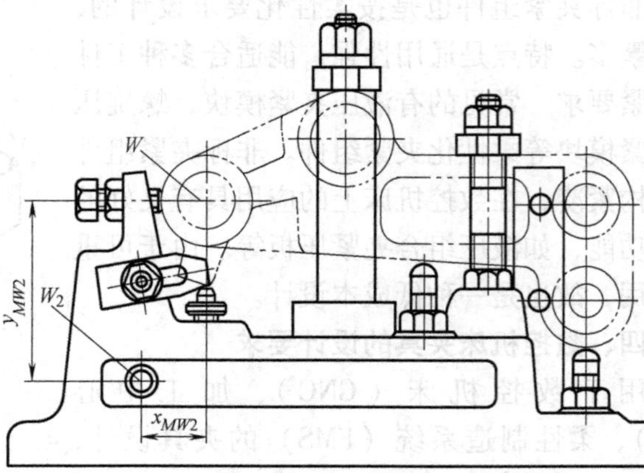

图 7-47　卧式加工中心所使用的专用夹具

（8）夹具零点的设置　设置编程零点，以满足编程的要求。

（9）夹具的刚度　夹具的刚度包括定位元件的刚度和夹具体的刚度，夹具的刚度对加工精度有间接的影响。

五、数控机床夹具的设计

按数控机床夹具的设计要求，下面主要讲解刀具的可达性、夹具的柔性化两个设计要点。

1. 刀具的可达性

图 7-48a 所示为数控铣镗床夹具的局部结构，要防止刀具及主轴端与夹具的夹紧装置相碰。通常夹紧压板的有关尺寸是已知的，故编程时，在刀具从一个已加工表面移至另一加工表面的路径中，应使刀具离开该压板的极限尺寸区域（见图 7-48a），以防止夹具与刀具发生碰撞。如图 7-48b 所示，夹具在工件的下方，夹具与刀具不会发生碰撞。

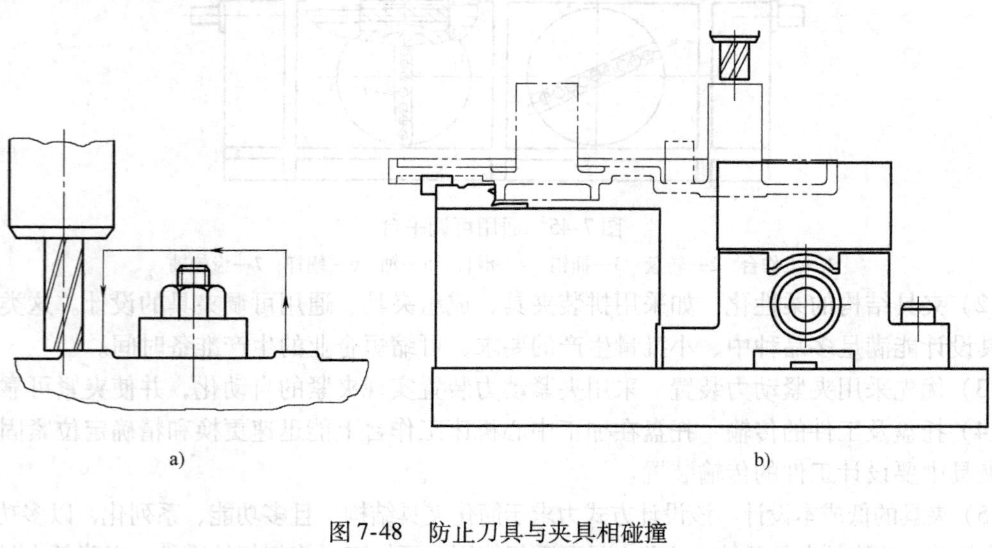

a)　　b)

图 7-48　防止刀具与夹具相碰撞
a）极限尺寸区域　b）夹具位置在工件下方

2. 夹具的柔性化设计

夹具的柔性化设计主要包括：夹具基础件设计、定位元件设计、托盘设计、夹紧装置设计、传输装置设计等。

（1）基础件的设计　拼装夹具的基础件有四方立柱、角铁、平台等，如图7-49所示。

1）网格孔系四方立柱　图7-49a所示为网格孔系四方立柱，立柱上有坐标孔系和螺孔，在其平面上可拼装各种元件和组合件。坐标孔系的定位孔可用作编程零点。网格孔系四方立柱可用于多工位数控加工中。

2）T形槽四方立柱　图7-49b所示为T形槽四方立柱，立柱上有精密T形槽，用作连接和紧固各种元件。T形槽四方立柱可用于多工位数控加工中。

3）网格孔系角铁　图7-49c所示为网格孔系角铁，它的结构设计与网格孔系四方立柱相同，在其底面上设计了定位孔，以便于夹具与数控机床工作台连接定位。

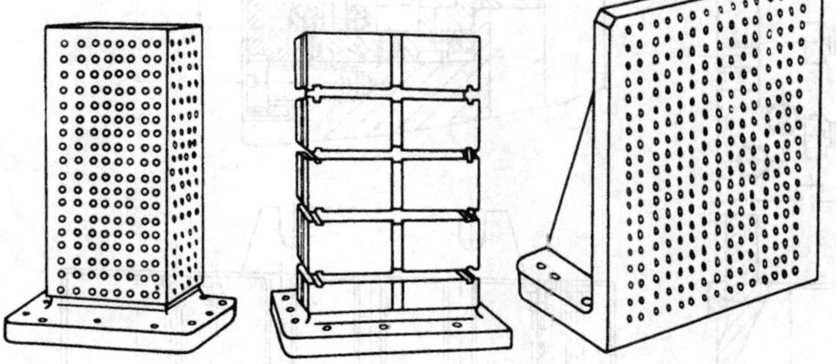

图7-49　拼装夹具的基础件

a）网格孔系四方立柱　b）T形槽四方立柱　c）网格孔系角铁

4）矩形平台　图7-50所示为矩形平台，平台上有精密T形槽，用作连接和紧固各种元件。*B—B*剖视图所示是按坐标分布的定位孔系，用作元件连接的定位。可选其中一孔为编程原点。定位孔尺寸公差等级为IT7，两孔中心线的孔距精度为±0.02mm。*C—C*剖视图所示的辅助连接孔，用于平台与机床工作台的连接紧固。*D—D*剖视图所示的定位孔用于夹具与数控机床工作台中心对定。图7-50中件*a*是衬套，*b*是防尘罩。平台底面有两个定位孔，用于夹具与工作台的连接定位。

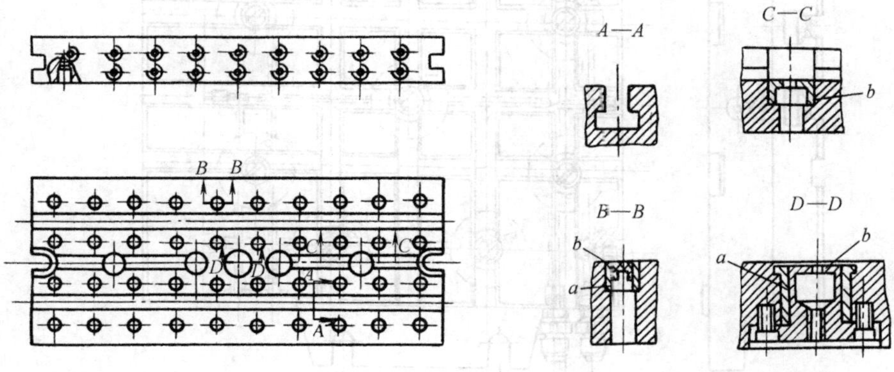

图7-50　矩形平台

5）液压矩形平台

图7-51所示为液压矩形平台，有15个液压缸以供选用。在液压缸的端部设计有螺纹

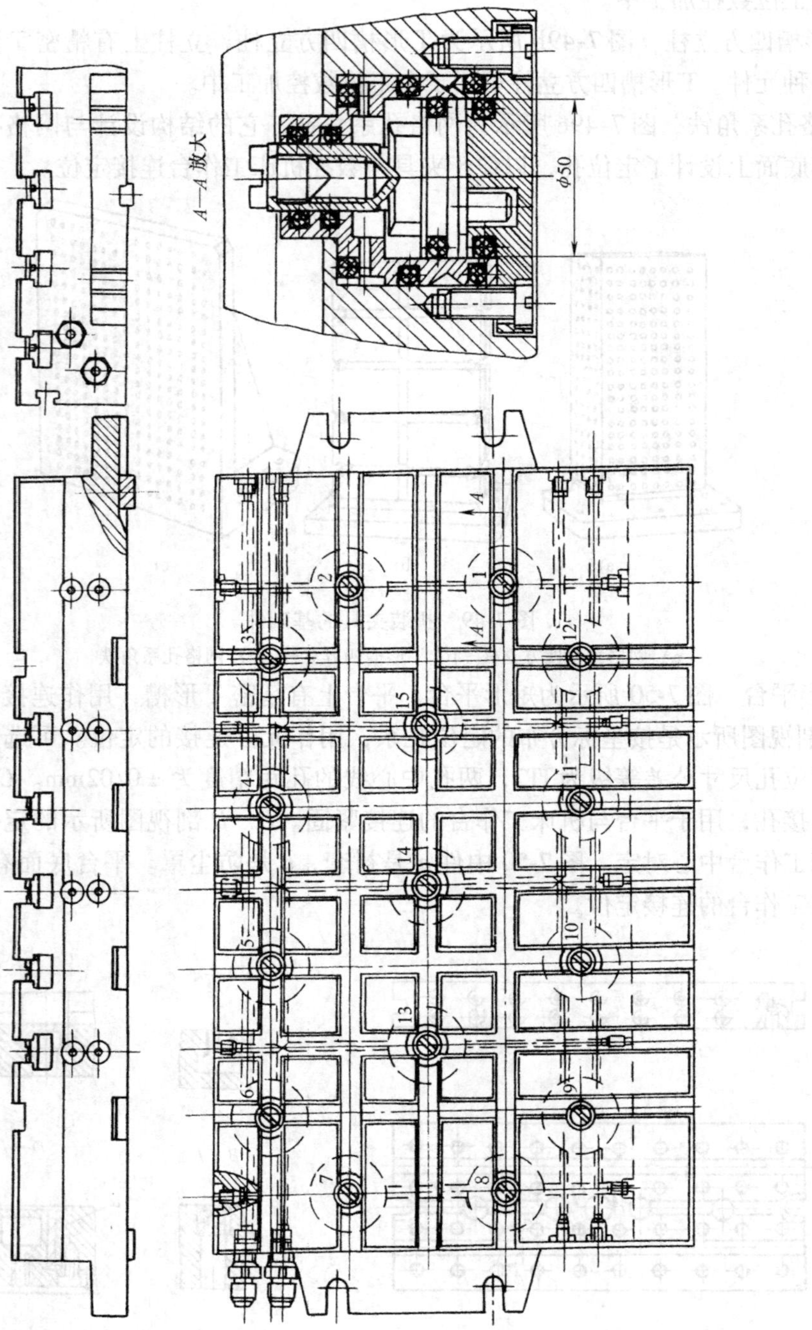

图 7-51　液压矩形平台

孔，用于连接夹紧元件以实现机动夹紧。平台上的T形槽，用作连接和紧固各种元件。液压矩形平台的柔性化程度很高。

（2）定位元件的设计　典型的定位元件应有高的柔性，以便调整、更换、重复使用。定位元件常见的结构有各种可调支承、可调支承板和可调V形块等。按成组工艺要求，也可采用典型零件族的专用定位元件。工件的定位应符合六点定位规则。

（3）夹具的拼装　下面举两个例子说明夹具的拼装。

图7-52所示为加工中心的拼装夹具，用于加工壳体零件族。网格孔系角铁用圆柱销、六角螺钉联接固定在网格孔系平台。专用定位元件拼装在网格孔系角铁上。拼装的原理与组合夹具相同。

图7-53所示为数控线切割机床用的拼装夹具，夹具主要由基础板和支承件拼装而成。此夹具柔性化较高，可用于圆柱形、矩形零件的装夹，调整拼装也较方便。

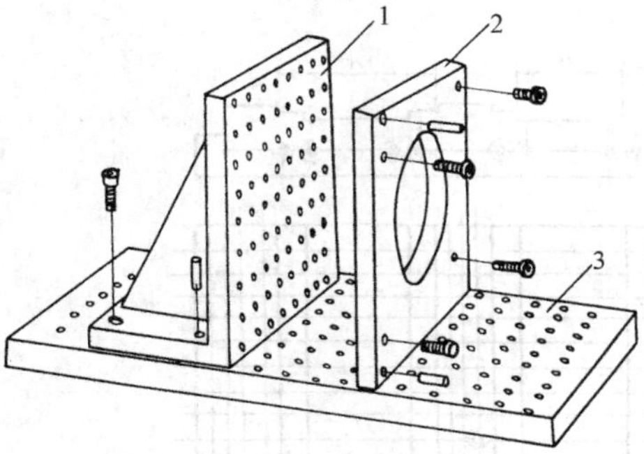

图7-52　加工中心的拼装夹具
1—网格孔系角铁　2—专用定位元件
3—网格孔系平台

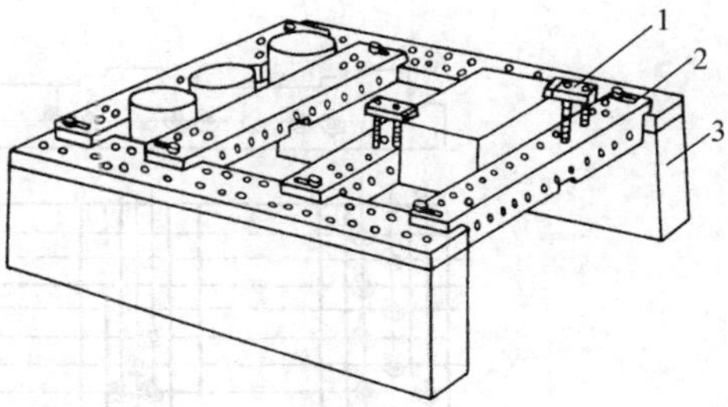

图7-53　数控线切割机床用的拼装夹具
1—压板　2—支承件　3—基础板

（4）托盘的设计　图7-54所示为柔性化托盘的设计。图7-54a所示的加工中心中使用多个托盘，其中一托盘在回转工作台上，另一托盘则在输入工作台上，两托盘交替使用，可减少机床停车等工时间。图7-54b所示为随行托盘，托盘上有两种尺寸的台阶槽，可连接或紧固各种元件或组件；托盘侧面的螺孔也用于紧固夹具元件。这类托盘的柔性化程度很高。

（5）夹紧装置的柔性化设计　夹紧装置的设计目标是自动化和柔性化。图7-55所示为数控铣镗床的夹紧装置，采用液压动力装置使压板在工件的下部夹紧。夹具为敞开式的，以满足在数控机床的几个方向上对工件加工。液压装置的压力较高，可获得较大的夹紧力。在加工中心上，由于切削力的不断变化，故要求动力装置所输出的压力也是可变的。这种动力装置的压力适应切削力变化的柔性化系统，如图7-56所示。图中压板的夹紧力经传感器、放大电路、滤波器以及微机的计算，将信息传至控制阀，调节油路的压力，满足夹紧力控制的柔性化要求。

手动柔性螺旋压板的夹紧机构如图7-57所示，压板的高度可用齿纹的板块调整，图中螺旋压板的有关尺寸齐全，编程时可防止刀具与夹紧装置发生碰撞。

图7-58所示为可拼装的数控机床微型液压缸。图7-58a所示为嵌入式拉力液压缸，它利用台阶面拼装在夹具的一端，在另一端拼装了钩形压板将工件夹紧；图7-58b所示的嵌入式液压缸，拼装在压板的一端；图7-58c，d，e所示的液压缸，拼装也较灵活；图7-58f所示为螺旋式液压缸，旋入夹具体螺孔中，有良好的柔性；图7-58g所示的螺旋式液压缸组件，

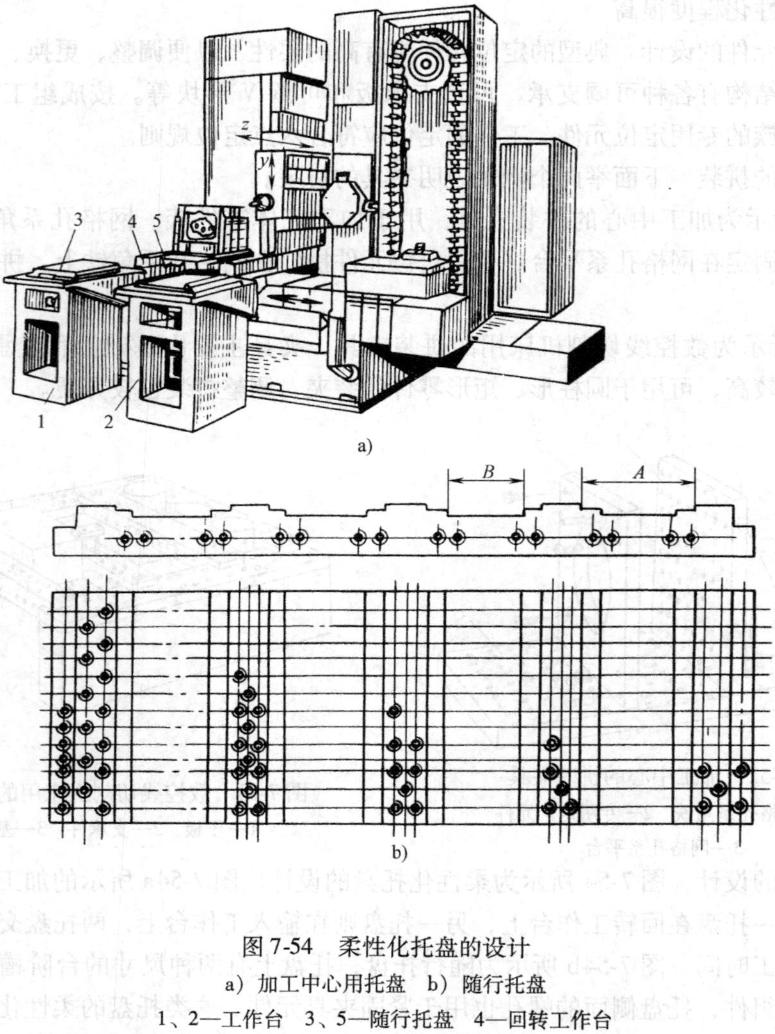

图 7-54　柔性化托盘的设计

a）加工中心用托盘　b）随行托盘

1、2—工作台　3、5—随行托盘　4—回转工作台

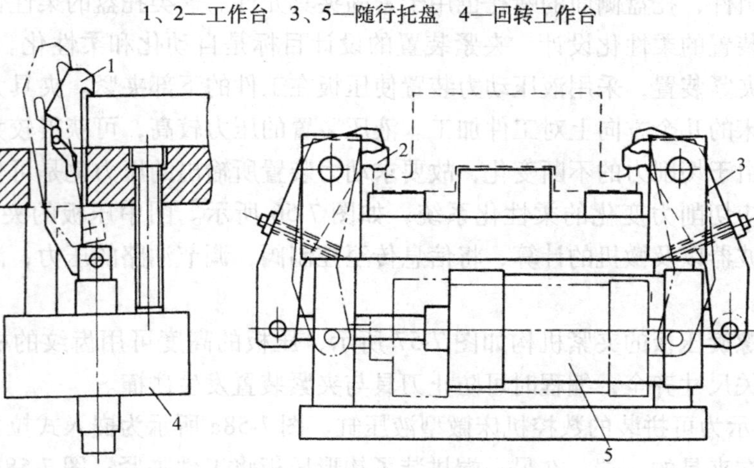

图 7-55　数控铣镗床夹具的夹紧装置

1、2、3—压板　4、5—液压缸

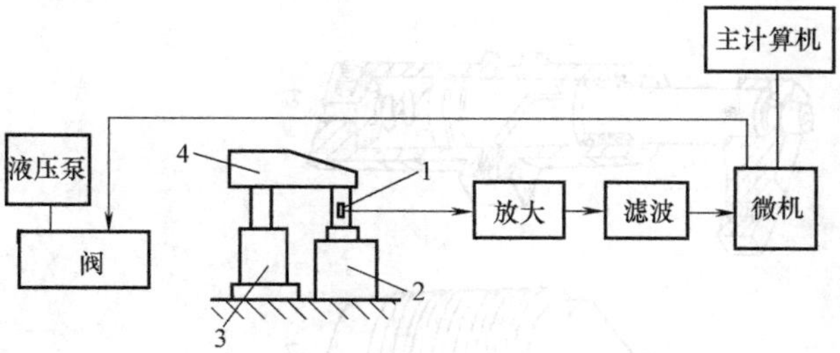

图 7-56　压力适应切削力变化的柔性系统

1—传感器　2—工件　3—液压缸　4—压板

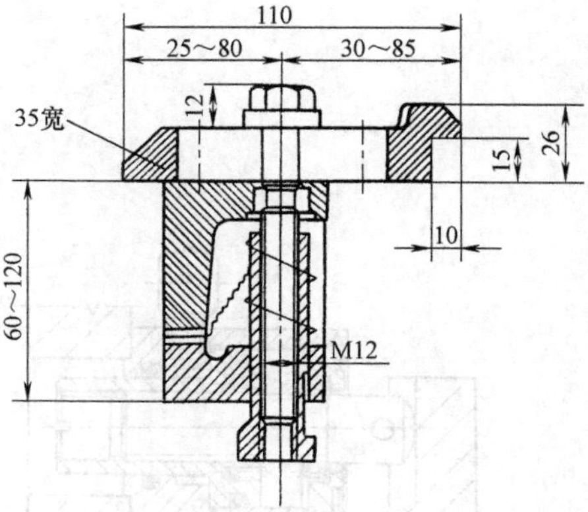

图 7-57　手动柔性螺旋压板的夹紧机构

其活塞杆上设置有螺旋槽，当活塞杆移动时，压板随之转动，能快速装卸工件。上述微型液压缸均采用液压泵站提供压力油。国内生产的一种液压泵站的压力有 $p=16\text{MPa}$、25MPa、16MPa、$p=25\text{MPa}$、$p=32\text{MPa}$。

夹紧机构设计要注意以下问题：

1）压板在很有限的空间中不能伸出太多，而压板的增力比要尽量大。

2）优先采用液压动力装置。当采用气压装置时，要采用增力机构，以减小气缸直径。

3）处理好夹紧力与原始力的位置关系，便于布置夹紧机构。

图 7-59a 所示为气压动力的铰链夹紧机构，推杆的推力较大。图 7-59b 所示为液压动力夹紧机构，滑柱对准工件的夹紧部位。图 7-59c 所示，也是液压动力夹紧机构，回转式压板的回转中心与工件之间的位置处理得当，压板伸出不多，且增力比较大，效果较好。

（6）传输装置设计　自动夹具工件的传输装置有上、下料机构，上、下料双臂机械手，各种工业机器人。

1）上、下料机构。图 7-60 所示为落下式自动装料器的动作顺序，它是利用工件重力下落的特性，其循环动作有 5 个节拍。落下式自动装料器主要由料道、挡板、下料滑道组成。料道与贮料装置连接。

图 7-61 所示为磨床用上下料机构。图 7-61a 所示为带上、下料滑道的上料机构；图 7-61b 所示为带横梁、移动架和机械手的上下料机构。这种上、下料机构用于轴类零件的传输。

2）上、下料双臂机械手，如图 7-62 所示。图 7-62a 所示为斜置式机械手，机械手由液压传动分别完成握紧工件和移动两个动作；机械手 2 从料仓中握一个工件至加工区域，机械手 1 将已加工的工件取下，送至传送带，并送至下料仓。图 7-62b 所示为回转式机械手，转臂 3 为下料机械手，转臂 4 为上料机械手。由于工件运动轨迹的夹角较小，故此种机械手不适用于大型零件的上、下料。

3）工业机器人

工业机器人由三部分组成，即机械部分、控制部分、驱动部分（见图 7-63）。机械部分由机身、腰部、手臂、腕部和手组成，机器人以手的手指抓握工件；机器人一般将手臂的动作简化为连杆、关节运动；驱动部分由液压传动、气压传动并通过同步带、链条等机械机构驱动；控制系统的任务是按作业要求支配机器人工作，常采用微机控制机器人。机器人也常

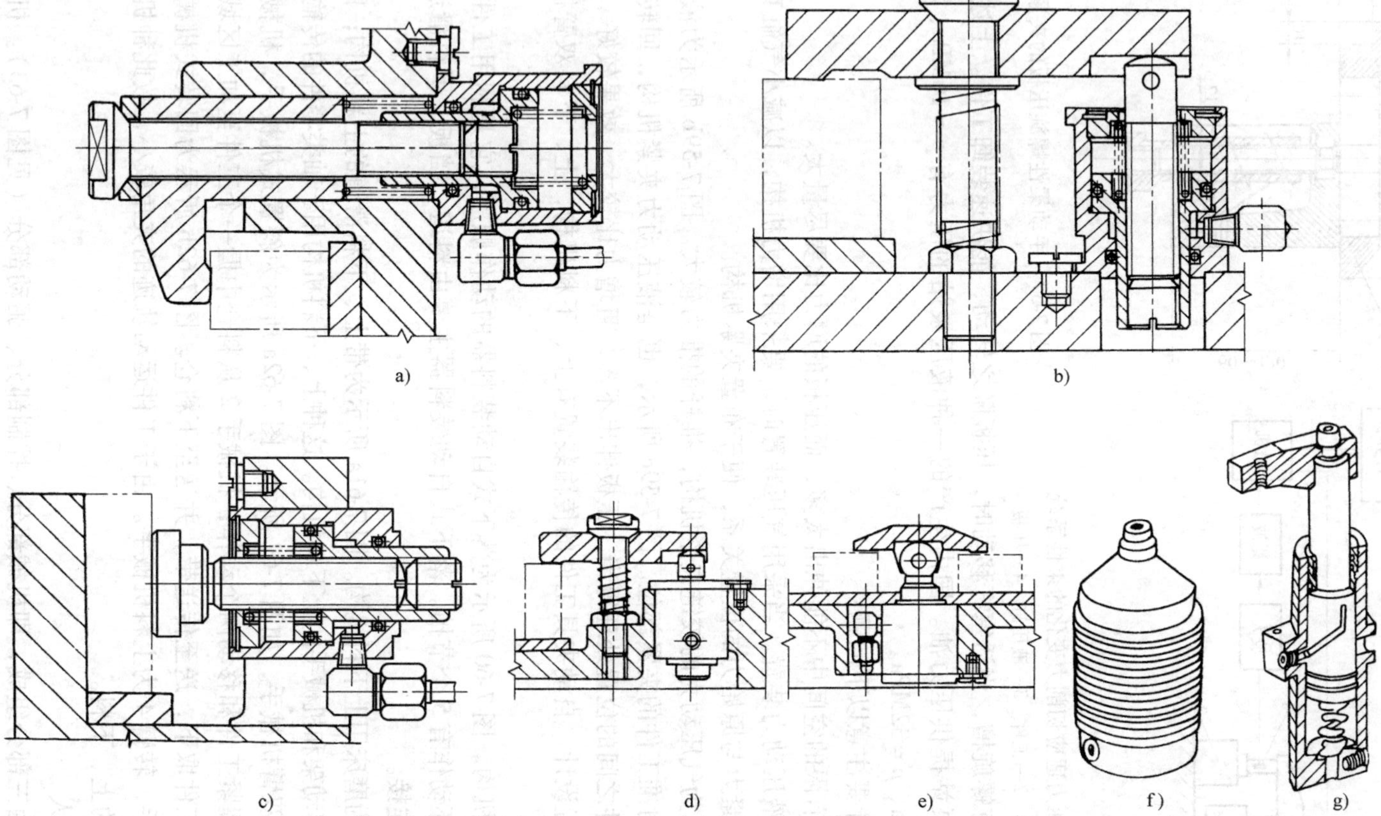

图 7-58 可拼装的数控机床微型液压缸

a)嵌入式拉力液压缸 b)嵌入式推力液压缸 c)嵌入式推力液压缸

d)嵌入式推力液压缸 e)嵌入式拉力液压缸 f)螺旋式液压缸 g)螺旋式液压缸组件

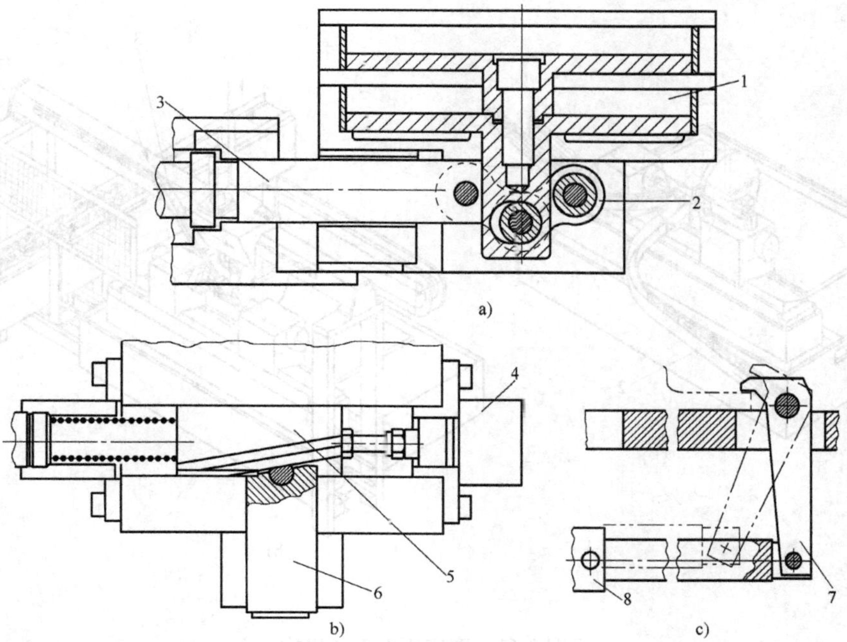

图 7-59　夹紧机构

a）气压动力的铰链夹紧机构　b）c）液压动力夹紧机构

1—气缸　2—铰链　3—推杆　4、8—液压缸　5—斜楔　6—滑柱　7—铰链式压板

用示教再现控制，即把规定的动作先教给机器人，然后机器人按程序工作。计算机则采用特定的语言所编制的示教程序。

机器人的基本特性参数是工作空间、运动自由度、有效负载、运动精度、运动特性等。目前，工业机器人常有 4～6 个运动自由度。按机器人主连杆的运动特点分为直角坐标型、圆柱坐标型、球坐标型和关节型四大类（见图 7-64）。机器人的运动方式分为直线运动（代号 P）和旋转运动（代号 R）。比如 RPRR 型表示了从基身开始到臂端、关节的运动为旋转、直线、旋转、旋转。直角坐标型机器人由三个直线运动组成，结构简单。圆柱坐标型机器人则由于基身的转动，它的工作空间较大。球坐标型机器人由两个转动坐标和一个直线坐标组成，工作空间更大。关节型机器人的结构最接近人的手臂，工作灵活。

工业机器人的腕部是连接手部与臂部的部件，起支承手部的作用。为了使手部处于空间任意方向，腕部具有三个坐标轴圆周方向的自由度。手腕按自由度数目分为：单自由度手腕，二自由度手腕，三自由度手腕，如图 7-65 所示。手爪分机械式手爪、

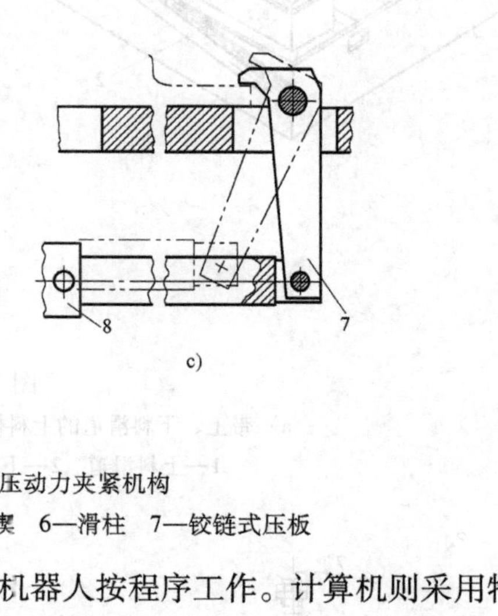

图 7-60　落下式自动装料器的动作顺序

a）初始位置　b）挡板上移　c）工件下落至工位　d）加工完毕下落　e）后续工件到位

1—料道　2—下料滑道　3—挡板

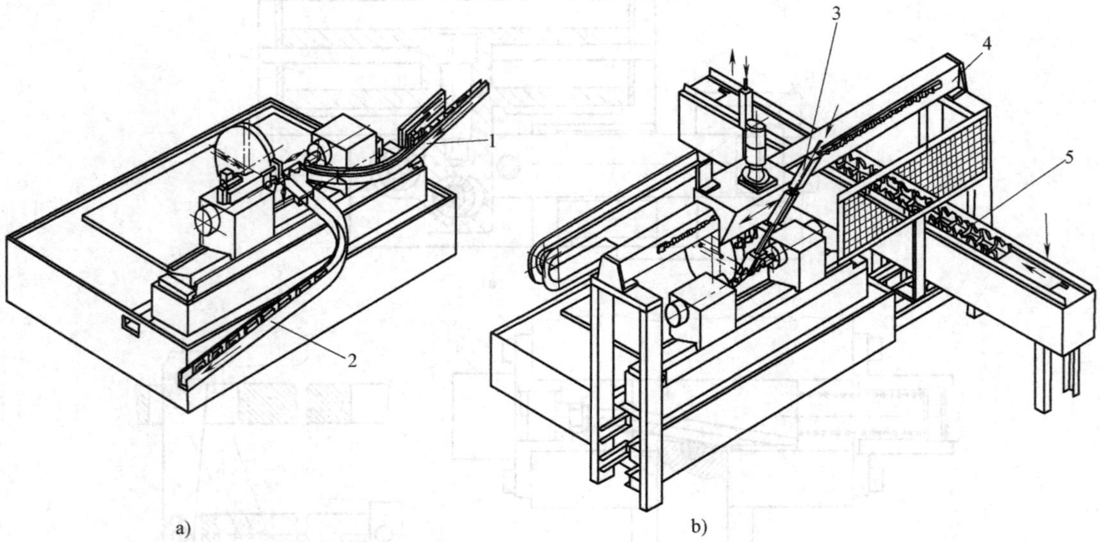

图 7-61　磨床用上下料机构

a）带上、下料滑道的上料机构　b）带横梁、移动架和机械手的上、下料机构

1—上料滑道　2—下料滑道　3—机械手　4—横梁　5—送料装置

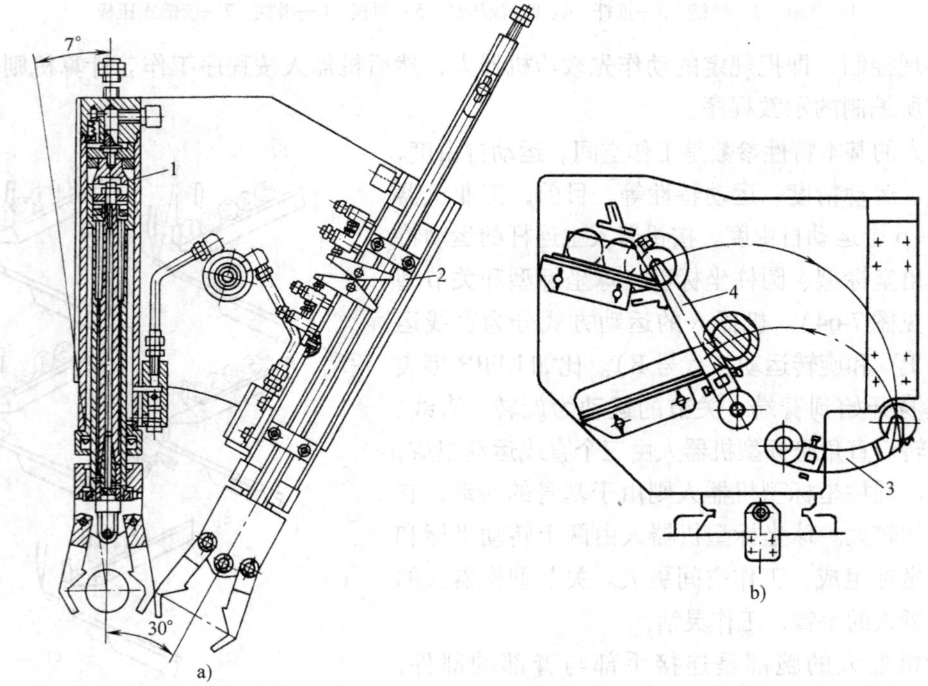

图 7-62　上下料双臂机械手

a）斜置式机械手　b）回转式机械手

1、2—机械手　3、4—转臂

磁力吸盘手爪、真空吸盘手爪三种。

图 7-65a 所示为手腕的翻转；图 7-65b 所示为手腕的俯仰；图 7-65c 所示为手腕的偏转；图 7-65d 所示为三自由度手腕；图 7-65e 所示为液压手腕，三个关节都使用叶片式的摆动液压缸，液压缸由电液伺服阀控制。

图 7-66 所示为四种手爪传动机构，分别是齿轮齿条式手爪、拨杆杠杆式手爪、滑槽式手爪、重力式手爪。

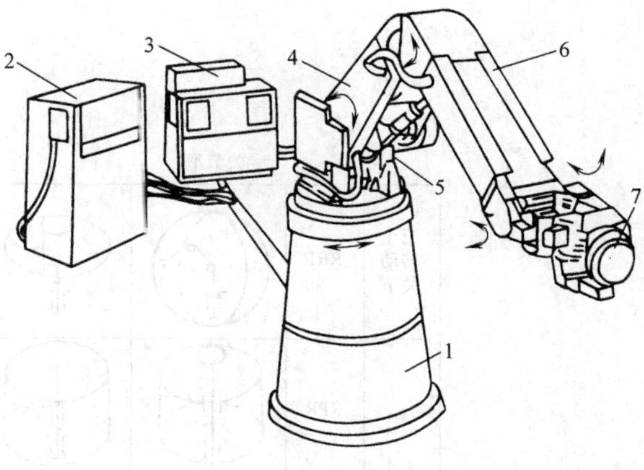

图 7-63 工业机器人的组成
1—机身 2—控制系统 3—驱动系统 4—上臂 5—腰部 6—前臂 7—腕

现代机器人有传感器，能对作业对象作检测判断，并能适应变化的情况，灵活地改变动作。机器人的感觉分视觉、接触觉、压觉、滑动觉、力觉、接近觉、听觉。图 7-67 所示的视觉传感器为工业电视摄像机，由光接收部分、光电变换部分和扫描部分组成。经透镜成像的光信号在摄像管的靶面上作为模拟信号被记忆。从阴极发射出来的电子束依次在靶面上扫描，将图像的光信号转换成时间序列的电信号输出，控制机器人的动作。

(7) 柔性制造系统的夹具 图 7-68 所示为柔性制造系统的组成及工件的传输。由 5 台加工中心组成的柔性制造系统，工件装在随行托板上，由传输系统将工件送至工作台，完成数控加工程序。

图 7-69 所示为柔性制造系统的夹具，其柔性化程度很高。夹具主要由四个定位夹紧组件构成，其中三个组件可由机床的脉冲指令控制其坐标位置。调整时，由脉冲信号起动步进电动机 2，经丝杠 5 传动大滑板 7，在 z 坐标方向移动。支承 4、9 安装在小滑板 6 上，可由步进电动机经齿轮、丝杠传动作 x 坐标方向移动，调整坐标位置。夹具的调整可编入程序中。图中 W_2 为夹具零点。

图 7-70 所示为工业机器人在成组单元中的应用。图 7-71 所示为柔性加工单元中机器人的布置。该柔性制造系统中同时加工两种工件，机器人同时传输两个工件。柔性加工单元制造的零件族较大，其输出的为成品，实现无人化生产。

六、数控机床夹具设计的步骤

1. 绘制坐标图

坐标图上有机床零点 M、夹具零点 W_2、工件零点 W 以及参考点 R。参考点 R 的坐标值，按机床的计算机存储器中的调用。图 7-72 所示为加工"S"形曲线坐标图，坐标图中标注有 W_2、W 的坐标值及其程序。坐标图是数控机床夹具设计的依据，以使夹具设计与数控程序相协调。涉及加工精度的是夹具零点与编程零点的关系，另外，夹具设计的碰撞计算，也可按坐标图中刀具的轨迹进行校核，以合理布置夹紧机构。

2. 数控机床夹具设计

夹具设计的步骤是，先选择定位基准，并确定定位点，然后按工作位置用双点画线画出被加工零件的轮廓，以作为夹具设计的模特。可依次画出定位元件、夹紧机构、夹具体等夹具结构。夹紧装置的设计，特别要注意防止刀具与夹具的碰撞。夹具图中，标有夹具零点的

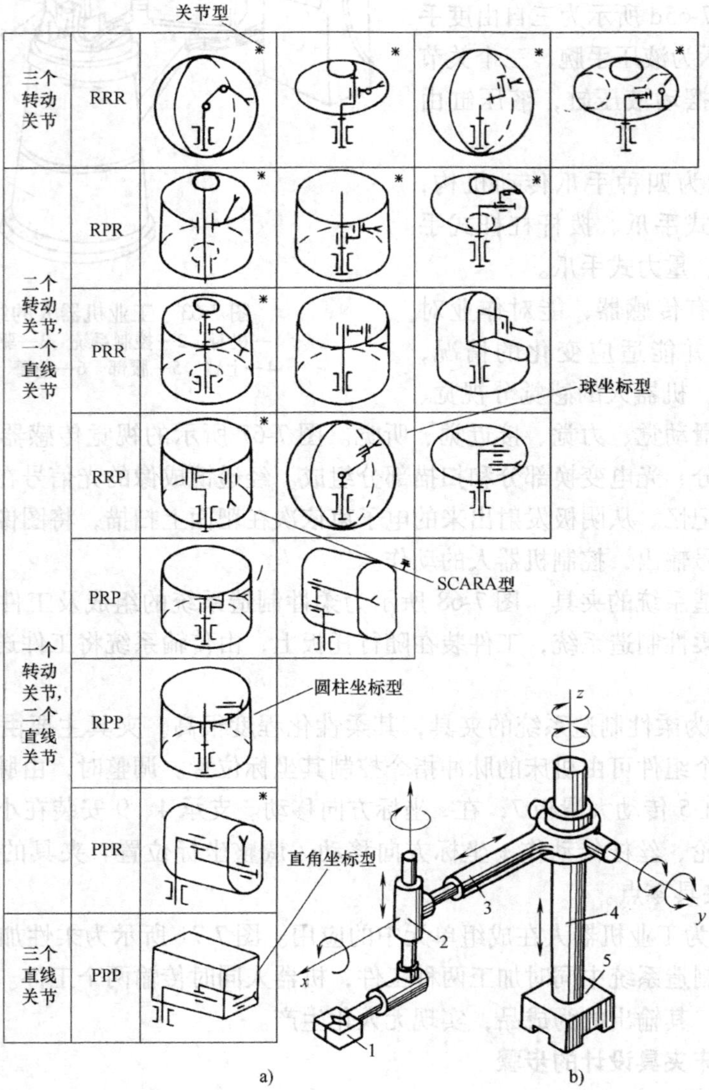

图 7-64 机器人的分类及示例

a) 机器人的分类 b) 示例

1—手指 2—腕 3—手臂 4—柱 5—基座

位置数值。

图 7-73 所示为拨叉零件，加工 3/4in—16UNF—3B 螺纹孔、$\phi 15.93^{+0.072}_{+0.020}$mm 孔。定位基准为 $\phi 19^{+0.01}_{-0.03}$mm 孔、端面和 $68^{\ 0}_{-0.1}$mm 叉口，采用完全定位；工件用微型液压缸夹紧；使用设备为立式加工中心。

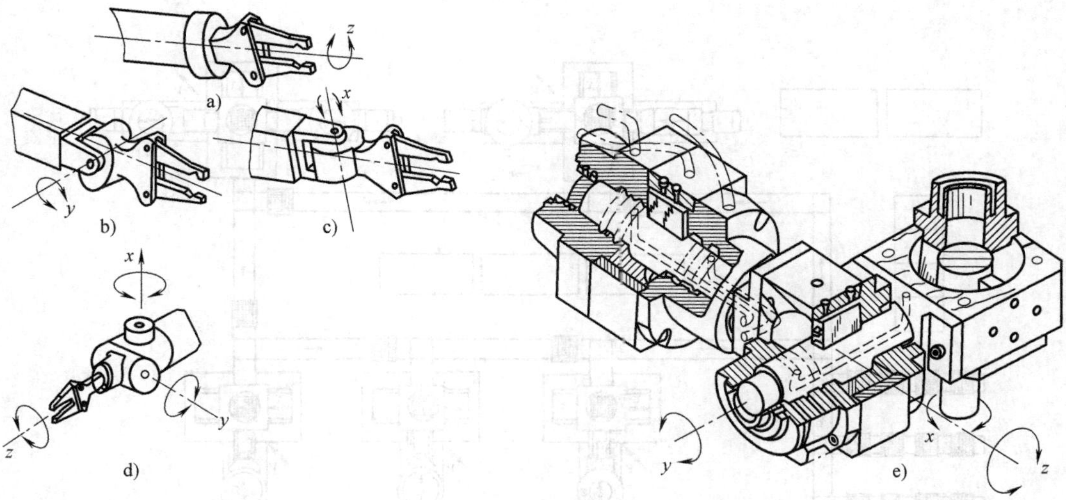

图 7-65　手腕的自由度

a)、b)、c) 单自由度手腕　d) 三自由度手腕　e) 液压手腕

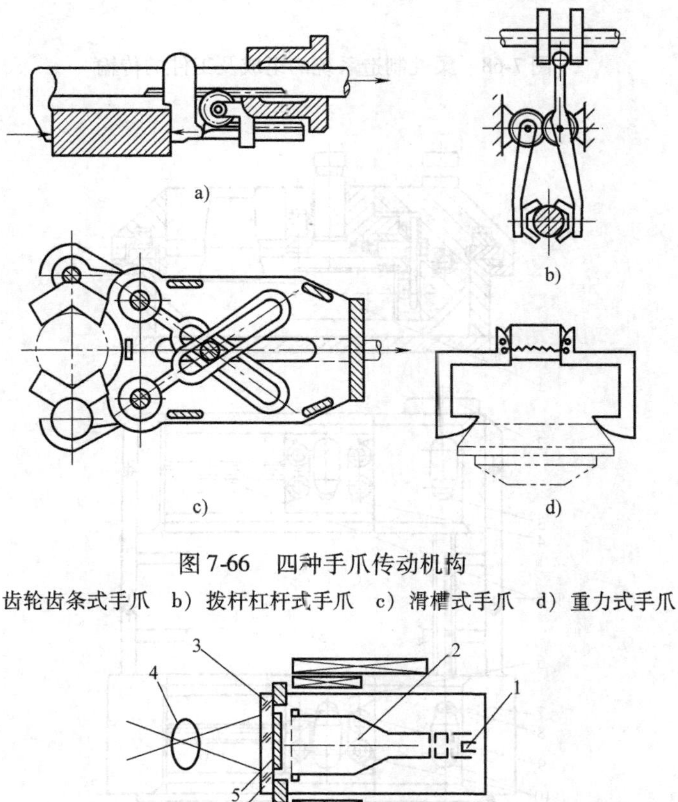

图 7-66　四种手爪传动机构

a) 齿轮齿条式手爪　b) 拨杆杠杆式手爪　c) 滑槽式手爪　d) 重力式手爪

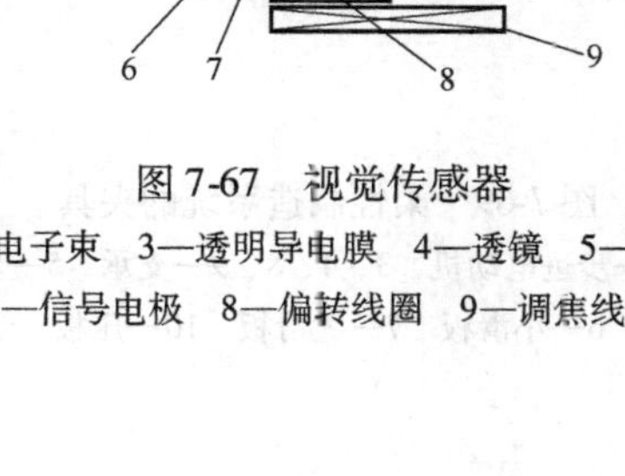

图 7-67　视觉传感器

1—阴极　2—扫描电子束　3—透明导电膜　4—透镜　5—靶面　6—玻璃面板

7—信号电极　8—偏转线圈　9—调焦线圈

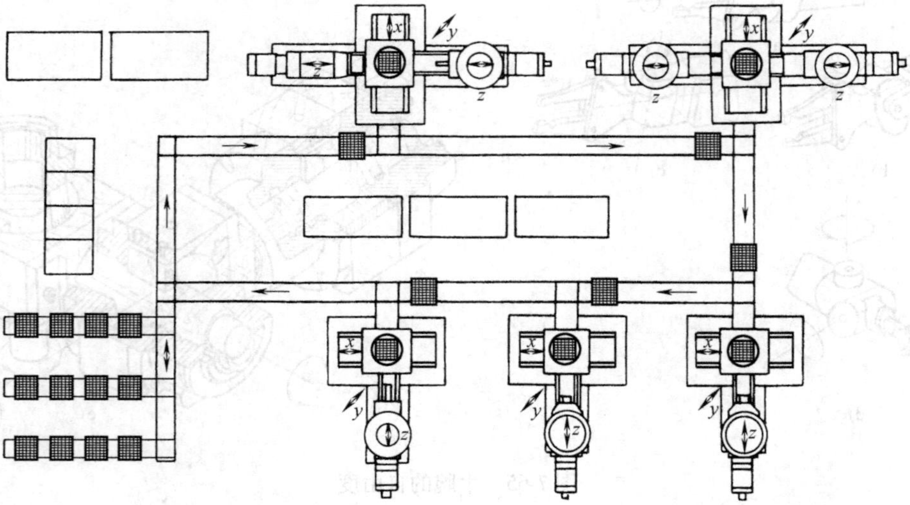

图 7-68　柔性制造系统的组成及工件的传输

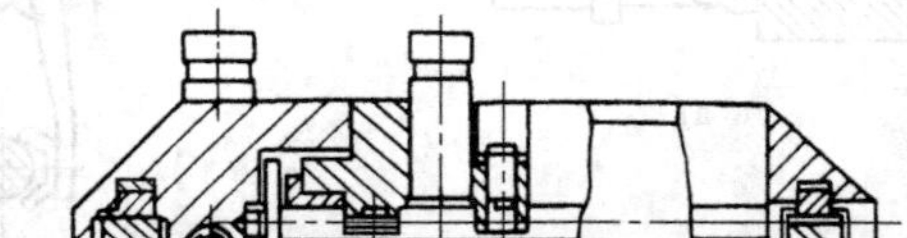

图 7-69　柔性制造系统的夹具
1、2—步进电动机　3、4、8、9—支承　5—丝杠
6—小滑板　7—大滑板　10—压板

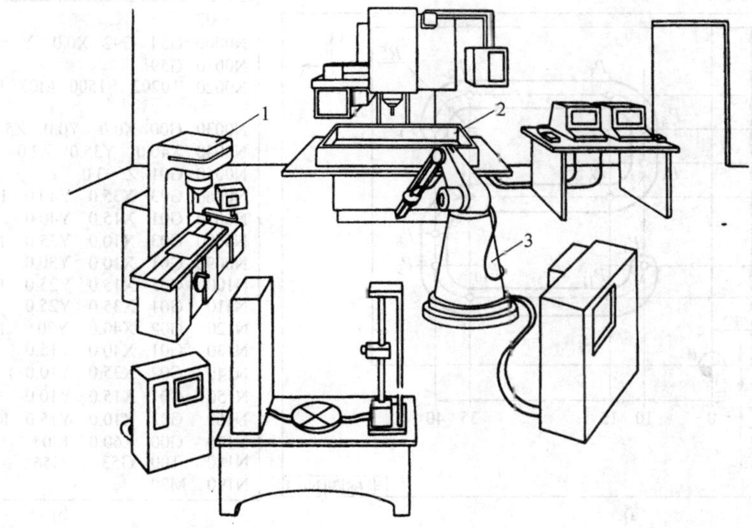

图 7-70　工业机器人在成组单元中的应用

1、2—加工中心　3—工业机器人

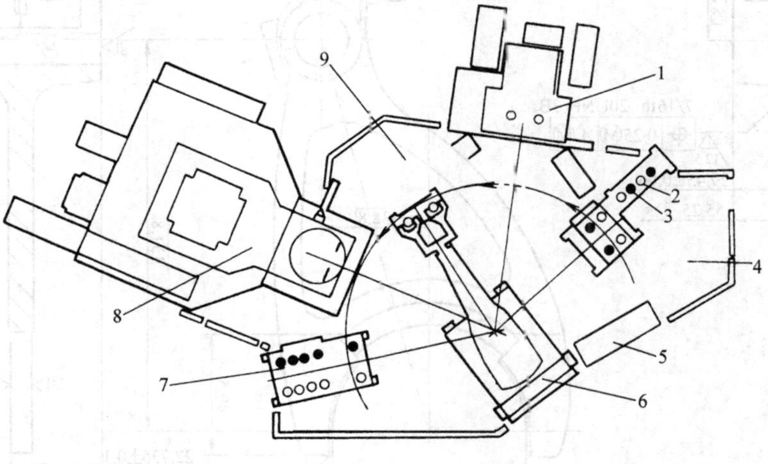

图 7-71　柔性加工单元中的机器人的布置

1、8—加工中心　2、3—工件　4—发送站　5—控制驱动系统

6—机器人　7—输出口　9—测量站

图 7-74 所示为数控机床夹具，图中标有夹具零点 W_2，以及零点 W_2 和定位点与加工面之间的距离尺寸，以便确定参考点 R 的坐标值，使夹具与数控程序相协调。定位元件为定位轴、菱形销。定位基准与加工表面之间成 30°角。按坐标图，加工表面与零点 W_2 之间的距离尺寸为（29.44 ±0.01）mm。

目前，数控机床的夹具系统是很完整的，优先选择的是各种柔性化的夹具。柔性化的数控机床夹具是现代制造企业广为采用的夹具。

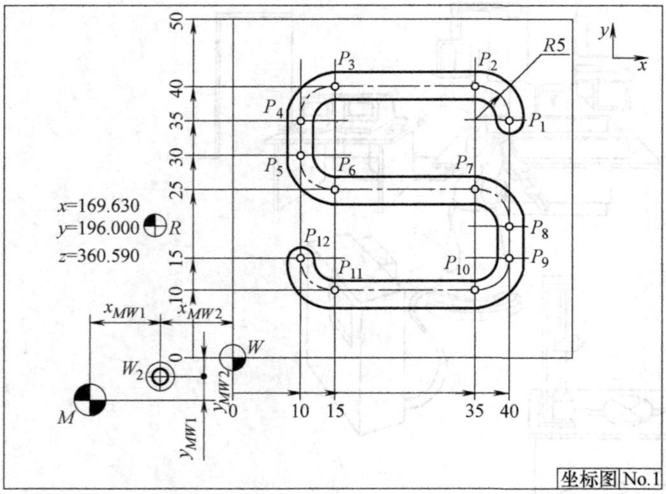

a)

程 序

```
O07
N0000  G54  G92  X0.0  Y—50.0  Z30.0
N0010  G59
N0020  T0202  S1500  M03  F60

N0030  G00  X0.0  Y0.0  Z5.0
N0040  X40.0  Y35.0  Z2.0
N0050  G01  Z—3.0
N0060  G03  X35.0  Y40.0  I—5.0  J0.0
N0070  G01  X15.0  Y40.0
N0080  G03  X10.0  Y35.0  I0.0  J—5.0
N0090  G01  X10.0  Y30.0
N100  G03  X15.0  Y25.0  I5.0  J—0.0
N110  G01  X35.0  Y25.0
N120  G02  X40.0  Y20  I0.0  J—5.0
N130  G01  X40.0  Y15.0
N140  G02  X35.0  Y10.0  I—5.0  J0.0
N150  G01  X15.0  Y10.0
N160  G02  X10.0  Y15.0  I0.0  J5.0
N170  G00  Z60.0  M05
N180  T00  G53  G56
N190  M30
```

b)

图 7-72　加工“S”形曲线坐标图

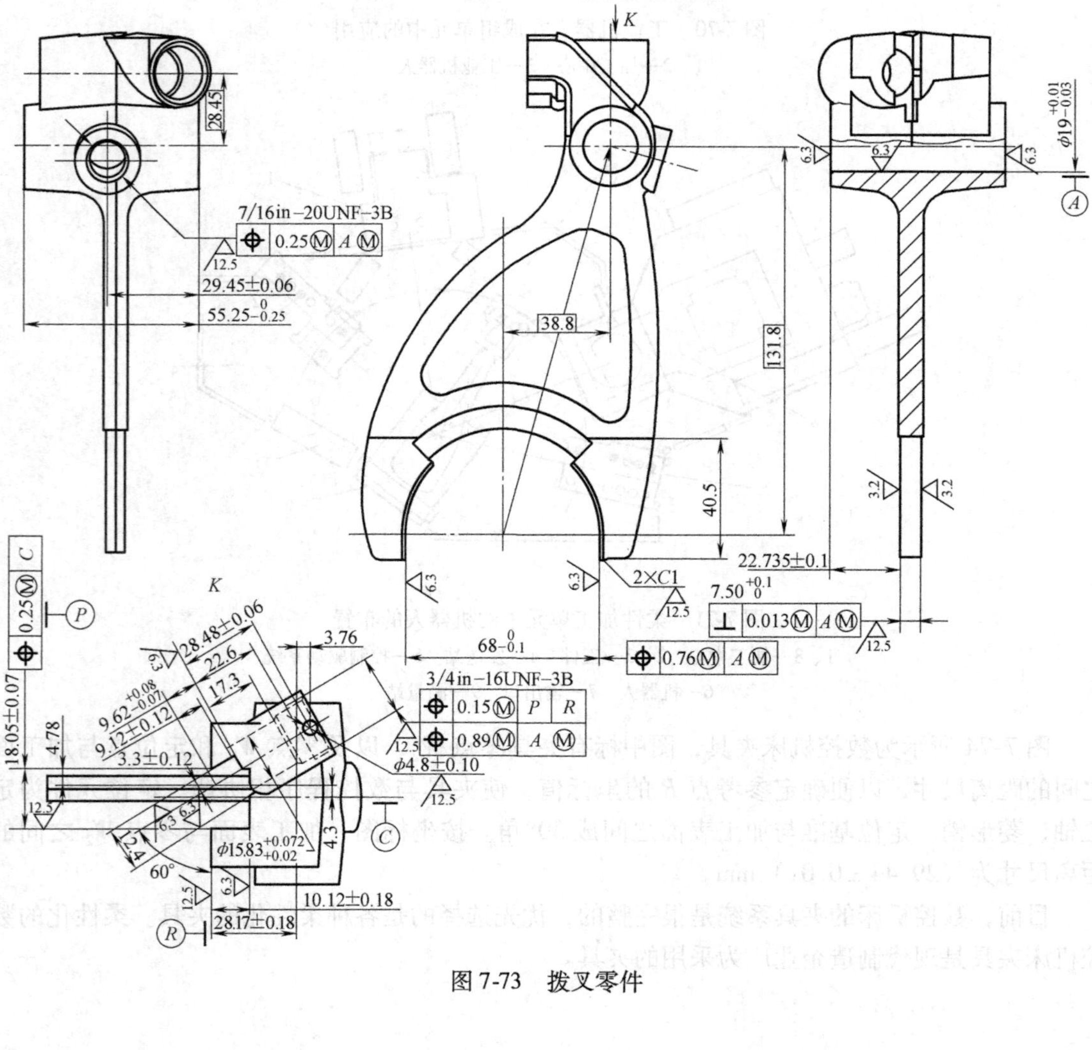

图 7-73　拨叉零件

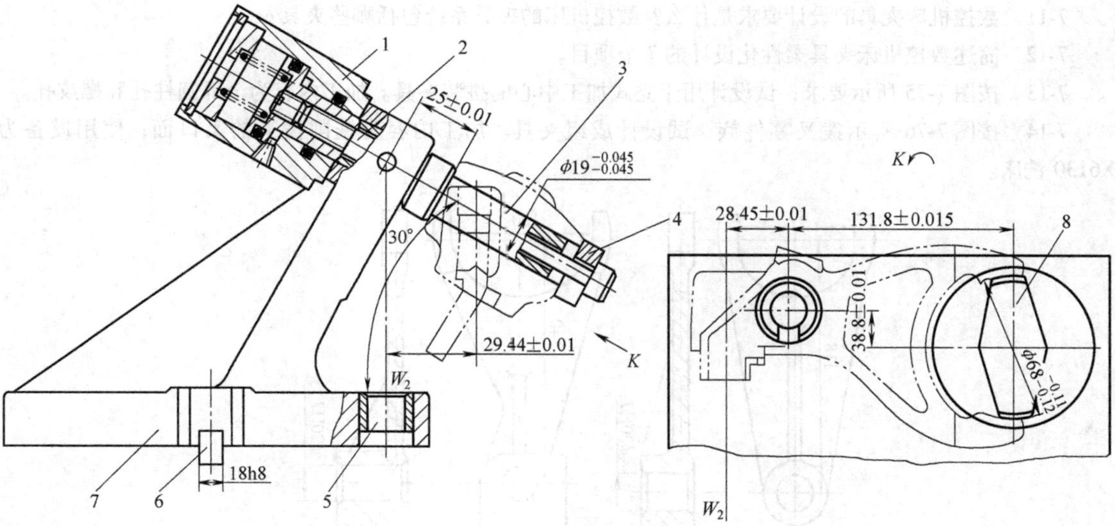

图 7-74 数控机床夹具

1—微型液压缸 2—拉杆 3—定位轴 4—快换垫圈

5—衬套 6—定位键 7—夹具体 8—菱形销

复 习 题

7-1 什么叫夹具的柔性化？为什么说夹具的柔性化是现代机床夹具设计的主要方向？

7-2 什么叫成组夹具？成组夹具由哪几部分组成？各组成部分有何功用？

7-3 成组夹具的调整方法有哪几种？

7-4 工件分类归族的主要内容包括哪些方面？

7-5 什么叫通用可调夹具？它有何特点？举例说明其结构。

7-6 组合夹具有何特点？T 形槽系组合夹具由哪几部分组成？各组成部分有何功用？

7-7 T 形槽系组合夹具分哪几个系列？其主要结构参数是什么？

7-8 试述组合夹具的组装步骤。若组装车床夹具，工件两孔间的距离误差可达多少？

7-9 孔系组合夹具有何特点？

7-10 什么叫拼装夹具？它有何特点？简述加工中心拼装夹具的功能模块的结构。

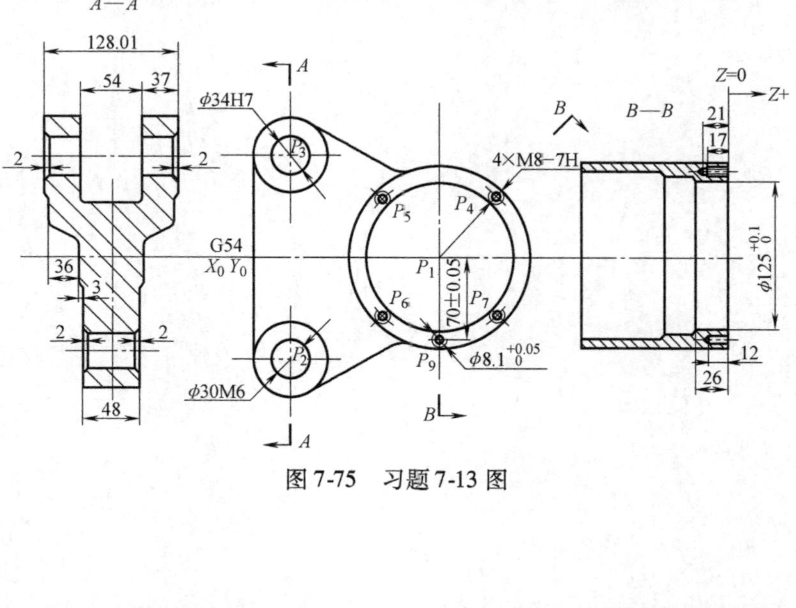

图 7-75 习题 7-13 图

7-11 数控机床夹具的设计要求是什么？数控机床的夹具系统包括哪些夹具？

7-12 简述数控机床夹具柔性化设计的 7 个项目。

7-13 按图 7-75 所示要求，试设计用于立式加工中心的拼装夹具。加工内容为全部圆柱孔和螺纹孔。

7-14 按图 7-76 所示拨叉零件族，试设计成组夹具。加工内容为铣削拨叉的叉口面；使用设备为 X6130 铣床。

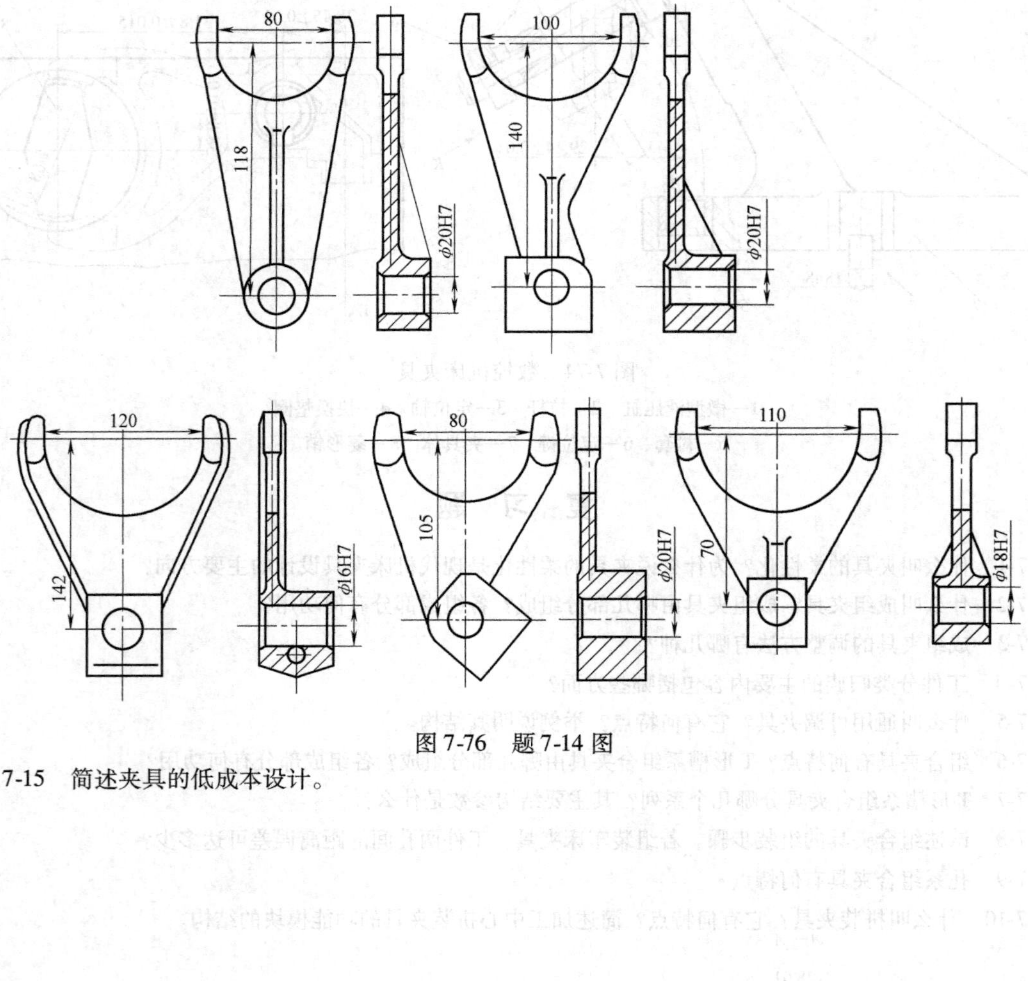

图 7-76 题 7-14 图

7-15 简述夹具的低成本设计。

附　　录

附表 1　定位夹紧符号

标注位置分类		独立：标注在视图轮廓线上	独立：标注在视图正面上	联动：标注在视图轮廓线上	联动：标注在视图正面上
定位点	固定式	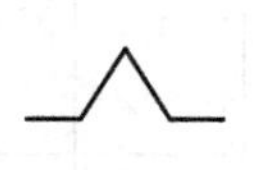	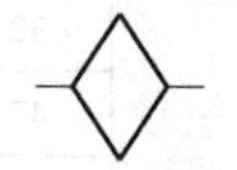	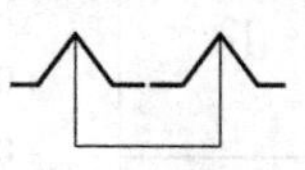	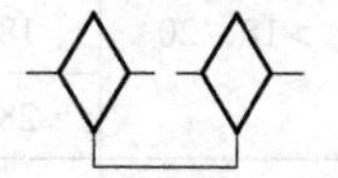
	活动式	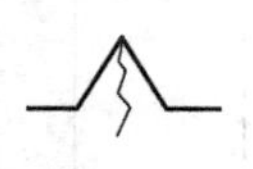		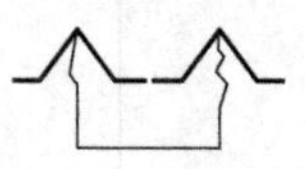	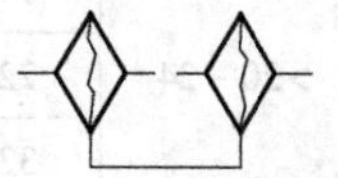
辅助支承				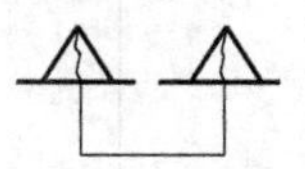	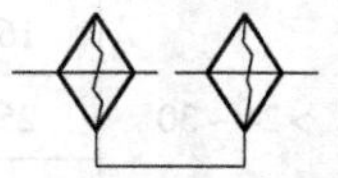
机械夹紧			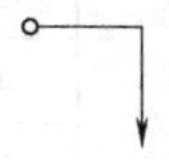	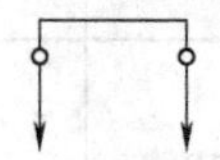	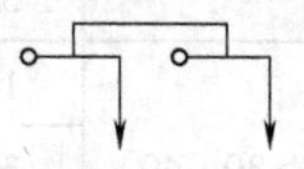
液压夹紧		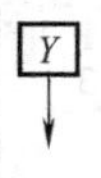	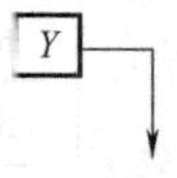	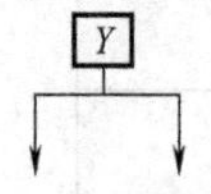	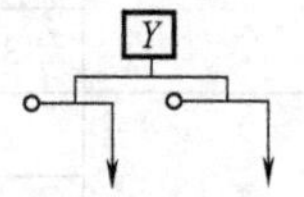
气动夹紧		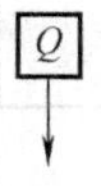	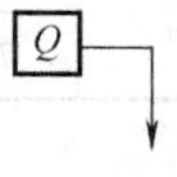	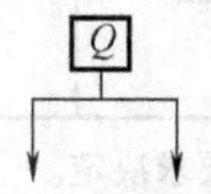	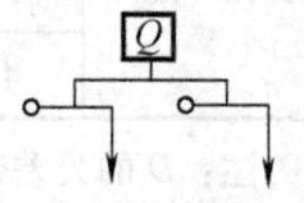

示例：阿拉伯数字表示所限制的自由度数。

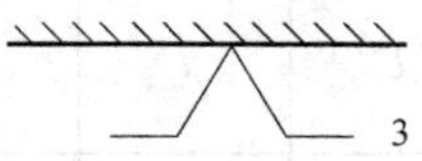

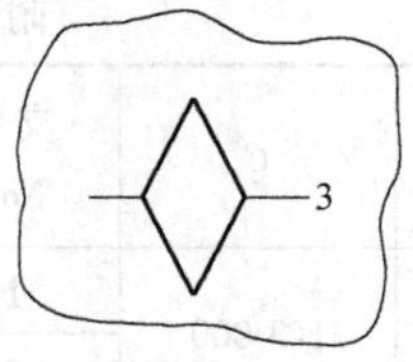

附表 2　固定式定位销（JB/T 8014.2—1999）　　　　（单位：mm）

D	H	d 基本尺寸	d 极限偏差 r6	D_1	L	h	h_1	B	b	b_1
>3～6	8	6	+0.023 +0.015	12	16	3	—	D－0.5	2	1
	14				22	7				
>6～8	10	8	+0.028 +0.019	14	20	3		D－1	3	2
	18				28	7				
>8～10	12	10		16	24	4		D－2	4	3
	22				34	8				

（续）

D	H	d 基本尺寸	d 极限偏差 r6	D_1	L	h	h_1	B	b	b_1
>10～14	14	12	+0.034 +0.023	18	26	4	—	D－2	4	3
	24				36	9				
>14～18	16	15		22	30	5				
	26				40	10				
>18～20	12	12		—	26	—	1			
	18				32					
	28				42					
>20～24	14	15			30		2	D－3	5	
	22				38					
	32				48					
>24～30	16				36			D－4		
	25				45					
	34				54					
>30～40	18	18	+0.041 +0.028		42		3	D－5	6	4
	30				54					
	38				62					
>40～50	20	22			50				8	5
	35				65					
	45				75					

注：D 的公差带按设计要求决定。

附表 3　锥度心轴（JB/T 10116—1999）　　（单位：mm）

公称直径（适用工件孔径）	C	支号 No.	d_1	d_2	L	l	l_1	l_2
34	1∶3 000	Ⅰ	34.020	33.966	265	230	22	68
		Ⅱ	34.074	34.020				
	1∶5 000	Ⅰ	34.002	33.966	280	248		
		Ⅱ	34.038	34.002				
		Ⅲ	34.074	34.038				
	1∶8 000	Ⅰ	33.993	33.996	315	284		
		Ⅱ	34.020	33.993				
		Ⅲ	34.047	34.020				
		Ⅳ	34.074	34.047				
35	1∶3 000	Ⅰ	35.020	34.966	270	232	25	70
		Ⅱ	35.074	35.020				

（续）

公称直径（适用工件孔径）	C	支号 No.	d_1	d_2	L	l	l_1	l_2
35	1∶5 000	Ⅰ	35.002	34.966	285	250		70
		Ⅱ	35.038	35.002				
		Ⅲ	35.074	35.038				
	1∶8 000	Ⅰ	34.993	34.996	320	286		
		Ⅱ	35.020	34.993				
		Ⅲ	35.047	33.020				
		Ⅳ	35.074	35.047				
37	1∶3 000	Ⅰ	37.020	36.966	275	236		74
		Ⅱ	37.074	37.020				
	1∶5 000	Ⅰ	37.002	36.966	290	254		
		Ⅱ	37.038	37.002				
		Ⅲ	37.074	37.038				
	1∶8 000	Ⅰ	36.993	36.996	325	290	25	
		Ⅱ	37.020	36.993				
		Ⅲ	37.047	37.020				
		Ⅳ	37.074	37.047				
38	1∶3 000	Ⅰ	38.020	37.966	275	238		76
		Ⅱ	38.074	38.020				
	1∶5 000	Ⅰ	38.002	37.966	290	256		
		Ⅱ	38.038	38.002				
		Ⅲ	38.074	38.038				
	1∶8 000	Ⅰ	37.993	37.996	330	292		
		Ⅱ	38.020	37.993				
		Ⅲ	38.047	38.020				
		Ⅳ	38.074	38.047				
40	1∶3 000	Ⅰ	40.020	39.966	280	242		80
		Ⅱ	40.074	40.020				
	1∶5 000	Ⅰ	40.002	39.966	300	260		
		Ⅱ	40.038	40.002				
		Ⅲ	40.074	40.038			28	
	1∶8 000	Ⅰ	39.993	39.996	335	296		
		Ⅱ	40.020	39.993				
		Ⅲ	40.047	40.020				
		Ⅳ	40.074	40.047				

（续）

公称直径（适用工件孔径）	C	支号 No.	d_1	d_2	L	l	l_1	l_2
42	1:3 000	Ⅰ	42.020	41.966	285	246	28	84
		Ⅱ	42.074	42.020				
	1:5 000	Ⅰ	42.002	41.966	305	264		
		Ⅱ	42.038	42.002				
		Ⅲ	42.074	42.038				
	1:8 000	Ⅰ	41.993	41.996	340	300		
		Ⅱ	42.020	41.993				
		Ⅲ	42.047	42.020				
		Ⅳ	42.074	42.047				

锥度心轴使用说明

1. 心轴装夹长度 l_2 的确定。

（单位：mm）

适用工件孔径	8 ~ 25	> 25 ~ 50	> 50 ~ 70	> 70 ~ 80	> 80 ~ 100
安装长度 l_2	$2.5d$	$2d$	$1.5d$	$1.25d$	d

2. 心轴锥度 C 值应根据工件孔的直径、长度 L_0 及同轴度要求的公差等级来选用。

C	适用工件孔径/mm					同轴度公差等级 GB/T 1184
	8 ~ 10	> 10 ~ 18	> 18 ~ 30	> 30 ~ 50	> 50 ~ 100	
	L_{0max}/mm					
1:3 000	18	24	30	36	45	6
	30	36	45	60	75	7
	45	60	75	90	120	8
1:5 000		25	30	40	50	5
		40	50	60	75	6
		60	75	100	125	7
		100	125	150	200	8
1:8 000				64	80	5
				96	120	6
				160	200	7

注：1. 工件孔 $\phi45$、长 60mm、同轴度 5 级，根据表可选用 $C=1:8\ 000$ 的心轴来加工。

2. 工件孔 $\phi45$、长 30mm、同轴度 5 级，根据表则可选用 $C=1:5\ 000$ 的心轴来加工。

3. 不同偏差的工件孔对心轴、支号的选用，可按心轴尺寸分布图所示的不同工件孔公差带分布及心轴尺寸分布图对应选用心轴。

标记示例：

公称直径为 52mm、锥度 $C=1:3\ 000$、支号Ⅰ的锥度心轴：

心轴 52—1∶3 000—Ⅰ　JB/T 10116—1999

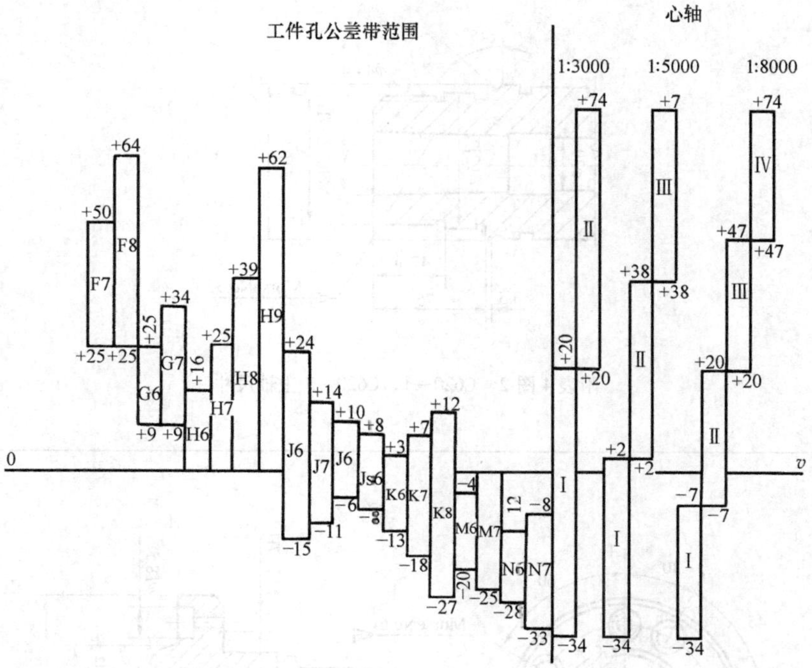

适用工件 30 ~ 50mm 工件孔公差带分布及心轴尺寸分布图

附表 4　机床联系尺寸　　（单位：mm）

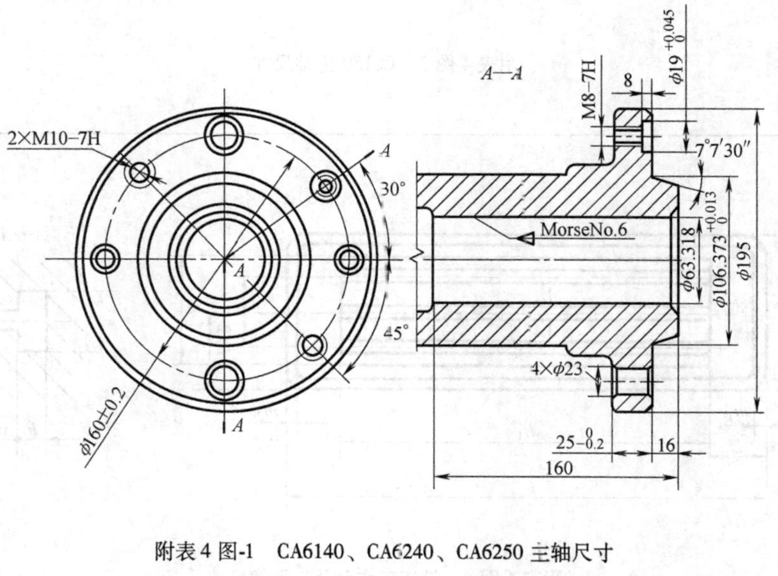

附表 4 图-1　CA6140、CA6240、CA6250 主轴尺寸

（续）

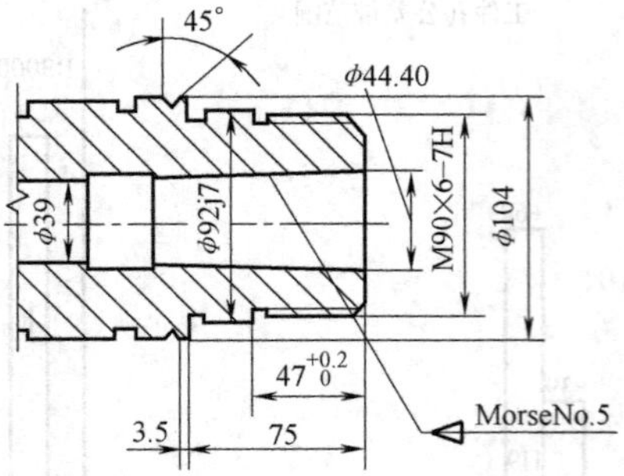

附表 4 图-2　C620—1、C620—3 主轴尺寸

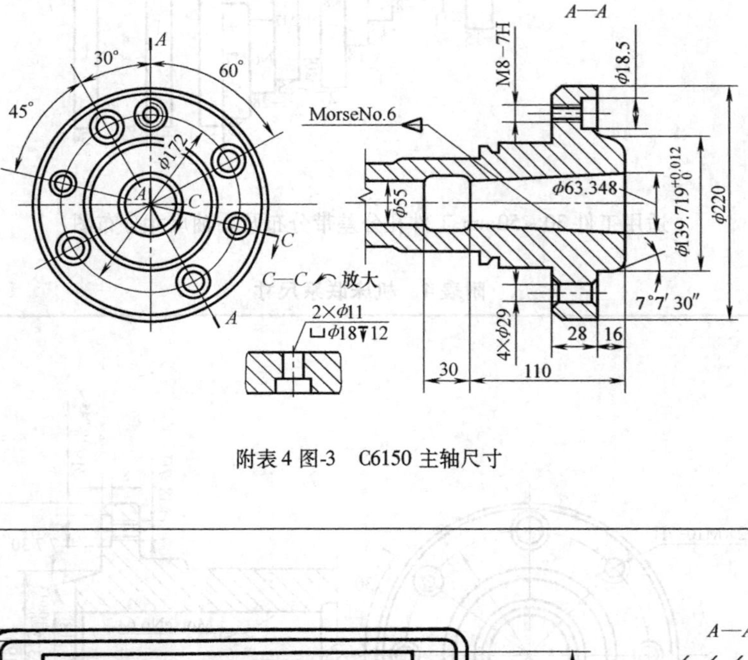

附表 4 图-3　C6150 主轴尺寸

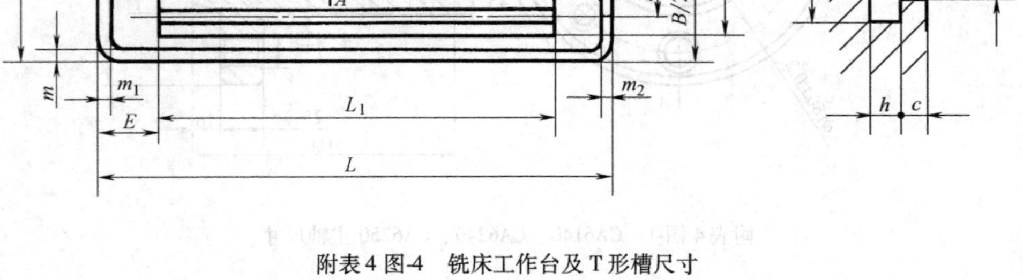

附表 4 图-4　铣床工作台及 T 形槽尺寸

（续）

型号	B	B_1	l	m	L	L_1	E	m_1	m_2	a	b	h	c
X50	200	135	45	10	870	715	70	25	40	14	25	11	12
X51	250	170	50	10	1 000	815	95		45	14	24	11	12
X5025A	250		50		1 120					14	24	11	14
X5028	280		60		1 120					14	24	11	18
X5030	300	222	60		1 120	900		40	40	14	24	11	16
X52	320	255	70	15	1 325	1 130	75	25	50	18	32	14	18
X52K	320	255	70	17	1 250	1 130	75	25	45	18	30	14	18
X53	400	285	90	15	1 700	1 480	100	30	50	18	32	14	18
X53K	400	290	90	12	1 600	1 475	110	30	45	18	30	14	18
X53T	425									18	30	14	18
X60	200	140	45	10	870	710	75	30	40	14	25	11	14
X61	250	175	50	10	1 000	815	95	50	60	14	25	11	14
X6030	300	222	60		1 120	500		40	40	14	24	11	16
X62	320	220	70	16	1 250	1 055	75	25	50	18	30	14	18
X63	400	290	90	15	1 600	1 385	100	30	40	18	30	14	18
X60W	200	140	45	10	870	710	75	30	40	14	23	11	12
X61W	250	175	50	10	1 000	815	95	50	60	14	25	11	14
X6130	300	222	60	11	1 120	900		40	40	14	24	11	16
X62W	320	220	70	16	1 250	1 055	75	25	50	18	30	14	18
X63W	400	290	90	15	1 600	1 385	100	30	40	18	30	14	18

附表 5　麻花钻的直径公差　　（单位：mm）

钻头直径 D	用于精密机械和仪表制造业的钻头			一般用途的钻头			钻头直径 D	用于精密机械和仪表制造业的钻头			一般用途的钻头		
	偏差		公差	偏差		公差		偏差		公差	偏差		公差
	上偏差	下偏差		上偏差	下偏差			上偏差	下偏差		上偏差	下偏差	
0.25～0.5				0	−0.010	0.010	>6～10	0	−0.022	0.022	0	−0.036	0.036
>0.5～0.75	0	−0.009	0.009	0	−0.015	0.015	>10～18	0	−0.027	0.027	0	−0.043	0.043
>0.75～1	0	−0.011	0.011	0	−0.020	0.020	>18～30	0	−0.033	0.033	0	−0.052	0.052
>1～3	0	−0.014	0.014	0	−0.025	0.025	>30～50	0	−0.039	0.039	0	−0.062	0.062
>3～6	0	−0.018	0.018	0	−0.030	0.030	>50～80	0	−0.046	0.046	0	−0.074	0.074

附表 6　扩孔钻的直径公差　　（单位：mm）

扩孔钻直径 D 基本尺寸	D 基本尺寸的公差			扩孔钻直径 D 基本尺寸	D 基本尺寸的公差		
>3～6	−0.125 −0.150	−0.05 −0.085	+0.05 +0.025	>6～10	−0.130 −0.160	−0.05 −0.085	+0.06 +0.03

（续）

扩孔钻直径 D 基本尺寸	D 基本尺寸的公差			扩孔钻直径 D 基本尺寸	D 基本尺寸的公差		
>10 ~ 18	-0.210 -0.245	-0.060 -0.100	+0.07 +0.035	>30 ~ 50	-0.290 -0.340	-0.08 -0.14	+0.10 +0.05
>18 ~ 30	-0.245 -0.290	-0.070 -0.120	+0.08 +0.04	>50 ~ 80	-0.350 -0.410	-0.10 -0.175	+0.12 +0.06

附表 7 铰刀的直径公差

（单位：mm）

铰刀直径 D 基本尺寸	H7 级精度铰刀			H8 级精度铰刀			H9 级精度铰刀			磨损
	上偏差	下偏差	公差	上偏差	下偏差	公差	上偏差	下偏差	公差	
>1 ~ 3	+0.008	+0.004	0.004	+0.010	+0.006	0.004	+0.013	+0.006	0.007	-0.002
>3 ~ 6	+0.010	+0.005	0.005	+0.013	+0.008	0.005	+0.016	+0.008	0.008	-0.003
>6 ~ 10	+0.012	+0.006	0.006	+0.016	+0.009	0.007	+0.020	+0.010	0.010	-0.004
>10 ~ 18	+0.015	+0.007	0.008	+0.020	+0.011	0.009	+0.024	+0.012	0.012	-0.005
>18 ~ 30	+0.017	+0.008	0.009	+0.024	+0.013	0.011	+0.030	+0.015	0.015	-0.006
>30 ~ 50	+0.020	+0.009	0.011	+0.028	+0.016	0.012	+0.035	+0.018	0.017	-0.007
>50 ~ 80	+0.024	+0.010	0.014	+0.033	+0.019	0.014	+0.040	+0.020	0.020	-0.008

附表 8 快换钻套（JB/T 8045.3—1999）

（单位：mm）

d		D			D_1	D_2	H			h	h_1	r	m	m_1	α	t	钻套螺钉 JB/T 8045.5
基本尺寸	极限偏差 F7	基本尺寸	极限偏差 m6	极限偏差 n6	滚花前												
>0 ~ 3	+0.016 +0.006	8	+0.015 +0.006	0.010 +0.001	15	12	10	16	—	8	3	11.5	4.2	4.2	50°		M5
>3 ~ 4	+0.022 +0.010																
>4 ~ 6		10			18	15	12	20	25			13	6.5	5.5		0.008	
>6 ~ 8	+0.028 +0.013	12	+0.018 +0.007	+0.012 +0.001	22	18						16	7	7			
>8 ~ 10		15			26	22	16	28	56	10	4	18	9	9			M6
>10 ~ 12		18			30	26						20	11	11			
>12 ~ 15	+0.034 +0.015	22			34	30						23.5	12	12	55°		
>15 ~ 18		26	+0.021 +0.008	+0.016 +0.002	39	35	20	36	45			26	14.5	14.5			
>18 ~ 22		30			46	42				12	56	29.5	18	18			M8
>22 ~ 26	+0.041 +0.020	35			52	46	25	45	56			32.5	21	21			
>26 ~ 30		42	+0.025 +0.009	+0.018 +0.002	59	53						36	24.5	25		0.012	
>30 ~ 35		48			66	60	30	56	67			41	27	28	65°		
>35 ~ 42	+0.050 +0.025	55			74	68						45	31	32			
>42 ~ 48		62			82	76				16	7	49	35	36			M10
>48 ~ 50			+0.030 +0.001	+0.021 +0.002			35	67	78								
>50 ~ 55	+0.060 +0.030	70			90	84						53	39	40	70°	0.040	
>55 ~ 62		78			100	94	40	78	105			58	44	45			

（续）

d 基本尺寸	*d* 极限偏差 F7	*D* 基本尺寸	*D* 极限偏差 m6	*D* 极限偏差 n6	D_1 滚花前	D_2	*H*			*h*	h_1	*r*	*m*	m_1	*α*	*t*	钻套螺钉 JB/T 8045.5
>62～70	+0.060 +0.030	85	+0.035 +0.013	+0.025 +0.003	110	104	40	78	105	16	7	63	49	50	70°	0.040	M10
>70～78		95			120	114	45	89	112			68	54	55	75°		
>78～80		105			130	124						73	59	60			
>80～85	+0.071 +0.036																

注：1. 当作铰（扩）套使用时，*d* 的公差带推荐如下：采用 GB 1132、GB 1133 铰刀，铰 H7 孔时取 F7；铰 H9 孔时取 E7。

铰（扩）其他精度孔时，公差带由设计选定。

2. 铰（扩）套标记示例：*d* = 12mm，公差带为 E7、*D* = 18mm，公差带为 m6、*H* = 16mm 的快换铰（扩）套，表示为铰（扩）套 12E7 × 18m6 × 16JB/T 80∠5.3。

附表 9　定位键（JB/T 8016—1999）　　（单位：mm）

B			B_1	*L*	*H*	*h*	h_1	*d*	d_1	d_2	相配件						
											T形槽宽度	B_2			h_2	h_3	螺钉 GB/T 65
基本尺寸	极限偏差 h6	极限偏差 h8									*b*	基本尺寸	极限偏差 H7	极限偏差 js6			
8	0 -0.009	0 -0.022	8	14	8	3	3.4	3.4	6	—	8	8	+0.015 0	±0.004 5	4	8	M3×10
10			10	16			4.6	4.5	8		10	10					M4×10
12	0 -0.011	0 -0.027	12	20			5.7	5.5	10		12	12	+0.018	±0.005 5		10	M5×12
14			14								14	14					
16			16	25	10	4	6.8	6.6	11		(16)	16			5	13	M6×16
18			18		12	5					18	18			6		
20	0 -0.013	0 -0.033	20	32							(20)	20	+0.021 0	±0.006 5			
22			22								22	22					
24			24	40	14	6	9	9	15		(24)	24			7	15	M8×20
28			28		16	7					28	28			8		
36	0 -0.016	0 -0.039	36	50	20	9	13	13.5	20	16	36	36	+0.025 0	±0.008	10	18	M12×25
42			42	60	24	10					42	42			12		M12×30
48			48	70	28	12	17.5	17.5	26	18	48	48			14		M16×35
54	0.019	0 -0.046	54	80	32	14					54	54	+0.030 0	±0.009 5	16	22	M16×40

注：1. 尺寸 B_1 留磨量 0.5mm，按机床 T 形槽宽度配作，公差带为 h6 或 h8。

2. 括弧内尺寸尽量不采用。

附表 10　常用夹具元件的材料及热处理

名　称		推荐材料	热处理要求
定位元件	支承钉	$D \leqslant 12$mm，T7A $D > 12$mm，20 钢	淬火 60～64HRC 渗碳深 0.8～1.2mm，淬火 60～64HRC
	支承板	20 钢	渗碳深 0.8～1.2mm 淬火 60～64HRC
	可调支承螺钉	45 钢	头部淬火 38～42HRC $L < 50$mm，整体淬火 33～38HRC
	定位销	$D \leqslant 16$mm，T7A $D > 16$mm，20 钢	淬火 53～58HRC 渗碳深 0.8～1.2mm，淬火 53～58HRC
	定位心轴	$D \leqslant 35$mm，T8A $D > 35$mm，45 钢	淬火 55～60HRC 淬火 43～48HRC
	V 形块	20 钢	渗碳深 0.8～1.2mm 淬火 60～64HRC
夹紧元件	斜楔	20 钢或 45 钢	渗碳深　淬火 58～62HRC 0.8～1.2mm，　淬火 43～48HRC
	压紧螺钉	45 钢	淬火 38～42HRC
	螺母	45 钢	淬火 33～38HRC
	摆动压块	45 钢	淬火 43～48HRC
	普通螺钉压板	45 钢	淬火 38～42HRC
	钩形压板	45 钢	淬火 38～42HRC
	圆偏心轮	20 钢或优质工具钢	渗碳深 0.8～1.2mm 淬火 60～64HRC　淬火 50～55HRC
其他专用元件	对刀块	20 钢	渗碳深 0.8～1.2mm 淬火 60～64HRC
	塞尺	T7A	淬火 60～64HRC
	定向键	45 钢	淬火 43～48HRC
	钻套	内径≤26mm，T10A 内径＞25mm，20 钢	淬火 60～64HRC 渗碳深 0.8～1.2mm 淬火 60～64HRC
	衬套	内径≤25mm，T10A 内径＞25mm，20 钢	淬火 60～64HRC 渗碳深 0.8～1.2mm 淬火 60～64HRC
	固定式镗套	20 钢	渗碳深 0.8～1.2mm 淬火 55～60HRC
夹具体		HT150 或 HT200 Q195，Q215，Q235	时效处理 退火处理

附表 11　常用夹具元件的公差配合

元件名称	部位及配合	备　注
衬套	外径与本体$\frac{H7}{r6}$或$\frac{H7}{n6}$	
	内径 F7 或 F6	
固定钻套	外径与钻模板$\frac{H7}{r6}$或$\frac{H7}{n6}$	
	内径 G7 或 F8	基本尺寸是刀具的最大尺寸
可换钻套 快换钻套	外径与衬套$\frac{F7}{m6}$或$\frac{F7}{k6}$	
	内径　钻孔及扩孔时 F8	基本尺寸是刀具的最大尺寸
	内径　粗铰孔时 G7	
	内径　精铰孔时 G6	
镗套	外径与衬套$\frac{H6}{h5}\left(\frac{H6}{j5}\right)$，$\frac{H7}{h6}\left(\frac{H7}{js6}\right)$	滑动式回转镗套
	内径与镗杆$\frac{H6}{g5}\left(\frac{H6}{h5}\right)$，$\frac{H7}{g6}\left(\frac{H7}{h6}\right)$	滑动式回转镗套
支承钉	与夹具体配合$\frac{H7}{r6}$，$\frac{H7}{n6}$	
定位销	与工件定位基面配合$\frac{H7}{g6}$，$\frac{H7}{f7}$或$\frac{H6}{g5}$，$\frac{H6}{f6}$	
	与夹具体配合$\frac{H7}{r6}$，$\frac{H7}{h6}$	
可换定位销	与衬套配合$\frac{H7}{h6}$	
钻模板铰链轴	轴与孔配合$\frac{G7}{h6}$，$\frac{F8}{h6}$	

附表 12　以齿形定位时定位滚柱直径的计算

序号	计 算 项 目	符号	计 算 公 式
1	分度圆半径/mm	r	$r = m\frac{z}{2}$
2	基圆半径/mm	r_0	$r_0 = r\cos\alpha_0$
3	齿形面与滚柱接触处半径/mm	r_1	$r_1 = r +$（0.5 ~ 0.7）h_a
4	齿形面与滚柱接触点压力角	α_1	$\alpha_1 = \arccos\frac{r_0}{r_1}$
5	齿距半角/rad	β	$\beta = \frac{\pi}{z}$
6	α_0 的渐开线函数值	θ_0	$\theta_0 = \mathrm{inv}\alpha_0$
7	基圆齿厚半角/rad	γ	$\gamma = \frac{S_{mn}}{2r}\theta_0$
8	基圆齿间半角/rad	β_0	$\beta_0 = \beta - \gamma$
9	α_1 的渐开线函数值	θ_1	$\theta_1 = \mathrm{inv}\alpha_1$
10	滚柱与齿面接触点中心角/rad	β_1	$\beta_1 = \beta_0 + \theta_1$
11	滚柱计算直径/mm	d_L	$d_L = 2[r_0\tan(\alpha_1 + \beta_1) - r_1\sin\alpha_1]$

附表 13　定位滚柱外公切圆直径的计算

序号	计算项目	符号	计算公式
1	滚柱中心的渐开线函数值	θ_2	$\theta_2=\gamma+\dfrac{d}{2r_0}-\beta$
2	滚柱中心压力角函数值	α_2	$\mathrm{inv}\alpha_2=\theta_2$
3	滚柱中心与齿轮中心距/mm	A	$A=\dfrac{r_0}{\cos\alpha_2}$
4	滚柱外公切圆直径/mm	D	$D=2A+d$

附表 14　中型系列组合夹具元件

类别名称	品　种	外形尺寸/mm	说　明
 基础件	圆形	$\phi240\sim\phi360$	作组合夹具底座基体用
	方形	$180\times180\sim420\times420$	
	长方形	$120\times180\sim300\times600$	
	角尺形	$120\times200\sim180\times300$	
 支承件	方垫片	$60\times60\times1\sim5$	此外尚有左右角铁垫板、左右角铁支承、宽角铁、加筋角铁、菱形板、V形垫板、V形块等
	方垫板	$60\times60\times10\sim20$	
	方支承	$60\times60\times40\sim120$	
	长方垫片	$60\times45\times1\sim5$ $60\times90\times1\sim5$	
	长方垫板	$60\times45\times10\sim20$ $60\times90\times10\sim20$	
	长方支承	$60\times45\times40\sim120$ $60\times90\times40\sim120$	
	紧固支承垫板	$90\times45\times10\sim20$	
	紧固支承	$90\times45\times40\sim120$	
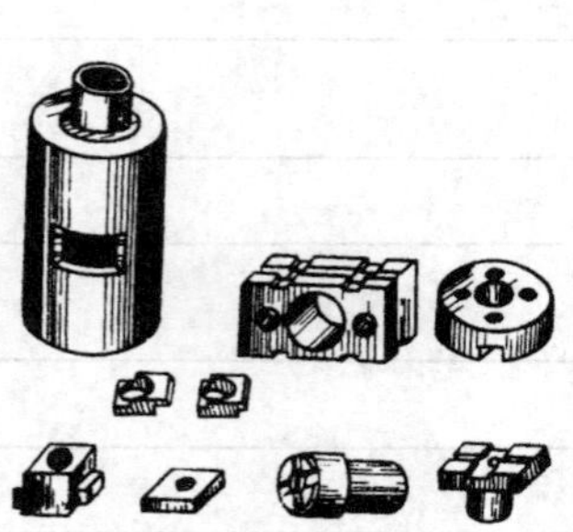 定位件	直键	$12\times5\times12.5\sim40$ $12\times8\times13.2$ $12\times10\times13.2$	此外尚有轴销、顶尖、对位轴、角铁支座、三棱、六棱、方形支座、定位支承、定位板、调整块等
	T形键	$20\times12\times12.15$ $30\times12\times22$ $12\times15\times30\sim40$ $12\times19\times20\sim40$	
	圆形菱形定位销	$\phi3\sim\phi50$	
	圆形菱形定位座	$\phi45\sim\phi120$	
	镗孔支座	$\phi18\sim\phi90$	

（续）

类别名称	品　　种	外形尺寸/mm	说　　明
 导向件	钻模板	$\phi8\times30\times80\sim140$ $\phi12\times30\times80\sim140$ $\phi18\times30\times75\sim135$ $\phi18\times45\times22.5\sim120$ $\phi20\times45\times60\sim210$ $\phi35$ $\phi45$ $\phi58$	此外尚有偏心钻模板、立式钻模板、导向支承等
	固定钻套	$\phi3\times\phi28$	
	快换钻套	$\phi3\sim48$	
 压紧件	平压板	$35\times28\times12$ $80\times35\times16$ $95\times40\times18$	此外尚叉形压板、关节压板等
	伸长压板	$110\times28\times114$ $140\times35\times18$ $175\times40\times22$	
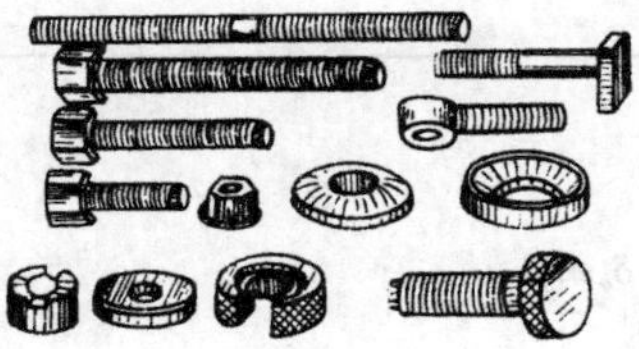 紧固件	双头螺栓	$M12\times1.5\times50\sim300$	此外尚有各种螺钉、螺母、垫圈等
	T形螺栓	$M12\times1.5\times15\sim300$	
	关节螺栓	$M12\times1.5\times40\sim200$	
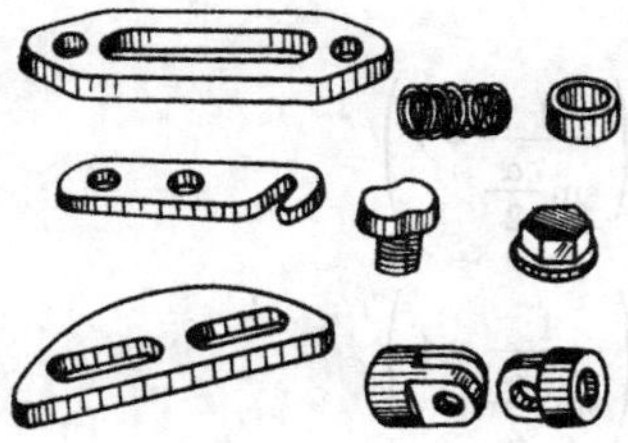 辅助件	支承环	$\phi22\times\phi12.2\times0.5\sim60$	此外尚有各种手柄支钉、连接板、平衡铁、弹簧支承钉、接头、摇板等

（续）

类别名称	品　　种	外形尺寸/mm	说　　明
 组合件	顶尖座	60，90，120（中心高）	此外尚有正弦规，可调角度转盘，可调角度支承、关节板等
	回转顶尖	MorseNo. 1 MorseNo. 2	
	可调 V 形块	140×45×35 165×60×40	
	折合板	30×45×70 45×60×70	
	多齿分度盘	$\phi 360\times\frac{240}{360}$ （外形直径×齿数）	

附表 15　定位误差计算示例

定位简图	定位误差
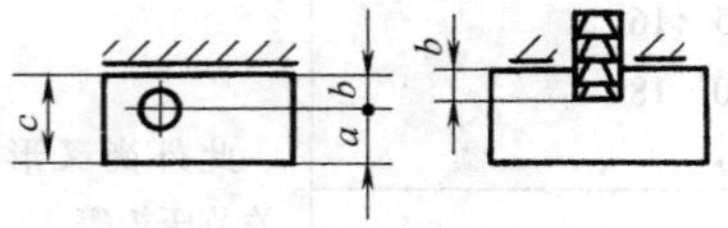	$\Delta_D(a)=\Delta_B=\delta_C;\Delta_D(b)=0$
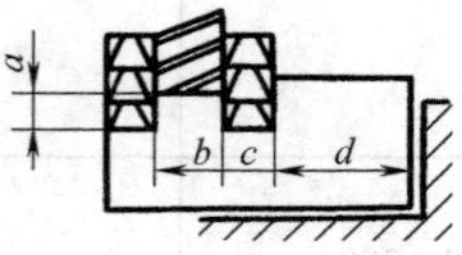	$\Delta_D(a)=0;\Delta_D(b)=0$ $\Delta_D(c)=0;\Delta_D(d)=0$
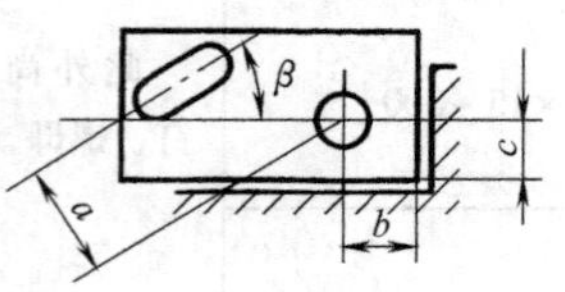	$\Delta_D(a)=\Delta_B=\delta_c\cos\beta+\delta_b\sin\beta$
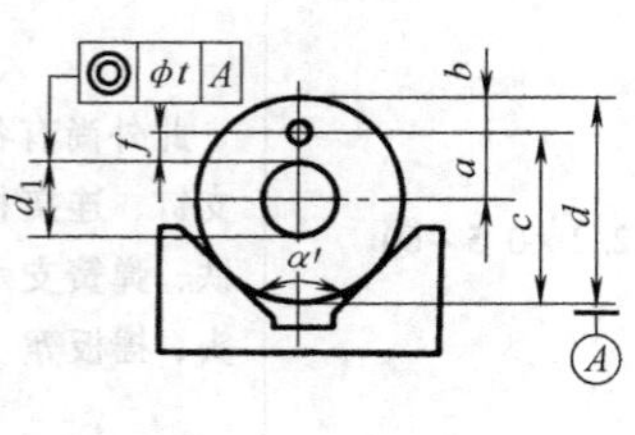	$\Delta_D(a)=\Delta_Y=\dfrac{\delta_d}{2\sin\frac{\alpha}{2}}$ $\Delta_D(b)=\Delta_Y+\Delta_B=\dfrac{\delta_d}{2}\left(\dfrac{1}{\sin\frac{\alpha}{2}}+1\right)$ $\Delta_D(c)=\Delta_Y-\Delta_B=\dfrac{\delta_d}{2}\left(\dfrac{1}{\sin\frac{\alpha}{2}}-1\right)$ $\Delta_D(f)=\dfrac{\delta_d}{2\sin\frac{\alpha}{2}}+\dfrac{\delta_{d1}}{2}+t$

（续）

定位简图	定位误差
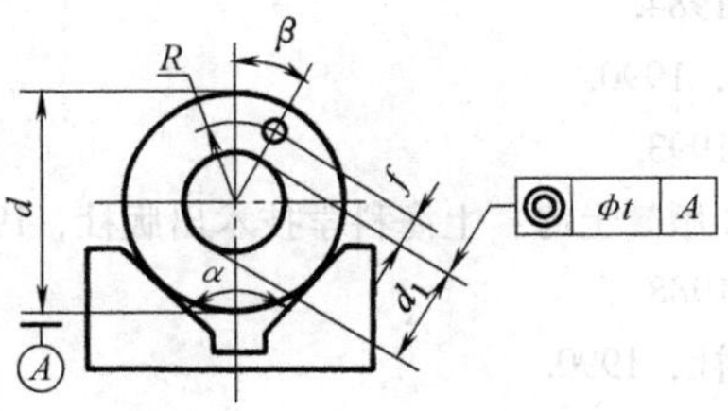	$\Delta_D(R)=\Delta_Y=\dfrac{\delta_d\cos\beta}{2\sin\dfrac{\alpha}{2}}$ $\Delta_D(f)=\Delta_Y+\Delta_{B_1}+\Delta_{B_2}=\dfrac{\delta_d\cos\beta}{2\sin\dfrac{\alpha}{2}}+\dfrac{\delta_{d1}}{2}+t$
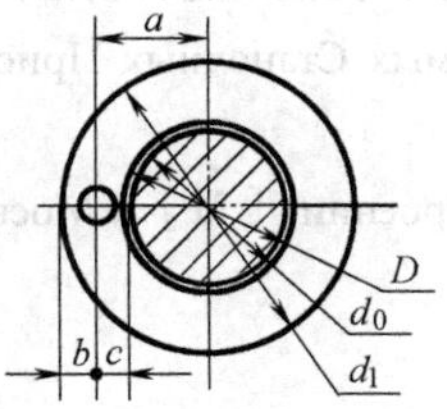	$\Delta_D(a)=\Delta_Y=\delta_D+\delta_{d0}+X_{\min}$ ($\Delta_D(a)=\dfrac{\Delta_Y}{2}$,单边接触) $\Delta_D(b)=\Delta_B+\Delta_Y=\dfrac{\delta_{d1}}{2}+\delta_D+\delta_{d0}+X_{\min}$ $\Delta_D(c)=\dfrac{\delta_{d0}}{2}$(单边接触)
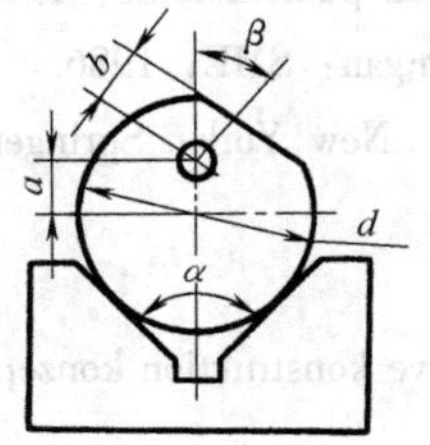	$\Delta_D(b)=\Delta_B+\Delta_Y=\left(\delta_a+\dfrac{\delta_d}{2\sin\dfrac{\alpha}{2}}\right)\cos\beta$
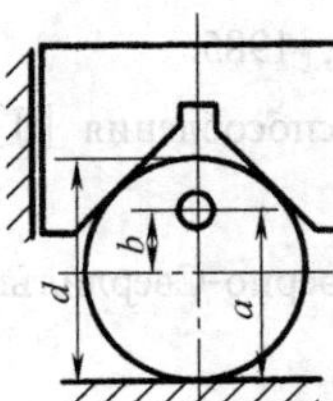	$\Delta_D(a)=0$ $\Delta_D(b)=\Delta_B=\dfrac{\delta_d}{2}$
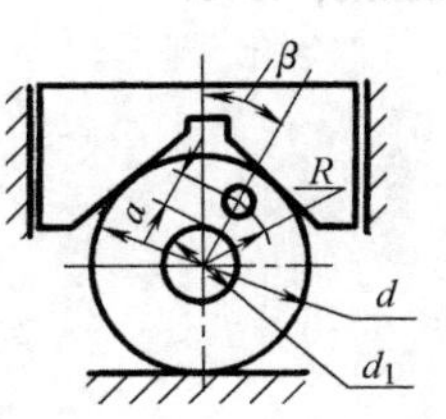	$\Delta_D(R)=\Delta_B=\dfrac{\delta_d}{2}\cos\beta$ $\Delta_D(a)=\Delta_B=\dfrac{\delta_d}{2}\cos\beta+\dfrac{\delta_{d1}}{2}$

参考文献

[1] 李庆寿．机床夹具设计［M］．北京：机械工业出版社，1984.

[2] 宋殷．机床夹具设计［M］．武汉：华中理工大学出版社，1990.

[3] 徐发仁．机床夹具设计［M］．重庆：重庆大学出版社，1993.

[4] 哈尔滨工业大学，上海工业大学．机床夹具设计［M］．2 版．上海：上海科学技术出版社，1989.

[5] 汤湘中．机床夹具设计［M］．北京：国防工业出版社，1988.

[6] 戴陆武．机床夹具设计［M］．西安：西北工业大学出版社，1990.

[7] 蔡光耀．机床夹具设计［M］．北京：机械工业出版社，1990.

[8] 袁长良．机械制造工艺装备设计手册［M］．北京：中国铁道出版社，1992.

[9] 吴永宽，于连璋．零件与工装的形位精度理论与应用［M］．北京：机械工业出版社，1994.

[10] Попов В В. Применение Сменных Наладок В ПереналаЖи Ваемых Станочных Приспособ Лениях ［J］. Станки И Инструмент. 1986，No7：36 ~ 37.

[11] Микитянский В В Тсчность Приспособлений В Машиностроении ［M］. Москва：Машиностроение，1984.

[12] Drozda T J. Jigand Fixture. 3nded ［M］. Michigan：SME，1989.

[13] Boyes W E. Low-cost Jig and Fixture Gages for Limited production ［M］. Fist Published. Michigan：SME，1986.

[14] Hoffman E G. Jig and Fixture design. 3nd ed ［M］. New York：Delmar publishersinc，1991.

[15] Boyes W E. Hand Book of Jig and Fixture design. 2nd ed ［M］. Michigan：SME，1986.

[16] Warnecke HJ，Steinhilper R. Flexible manufacturing Systems ［M］. New York：Springer-Verieg Berlin Heidelberg，1985.

[17] Metalworking prduction ［J］. 1970，Vol. 114 No2.

[18] Иumerisch. einstellbare spanneinrichtungem-voraussetzung für alternative konstruktion konzepteflexibler Fertigung ssysteme ［J］. Konstruktion. 1981，No7；P280.

[19] Paulkenneth. Manufacturing Intelligence ［M］. New York：THE Courant Institute of Mathe maticalsciences，1988.

[20] Fixturing and clamping for NC. AMERICANMACHiNiST ［J］. September，1985.

[21] Блюмберг В А，Бпизнюк В П. ПереналаЖи Ваемые Станочные Приспособления ［J］. Ленинград：Машиностроение，1978.

[22] Куэнецов Ю И. Системы Приспособлений Для Станков Счпуфреэерно-Сверлилъно-Расточнойгруппы ［J］. Вестник Машиностроения，1978，No1：P61 ~ 63.

[23] Тавриш А П，Мартиянни. Универсально-Наладочное Приспособление Для Станков Счпу ［J］. Станкиинструмент，1985，No5：P34.

[24] Ансеров М А. Приспособления ［M］. Ленинград：Машиноотроение，1975.